机 械 制 图

主　编　谢丽君　冯爱平　张玲芬

北京理工大学出版社
BEIJING INSTITUTE OF TECHNOLOGY PRESS

图书在版编目（CIP）数据

机械制图/谢丽君，冯爱平，张玲芬主编. —北京：北京理工大学出版社，2017.9
ISBN 978-7-5682-4798-6

Ⅰ.①机… Ⅱ.①谢… ②冯… ③张… Ⅲ.①机械制图－高等学校－教材 Ⅳ.①TH126

中国版本图书馆 CIP 数据核字（2017）第 214387 号

出版发行／北京理工大学出版社有限责任公司
社　　址／北京市海淀区中关村南大街 5 号
邮　　编／100081
电　　话／（010）68914775（总编室）
（010）82562903（教材售后服务热线）
（010）68948351（其他图书服务热线）
网　　址／http：//www.bitpress.com.cn
经　　销／全国各地新华书店
印　　刷／三河市华骏印务包装有限公司
开　　本／787 毫米×1092 毫米　1/16
印　　张／19
字　　数／448 千字
版　　次／2017 年 9 月第 1 版　2017 年 9 月第 1 次印刷
定　　价／69.00 元

责任编辑／封　雪
文案编辑／张鑫星
责任校对／周瑞红
责任印制／李志强

前　言

资源总码

为了适应机电行业快速发展和高等院校机电专业教学改革对教材的需要，我们在全国机电行业和职业教育发展较好的地区进行了广泛的调研，以培养技能型人才为出发点，以教学需求为标准，经过充分的调研与讨论，精心编写了这套高等院校机电类规划教材。

针对高等教育培养应用型人才，重在实践能力和职业技能训练的特点，本教材力求体现国家倡导的“以就业为导向，以能力为本位”的精神，精简整合理论课程，注重实训教学，强化岗前培训，教材内容统筹规划，合理安排知识点、技能点，“以任务带动项目”，使知识更精炼、目标更明确。

本书主要有以下特点：

(1) 开发项目多元化：通过深入企业调研，考察企业岗位需求，从而进行课程开发。课程开发由“教育专家主导”，转变为“社会需求主导”，开发主体由企业专家、学校教师、课程专家等组成。

(2) 课程结构模块化：本教材包含八大模块，每一模块根据具体的知识又设置了不同的项目，每个项目又包含了具体的任务，“解决任务”就是每一堂课的目标，将理论知识融入一个个具体的图例中，从而激发学生的兴趣，大大提高学生的听课效果。

(3) 课程内容综合化：主要体现在理论知识与实践知识的综合、职业技能与职业态度的综合。加强空间思维能力的培养，强化二维平面和三维空间相互转换的训练，使学生在接受知识的同时，也培养了严谨的工作态度。

(4) 课程内容贯彻了《技术制图》《机械制图》最新国家标准及有关规定；以国家职业标准为依据，使教材内容分别涵盖数控车工、数控铣工、加工中心操作工、车工、工具钳工、制图员等国家职业标准的相关要求，以促进学校“双证书”制度的贯彻和落实。

(5) 根据生产技术的发展趋势，尽可能多地在教材中充实机械设计与制造、数控加工技术、模具设计与制造等方面的新知识、新技术、新设备和新工艺，体现教材的先进性。

本教材可以作为高等院校工程类专业或近似专业的教材，也可作为职业技能和技术人员的培训教材。与本教材配套的《机械制图习题集》将同时出版，习题集的编排顺序与本教材体系保持一致。

本书由谢丽君、冯爱平、张玲芬任主编，潘娜娜及张萍、张静任副主编，解淑英、吴海艳、于善强和李花参编。其中谢丽君编写模块一，冯爱平编写模块四、模块五、模块六，张玲芬编写模块七，潘娜娜、李花、张静编写模块八，张萍编写模块三，解淑英、吴海艳、于善强编写模块二。全书由谢丽君统稿。

由于编者水平有限，书中难免存在错误和不妥之处，敬请读者批评指正。

编　者

目　录

课程简介

教学目的

【知识目标】

（1）了解本课程的主要内容和任务，以及学习本课程的目的和要求。

（2）培养学生学习本课程的兴趣。

【能力目标】

在教师指导下，查阅有关专业书籍、资料，培养学生理论联系实际的能力。

教材分析

本教材从生产实际联系密切的减速器、球阀、齿轮油泵入手，分析图样所表达的内容和在实际生产中的用途；让学生对本课程的教学载体有一个初步的了解；最后，结合本课程的内容，结合先进的教学方法，引导学生采用先进的学习方法，获得对本课程的认知。在编写本教材时，进行了大量的企业调研，与企业共同编写教材。根据学生的情况，注意创设模块，激发学生学习本课程的好奇心和探究的欲望。教材编写形式新颖，趣味性强，能引起学生的学习兴趣，使学生能初步领悟本课程的学习价值。

基本内容与要求

机械制图课程的主要内容包括：制图基本知识与技能、正投影法基本原理、机械图样的表示法、零件图与装配图的识读与绘制等部分。

学完本课程应达到以下基本要求：

（1）通过学习制图基本知识与技能，应了解和熟悉国家标准《机械制图》的基本规定，学会正确使用绘图工具和仪器的方法，初步掌握绘图基本技能。

（2）正投影法基本原理是识读和绘制机械图样的理论基础，是本课程的核心内容。通过学习正投影作图基础、立体及其表面交线、轴测图和组合体等，应掌握运用正投影法表达空间形体的图示方法，并具备一定的空间想象和思维能力。

（3）机械图样的表示法包括图样的基本表示法和常用机件及标准结构要素的特殊表示法。熟练掌握并正确运用各种表示法是识读和绘制机械图样的重要基础。

（4）机械图样的识读和绘制是本课程的主干内容，也是学习本课程的最终目的。通过学习应了解各种技术要求的符号、代号和标记的含义，具备识读和绘制中等复杂程度的零件图和装配图的基本能力。

该课程结构已模块化，课程开发以任务分析为基础，课程内容均来自任务模块的转换，建立的课程内容体系；课程内容以具体化任务为载体，每个任务都包括实践知识、理论知识等内容，是相对完整的一个系统；在课程设置和课程内容的“模块”或“任务”设置上，充分考虑学生的个性发展，保留学生的自主选择空间，兼顾学生的职业发展。

学法提示

（1）本课程是一门既有理论，又有较强实践性的技术基础课，其核心内容是学习如何用二维平面图形来表达三维空间形体，以及由二维平面图形想象三维空间物体的形状。因此，学习本课程的重要方法是自始至终把物体的投影与物体的空间形状紧密联系，不断地“由物想图”和“由图想物”，既要想象构思物体的形状，又要思考作图的投影规律，逐步提高空间想象和思维能力。

（2）学与练结合。本课程的教学目标是以识图为主，但是读图源于画图，所以要读画结合，通过画图训练促进读图能力的培养。

（3）要重视实践，树立理论联系实际的学风。用理论指导画图通过画图实践加深对基础理论和作图方法的理解。

（4）工程图样不仅是我国工程界的技术语言，也是国际上通用的工程技术语言，不同国籍的工程技术人员都能看懂。学习本课程时，应遵循两个方面的规律和规定，不仅要熟练地掌握空间形体与平面图形的对应关系，具有丰富的空间想象力以及识读和绘制图样的基本能力，同时还要了解并熟悉《技术制图》《机械制图》国家标准的相关内容，并严格遵守。

模块一　制图的基本知识与基本技能

分析机器或者机械零部件，如果要加工出零件，设计者就必须将设计的思想表达清楚，表达的载体就是图纸，工人才能根据图纸的要求将零件加工出来。那么，应该选多大的图纸、怎样画图？作为工程界的通用语言，必须遵守一定的规范，因此，为了准确地绘图和阅读图纸，必须熟悉有关的标准和规定。本模块主要介绍国家标准《技术制图》《机械制图》中的基本规定和绘制图样的方法步骤。

项目一　机械制图标准

知识目标

(1) 掌握国家标准对比例、图线、字体及尺寸标注的规定和要求。

(2) 熟练掌握各种绘图工具的使用。

任务1　绘制简单的平面图形

任务导入

绘制如图1－1所示泵盖的立体图和平面图形，采用1∶1的比例。要求符合制图国家标准中比例、图线及应用的有关规定和要求。

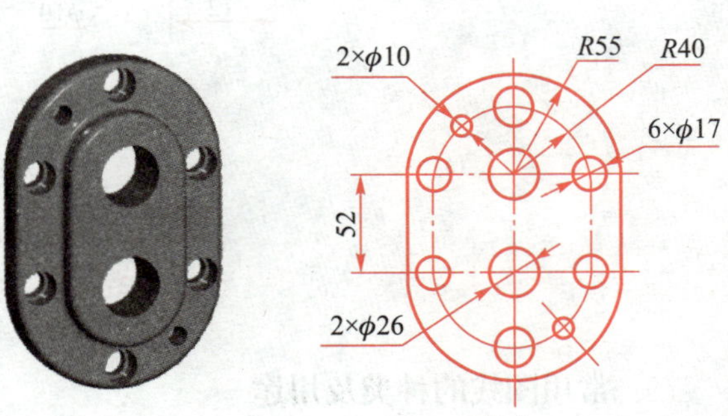

（a）　（b）

图1－1　泵盖

（a）立体图；（b）平面图形

任务分析

如图1－1所示平面图形是由几种图线组合而成的。绘制平面图形时，应了解制图国家标准中对比例以及各种图线的规定和要求，熟练掌握各种绘图工具的使用方法，掌握科学的绘图方法及步骤。

相关知识

一、比例

平面图形与其实物相应要素的线性尺寸之比，称为比例。

比例分原值比例、放大比例和缩小比例。

绘制图样时要尽可能按照机件的实际大小采用 1∶1 的比例画出，以方便绘图和看图。但由于机件的大小和复杂程度不同，有时需要放大或缩小，比例应优先选用表 1－1 中所规定的优先选择系列，必要时也可选取表 1－1 中所规定的允许选择系列中的比例。

表 1－1　比例（GB/T 14690—1993）

种类	定义	优先选择系列	允许选择系列
原值比例	比值为 1 的比例	1∶1	
放大比例	比值大于 1 的比例	5∶1　2∶1 5×10^n∶1　2×10^n∶1 1×10^n∶1	4∶1　2.5∶1 4×10^n∶1　2.5×10^n∶1
缩小比例	比值小于 1 的比例	1∶2　1∶5　1∶10 1∶2×10^n　1∶5×10^n 1∶1×10^n	1∶1.5　1∶2.5　1∶3　1∶4　1∶6 1∶1.5×10^n　1∶2.5×10^n 1∶4×10^n　1∶6×10^n

比例的应用效果如图 1－2 所示。

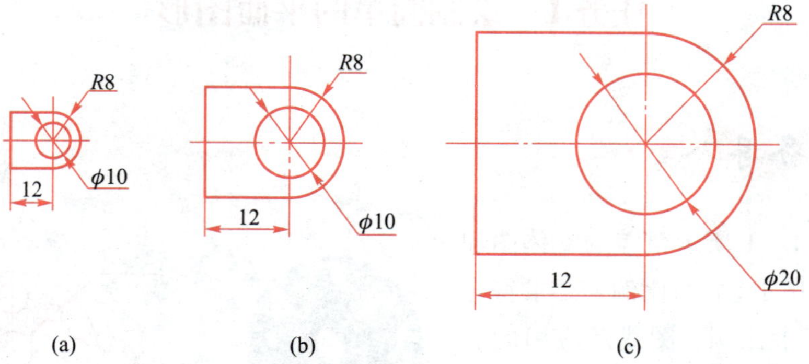

图 1－2　比例的应用效果

(a) 1∶2；(b) 1∶1；(c) 2∶1

二、常用图线的种类及用途

常用图线的代码、线型、名称、线宽及主要用途见表 1－2，图线应用示例如图 1－3 所示。

表 1－2　常用图线（摘自 GB/T 4457.4—2002）

代码	线型	名称	线宽	主要用途
01.1		细实线	$d/2$	尺寸线、尺寸界线、指引线、剖面线、重合断面的轮廓线、螺纹牙底线、齿轮的齿根圆（线）
01.2		粗实线	国际中粗实线的线宽 d 为 0.5～2 mm，优先采用 0.5 mm 或0.7 mm	可见轮廓线 可见棱边
02.1	3d　12d	细虚线	$d/2$	不可见棱边 不可见轮廓线
04.1	8d　24d	细点画线	$d/2$	轴线、中心线、对称线、分度圆（线）、孔系分布的中心线、剖切线
01.1		波浪线	$d/2$	断裂处边界线、视图与剖视图的分界线
		双折线	$d/2$	
02.2		粗虚线	d	允许表面处理的表示线
04.2		粗点画线	d	限定范围表示线
05.1	9d　24d	细双点画线	$d/2$	相邻辅助零件的轮廓线 可动零件极限位置的轮廓线、假想投影的轮廓线

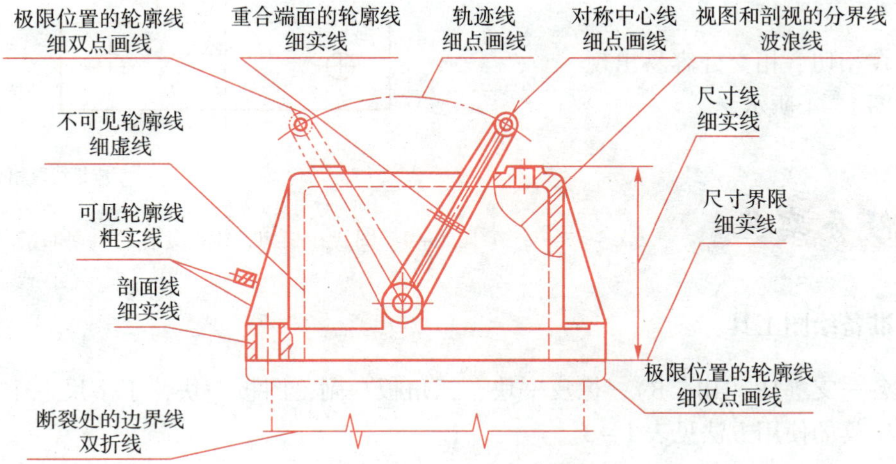

图 1－3　图线应用示例

多了解一点

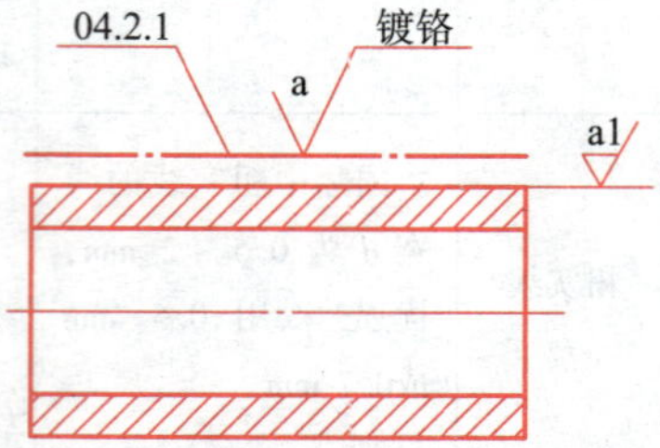

粗点画线的应用

三、图线的画法规定

（1）同一图样中同类图线的宽度应保持一致。细虚线、细点画线、细双点画线、双折线等的线段长度和间隔应各自大致相等。

（2）线型不同的图线相互重叠时，一般按照粗实线、细虚线、细点画线的顺序，只画出排序在前的图线。

（3）细（粗）点画线和细双点画线的起止两端一般为线段而不是点。细点画线超出轮廓线2～5 mm。当图形较小时，可用细实线代替细点画线。

（4）细虚线在粗实线的延长线的方向上画出时，两图线的分界处留有间隙。

（5）细点画线、细虚线和其他图线相交或自身相交时，应是线段相交。

图线在相切、相交处容易出现的错误如图1－4所示。

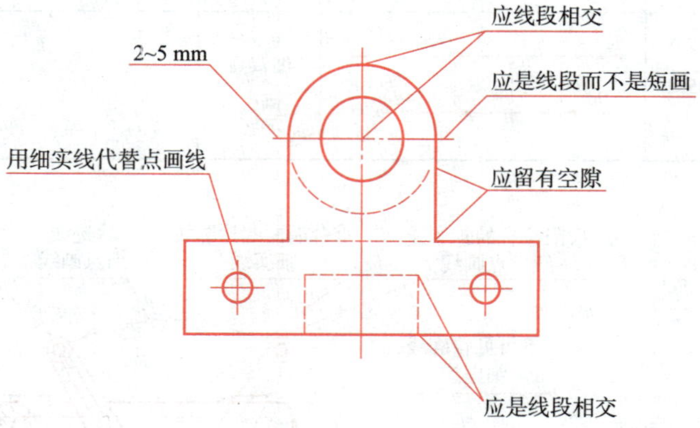

图1－4　图线在相切、相交处容易出现的错误

任务实施

一、准备绘图工具

铅笔各一支（H、HB、B），橡皮一块，三角板一副，图板一块，丁字尺一个，圆规一副。绘图工具的使用方法见表1－3。

表 1－3　绘图工具的使用方法

名称	图例	说明
铅笔	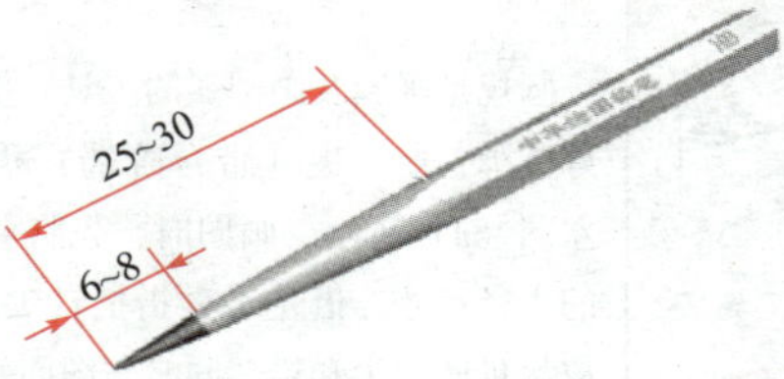 (a) H和HB铅笔的削法 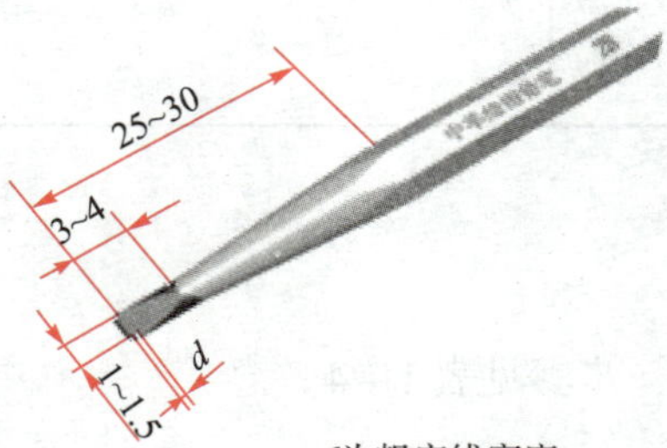 *d*为粗实线宽度 (b) B和2B铅笔的削法	代号 H、B、HB 表示铅芯的软硬程度。B 前的数字越大，表示铅芯越软，绘出的图线颜色越深；H 前的数字越大，表示铅芯越硬，绘出的图线颜色越浅；HB 表示铅芯中等软硬程度。 画粗实线常用 B 或 2B 铅笔；画细实线、细虚线、细点画线和写字时，常用 H 或 HB 铅笔；画底稿时常用 H 或 2H 铅笔
图板及丁字尺	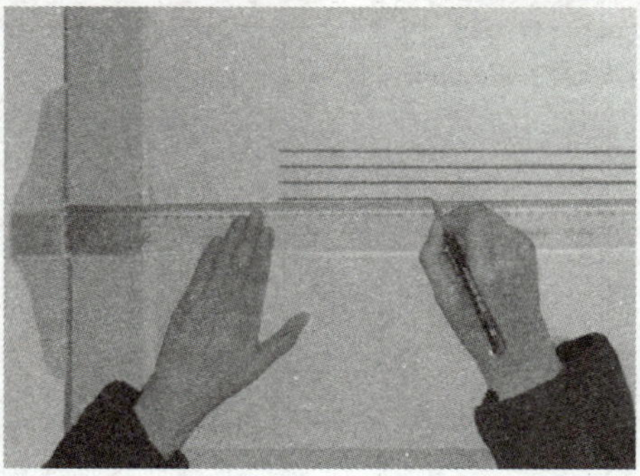	图板用于铺放图纸，表面平整光洁，左侧工作边应平直。 丁字尺由尺头和尺身组成。 尺身的工作边一侧有刻度，便于画线时度量。使用时，将尺头内侧贴紧图板的左侧工作边上下移动，沿尺身上边可画出一系列水平线，如左图所示
三角板	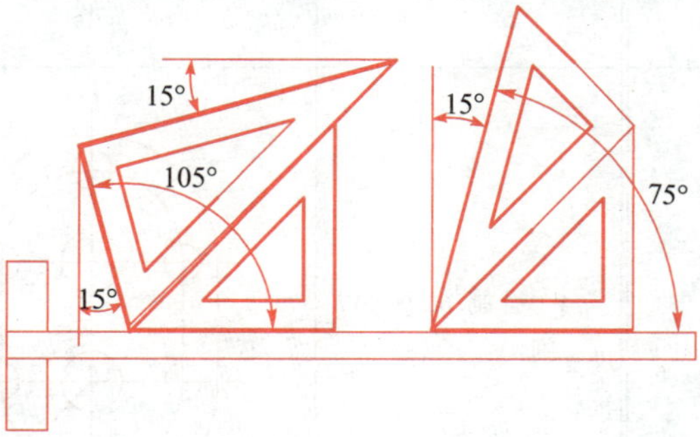	三角板由 45° 和 30°（60°）各一块组成一副。三角板和丁字尺配合使用，可画出垂直线（自下而上画出）及与水平方向成 15°整倍数的斜线
		两块三角板配合使用，可画出一直线的平行线或垂直线

续表

名称	图例	说明
圆规	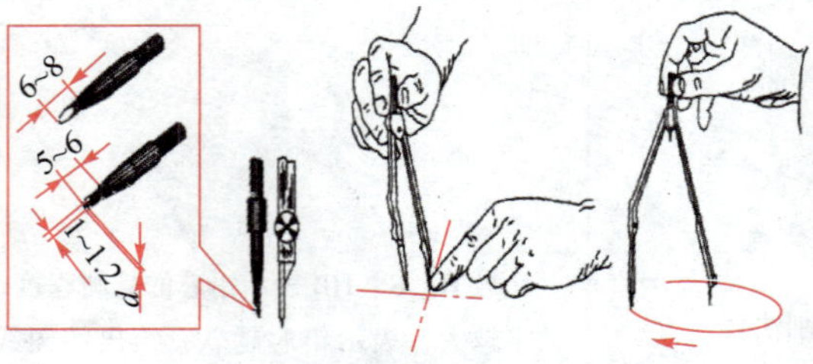 d 为粗实线宽度 (a)　(b)　(c)	圆规是画圆及画圆弧的工具。使用前应先调整好针脚，使针尖（带台阶端）稍长于铅芯，如左图（a）所示。画图时，先将两腿分开至所需的半径尺寸，借左手食指把针尖放在圆心位置，应尽量使针尖和铅芯同时与图面垂直，按顺时针方向一次画成，如左图（b）、（c）所示，要注意用力均匀

二、绘制图形

绘制泵盖平面图形，采用1∶1的比例画图，步骤见表1-4。

表1-4　泵盖平面图形的画图步骤

具体步骤	图示	具体步骤	图示
1. 在图纸上确定作图的位置（绘制作图基准线）	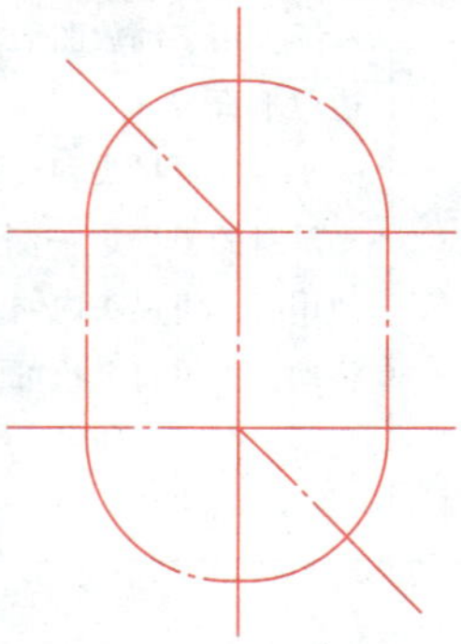	3. 绘制 $\phi26$ mm 圆	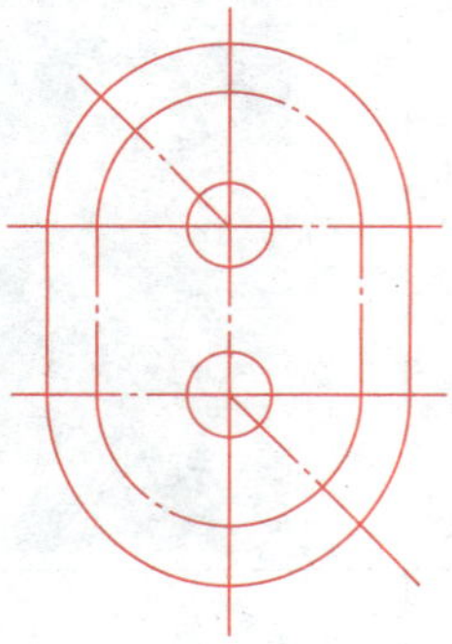
2. 绘制外轮廓线	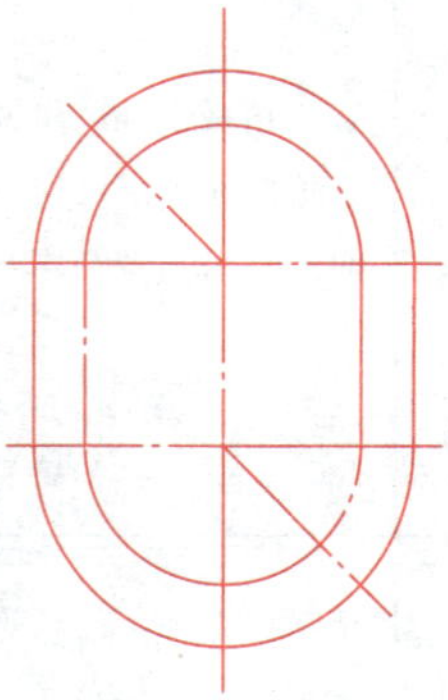	4. 绘制 6 个 $\phi17$ mm 圆	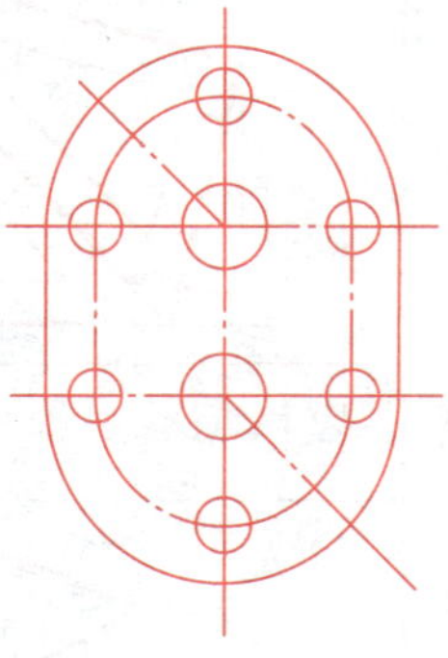

续表

具体步骤	图示	具体步骤	图示
5. 绘制两个ϕ10 mm小圆	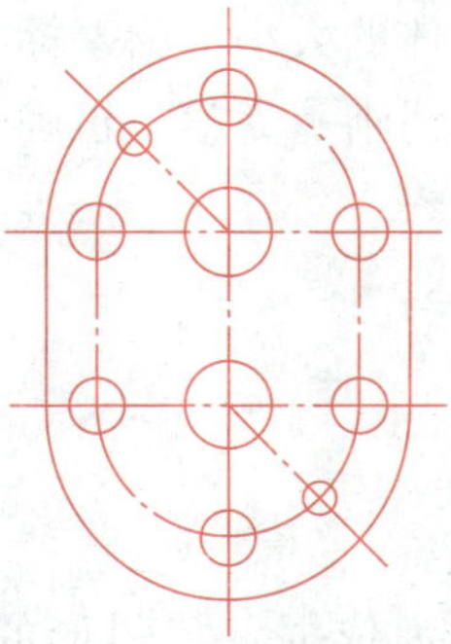	6. 检查、擦除作图线，加深图线	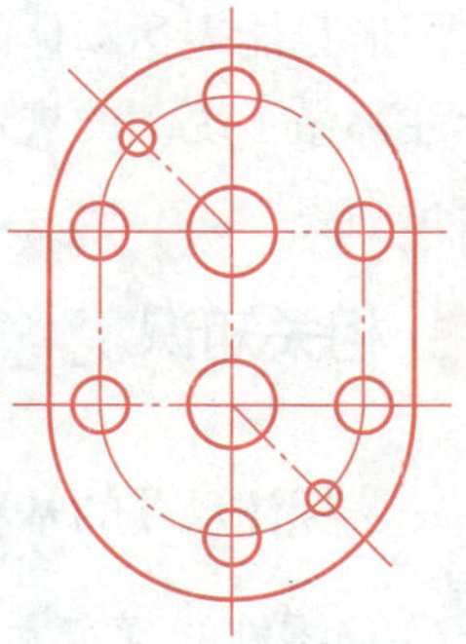

小提示

绘制平面图形时，要先绘制底稿，底稿要清楚、色淡、准确并保持图面整洁。底稿要先画作图基准线。底稿完成后，要全面检查底稿，修正错误，擦去画错的线条及作图辅助线。然后进行加深描粗，加深描粗的顺序是先粗后细、先曲后直、先水平后垂斜。

勤思考

若采用1∶2或2∶1的比例绘制泵盖的平面图形，该如何绘制？

任务2　标注平面图形的尺寸

任务导入

标注如图1－5所示平面图形的尺寸，要求符合制图国家标准中尺寸标注的有关规定。

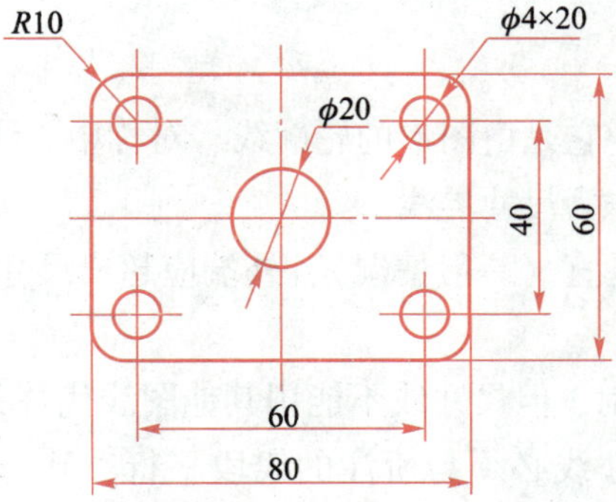

图1－5　平面图形尺寸标注

任务分析

图形只能表达物体的形状，而尺寸才能表达物体的大小。国家标准对图样中的字体、尺寸标注都做了统一的规定。尺寸标注的一般要求是清晰、完整、正确，字迹工整，尺寸数字书写正确。

相关知识

一、标注尺寸的基本规则

（1）零件的真实大小以图样上所注尺寸数值为依据，与图形的大小、绘图的准确性无关。

（2）图样中的尺寸以毫米为单位时，无须标注计量单位的代号或名称，若采用其他单位，则需注明。

（3）图样上所标注的尺寸是机件的最后完工尺寸，否则应另加说明。

（4）机件的每一尺寸，一般只在反映该结构最清晰的图形上标注一次。

二、尺寸的组成及画法（GB/T 4458.4—2003　GB/T 16675.2—1996）

如图 1－6 所示，尺寸是由尺寸界线、尺寸线、尺寸数字和尺寸线终端组成的。

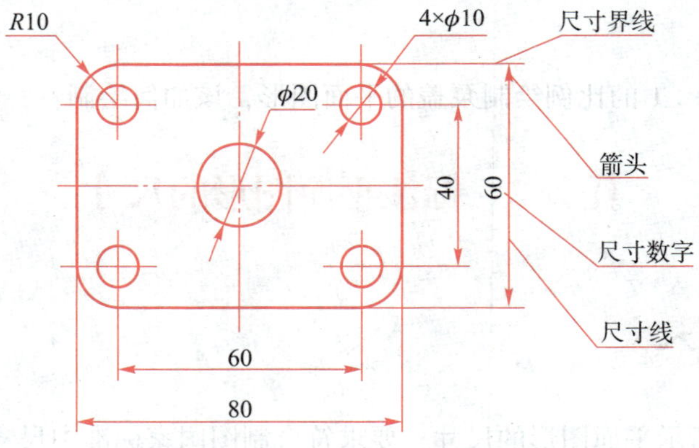

图 1－6　尺寸的组成

1. 尺寸界线的画法

尺寸界线由细实线绘制，它是由图形的轮廓线、对称中心线、轴线等处引出。也可利用轮廓线、轴线或对称中心线作为尺寸界线。

尺寸界线与尺寸线相互垂直（一般情况），外端应超出尺寸线 2～5 mm。

2. 尺寸线的画法

（1）尺寸线用细实线绘制，但尺寸线不能用其他图线代替，也不得与其他图线重合。

（2）绘制尺寸线时，尺寸线必须与所注的线段平行，并与轮廓线间距 10 mm，互相平行的两尺寸线间距为 7～8 mm。

（3）尺寸线与尺寸界线之间应尽量避免相交，即小尺寸在里面、大尺寸在外面。

3. 尺寸线终端的画法（图1－7）

（1）图1－7（a）所示为箭头的形式，图中的 d 为粗实线的宽度。

（2）图1－7（b）所示为斜线形式，其倾斜的方向应与尺寸界线成顺时针45°，并过尺寸线与尺寸界线的交点，图中 h 为尺寸数字的高度。

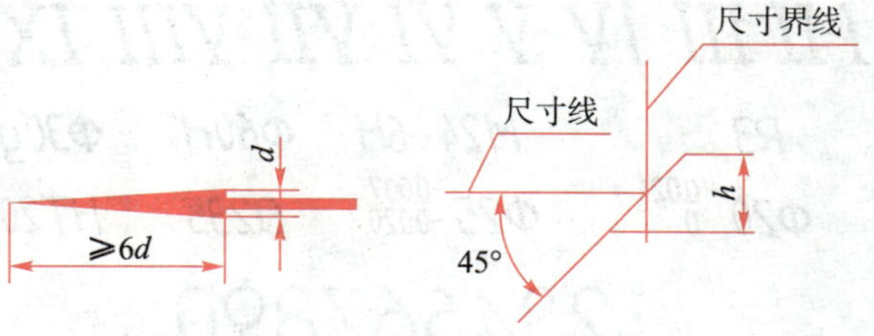

图1－7　尺寸线终端符号的画法

（a）尺寸线终端箭头；（b）尺寸线终端斜线

（3）在采用斜线尺寸线终端形式的图样上，半径、直径、角度与弧长的尺寸起止符号必须用箭头表示。

（4）同一张图样上的直线尺寸应统一采用一种终端符号。

4. 尺寸数字的注写

尺寸数字有线性尺寸数字和角度尺寸数字两种。水平方向的线性尺寸，数字字头朝上书写；竖直方向的线性尺寸，数字字头朝左书写，如图1－6所示。角度数字一般都按照字头朝上水平书写。尺寸标注的形式详见知识拓展。

二、字体

汉字应写成长仿宋体。国家标准规定，图样中的汉字应采用国家正式公布的简化字，并对字高、字宽及基本笔画都做了统一的规定，如图1－8所示。汉字的高度 h 不应小于3.5 mm，其字宽一般为 $h/\sqrt{2}$。

字体高度的公称尺寸系列为1.8 mm、2.5 mm、3.5 mm、5 mm、7 mm、10 mm、14 mm、20 mm，如需要书写更大的字，其字体高度按 $\sqrt{2}$ 比率递增。汉字书写示例如图1－8所示。

字体工整笔画清楚间隔均匀排列整齐

横平竖直注意起落结构均匀填满方格

图1－8　长仿宋体字的书写

字母和数字可写成斜体或直体。通常是用斜体，字头向右倾斜，与水平线呈75°。当与汉字混写时一般用直体。数字与字母分为A型和B型。A型字体的笔画宽度 d 为字高 h 的1/14，B型字体的笔画宽度 d 为字高 h 的1/10。各种字母、数字示例如图1－9所示。

ABCDEFGHIJKLMNOPQRSTUVWXYZ

abcdefghijklmnopqrstuvwxyz

I II III IV V VI VII VIII IX X

R3　M24-6H　Φ60H7　Φ30g6

$\Phi 20^{+0.021}_{0}$　$\Phi 25^{-0.007}_{-0.020}$　Q235　HT200

1234567890

图 1-9　字母、数字示例

任务实施

小提示

标注平面图形尺寸时，要先画出尺寸线和尺寸界线。并列尺寸线，小尺寸在里，大尺寸在外。标注过程中，难免要不断修正，然后检查无误后描深、标注尺寸数字。

标注平面图形尺寸的步骤见表 1-5。

表 1-5　标注平面图形尺寸的步骤

内容	具体步骤	图示	要求
画尺寸界线、尺寸线	画出中间孔及四小孔相关尺寸的尺寸界线、尺寸线	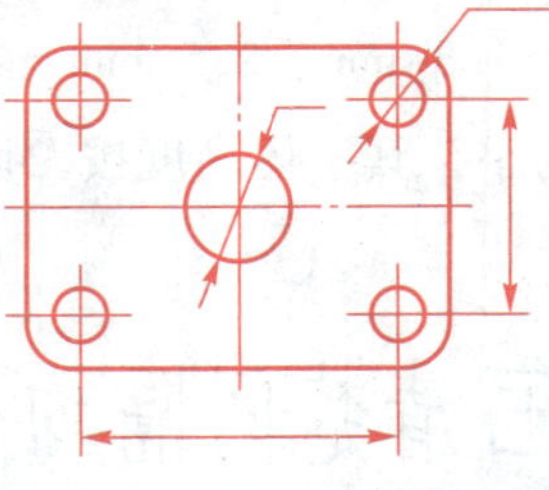	1. 尺寸界线、尺寸线用细实线绘制； 2. 尺寸界线由轮廓线、对称中心线引出，线性尺寸的尺寸线要与标注的线段平行，尺寸界线必须超过尺寸线 2 ~ 5 mm，两平行尺寸线的间距为 7 ~ 8 mm； 3. 圆及圆弧的尺寸线要通过圆心
	画出长方形外形的尺寸界线、尺寸线	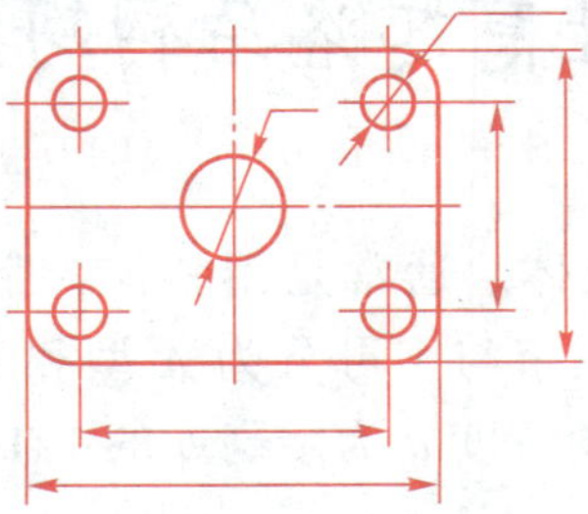	

续表

内容	具体步骤	图示	要求
画尺寸界线、尺寸线	画出圆角的尺寸界线、尺寸线	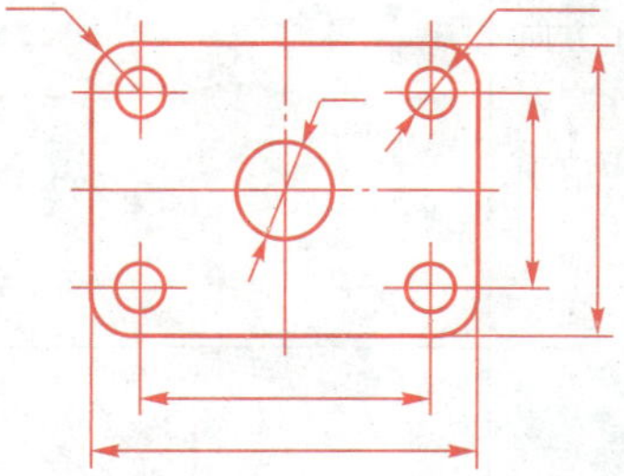	
标注尺寸数字	检查、描粗、标注尺寸数字	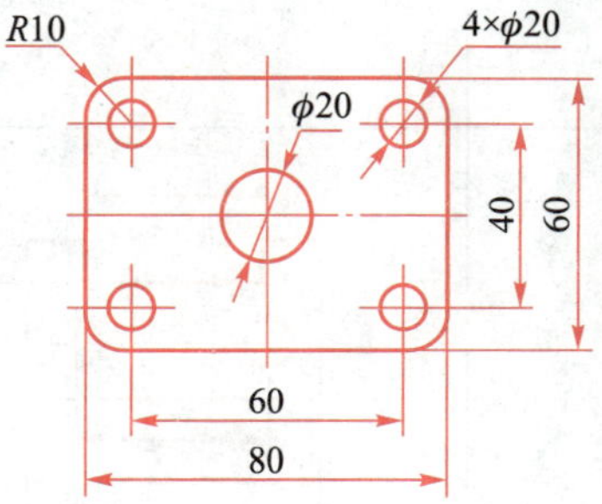	数字采用 3.5 号、斜体，水平尺寸数字注写在尺寸线的上方，垂直尺寸数字注写在尺寸线的左方

知识拓展

国家标准详细规定了尺寸标注的形式，见表 1－6。

表 1－6　尺寸标注形式

项目	说明	图例
尺寸数字	线性尺寸的数字一般应按右图（a）中的方向填写，并尽量避免在图示 30°范围内标注尺寸。当无法避免时，可按右图（b）的形式引出标注	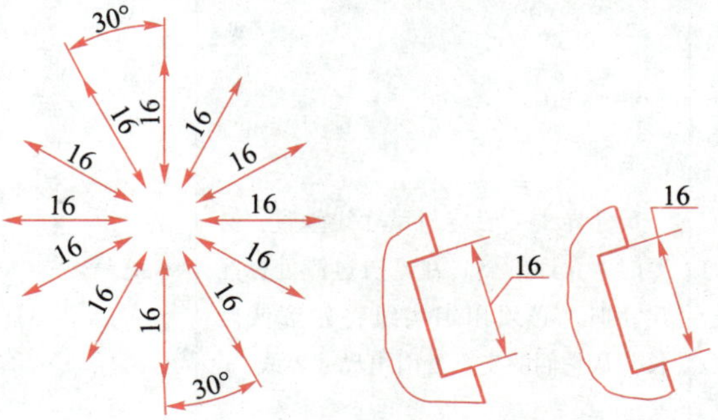（a）　（b）

续表

项目	说明	图例
尺寸数字	在不致引起误解时，对非水平方向的尺寸，其数字也允许水平地注写在尺寸的中断处。但在同一图样中应采用同一种注法	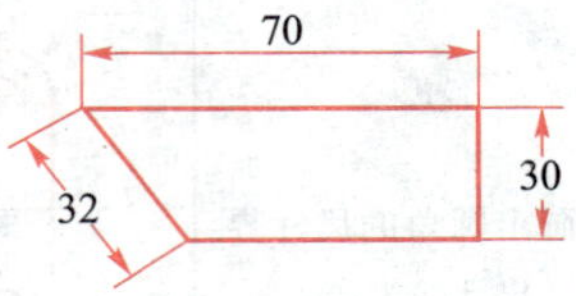
	尺寸数字不可被任何图线通过。当无法避免时，应将图线断开	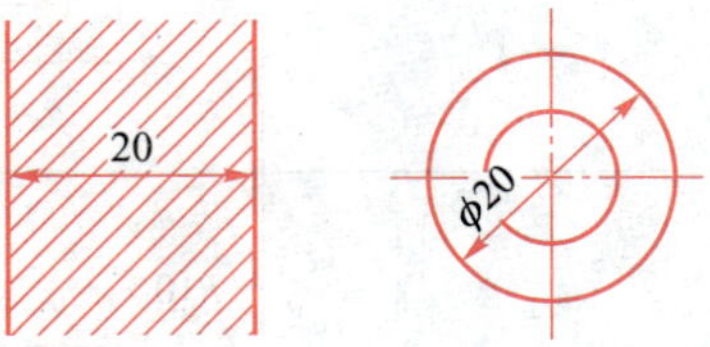
尺寸线	尺寸线不能用其他图线代替，也不得与其他图线重合或画在延长线上	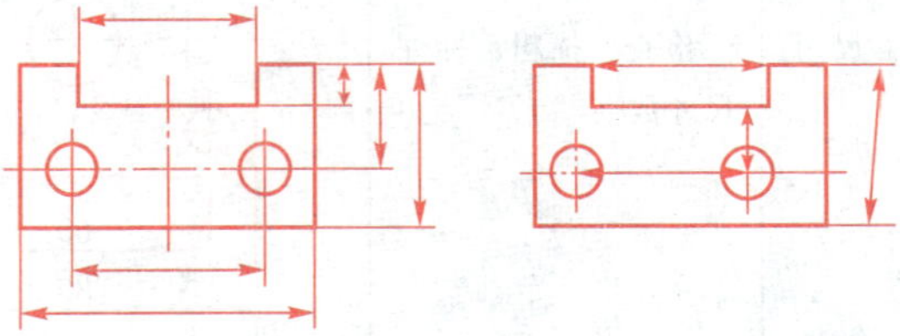 正确 错误
尺寸线终端	尺寸线终端一般采用箭头形式。在尺寸线与尺寸界线互相垂直的情况下，也允许采用斜线形式（主要用于工程建设类图样，机械类一般用于小尺寸标注）。但同一图样只能采用一种尺寸线终端形式（小尺寸标注除外）	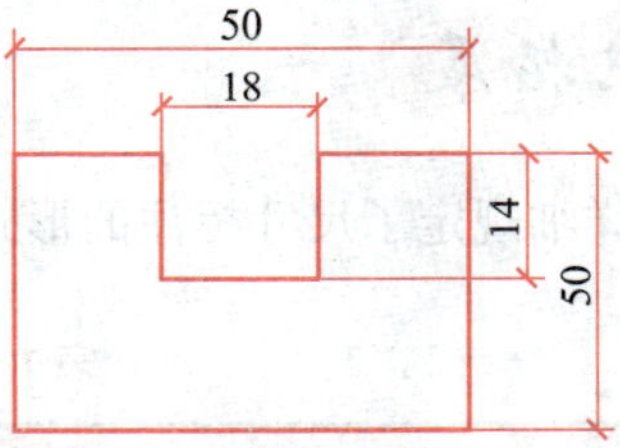
尺寸界线	尺寸界线一般应与尺寸线垂直，必要时才允许倾倒。在光滑过渡处标注尺寸时，必须用细实线将轮廓线延长，从它们的交点处引出尺寸界线	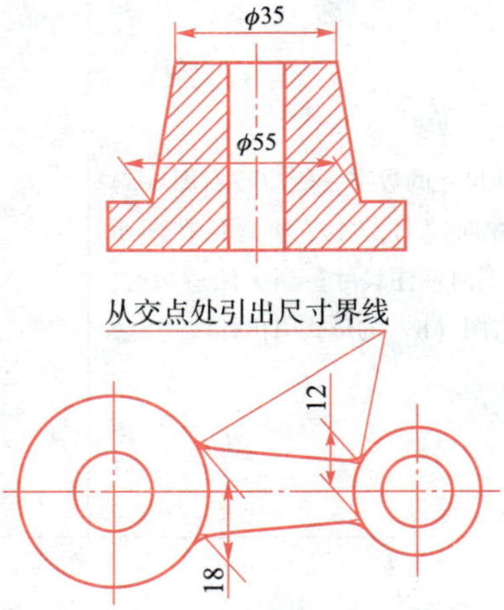

续表

项目	说明	图例
弦长和弧长注法	弦长和弧长的尺寸界线应平行于该弦的垂直平分线。当弧度较大时，可沿径向引出。弦长的尺寸线应与该弦平行。弧长的尺寸线用圆弧，尺寸数字左方应加注符号“⌒”	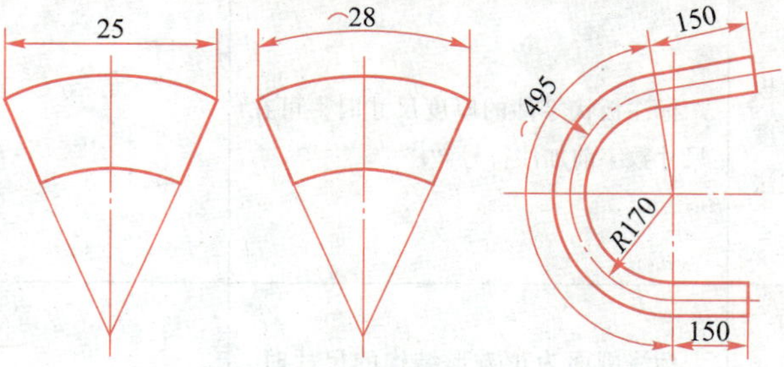
直径与半径注法	圆的直径和圆弧半径的尺寸线终端应采用箭头形式。标注直径尺寸时，应在尺寸数字前加注符号“ϕ”；注半径尺寸时，应在尺寸数字前加注符号“R”	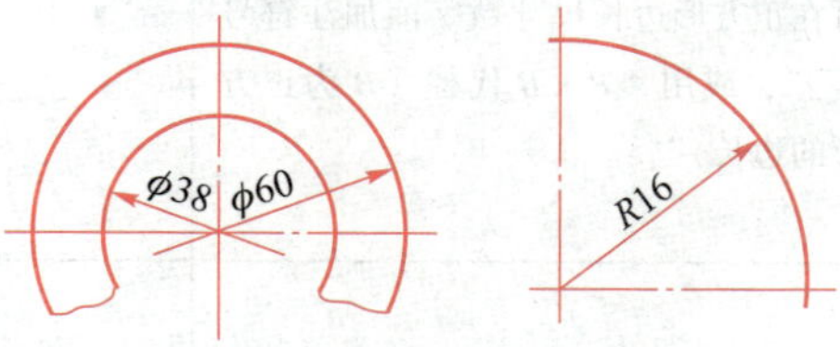
	标注球直径或球半径尺寸时，应在符号“ϕ”或“R”前再加注符号“S”，如右图（a）所示 在不致引起误解时，也可允许省略符号“S”，如右图（b）所示	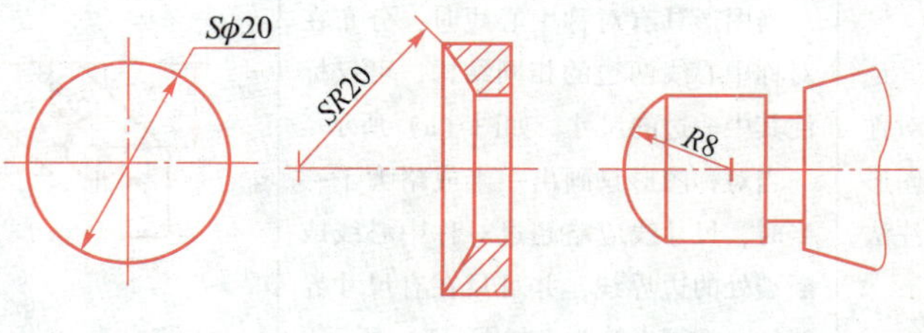（a）（b）
过大半径的注法	当圆弧的半径过大或在图纸范围内无法标注出其圆心位置时，可按右图（a）标注。若不需要标出其圆心位置，则可按右图（b）标注	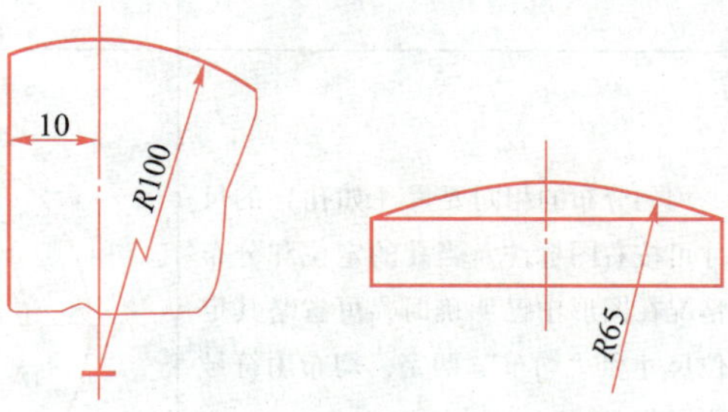（a）（b）
小尺寸的注法	没有足够的位置画箭头或写数字时，可按右图形式标注	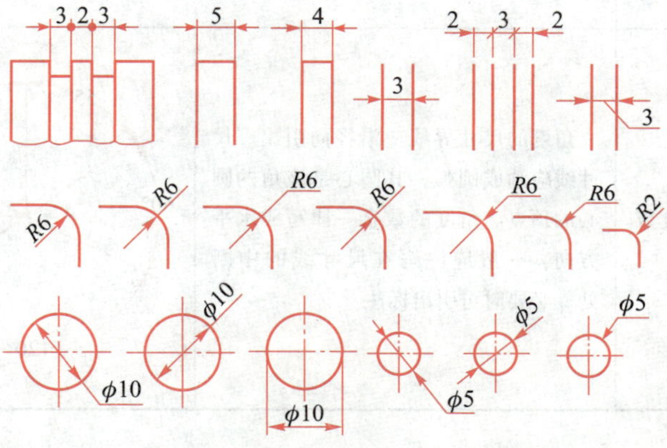

续表

项目	说明	图例
薄板厚度注法	标注板状零件的厚度尺寸时，可在尺寸数字前加注符号“*t*”	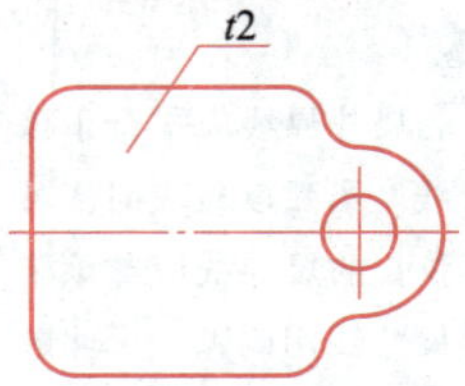
方形结构注法	标注剖面为正方形结构的尺寸时，可在正方形边长尺寸数字前加注符号“□”，或用“*B*×*B* 代替（*B* 为正方形的边长）”	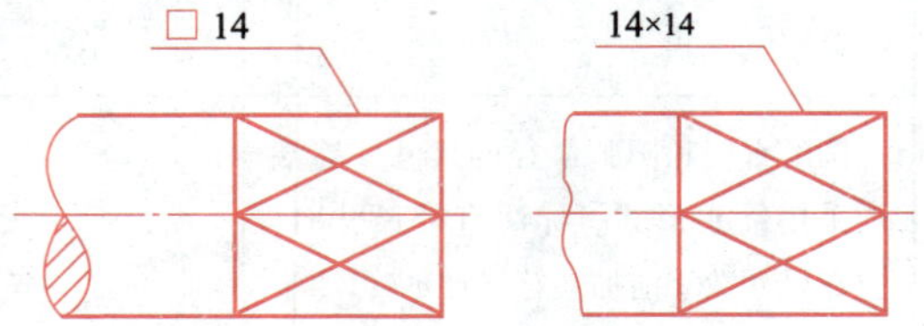
对称图形注法	当图形具有对称中心线时，分布在对称中心线两边的相同结构，可仅标注其中一边的尺寸，如图（a）所示 当对称图形只画出一半或略大于一半时，尺寸线应略超过对称中心线或断裂处的边界线，并且只在有尺寸界线的一端画出箭头，如图（b）所示	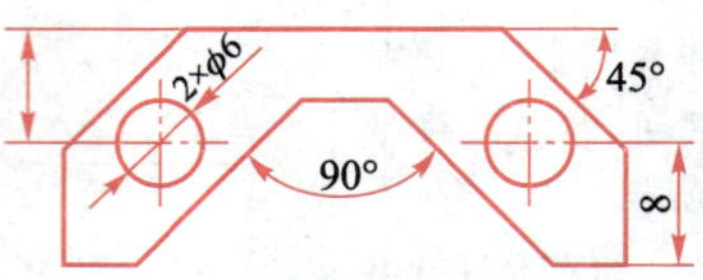（a）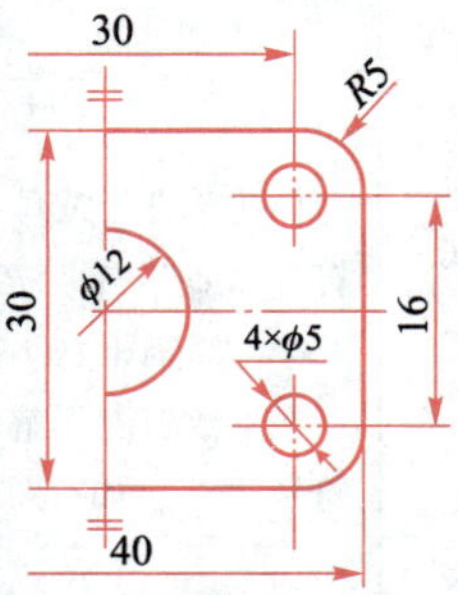（b）
均布孔的尺寸注法	均匀分布的相同要素（如孔）的尺寸可按右图标注。当孔的定位和分布情况在图形中已明确时，可省略其定位尺寸和“均布”两字，均布用符号表示为 EQS	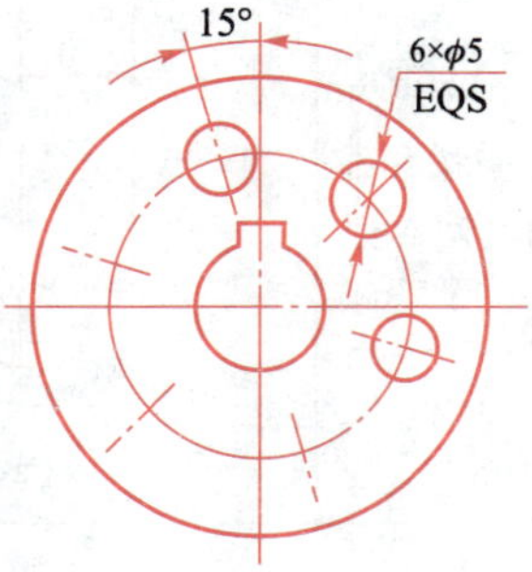
度数	角度的尺寸界线应沿径向引出。尺寸线应画成圆弧，其圆心是该角的圆心的顶点。角度的数字一律写成水平方向，一般应注写在尺寸线的中断处。必要时可引出标注	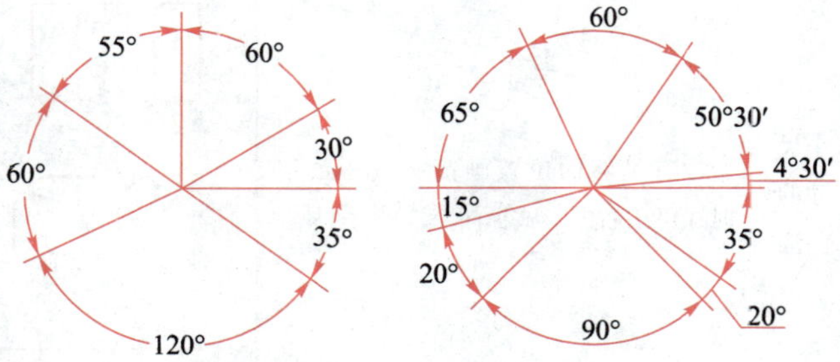

勤思考

请仔细观察图 1-10 中的尺寸标注有何错误，然后把错误改正过来。

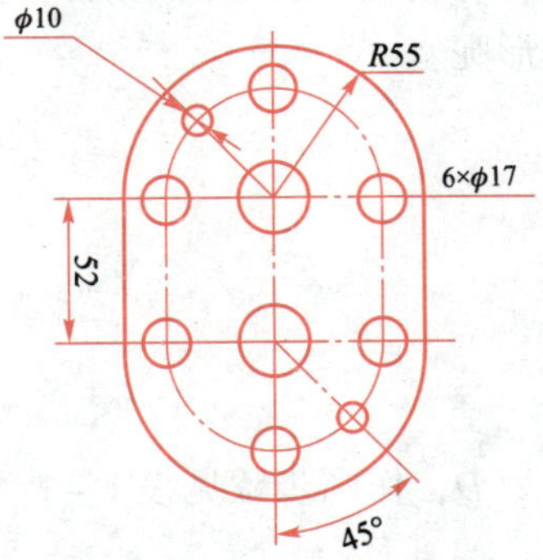

图 1-10 尺寸标注改错

项目二 绘制复杂的平面图形

知识目标

(1) 掌握定形尺寸、定位尺寸的概念；掌握已知线段、中间线段和连接线段的概念。
(2) 掌握斜度、锥度的概念及其标注方法。
(3) 了解图幅、图框、标题栏的知识。
(4) 掌握圆弧连接的方法，了解正多边形和椭圆的画法。

任务1 绘制正多边形

任务导入

绘制如图 1-11 所示的螺母的平面图形，要求符合制图国家标准的有关规定。

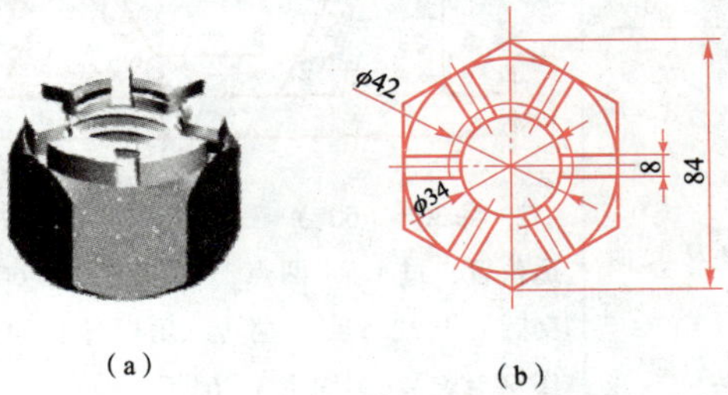

图 1-11 六角开槽螺母
(a) 立体图；(b) 平面图

任务分析

如图 1－11 所示为六角开槽螺母俯视方向的投影图，它由外轮廓正六边形和其他几何图形组成。那么，如何绘制正六边形呢？

相关知识

一、绘制正六边形

1. 使用圆规、三角板作图

已知正六边形的外接圆直径为 *D*，作图步骤见表 1－7。

表 1－7　正六边形作图步骤

方法与步骤	1. 绘制直径为 *D* 的辅助圆	2. 分别以 1、4 点为圆心、*D*/2 为半径的圆弧交圆周于 2、6、3、5 点	3. 顺次连接圆周各点成正六边形
图例	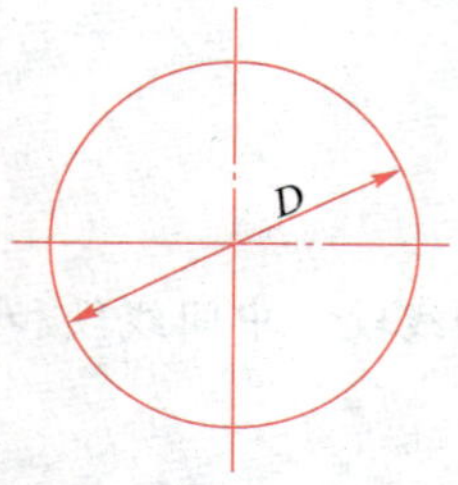	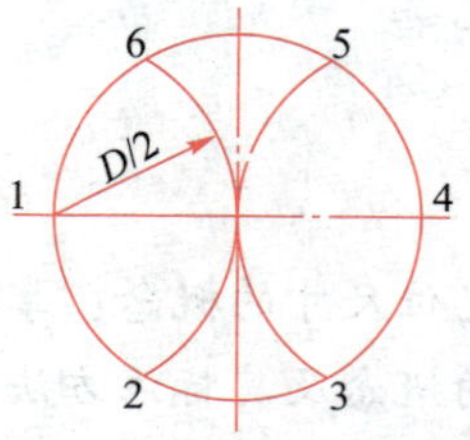	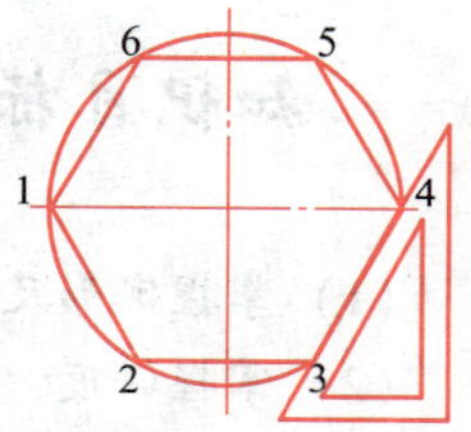

2. 使用丁字尺和三角板作图

作图步骤见表 1－8。

表 1－8　正六边形作图步骤

内接正六边形（已知对角线长度）	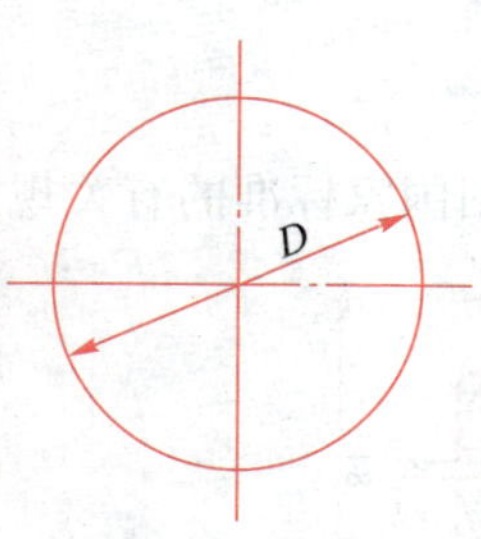 1. 绘制直径为 *D* 的辅助圆	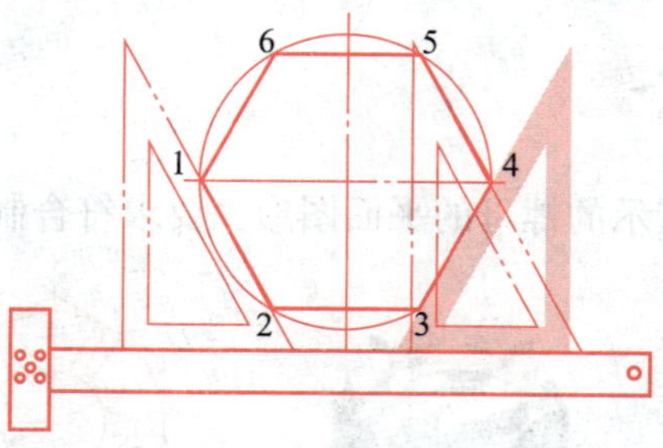 2. 将 30°（60°）三角板和丁字尺放于合适位置，过 1、4 两点，用三角板作 60°线，交圆周于 2、5 点，翻转三角板过 1、4 两点作 60°线，交圆周于 3、6 点	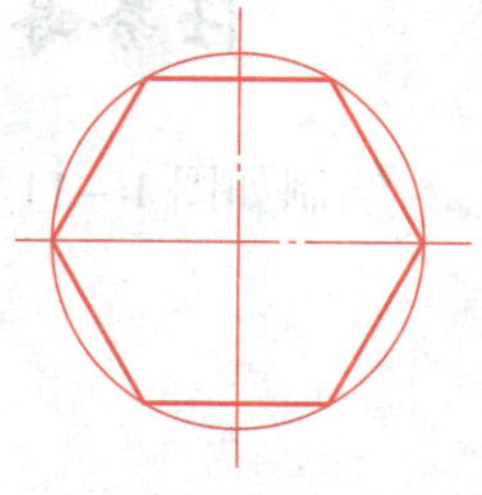 3. 用丁字尺水平连接 5、6 点和 2、3 点，得内接正六边形

续表

外切正六边形（已知对边距离 S）	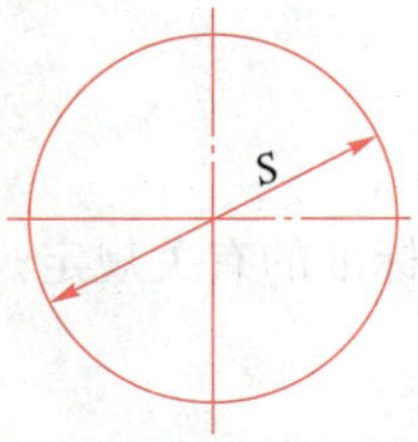 1. 绘制直径为 S 的辅助圆	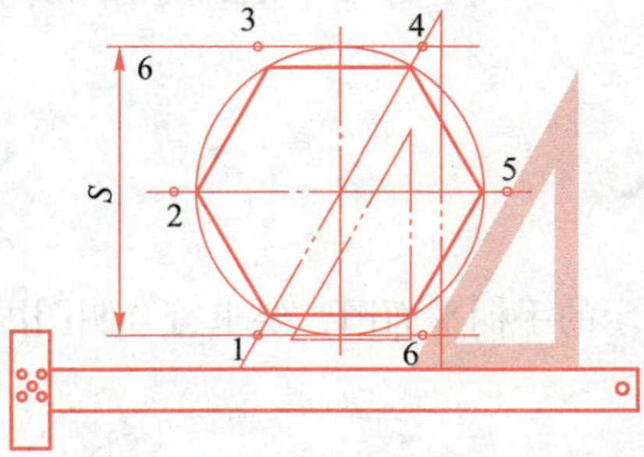 2. 将 30°（60°）三角板和丁字尺放于合适位置，使三角板的斜边过圆心并与对边距线相交于 1、4 和 3、6 点，用三角板作 60° 线与圆相切并与中心线相交于 5、2 点	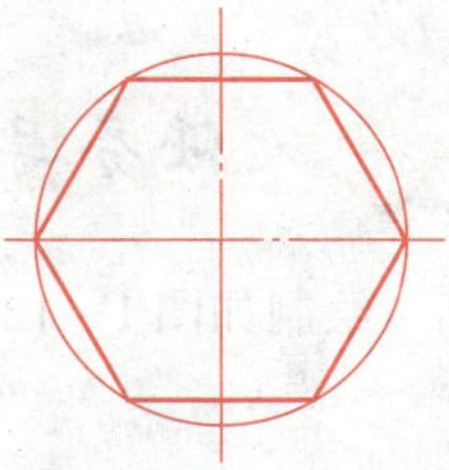 3. 连接 1、2、3、4、5、6 点，描粗，完成正六边形

任务实施

六角开槽螺母平面图的绘制步骤见表 1－9。

表 1－9　绘制六角开槽螺母平面图的绘图步骤

1. 作 ϕ84 mm 辅助圆	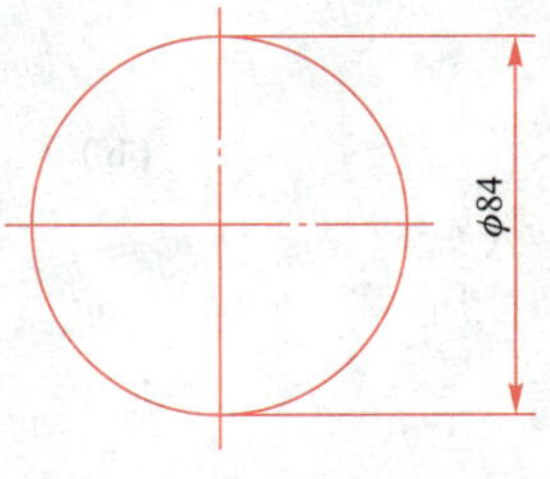	4. 绘制槽的中心线	
2. 作圆的内接正六边形	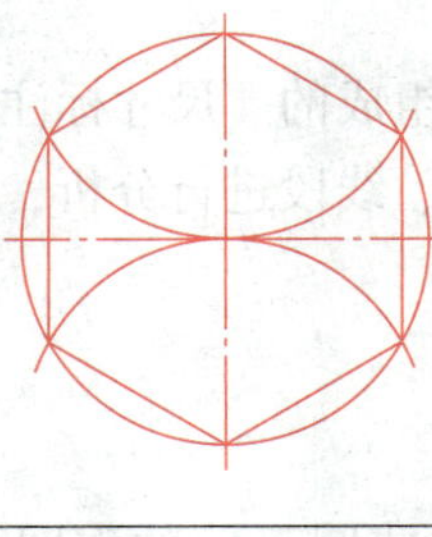	5. 绘制槽的轮廓线	
3. 绘正六边形的内切圆；绘 ϕ34 mm 圆和 ϕ42 mm 圆弧		6. 擦除作图线，检查，描深	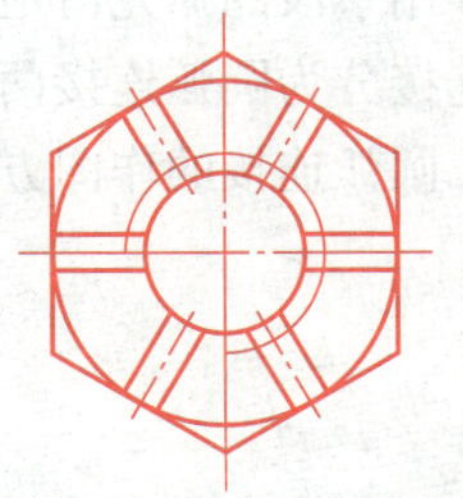

任务2　绘制圆弧连接

任务导入

绘制如图 1－12 所示的手柄平面图，要求符合制图国家标准的有关规定。

(a)

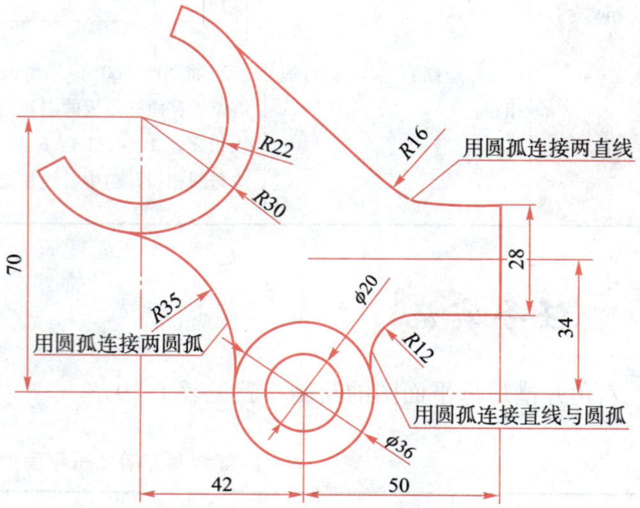

(b)

图 1－12　拨叉

(a) 立体图；(b) 平面图

任务分析

如图 1－12 所示平面图形是由直线和圆弧连接组成的。尺寸标注和线段间的连接确定了平面图形的形状和位置，因此要对平面图形的尺寸、线段进行分析，以确定画图顺序和正确标注尺寸。

相关知识

用一段圆弧光滑地连接相邻两已知线段（直线或圆弧）的作图方法称为圆弧连接。圆弧连接分为圆弧连接两直线、圆弧连接两圆弧和圆弧连接一直线、一圆弧。

圆弧连接的作图方法（表 1－10）。

表 1－10　圆弧连接的作图方法

<table>
<tr><th>内容</th><th>作图方法与图示</th></tr>
<tr><td>圆弧连接的几何原理</td><td>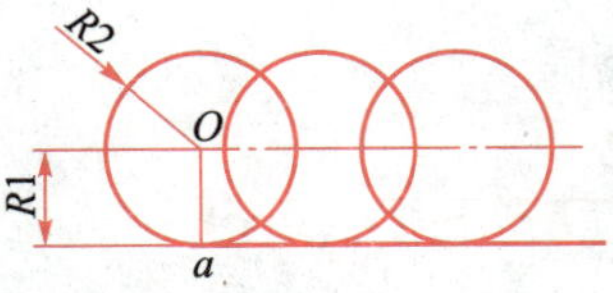

1. 圆弧与直线连接
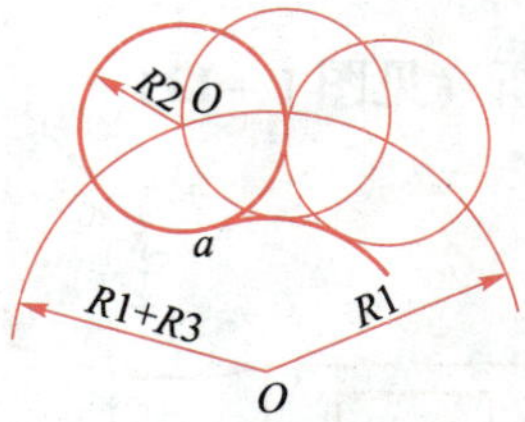

2. 圆弧与圆弧外连接
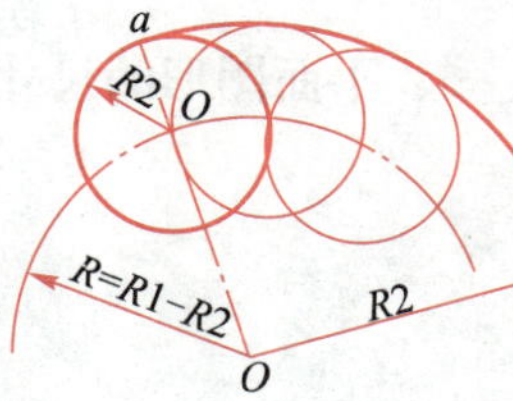

3. 圆弧与圆弧内连接</td></tr>
<tr><td>用圆弧 R2 mm 连接两直线</td><td>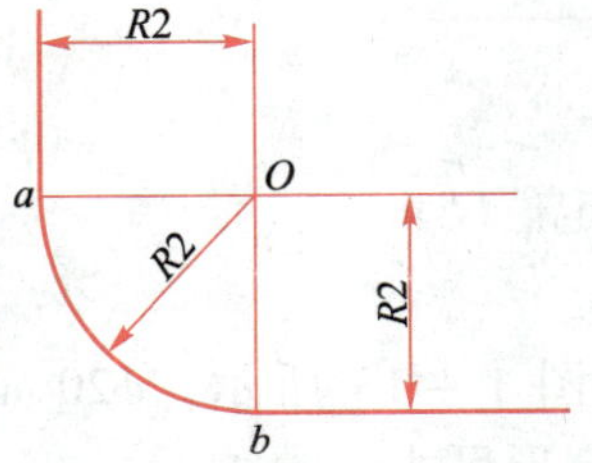

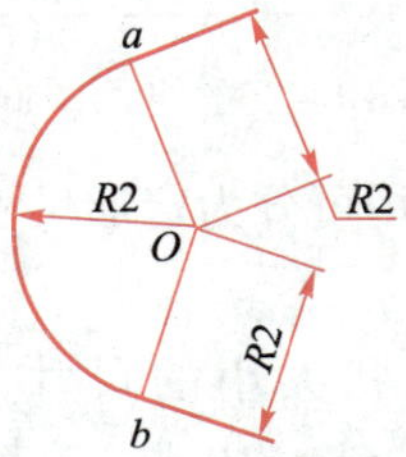

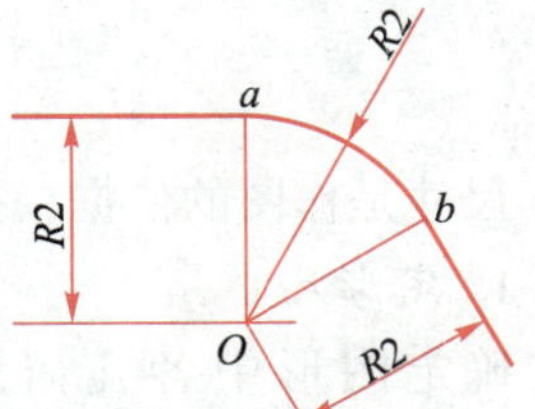

作两条直线分别平行于两已知直线（距离为 R2），其焦点即为圆心 O，自点 O 向两已知直线分别作垂线，垂足即为切点 a、b，再用半径为 R2 的圆弧连接两直线即可</td></tr>
<tr><td>用圆弧 R2 mm 连接直线与圆弧 R1 mm</td><td>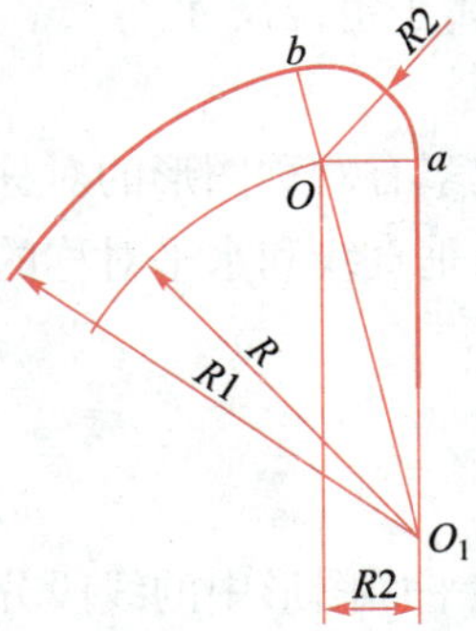

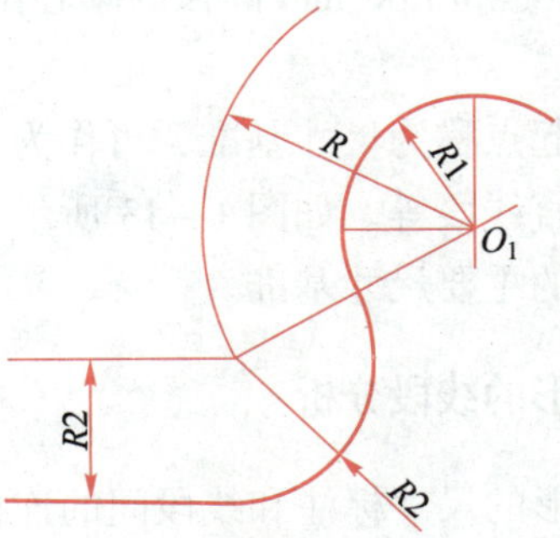

作直线平行于已知直线（距离为 R2），作圆弧 R（左图 $R=R1-R2$，右图 $R=R1+R2$）与直线的交点即为圆心 O，自点 O 向已知直线作垂线，垂足即切点 a，作直线 OO_1 与圆弧的交点即切点 b，再用半径为 R2 的圆弧连接即可</td></tr>
<tr><td>用圆弧 R2 mm 连接两圆弧</td><td>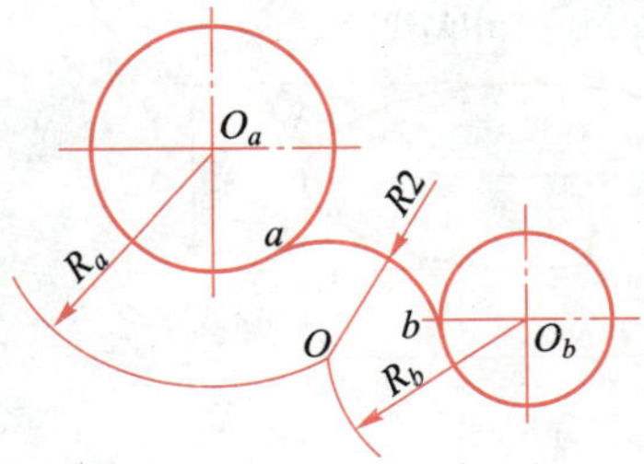

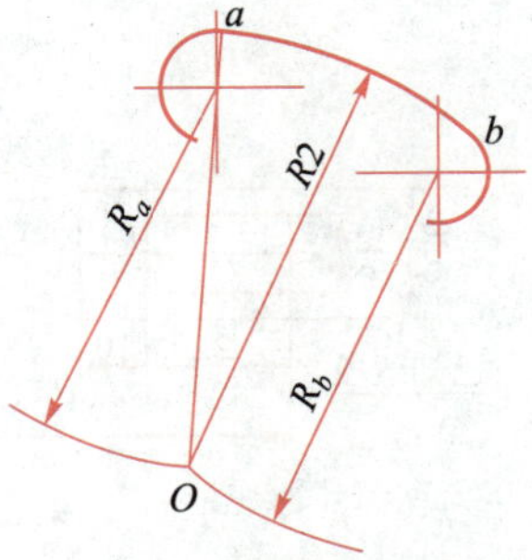

作圆弧 R_a 和 R_b（其大小由内切或外切确定），其交点即为圆弧 R 的圆心 O，作直线 OO_a、OO_b，它们与已知圆弧的交点即为切点 a、b，再用半径为 R2 的圆弧连接</td></tr>
</table>

知识拓展

一、平面图形的尺寸分析（见图 1－13）

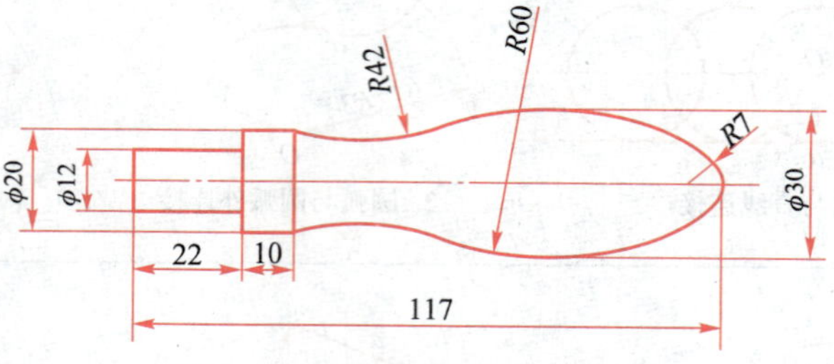

图 1－13　平面图形的尺寸分析

尺寸是作图的依据，按其作用可分为定形尺寸和定位尺寸。

1. 定形尺寸

确定图形中各几何元素形状大小的尺寸。如图 1－13 所示，$\phi20$ mm、$\phi12$ mm、$R42$ mm、$SR7$ mm、$R60$ mm、22 mm、10 mm 等都是定形尺寸。

2. 定位尺寸

确定图形中各几何元素相对位置的尺寸。如图 1－13 所示，117 mm、$\phi30$ mm 是确定 $SR7$ mm 圆弧的圆心和 $R60$ mm 圆弧的圆心位置的尺寸，属于定位尺寸。

3. 尺寸基准

尺寸标注的起点称为尺寸基准，可作为基准的几何元素有对称图形的对称线、圆的中心线、水平或垂直直线段等。如图 1－13 所示，左侧第二条垂直线和水平对称的中心线是长度方向和高度方向的主要尺寸基准。

二、平面图形的线段分析

根据平面图形的尺寸标注和线段间的连接关系，可将平面图形中的线段分为三类：

1. 已知线段

由尺寸可以直接画出线段，既有足够的定形尺寸和定位尺寸的线段，如图 1－14 所示，手柄左侧 $\phi12$ mm、$\phi20$ mm 圆柱和右侧 $SR7$ mm 圆弧。

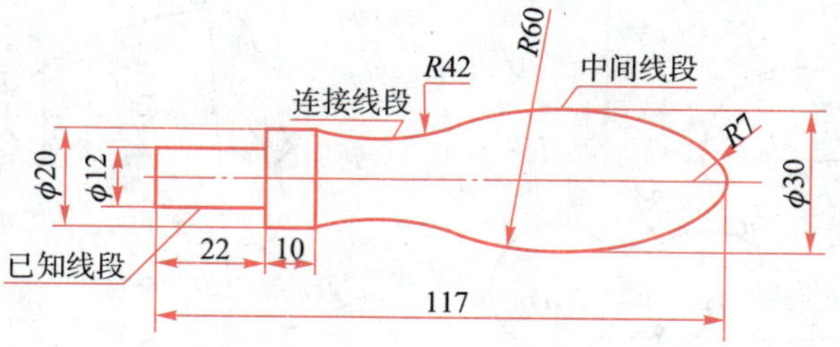

图 1－14　手柄线段分析图

2. 中间线段

除已知尺寸外，还需要一个连接关系才能画出线段，即缺少一个定位尺寸的线段。如图

1－14 所示，*R*60 mm 圆弧就是中间线段。

3. 连接线段

需要两个关系才能画出的线段。如图 1－14 所示，*R*42 mm 圆弧就是连接线段。绘图顺序一般是首先画已知线段，再画中间线段，最后画连接线段。

三、绘制手柄平面图

手柄平面图的作图步骤见表 1－11。

表 1－11　手柄平面图的作图步骤

<table>
<tr><th>画法与步骤</th><th>图例</th></tr>
<tr><td>1. 画基准线
作出水平基准线（轴线）A 和垂直基准线 B</td><td>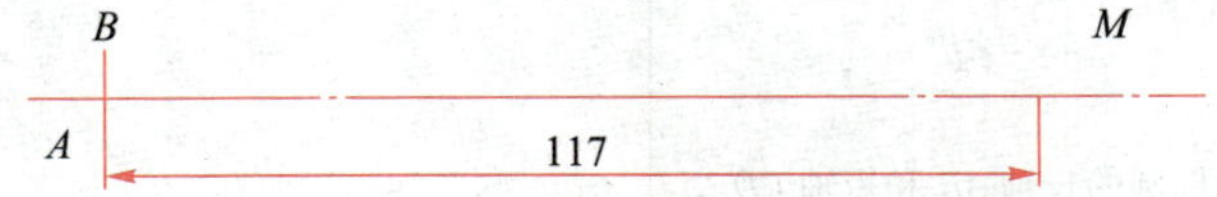
</td></tr>
<tr><td>2. 画已知线段
从基准线 B 向右截取长度 117 mm 与轴线 A 交于 M 点，分别画出 ϕ12 mm、长 22 mm，ϕ20 mm、长 10 mm的轮廓线，右端以交点 M 向左在轴线上截取 SR7 mm 的圆心 O 点并画弧</td><td>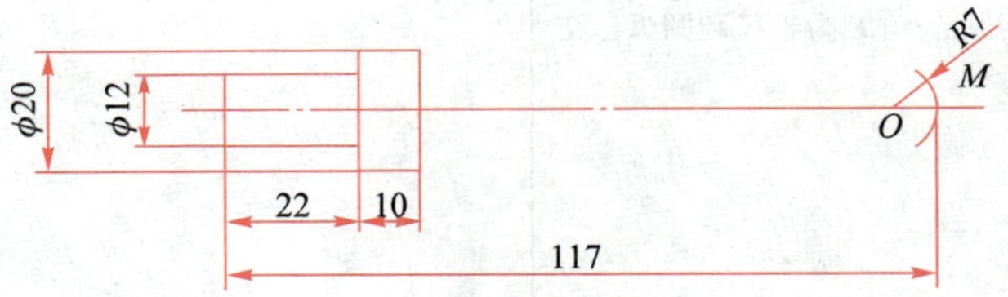
</td></tr>
<tr><td>3. 画中间线段
画中间线段 R60 mm 如右图。R60 mm与 ϕ30 mm 的两条直线相切，同时与 R7 mm 圆弧相切</td><td>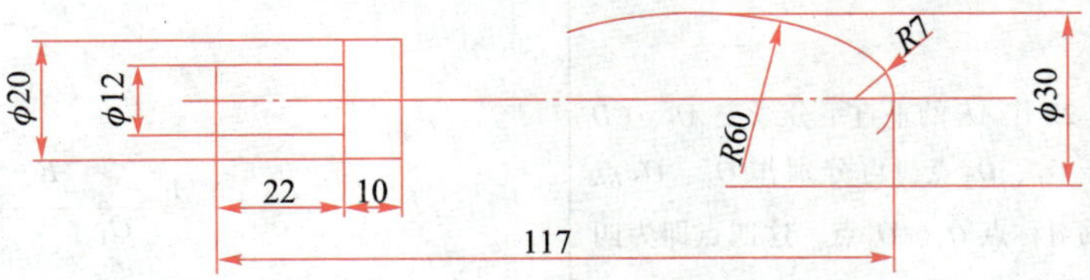
</td></tr>
<tr><td>4. 画连接线段
画连接线段 R42 mm，如右图。R42 mm与 R60 mm 圆弧外切，同时过矩形框 10 mm × 20 mm 的右上角点，即点在 R42 mm 圆弧上</td><td>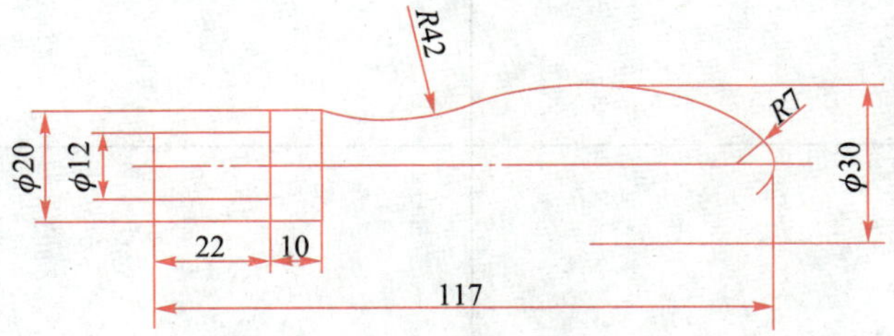
</td></tr>
<tr><td>5. 检查
检查无误，去掉多余的辅助线，加深图线，标注尺寸，完成手柄平面图</td><td>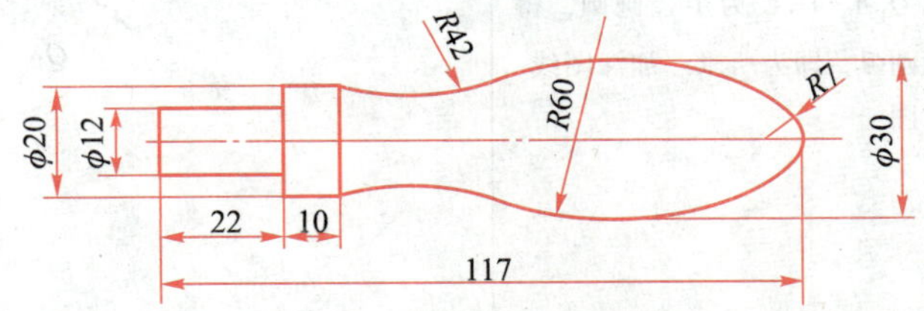
</td></tr>
</table>

知识拓展

一、椭圆的画法

椭圆的画法见表1－12。

表1－12　椭圆的画图步骤

画法	图例
1. 画椭圆的长轴 AB 和短轴 CD 交于 O 点，以 O 为圆心、1/2AB 为半径画圆弧，交 CD 的延长线于 E 点，以 C 为圆心、CE 为半径画圆弧，交 AC 于 F 点	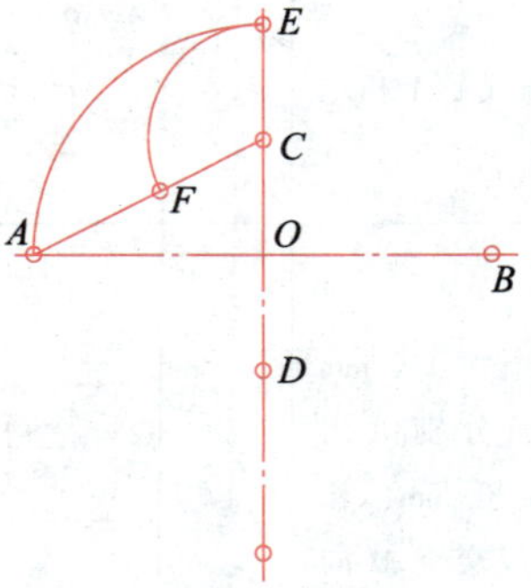
2. 作 AF 的垂直平分线交 AB、CD 于 O_1、O_2 点，再分别作 O_1、O_2 点的对称点 O_3、O_4 点。这四点即为四段圆弧的圆心	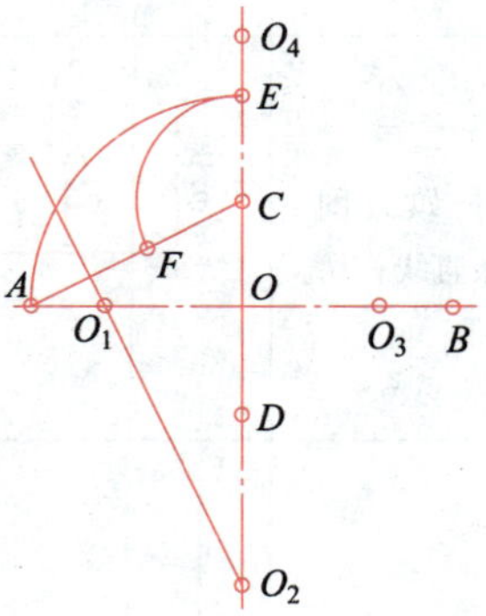
3. 分别以 O_1、O_3 和 O_2、O_4 为圆心，以 O_1A、O_2C 为半径画圆，得到四段圆弧，即为所求。加深图线，完成作图	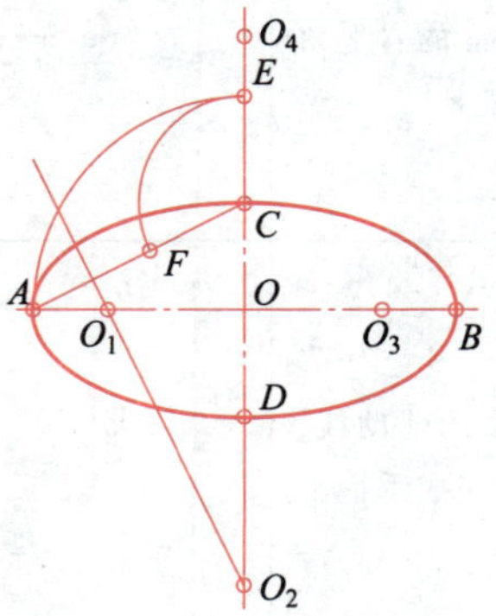

二、斜度、锥度的画法

1. 斜度

1）斜度的概念

斜度是指一直线对另一直线或一平面对另一平面的倾斜程度，其大小用该两直线（或平面）夹角的正切来表示，并简化为 $1:n$ 的形式，如图 1－15（a）所示。

2）斜度符号的画法及标注方法

斜度符号的画法如图 1－15（b）所示。图样上标注斜度符号时，其斜度符号的斜边应与图中斜线的倾斜方向一致，如图 1－15（c）所示。

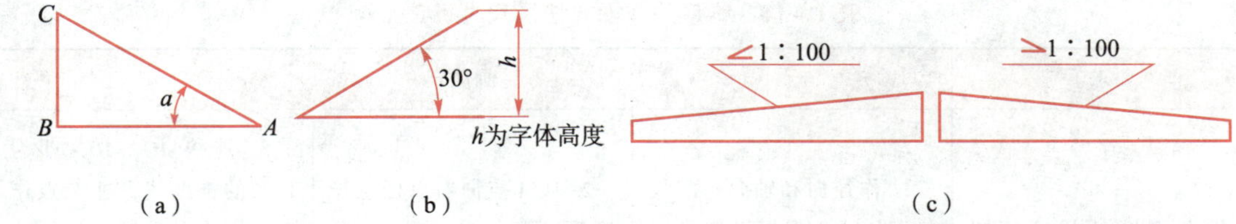

图 1－15　斜度

（a）斜度几何图；（b）斜度符号；（c）斜度符号应用示例

3）斜度的作图方法及尺寸标注（见表 1－13）

表 1－13　斜度的作图方法及尺寸标注

要求	画法		
按照下图的尺寸绘图	1. 由已知尺寸作出无斜度的轮廓线	2. 将 AC 线段五等分，作 BC⊥AB，取 BC 为一等分	3. 连接 AC 即为 1：5 的斜度线； 4. 检查，描粗，标注尺寸，完成作图
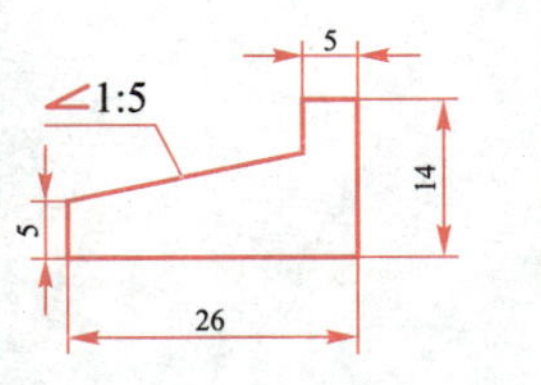	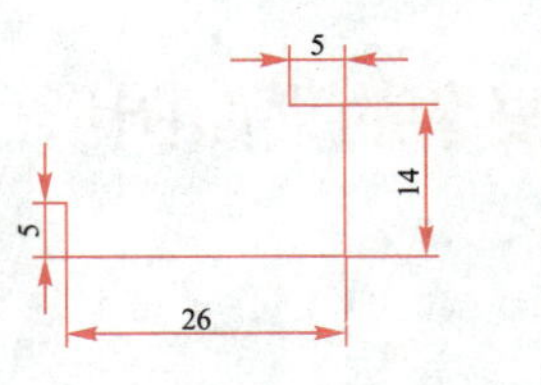	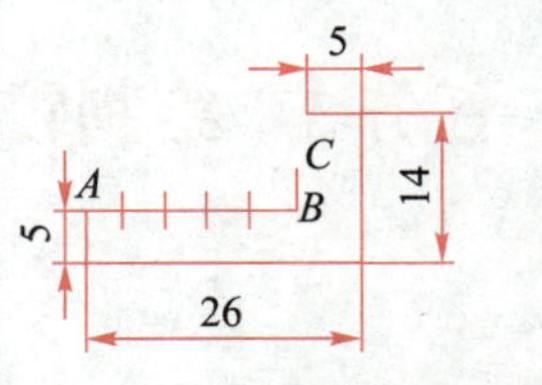	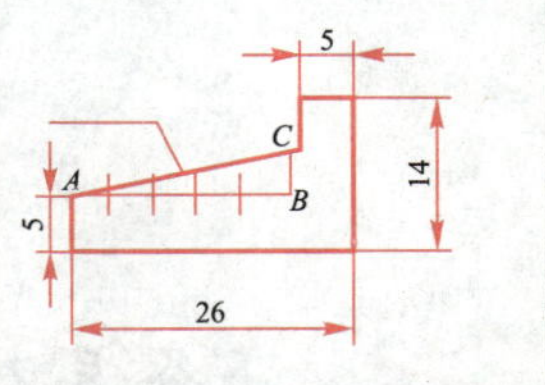

2. 锥度

1）锥度的概念

锥度是指正圆锥的底圆直径与其高度之比，若是锥台，则为上下两底圆直径差与锥台高度之比，并以 $1:n$ 的形式表示，如图 1－16 所示。

2）符号的画法及标注方法

锥度符号的画法如图 1－16 所示。图样上标注锥度符号时，其锥度符号的尖点应与圆锥的锥顶方向一致，如图 1－16 所示。

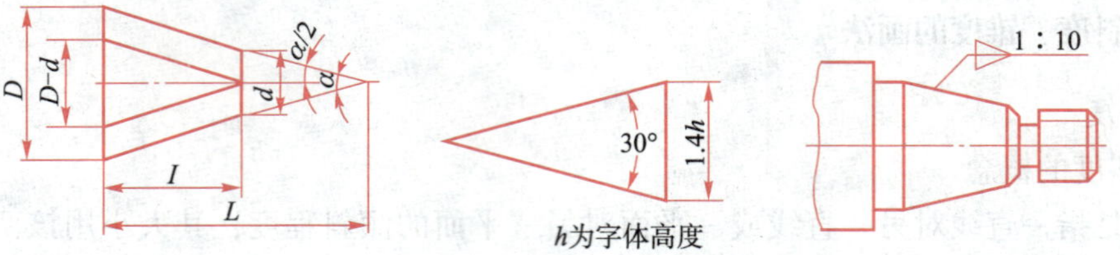

（a） （b） （c）

图 1－16 锥度及其符号

（a）锥度；（b）锥度的符号；（c）锥度符号应用示例

3）锥度的作图方法及尺寸标注（见表 1－14）

表 1－14 锥度的作图方法及尺寸标注

要求	画法		
按照下图的尺寸绘圆锥台	1. 作径向和轴向基准线交于 A 点，根据已知尺寸截取 $\phi 20$ 交于 E、F 点，截取长度 60	2. 从 A 点向右以任意长度截取两等分，得 B 点，过 B 点作 $CD \perp AB$，取 CD 为一等分	3. 连接 AC、AD，即为 1 : 2的锥度线。过 E 点作 AC 的平行线，过 F 点作 AD 的平行线； 4. 检查、描粗，标注尺寸，完成作图
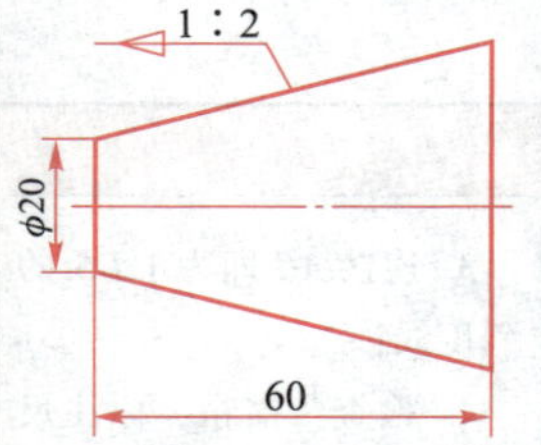	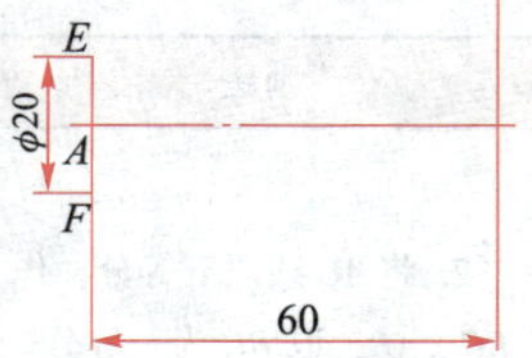	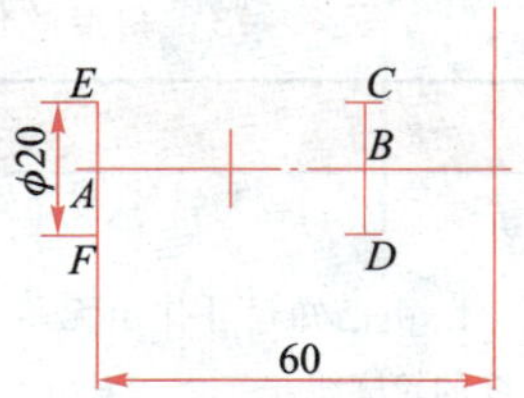	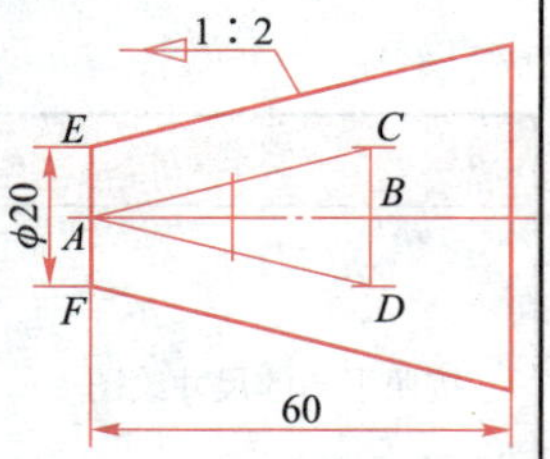

任务 3 绘制较复杂的平面图形

任务导入

在 A3 图纸上绘制如图 1－17 所示的挂轮架平面图形，要求符合国家制图标准的有关规定。

任务分析

一张完整的图纸一般由图幅、标题栏、图形、尺寸、技术要求等组成，如图 1－17 所示挂轮架平面图形就是一张完整的图纸。

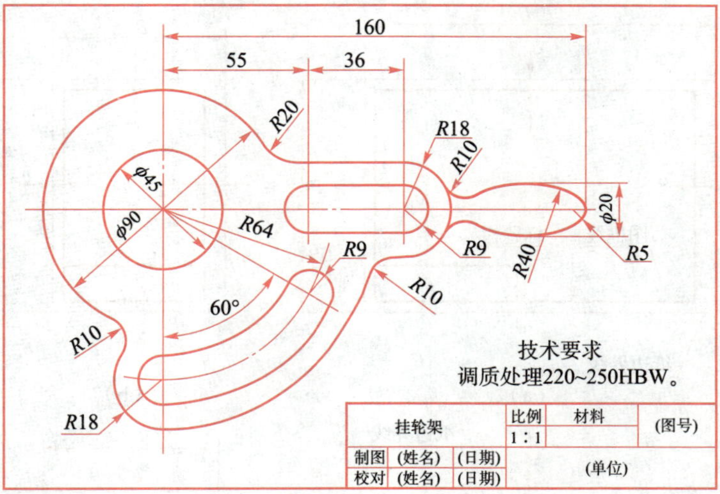

图 1－17　挂轮架平面图形

相关知识

一、图幅

1. 图纸幅面

图纸幅面是指由图纸宽度与长度组成的图面。

为了使图纸幅面统一，便于装订和管理并符合微缩复制原件的要求，绘制技术图样时应按以下规定选用图纸幅面。

应优先采用表 1－15 中规定的图纸基本幅面（表中符号 *B*、*L*、*e*、*c*、*a* 如图 1－18 所示）。基本幅面共有 5 种，其尺寸关系见表 1－15。

表 1－15　基本幅面尺寸　mm

幅面代号	A0	A1	A2	A3	A4
尺寸 $B \times L$	841 × 1 189	594 × 841	420 × 594	297 × 420	210 × 297
c	10			5	
A	5				
e	20		10		

（2）必要时允许选用加长幅面，其尺寸必须是由基本幅面的短边成整数倍增加后得出。

2. 图框格式

图纸上限定绘图区域的线框称为图框。

（1）在图纸上必须用粗实线画出图框，其格式分为留装订边和不留装订边两种，如图 1－18所示。

（2）同一产品的图样只能采用一种图框格式。

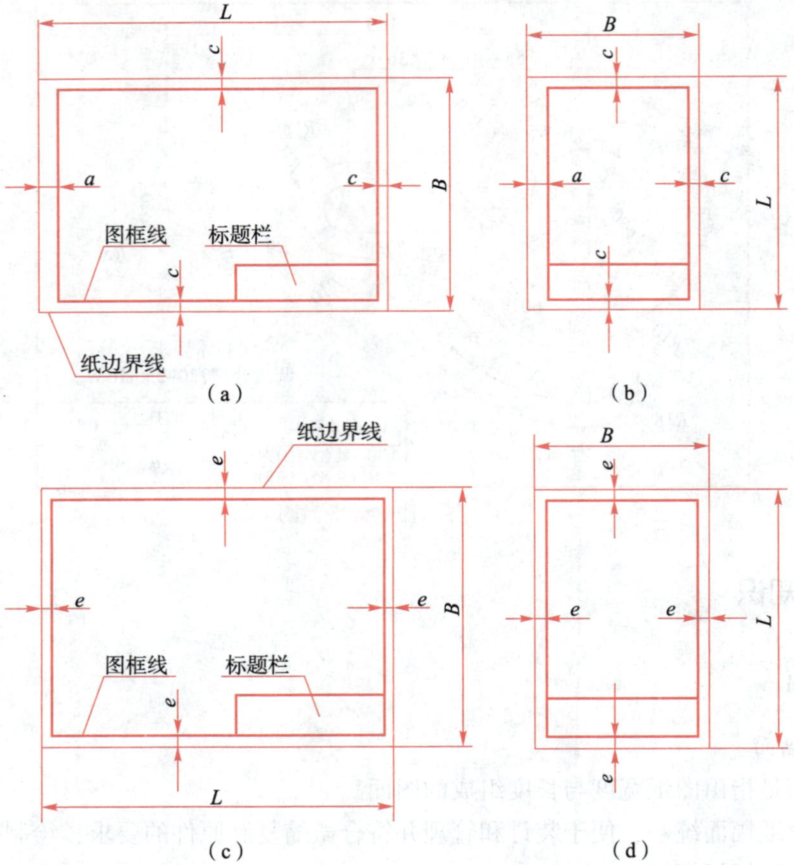

图 1－18　图框格式

(a)、(b) 留装订边；(c)、(d) 不留装订边

3. 对中符号和看图方向

图框右下角必须画出标题栏，标题栏中的文字方向为看图方向。为了使图样复制时定位方便，在各边长的中点处分别画出对中符号（粗实线）。如果使用预先印制的图纸，需要改变标题栏的方位，则必须将其旋转至图纸的右上角。此时，为了明确绘图与看图的方向，应在图纸的下边对中的符号画出方向符号。

为了复制和微缩摄影的方便，应在图纸各边长的中点处绘制对中符号。对中符号是从周边画入图框内 5 mm 的一段粗实线。当对中符号在标题栏范围内时，则深入标题栏内的部分予以省略。

4. 标题栏

国家标准（GB/T 10609.1—2008）对标题栏的内容、格式及尺寸做了统一的规定。本书在制图作业中建议采用图 1－19、图 1－20 所示的格式。

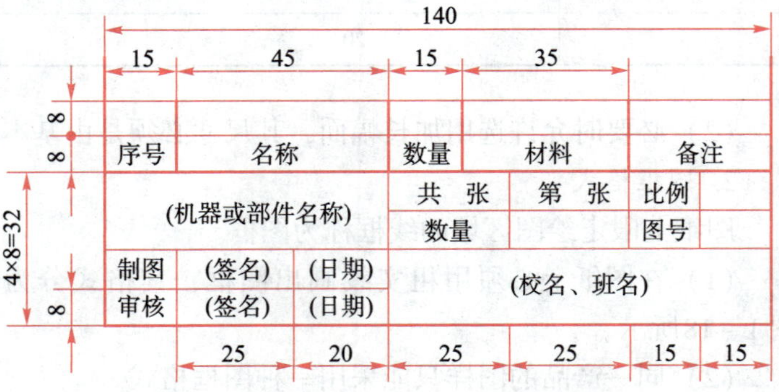

图 1－19　装配图用标题栏

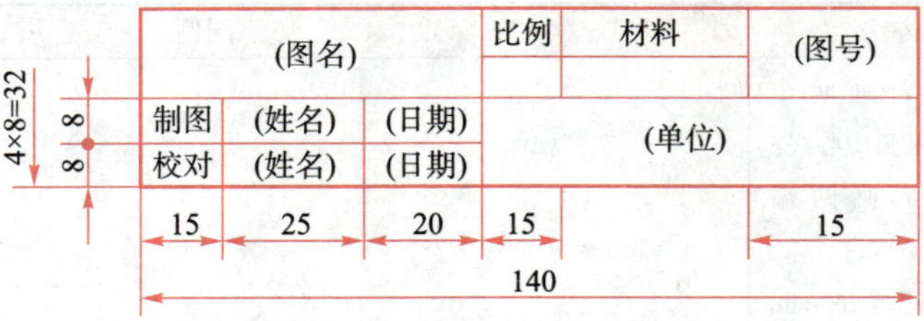

图 1－20　零件图用标题栏

二、挂轮架的作图步骤（见表 1－16）

表 1－16　挂轮架的作图步骤

步骤	方法	图例
1. 绘制图框、标题栏 2. 绘制基准线	选取 ϕ45 mm 圆的横中心线和竖中心线作为基准	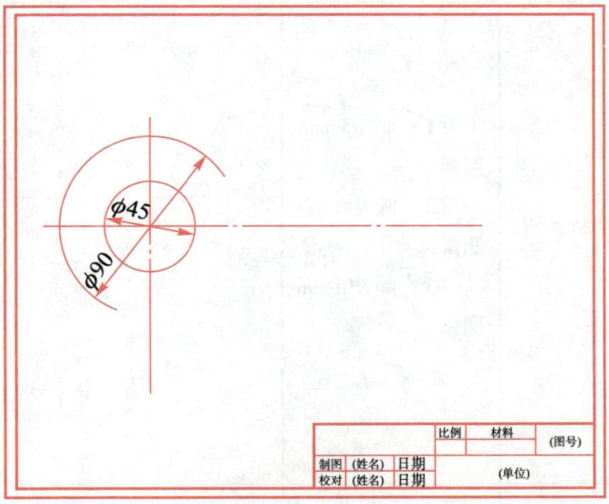
3. 绘制中心圆盘	画 ϕ45 mm 圆和 ϕ90 mm 圆弧	
4. 绘长圆孔部分	（1）画长圆孔两个半圆的中心线； （2）画长圆孔的轮廓线； （3）画 R18 mm 圆弧及上、下横线； （4）画上横线与 ϕ90 mm 圆弧间的 R20 mm 连接弧	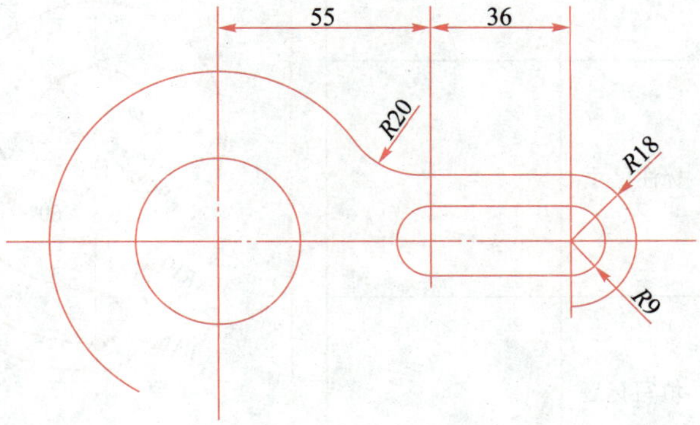

续表

步骤	方法	图例
5. 绘弧形孔部分	（1）画两个 *R*9 mm圆弧中心线； （2）画两端 *R*9 mm 圆弧； （3）画 *R*9 mm 圆弧的连接弧； （4）画 *R*18 mm 圆弧； （5）画 *R*18 mm 圆弧的右侧连接弧； （6）画两侧 *R*10 mm 连接弧及右下切线	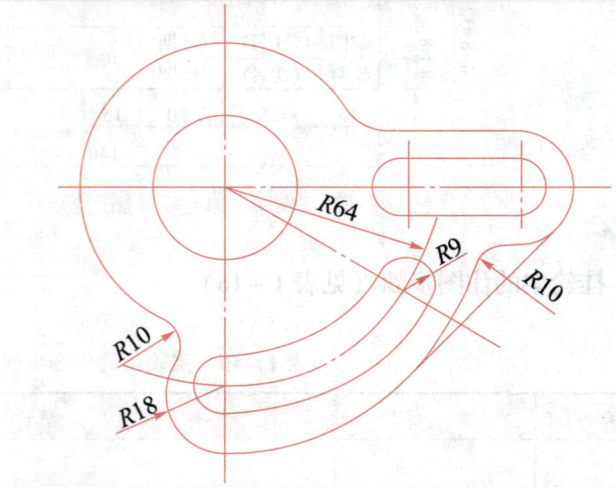
6. 绘制手柄	（1）画 *R*5 mm 圆弧； （2）画 *R*40 mm 圆弧； （3）画 *R*10 mm 圆弧	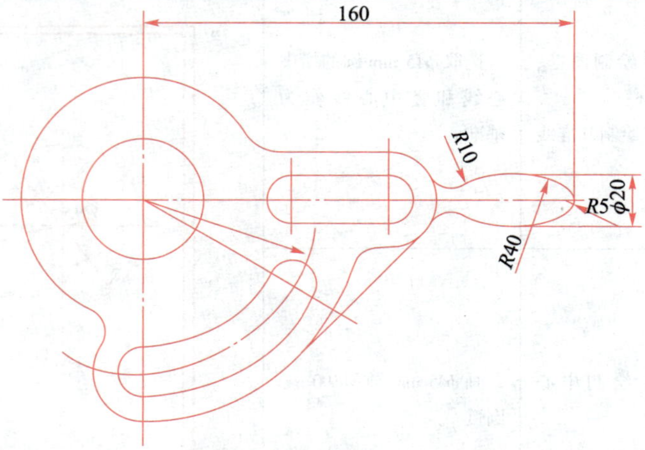
7. 校核、描粗	描粗前检查各部图线，擦除多余的作图线	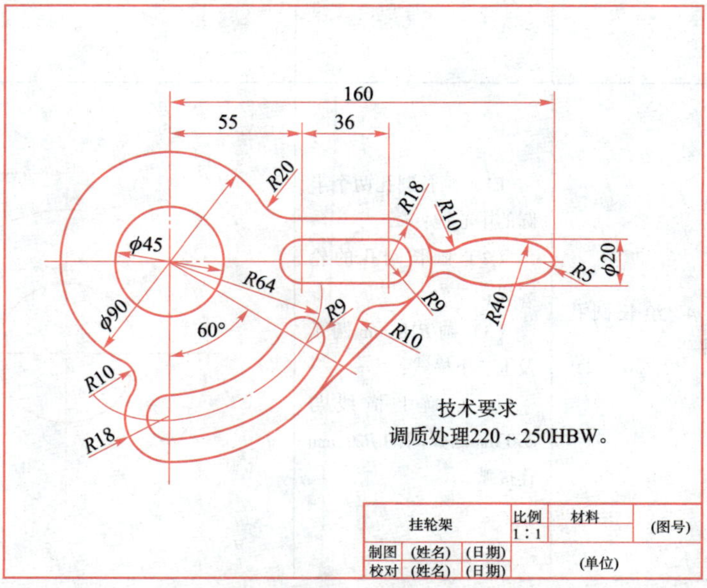
8. 标注尺寸		
9. 填写标题栏、技术要求		

模块二　物体的三视图

项目一　绘制简单形体的三视图

知识目标

(1) 掌握平行投影法的定义和分类。
(2) 掌握三投影面体系的构成。
(3) 掌握三视图的形成及三视图的投影规律。

任务1　绘制锉配件的正投影图

任务导入

在机械设计、生产过程中，需要用图来准确地表达机器和零件的形状、大小，图 2－1 所示为锉配件的立体图。立体图就像照片一样富有立体感，给人以直观的印象，但是它在表达物体时，某些结构的形状发生了变形（矩形被表达为平行四边形），可见立体图很难准确地表达机件真实形状。如何才能完整准确地表达物体前表面的形状和大小呢？

图 2－1　锉配件立体图

任务分析

在中学的数学课上，大家都学过投影与视图的知识，如果正对着锉配件的前面观察，所看到的图像就能准确地反映锉配件前面的形状和大小。

相关知识

一、投影法

物体在光线的照射下会在地面或墙壁上产生影子，人们通过长期的观察、实践和研究，找出了光线、形体及其影子之间的关系和规律，投影法就是人们根据这一自然现象总结出来的。如图 2－2 所示，在投影时，太阳（光源）称为投影中心，光线称为投影线，地面称为投影面，影子称为投影。因此投影法可定义为：一组射线通过物体，向预设的投影面投射，并在投影面上得到图形的方法。

二、平行投影法

太阳的光线是互相平行的，这种投影线互相平行的投影方法称为平行投影法。

观察上午和中午人在地面上的影子，发现投影线（光线）与投影面（地面）的夹角不同时，得到的图形是不一样的。怎样才能得到准确表达物体形状和大小的投影图？观察图 2－2，与地面平行的太阳光线照射在人身上，在墙壁上产生影子。不难看出，这时人的影子和人的形状是完全一样的。此时光线与墙壁垂直，这种投影线与投影面垂直的投影称为正投影，得到的图形称为正投影图或视图。如图 2－3 所示的投影线与投影面倾斜的投影称为斜投影。

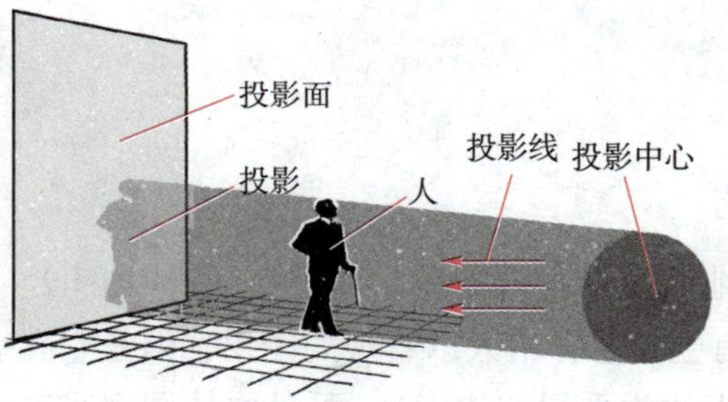

图 2－2　正投影

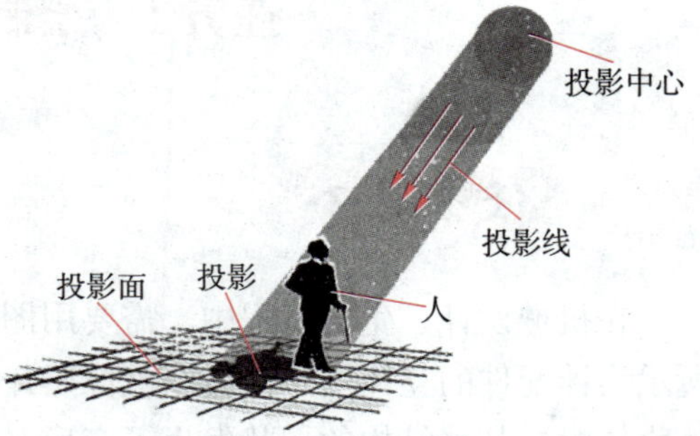

图 2－3　斜投影

多了解一点

投影法分为：

（1）中心投影法。投影线交于一点的投影方法称为中心投影法。

（2）平行投影法。投影线互相平行的投影方法称为平行投影法。

平行投影法分为：

(1) 正投影法。投影线与投影面垂直的投影方法称为正投影法。

(2) 斜投影法。投影线与投影面倾斜的投影方法称为斜投影法。

任务实施

一、锉配件正投影图的形成

如果将图 2－2 中的人换成锉配件，如图 2－4 所示。把投影面放在正前方，物体放在人与投影面之间，让互相平行且与投影面垂直的投影线投射物体，就会在投影面上得到正投影图（又称为视图）。很显然，该正投影图能准确地表达物体前面的形状和大小。

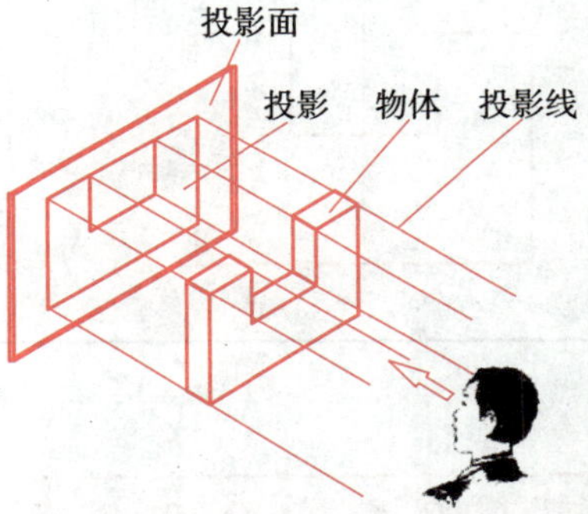

图 2－4　锉配件正投影图的形成

二、锉配件正投影图的绘图步骤

锉配件正投影图的绘图步骤见表 2－1。

表 2－1　锉配件正投影图的绘图步骤

步骤	图例	说明
1. 形体分析	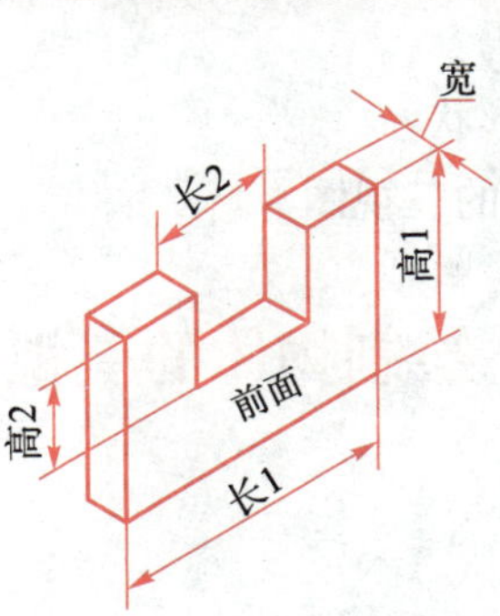	锉配件由长方形割矩形槽而成

续表

步骤	图例	说明
2. 绘制对称中心线		对称中心线用细点画线绘制
3. 绘制长方形外形的投影		测量长方体的尺寸“长 1”和“高 1”，按 1∶1 作图
4. 绘制槽口的投影	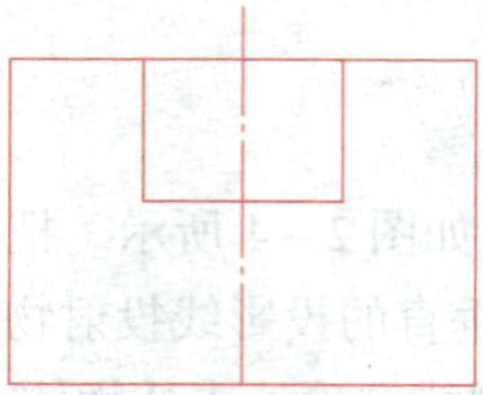	测量槽口的尺寸“长 2”和“高 2”，按 1∶1 作图
5. 完成正投影图	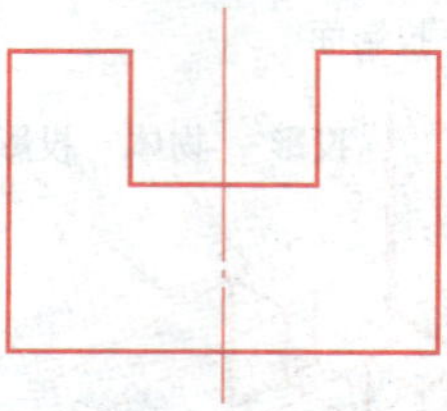	擦去多余图线，按标准描深图线。 注意：轮廓线用粗实线绘制

小提示

绘制锉配件正投影图时，要先做简单的形体分析，然后画底稿，底稿要先画对称中心线。底稿完成后，要检查底稿，修正错误，描深图线。注意：轮廓线用粗实线绘制。

勤思考

（1）一个视图能完整地表达物体吗？
（2）如何表达锉配件各个表面的形状？
（3）图 2-5 中找出与立体图对应的三视图。

任务 2　绘制物体的三视图

任务导入

一个视图只能表达物体一个面的形状，但不能完整地表达物体的全部形状，如物体顶面和侧面的形状则无法反映。因此，要想表达锉配件的完整形状，就必须从物体的几个方向进行投射，绘制出几个视图。通常我们在物体的后面、下面和右面放置三个投影面，从物体的前面、上面和左面进行投射，分别绘出三个视图，如图 2－5 所示。下面绘制锉配件的三视图，并分析其方位关系和投影规律。

任务分析

物体向三个投影面投射，分别得到三个视图。想一想，图 2－6 所示的三个投影面分别在什么位置？如何将空间的三个视图表达在一个平面上？

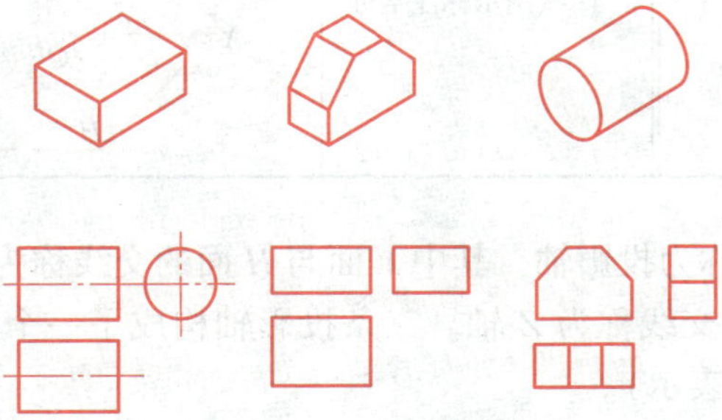

图 2－5 立体图与三视图对应

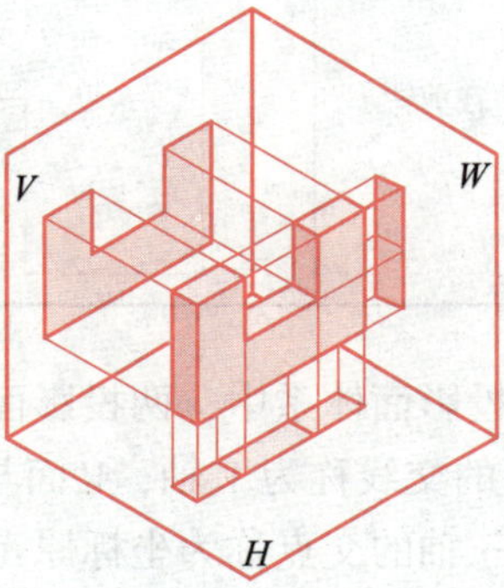

图 2－6 三视图的形成

多了解一点

三投影面体系

在一般情况下，把正对着我们的投影面称为正投影面（用 V 表示），水平放置的投影面称为水平投影面（用 H 表示），右边侧立的投影面称为侧投影面（用 W 表示）。这三个投影面的组合称为三投影面体系。

任务实施

一、制作三投影面体系

下面准备一张比较硬的正方形纸（尺寸大于 150 mm × 150 mm），按表 2－2 的步骤裁剪和折叠，并在正投影面上标注字母 V，在水平投影面上标注字母 H，在侧投影面上标注字母 W。

表 2－2　制作三投影面体系

步骤	图例	步骤	图例
1. 准备一张正方形的硬纸		3. 按图示折叠	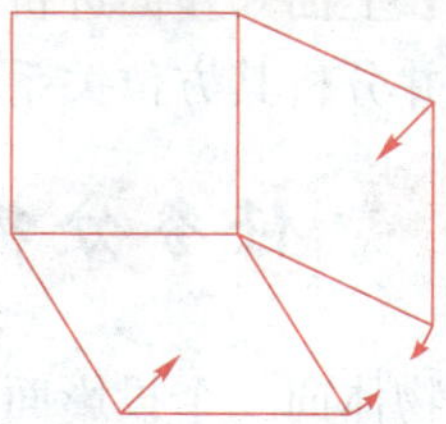
2. 按图示裁剪		4. 按图示标注字母	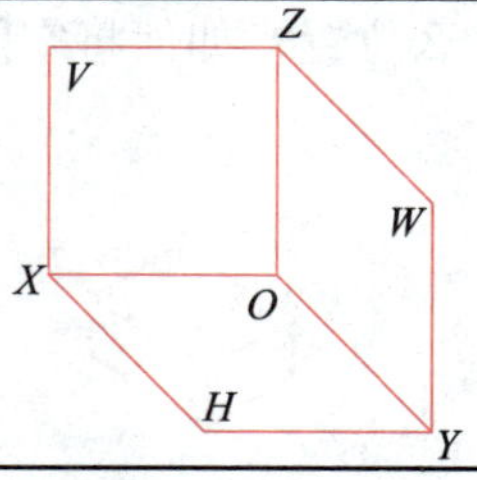

在三投影面体系中，两投影面的交线称为投影轴。其中 V 面与 H 面的交线称为 X 轴，H 面与 W 面的交线称为 Y 轴，V 面与 W 面的交线称为 Z 轴。三条投影轴构成了一个空间直角坐标系，三轴的交点称为坐标原点（用 O 表示）。

二、绘制锉配件的三视图

1. 形成三视图

将物体放在三投影面体系中，用正投影法分别向三个投影面投射，得到物体的三视图，即：

（1）主视图。将物体由前向后向正投影面投影得到的视图称为主视图（见图 2－6）。

（2）俯视图。将物体由上向下向水平投影面投射得到的视图称为俯视图（见图 2－6）。

（3）左视图。将物体由左向右向侧投影面投射得到的视图称为左视图（见图 2－6）。

2. 绘制三视图

下面在自己制作的三投影面体系上绘制图 2－6 所示形体的三视图，其绘图方法和步骤见表 2－3。

表 2－3　三视图的绘图方法和步骤

步骤	图例	说明
1. 在正投影面上绘制长方体的主视图	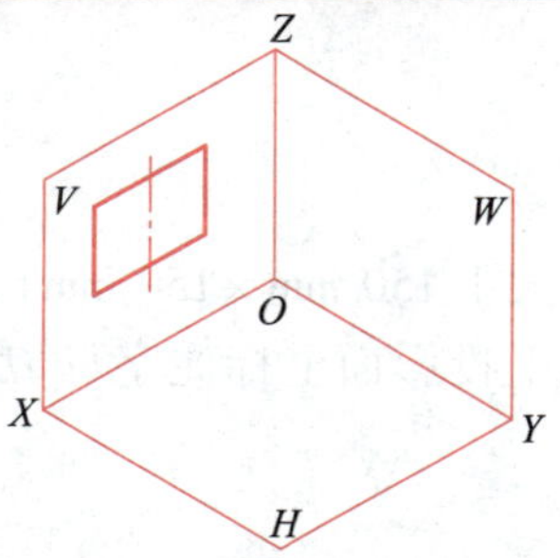	测量长方体的长和高，按 1∶1 作图

续表

步骤	图例	说明
2. 在水平投影面上绘制长方体的俯视图	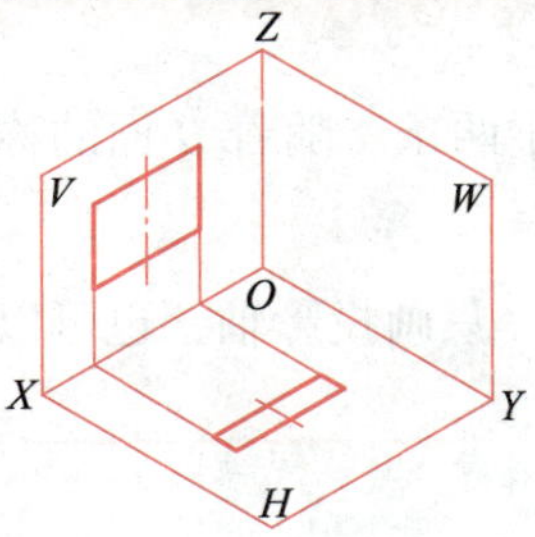	测量长方体的宽，按1∶1作图；注意：使主视图与俯视图上下对齐
3. 在侧投影面上绘制长方体的左视图	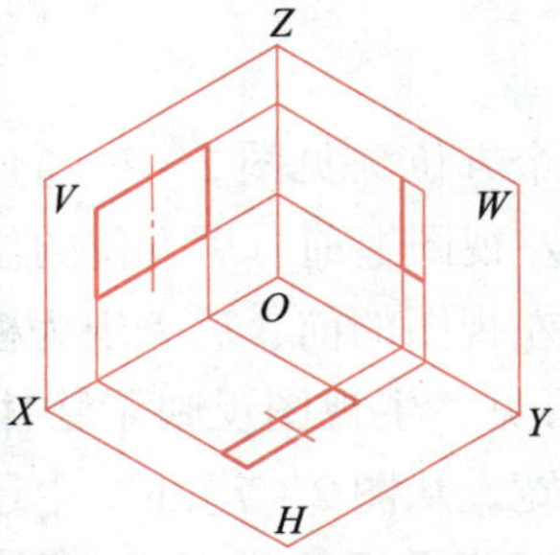	注意：使主视图与左视图同高，使俯视图和左视图到 Y 轴的连线对齐
4. 在主视图上绘制矩形切口的投影	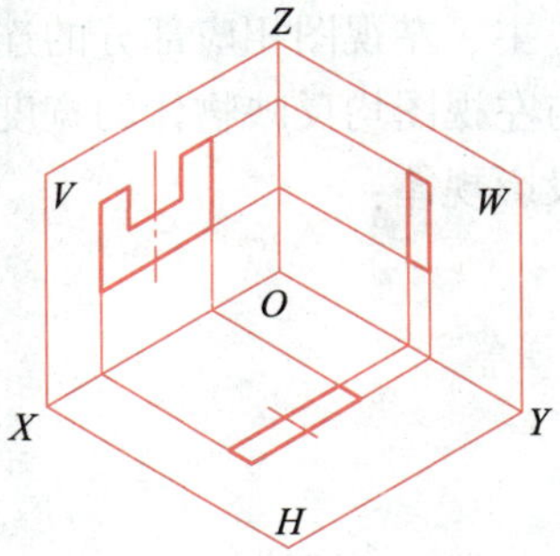	测量槽口的长度和深度，按1∶1作图
5. 绘制矩形切口在水平投影面上的投影和在侧投影面上的投影	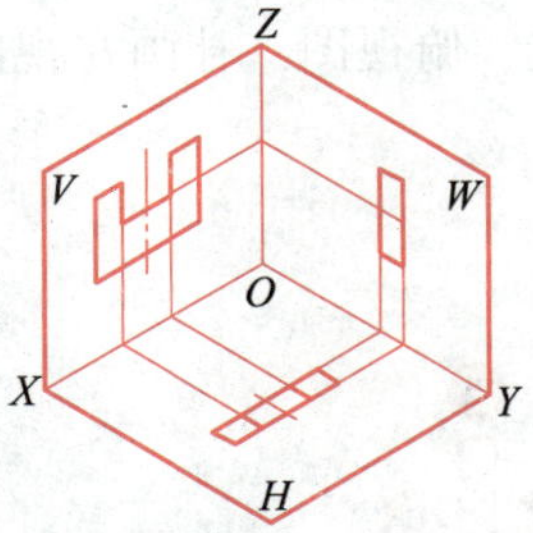	切口在侧投影上不可见，故画细虚线。注意：矩形切口在主视图和左视图上的连线要对齐，在主视图和俯视图上的连线也要对齐
6. 将三投影面体系展开	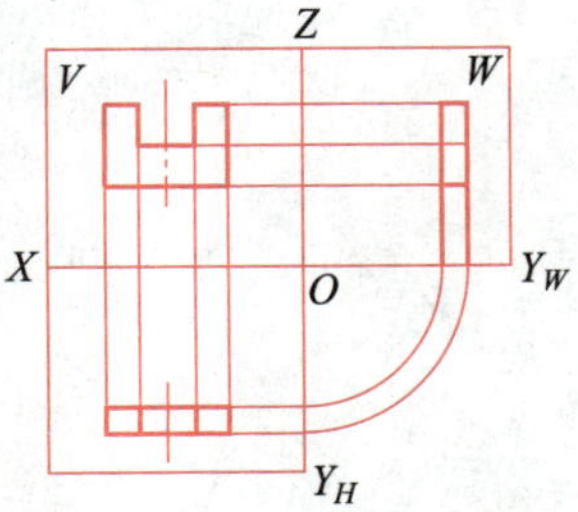	将水平投影面和侧投影面沿着 Y 轴拆开，水平投影面绕着 X 向下旋转90°，侧投影面绕着 Z 轴向右旋转90°，使三视图展开在一个平面上

小提示

（1）三投影面体系展开时，Y 轴变成了两条。随着 H 面的称为 Y_H 轴，随着 W 面的称为 Y_W 轴。

（2）在绘制三视图时，可不画投影面，只画投影轴，也可以省略投影轴。

三、分析三视图的投影规律

空间物体有前、后、左、右、上、下 6 个方位［见图 2－7（a）］。物体 6 个方位在三视图中的位置如图 2－7（b）所示，注意俯、左视图上前、后方位的位置，俯视图上的前、后表现为纵向，左视图的前、后表现为纵向，左视图的前、后表现为横向。

对比分析图 2－7（a）、图 2－7（b）可见，主视图反映了物体的长和高，俯视图反映了物体的长和宽，左视图反映了物体的高和宽。从图 2－7（b）中还可以看出，俯视图在主视图的下方，主、俯视图相应部分的连线为互相平行的竖直线，即其对应要素的长度相等，且左、右两端对正；左视图在主视图右侧，主、左视图相应部分的连线为水平直线，即其对应要素的高度相等，且上下平齐；俯视图与左视图均反映物体的宽度，所以俯、左视图对应部分的宽度相等。因此可归纳出三视图的投影规律：

主、俯视图长对正；

主、左视图高平齐；

俯、主视图宽相等。

勤思考

根据图 2－8 所示的支撑座的立体图，主、俯视图，补画左视图，并在三视图上标注物体的 6 个方位。

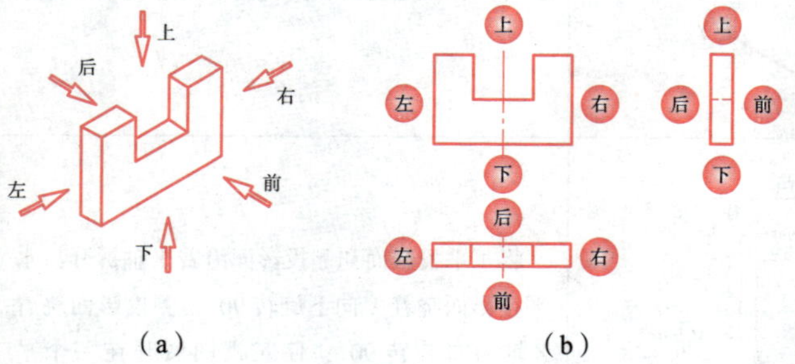

图 2－7　立体图与三视图的方位对照

（a）立体图；（b）三视图

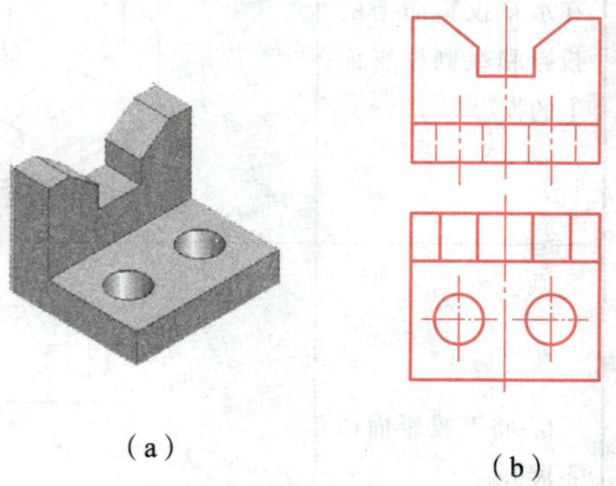

图 2－8　支撑座

（a）立体图；（b）主、俯视图

项目二　绘制点、线、面的投影

知识目标

(1) 掌握点的三面投影的表示方法。
(2) 掌握空间直线的分类及定义。
(3) 掌握空间平面的分类及定义。
(4) 掌握点、线、面的投影特点。

任何物体都是由点、线、面组成的。如图 2-9 所示的梯形块由 6 个四边形平面围成，每个四边形平面由 4 条线围成，每条线由两个端点连接而成。因此，要想看懂物体的三视图，必须掌握点、线、面等物体基本几何元素的投影特点。

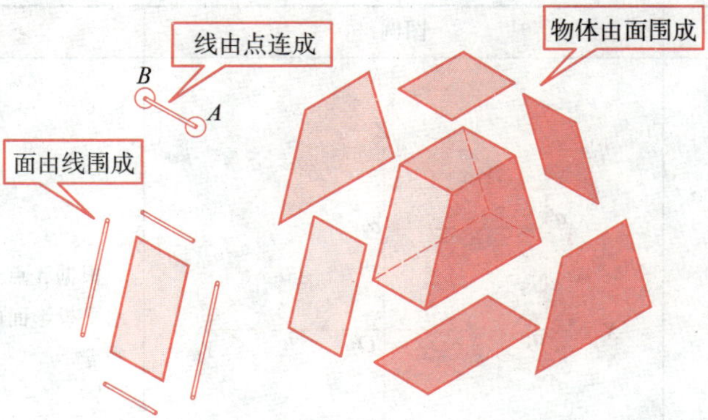

图 2-9　物体与点、线、面的关系

任务 1　绘制点的投影

任务导入

图 2-10 所示为长方体，将长方体放入三投影面体系中，将顶点 A 向三投影面进行投射，得到点的三面投影。试绘制点的三面投影，并分析其投影规律。

任务分析

将 A 点向正投影面（V）投影，得到点的正面投影 a'；将 A 点向水平投影面（H）投影，得到点的水平投影 a；将 A 点向侧投影面（W）投影，得到点的侧面投影 a''。那么，a，a'，a''分别与长方体的什么尺寸有关？

任务实施

一、作点的三面投影图

将图 2－10 所示的三投影面体系展开，即可得点的三面投影图。其作图步骤见表 2－4。

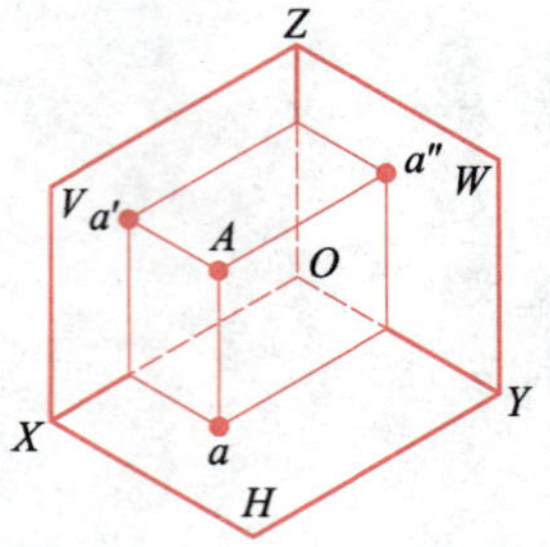

图 2－10　点的投影

表 2－4　点的投影的作图步骤

步骤	图例	说明
1. 作出点的正面投影	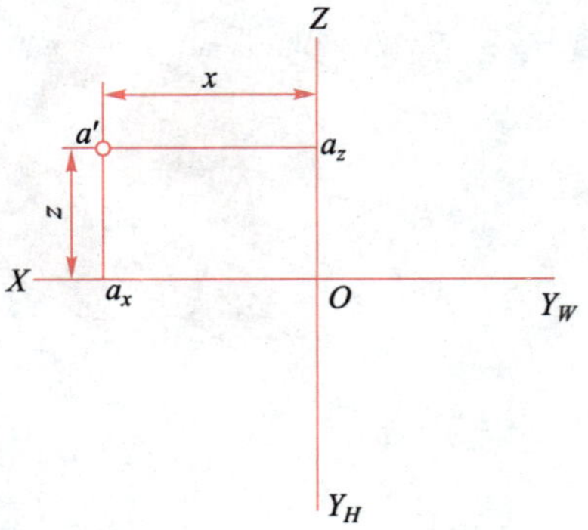	根据 A 点到侧投影面的距离 x 和到水平投影面的距离 z 绘制点的正面投影 a′
2. 作出点的水平投影	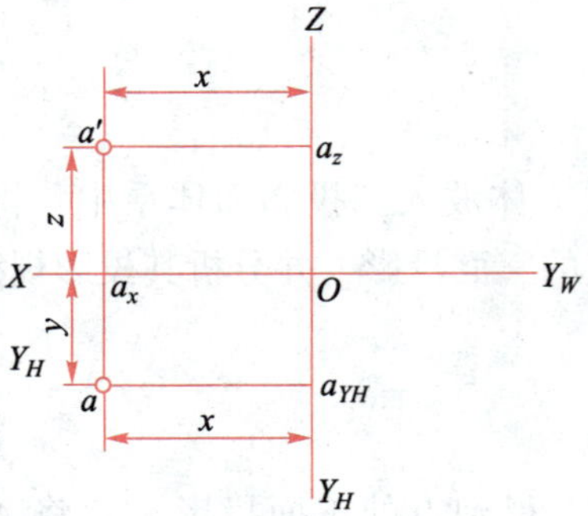	根据 A 点到侧投影面的距离 x 和到正投影面的距离 y 绘制点的水平投影 a

续表

步骤	图例	说明
3. 作出点的侧面投影	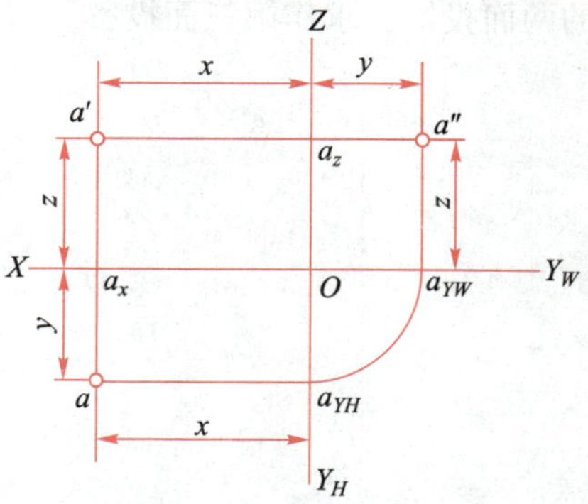	根据 A 点到正投影面的距离 y 和到水平投影面的距离 z 绘制点的侧面投影 a''很明显，$Oa_{YH}=Oa_{YW}$

一般情况下规定：空间点用大写字母表示，如 A、B、S、M、N 等；点的水平投影用相应的小写字母表示，如 a、b、s、m、n 等；点的正面投影用相应的小写字母加一撇表示，如 a'、b'、s'、m'、n'等；点的侧面投影用相应的小写字母加两撇表示，如 a''、b''、s''、m''、n''等。

二、分析点的投影规律

观察表 2－4 中的图，可得到点的投影规律：

$a'a\perp OX$，即点的正面投影和水平投影的连线垂直于 OX 轴；

$a'a''\perp OZ$，即点的正面投影和侧面投影的连线垂直于 OZ 轴；

$aa_x=a''a_z$，即点的水平投影到 OX 轴的距离等于其侧面投影到 OZ 轴的距离。

很显然，点的投影符合三视图的投影规律。

多了解一点

重影点的概念

在图 2－11 中，点 A 和点 C 的水平投影重合，该两点称为 H 面的重影点。点 A 和点 C 向水平投影面投射时，先投射 C 点，则认为 C 点是可见的；后投射 A 点，则认为 A 点不可见，此时 A 点水平投影的标记写为“(a)”。

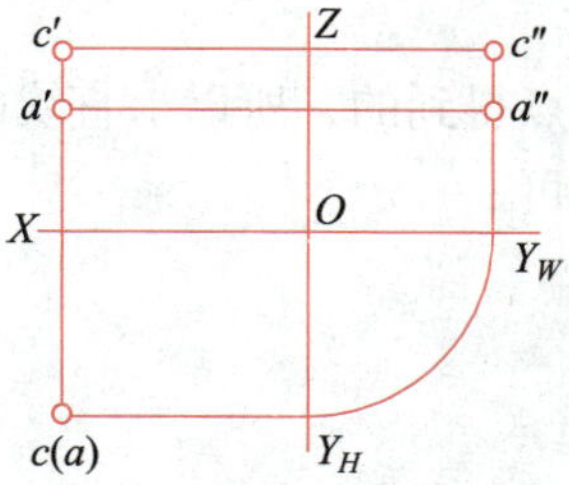

图 2－11　重影点

勤思考

如图 2－12 所示，已知 E 点的两面投影，求作第三面投影。

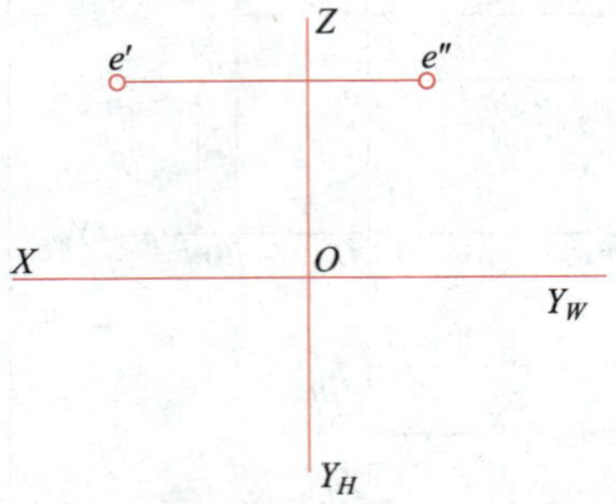

图 2－12　已知点的两面投影求第三面投影

任务 2　绘制直线的投影

任务导入

直线 AB 的立体图如图 2－13 所示，根据立体图绘制直线的三面投影图，并分析其投影特性。

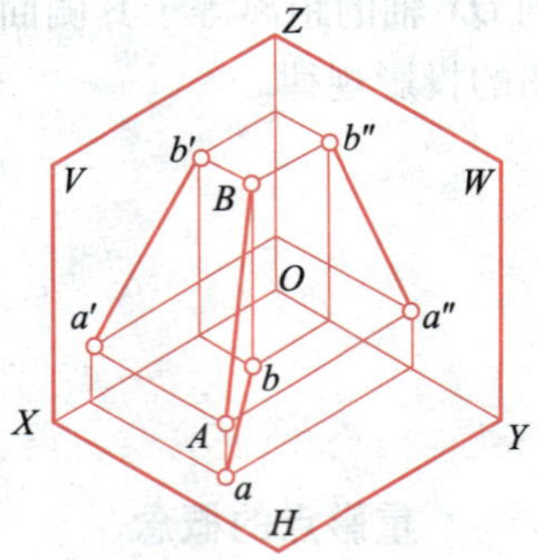

图 2－13　直线的立体图

任务分析

直线可以认为是连接其两个端点得到的，所以求直线的投影，可以分别作出两个端点的投影，然后连接端点的同面投影即可。

任务实施

一、绘制直线的三面投影

直线 AB 三面投影的作图步骤见表 2－5。

表 2－5　直线投影的作图步骤

作图步骤	图例	说明
1. 作 A 点的三面投影	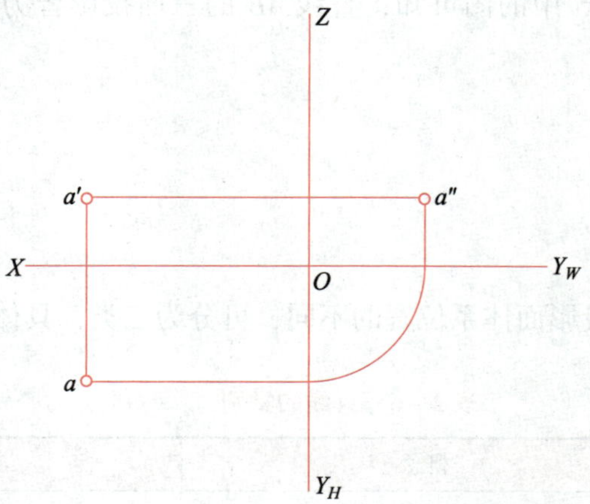	测量图 2－13 中 A 点到三个投影面的距离
2. 作 B 点的三面投影	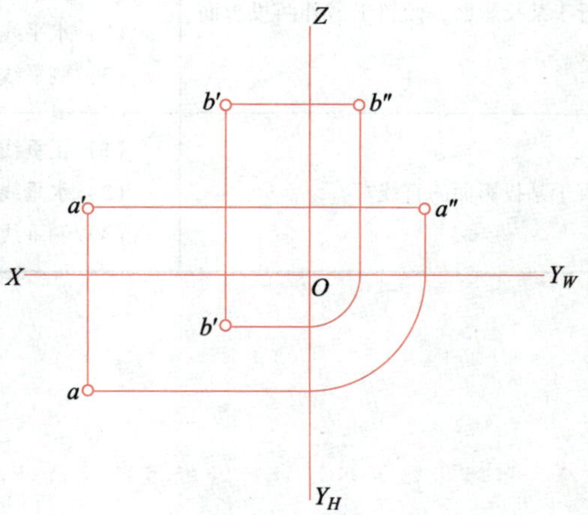	测量图 2－12 中 B 点到三个投影面的距离
3. 完成 AB 直线的三面投影	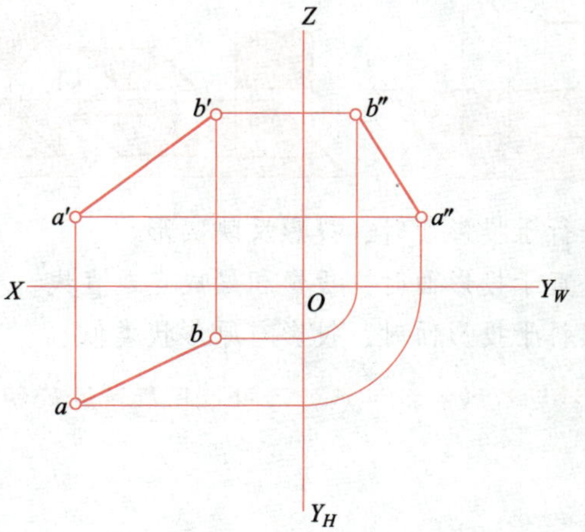	用粗实线连接 A、B 两点的同面投影

二、分析直线的投影特性

分析图 2-13 可知，直线 AB 与三个投影面都倾斜，这种与三个投影面都倾斜的直线称为一般位置直线。分析表 2-5 中的图可知，直线 AB 的三面投影皆为斜线，且三面投影的长度皆小于直线的实际长度。

相关知识

一、直线的类别

空间直线根据相对于三投影面体系位置的不同，可分为三类，具体见表 2-6。

表 2-6　直线的类别

类别	概念	名称及性质
一般位置直线	与三个投影面都倾斜的直线	一般位置直线∠V，∠H，∠W
投影面平行线	平行于某投影面，倾斜于另外两投影面的直线	(1) 正平线∥V，∠H，∠W; (2) 水平线∥H，∠V，∠W; (3) 侧平线∥W，∠V，∠H
投影面垂直线	垂直于某投影面的直线	(1) 正垂线⊥V，∥H，∥W; (2) 水垂线⊥H，∥V，∥W; (3) 侧垂线⊥W，∥V，∥H

多了解一点

正投影的基本性质

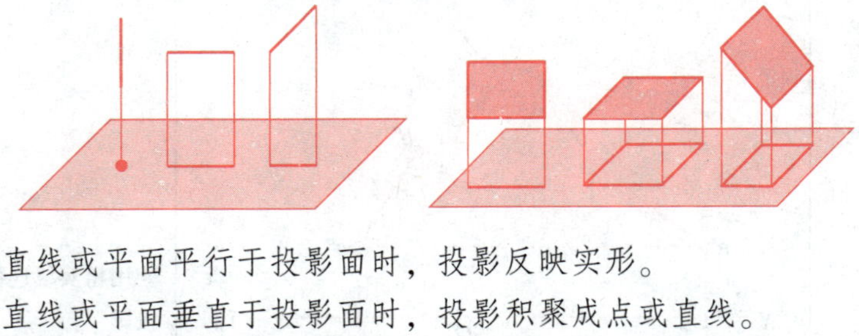

真实性：直线或平面平行于投影面时，投影反映实形。
积聚性：直线或平面垂直于投影面时，投影积聚成点或直线。
类似性：直线或平面倾斜于投影面时，投影与原形状类似。

二、直线的投影特性

投影面平行线的投影特性见表 2-7。

表 2-7　投影面平行线的投影特性

名称	投影图	投影特性
正平线	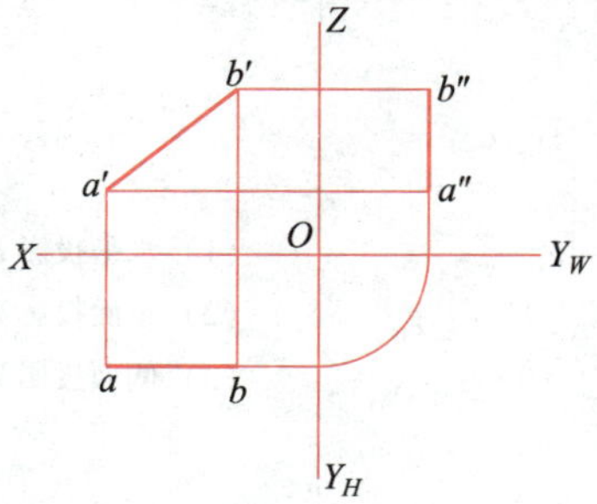	(1) 正面投影为斜线，且 $a'b'=AB$； (2) 水平投影为横线，且 $ab<AB$； (3) 侧面投影为竖线，且 $a''b''<AB$
水平线	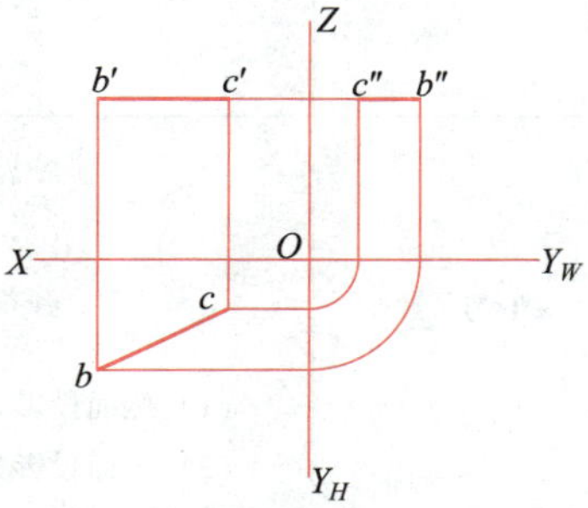	(1) 水平投影为斜线，且 $bc=BC$； (2) 正面投影为横线，且 $b'c'<BC$； (3) 侧面投影为横线，且 $b''c''<BC$
侧平线	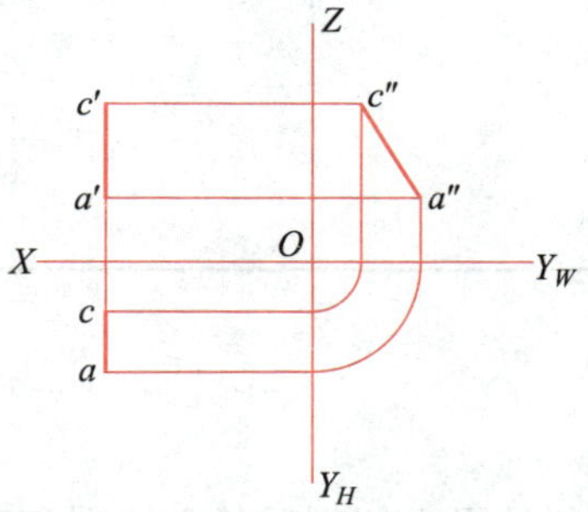	(1) 侧面投影为斜线，且 $c''a''=CA$； (2) 正面投影为竖线，且 $c'a'<CA$； (3) 水平投影为竖线，且 $ca<CA$

投影面垂直线的投影特性见表 2-8。

表 2-8　投影面垂直线的投影特性

名称	投影图	投影特性
正垂线	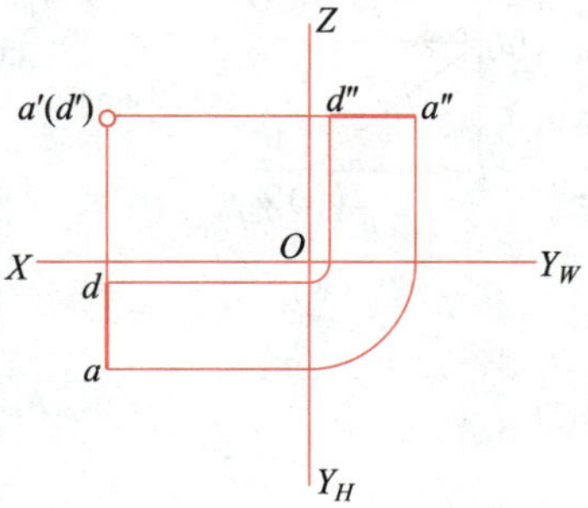	(1) 正面投影 $a'd'$ 积聚为一点； (2) 水平投影为竖线，且 $ad=AD$； (3) 侧面投影为横线，且 $a''d''=AD$

续表

名称	投影图	投影特性
铅垂线	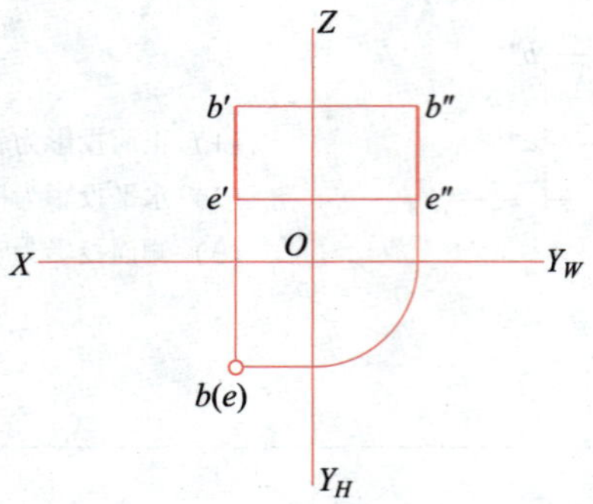	（1）水平投影 be 积聚为一点； （2）正面投影为竖线，且 $b'e'=BE$； （3）侧面投影为竖线，且 $b''e''=BE$
侧垂线	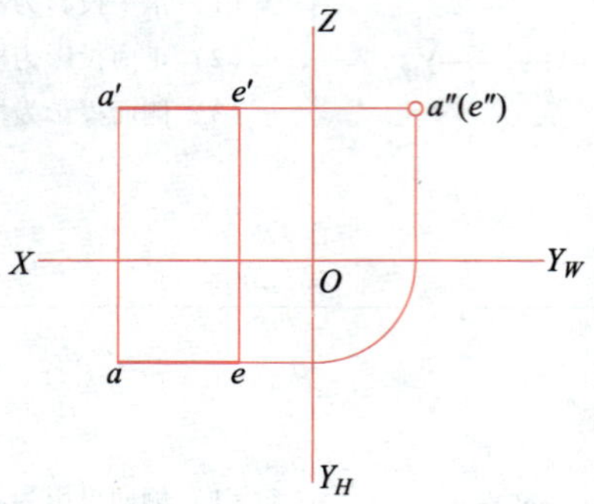	（1）侧面投影 $a''e''$ 积聚为一点； （2）正面投影为横线，且 $a'e'=AE$； （3）水平投影为横线，且 $ac=AE$

勤思考

图 2－14 所示为一个长方体被一个倾斜的平面切割后的立体图和三视图，试分析该形体上棱线 AB、BC、CA、AD、BE、AE 的名称及投影特性。

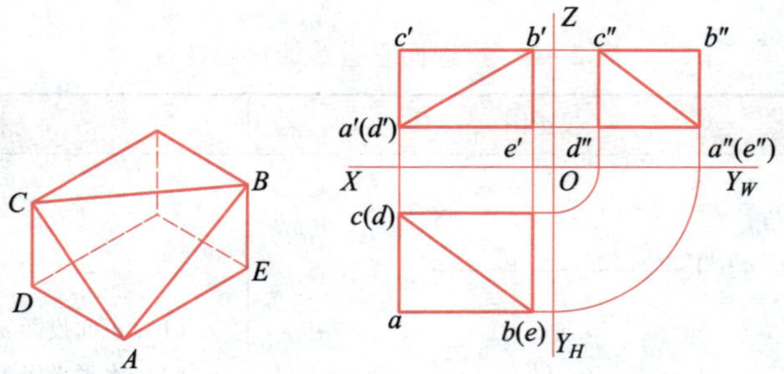

（a）　　（b）

图 2－14　切割长方体上的棱线

（a）立体图；（b）三视图

小提示

（1）平行线在所平行的投影面上的投影倾斜于投影轴，且反映实长；在另外两个投影面上的投影分别平行于相应的投影轴，且小于实长。

（2）垂直线在所垂直的投影面上的投影积聚为一点，在另外两个投影面上的投影分别垂直于相应的投影轴，且反映实长。

任务3　绘制平面的投影

任务导入

将平面 ABC 放入三投影面体系中，如图 2－15 所示，求作平面 ABC 的三面投影，并分析其投影特性。

任务分析

平面 ABC 由三条直线围成，作平面的投影，可先求出各端点 A、B、C 的投影，然后依次连接即可得平面的投影。观察图 2－15可知，平面 ABC 和三个投影面都倾斜。

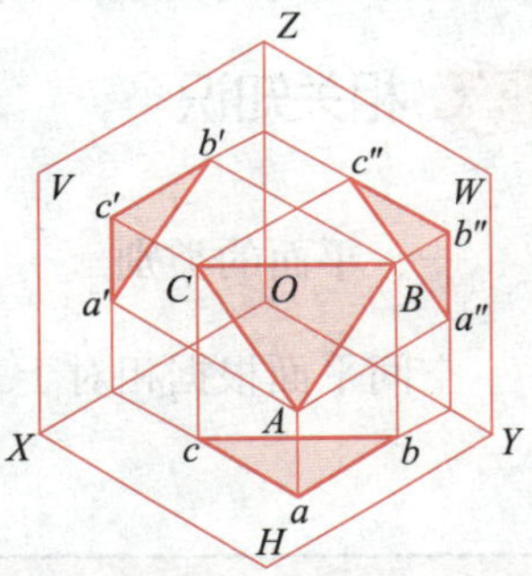

图 2－15　平面的三面投影

任务实施

一、绘制平面的三面投影

平面 ABC 的三面投影图的作图步骤见表 2－9。

表 2－9　平面投影的作图步骤

作图步骤	图例	作图方法
1. 作 A、B、C 三点的三面投影	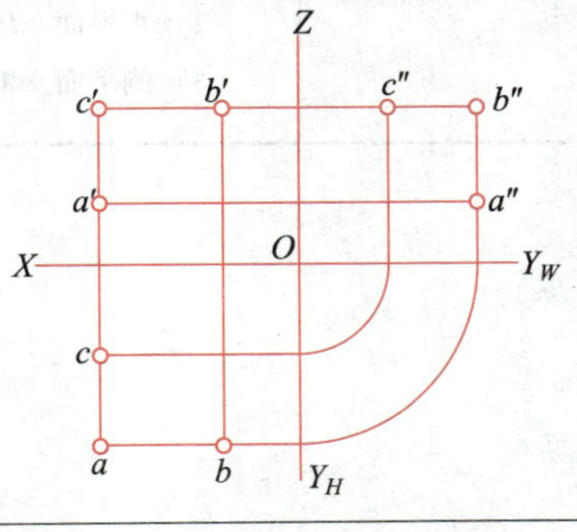	分别测量 A、B、C 三点到三个投影面的距离

续表

作图步骤	图例	作图方法
2. 作平面 ABC 的三面投影	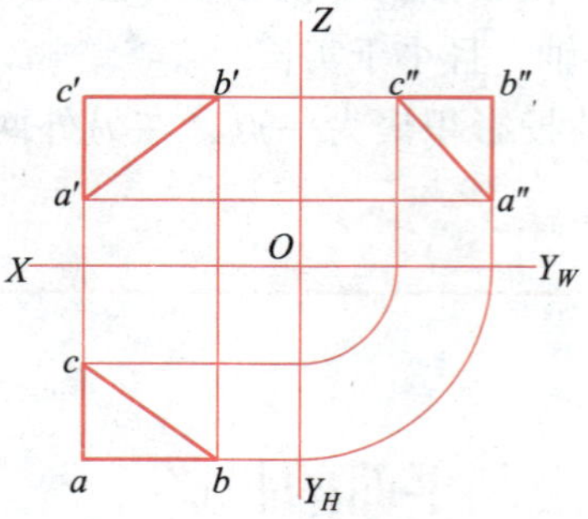	依次连接 A、B、C 三点的同面投影，即得平面的三面投影

二、分析平面的投影规律

平面 ABC 与三个投影面都倾斜，这种平面称为一般位置平面。一般位置平面的三面投影皆为原形的类似形，即：空间实形为三角形时，投影也为三角形。

相关知识

一、平面的类别

空间平面根据相对于三投影面体系的位置不同，可以分为三类，具体见表 2－10。

表 2－10　平面的类别

类别	概念	名称及性质
一般位置平面	与三个投影面都倾斜	一般位置平面 $\angle V$，$\angle H$，$\angle W$
投影面垂直面	垂直于某投影面，倾斜于另外两投影面	（1）正垂面 $\perp V$，$\angle H$，$\angle W$； （2）铅垂面 $\perp H$，$\angle V$，$\angle W$； （3）侧垂面 $\perp W$，$\angle H$，$\angle V$
投影面平行面	平行于某投影面	（1）正平面 $/\!/ V$，$\perp H$，$\perp W$； （2）水平面 $/\!/ H$，$\perp V$，$\perp W$； （3）侧平面 $/\!/ W$，$\perp V$，$\perp H$

二、平面的投影特性

投影面垂直面的投影特性见表 2－11。

表 2－11　投影面垂直面的投影特性

名称	投影图	投影特性
正垂面	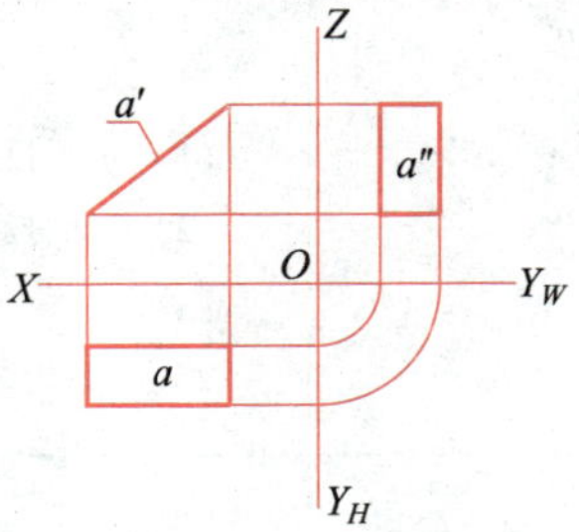	（1）正面投影为斜线； （2）水平投影和侧面投影为原形的类似形
铅垂面	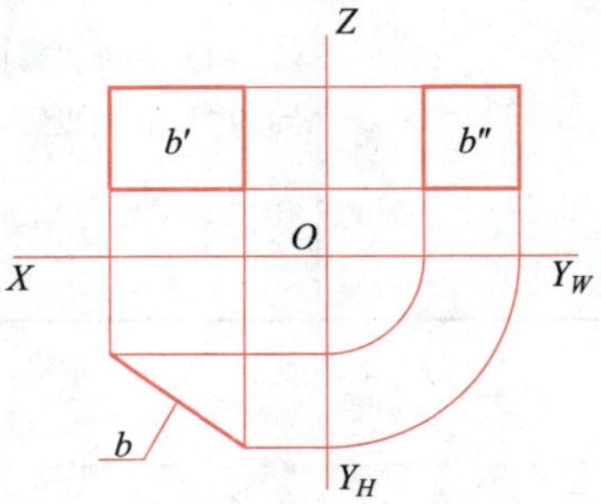	（1）水平投影为斜线； （2）正面投影和侧面投影为原形的类似形
侧垂面	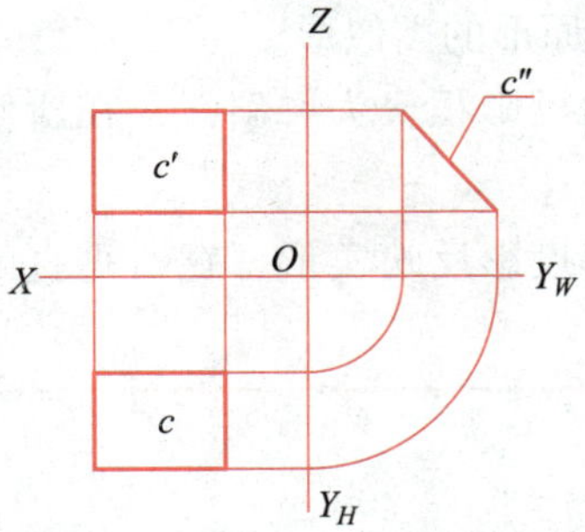	（1）侧面投影为斜线； （2）正面投影和水平投影为原形的类似形

投影面平行面的投影特性见表 2－12。

表 2－12　投影面平行面的投影特性

名称	投影图	投影特性
正平面	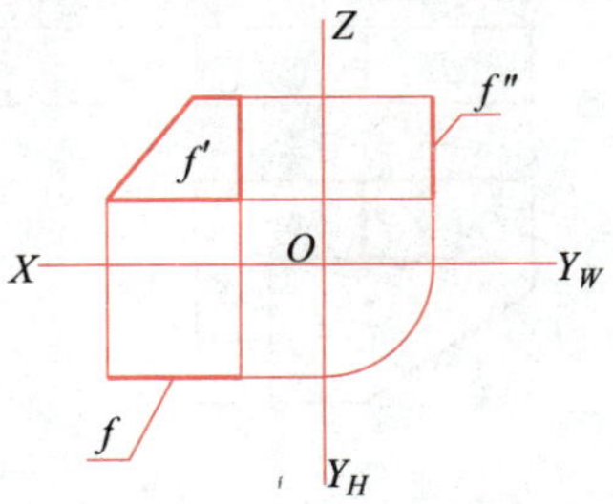	（1）正面投影反映实形； （2）水平投影为横线，侧面投影为竖线

续表

名称	投影图	投影特性
水平面	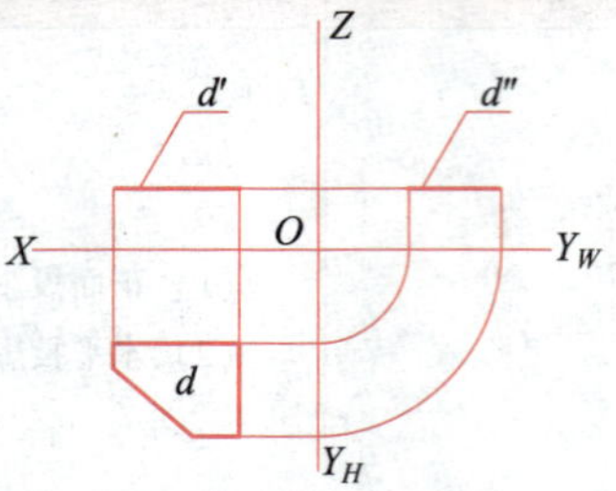	(1) 水平投影反映实形； (2) 正面投影和侧面投影皆为横线
侧平面	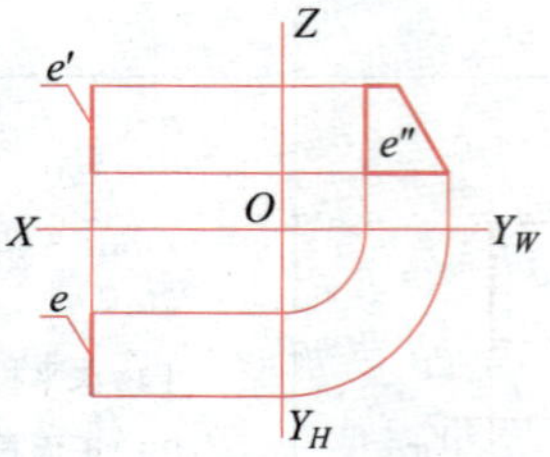	(1) 侧面投影反映实形； (2) 正面投影和水平投影皆为竖线

小提示

(1) 一般位置平面的三面投影均为原形的类似形。

(2) 垂直面在所垂直的投影面上的投影积聚为一斜线，在所倾斜的另外两个投影面上的投影为原形的类似形。

(3) 平行面在所平行的投影面上的投影反映实形，在所垂直的另外两个投影面上的投影为横线或竖线。

勤思考

如图 2-16 所示，物体有 I、J、K、Q、R、S 六个表面，在三视图上找出各平面的投影，判断其名称，分析其投影特性。

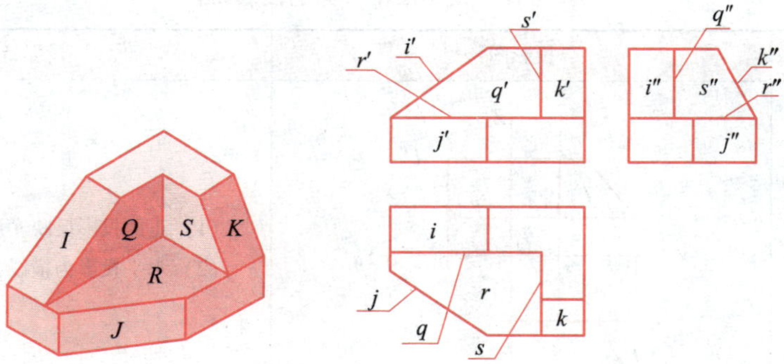

(a)　　(b)

图 2-16　立体上的平面分析

(a) 立体图；(b) 三视图

项目三 绘制基本体的三视图

知识目标

(1) 掌握棱柱［图2－17（a）］的投影特点及尺寸标注。
(2) 掌握棱锥［图2－17（b）］的投影特点及尺寸标注。
(3) 掌握圆柱［图2－17（c）］的投影特点及尺寸标注。
(4) 掌握圆锥［图2－17（d）］的投影特点及尺寸标注。
(5) 掌握圆球［图2－17（e）］的投影特点及尺寸标注。

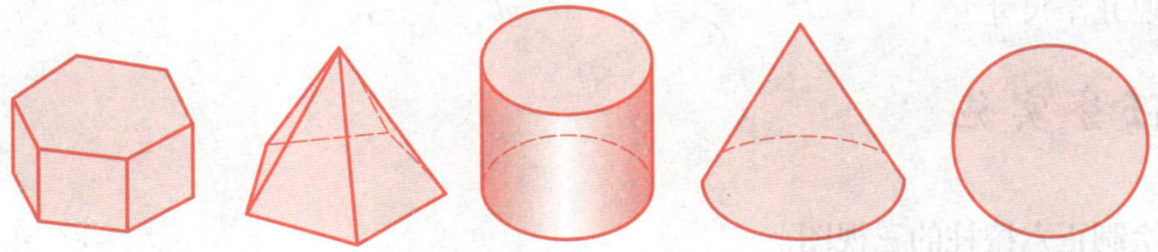

(a) (b) (c) (d) (e)

图2－17 基本几何体
(a) 棱柱；(b) 棱锥；(c) 圆柱；(d) 圆锥；(e) 圆球

任何复杂的物体都可以认为是由一些最基本、最简单的形体所组成，图2－17所示为几种常见的基本形体，一般称其为基本几何体，简称基本体。基本体有平面立体和曲面立体两种。平面立体的每个表面都是平面，如棱柱、棱锥；曲面体至少有一个表面是曲面，常见的曲面体为回转体，如圆柱、圆锥、圆球等。

任务1 绘制正六棱柱的三视图

任务导入

正六棱柱的结构如图2－18（a）所示，它由顶面、底面和6个侧面组成。其顶面和底面为正六边形，6个侧面均为矩形，两侧面间的交线（即棱线）互相平行。若正六棱柱的正六边形顶面的外接圆直径为ϕ16 mm，六棱柱高为8 mm，将其按图2－18（b）所示位置投影，绘制其三视图，分析投影特性，并在三视图上标注尺寸。

任务分析

图2－18所示的正六棱柱的顶面和底面为水平面，前、后两侧面为正平面，其余4个侧面为铅垂面。

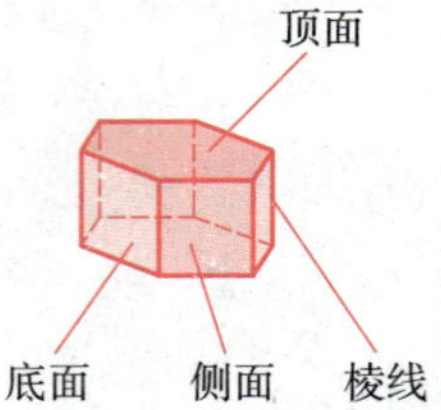

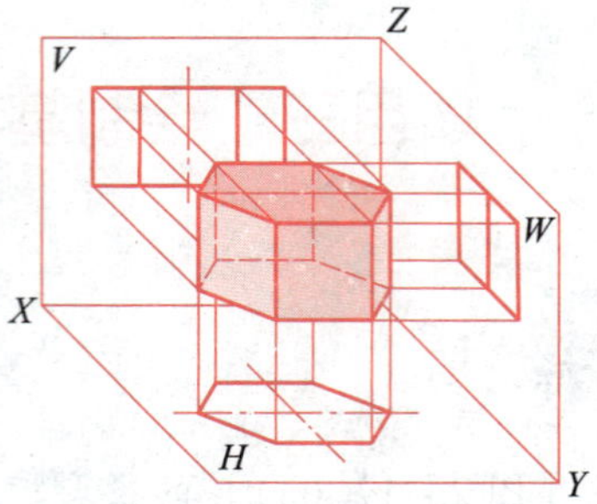

图 2－18　正六棱柱

（a）正六棱柱的构成；（b）正六棱柱的投影

想一想，绘制该正六棱柱的三视图时，应该先绘制哪个视图？图示正六棱柱的主视图有 3 个矩形线框，为何其左视图则只有 2 个矩形线框？它们各是哪些面的投影？确定正六棱柱的大小需要几个尺寸？

任务实施

一、绘制正六棱柱的三视图

正六棱柱三视图的绘图方法和步骤见表 2－13。

表 2－13　绘制正六棱柱的三视图

步骤与方法	图例
1. 绘制投影轴； 2. 在水平投影面上绘制中心线，并绘制直径为 $\phi16$ mm 的圆； 3. 绘制圆的内接正六边形，该六边形即六棱柱的俯视图	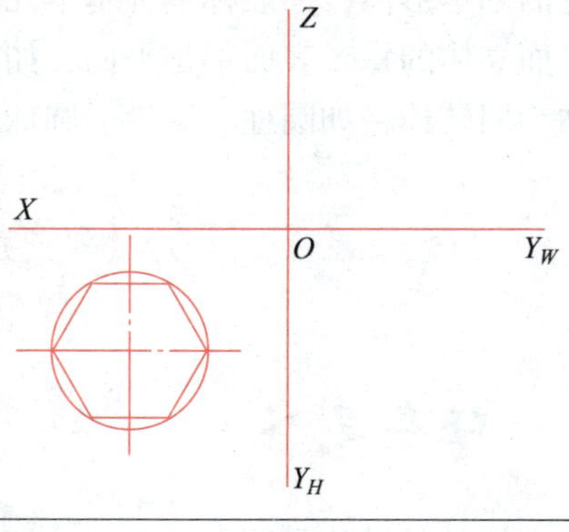
4. 按照“长对正”的投影规律绘制主视图，作图时取高为 8 mm	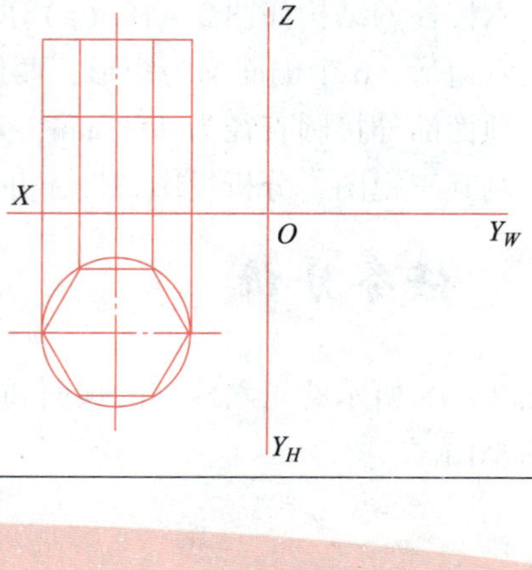

续表

步骤与方法	图例
5. 按照“高平齐，宽相等”的投影规律绘制左视图	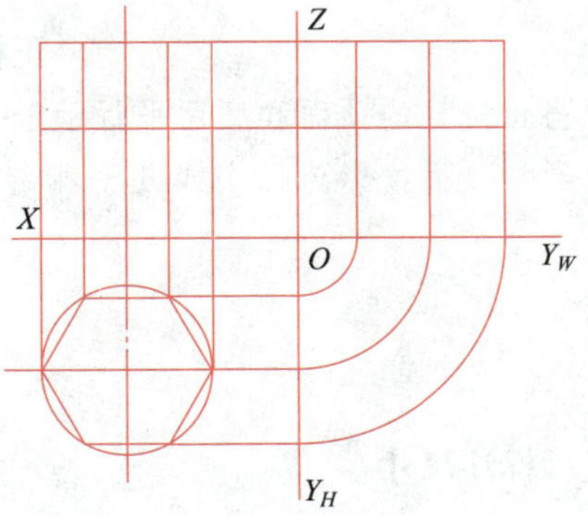
6. 擦去多余图线，按线型描深图线	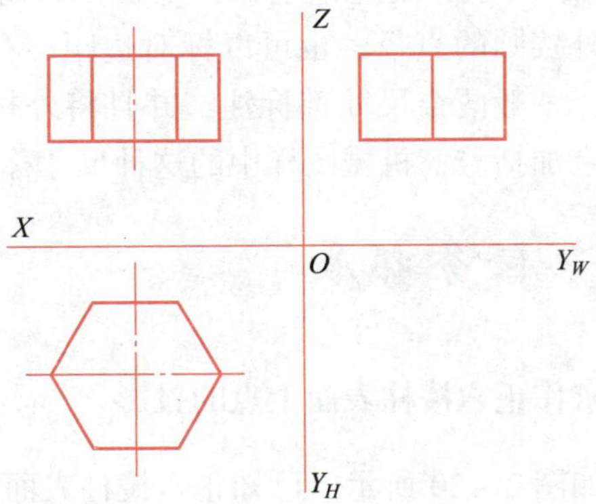

二、正六棱柱的投影分析

正六棱柱的水平投影为正六边形，为正六棱柱顶面和底面的投影。正六棱柱的六个侧面在水平投影面上分别积聚成六条直线。

正六棱柱的正面投影由三个矩形拼成，它们分别为前面三个侧面的投影。中间的大矩形为正前方侧面的投影，因其为正平面，故正面投影反映实形。主视图上两边的矩形为前方左、右两侧面的投影，因为它们都是铅垂面，故正面投影为原实形的类似形。主视图上的上、下两条横线是顶面和底面的投影。六棱柱后半部分的投影与前半部分重合。

正六棱柱的侧面投影由两个矩形拼合而成，它们分别为左侧两个侧面的投影，皆为原实形的类似形。前、后两个侧面在左视图上分别积聚为前、后两条竖线，顶面和底面分别积聚为上、下两条横线。

多了解一点

正棱柱的投影特性

当正棱柱的顶面和底面平行于水平投影面，一侧面与正投影面平行时，正棱柱的正面投影和侧面投影为一个或几个相邻的矩形，水平投影为与底面和顶面全等的正多边形。

三、标注尺寸

确定正六棱柱的大小需要两个尺寸，一个是正棱柱的高，另一个是确定正六棱柱底面的尺寸，如图 2－19所示。从理论上讲，底面的尺寸可以标正六边形外接圆的直径，也可以标对边距。在实际标注尺寸时，一般两个尺寸都标注，并且将外接圆的直径尺寸数字加括号，机械图样中的这种尺寸称为参考尺寸。

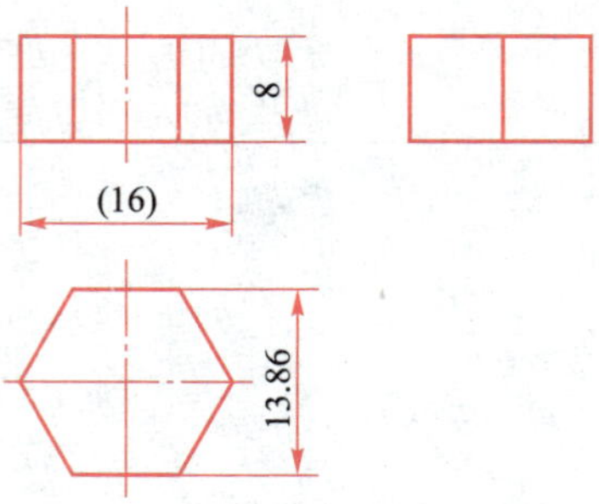

图 2－19 正六棱柱的尺寸标注

任务拓展

求作正六棱柱表面上点的投影

如图 2－20 所示，已知正六棱柱表面上 M 点的水平投影 m 和 N 点的正面投影 n'，求作 M 点和 N 点的其他两面投影。

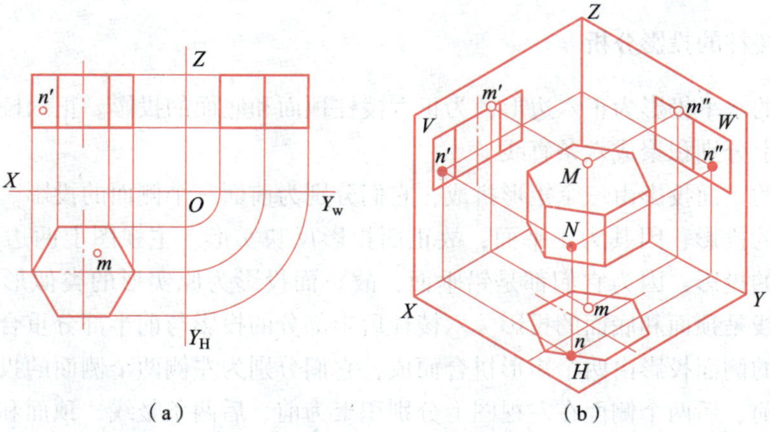

图 2－20 求正六棱柱表面点的投影

（a）三视图；（b）立体图

小提示

求表面点的投影，要先判断点所在的面，然后找到点所在面的三面投影，最后在面的投影上求点的投影。

正棱柱的表面都是特殊位置表面。在特殊位置表面上求点的投影，要先在面的积聚性的投影上求点的投影，该投影按可见来记。然后再求出另一面投影。

首先分析 M 点的投影，由于 M 点在六棱柱的顶面上，顶面的正面投影和侧面投影皆为横线，所以过 m 向上引竖线与顶面的投影相交即得 m'，过 m 按“宽相等”的投影规律向左视图引投影线，即得 m''，如图 2－21（a）所示。

其次分析 N 点的投影，由于 N 点在一个铅垂面上，该铅垂面的水平投影积聚成一条斜线，所以过 n' 向俯视图引竖线，与该铅垂面水平投影的交点即为 N 点的水平投影 n，然后根据点的投影规律求得 n''，如图 2－21（b）所示。

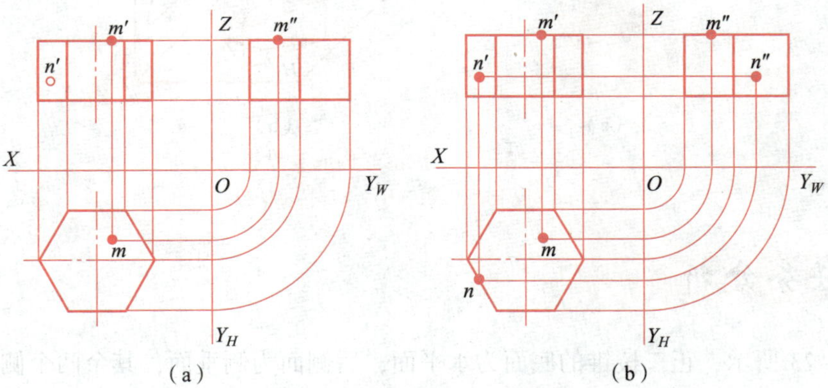

图 2－21　六棱柱表面上点的三面投影

（a）求 m 点的投影；（b）求 n 点的投影

勤思考

如图 2－22 所示，已知的投影均为不可见，求六棱柱表面上点 M 和 N 的另两面投影。

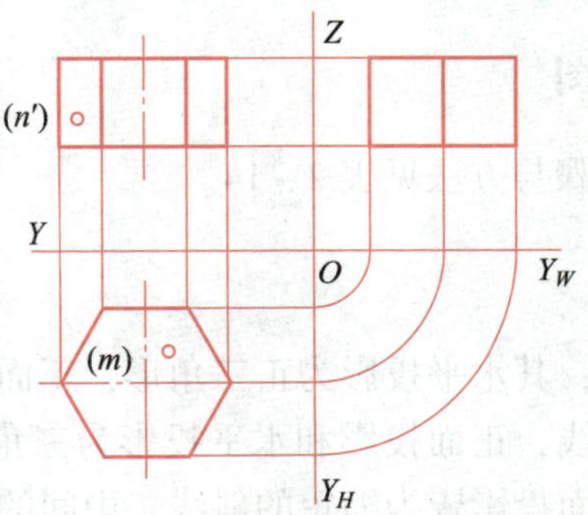

图 2－22　求六棱柱表面上点的另两面投影

任务2　绘制正三棱锥的三视图

任务导入

正三棱锥的结构如图 2－23（a）所示，它由 1 个底面和 3 个侧面组成。它的底面为正三角形，3 个侧面均为等腰三角形，两侧面间的交线（即棱线）相交为一点。若正三棱锥的底面正三角形的外接圆直径为 ϕ16 mm，锥高为 15 mm，且按图 2－23（b）所示位置投影，下面绘制其三视图，分析投影特性，并在三视图上标注尺寸。

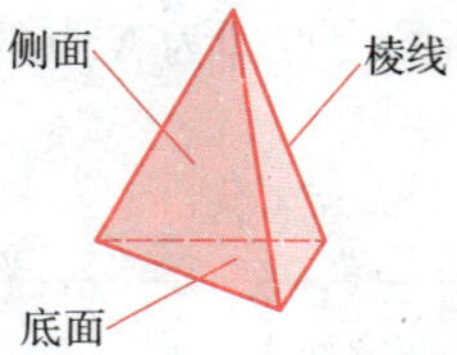

（a）

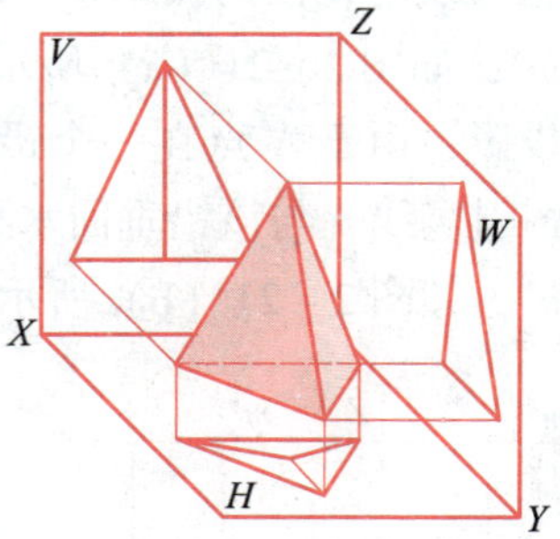

（b）

图 2－23　正三棱锥的构成及投影

（a）正三棱锥的构成；（b）正三棱锥的投影

任务分析

如图 2－23 所示，正三棱锥的底面为水平面，后侧面为侧垂面，其余两个侧面为一般位置平面。

想一想，绘制该正三棱锥的三视图时，应该先绘制哪个视图？图示正三棱锥的左视图为何只有一个三角形？俯视图为何有 3 个三角形？确定正三棱锥的大小需要几个尺寸？

任务实施

一、绘制正三棱锥的三视图

正三棱锥三视图的绘图步骤与方法见表 2－14。

二、正三棱锥的投影分析

正三棱锥的底面为水平面，其水平投影为正三角形，正面投影和侧面投影为横线。后侧面为侧垂面，其侧面投影为斜线，正面投影和水平投影为三角形（原形的类似形）。左、右两侧面为一般位置平面，其三面投影皆为缩短的斜线。中间的棱线为侧平线，其侧面投影为反映实长的斜线，正面投影和水平投影为收缩的竖线。

表 2 – 14　正三棱锥三视图的绘图步骤与方法

步骤与方法	图例
1. 绘制投影轴； 2. 在水平投影面上的适当位置绘制直径为 ϕ16 mm 的圆； 3. 绘制圆的内接正三角形	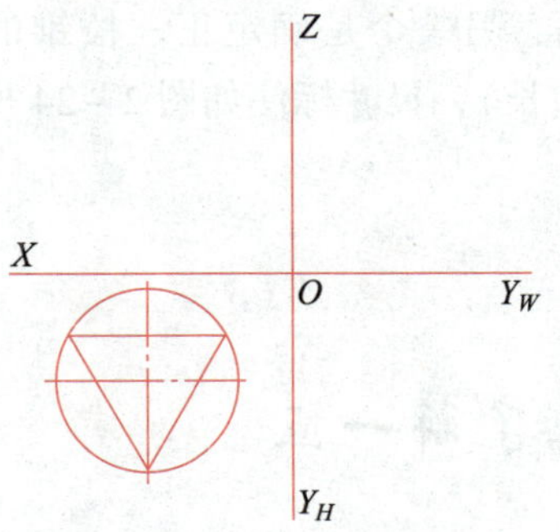
4. 分别连接三角形的中心与三角形的三个角，完成俯视图	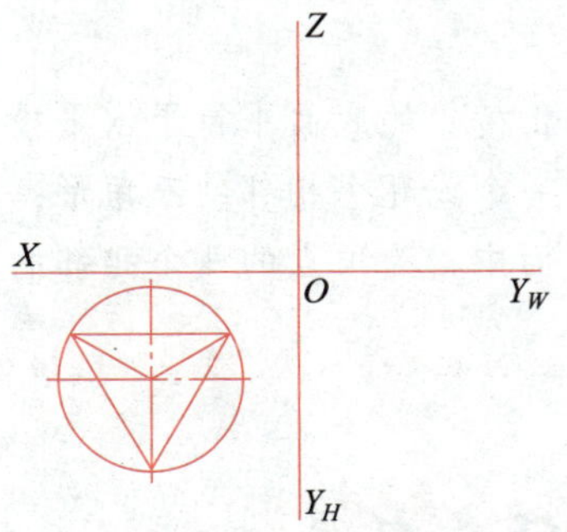
5. 按照“长对正”的投影规律绘制主视图。 注意：作图时取高为 15 mm	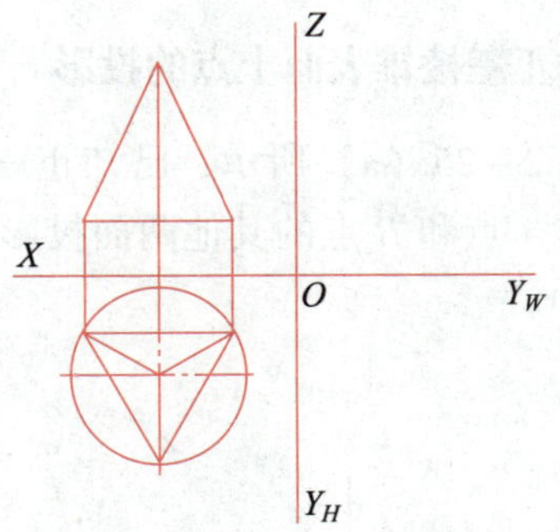
6. 按照“高平齐，宽相等”的投影规律绘制左视图； 7. 擦去多余图线，描深粗实线	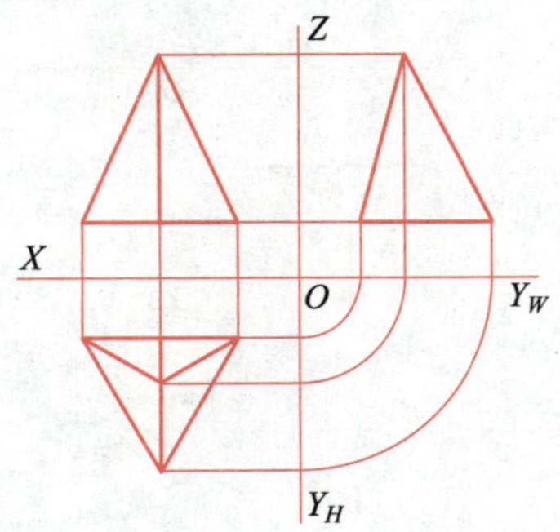

三、标注尺寸

确定正三棱锥的大小需要两个尺寸，一个是正三棱锥的高，另一个是确定正三棱锥的底面正三角形的尺寸（边长），尺寸标注如图 2－24 所示。

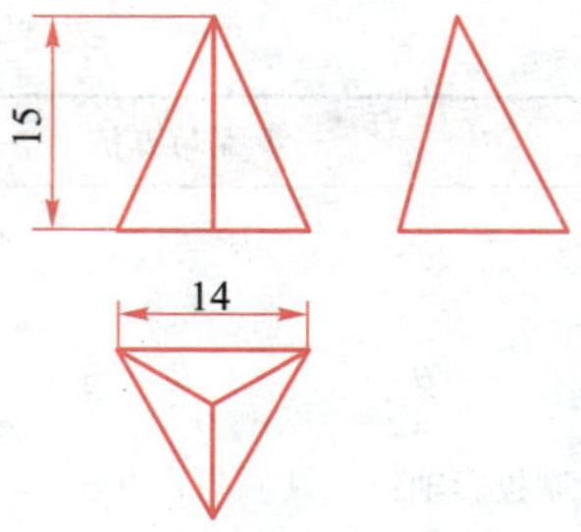

图 2－24　标注正三棱锥的尺寸

多了解一点

正棱锥的投影特性

当正棱锥的底面平行于水平投影面，一侧面为侧垂面时，正棱锥的正面投影和侧面投影为一个或几个相邻的三角形；水平投影的外形轮廓为与底面全等的正多边形，内部为以底面中心为顶点的几个相邻的三角形。

任务拓展

求作正三棱锥表面上点的投影

如图 2－25（a）所示，已知正三棱锥表面上 A 点的正面投影 a' 和 B 点的水平投影 b，下面求作 A 点和 B 点的其他两面投影。

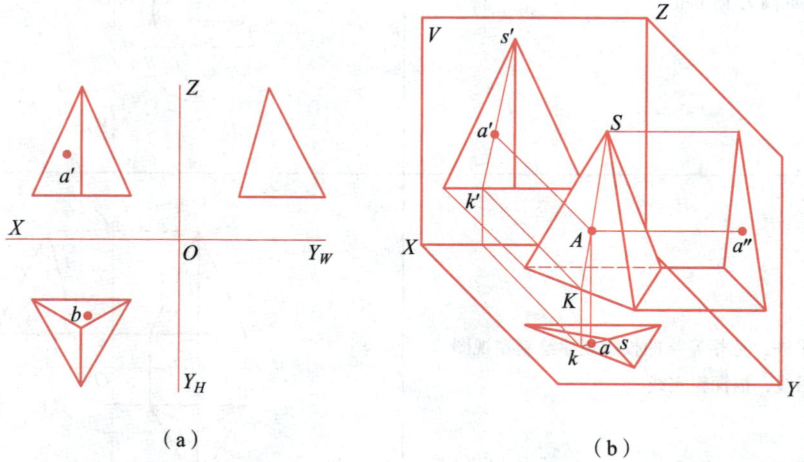

图 2－25　求正三棱锥表面点的投影

（a）三视图；（b）立体图

小提示

正棱锥的侧面有的是一般位置平面，当点位于其上时，没有积聚性可以利用，必须作辅助线方可求出。

辅助线就是过正棱锥顶点和表面点连一条线，交底面边长上一点，只要作出辅助线的三面投影，表面点的投影就可求了。

首先求 *A* 点的水平投影和侧面投影，由于 *A* 点在一个一般位置平面上，所以要过 *A* 点在其所在的表面上作一条辅助直线 *SK*［图2-25（b）］，由于 *A* 点在辅助直线上，所以 *A* 点的三面投影都在辅助直线的投影上。不难看出，辅助直线 *SK* 的三面投影可以作出，*A* 点的投影就肯定能作出了。其次求 *B* 点的正面投影和侧面投影，由于 *B* 点在一个侧垂面上，所以可利用点的投影规律和侧平面的侧面投影具有积聚性的性质求出其侧面投影，然后利用点的投影规律求出 *B* 点的正面投影。求 *A*、*B* 点的未知投影的具体作图步骤与方法见表2-15。

表2-15 求正三棱锥表面上点 *A*、*B* 的未知投影

步骤与方法	图例
1. 过 *A* 点作一条辅助直线 *SK*，作出 *SK* 的正面投影 $s'k'$	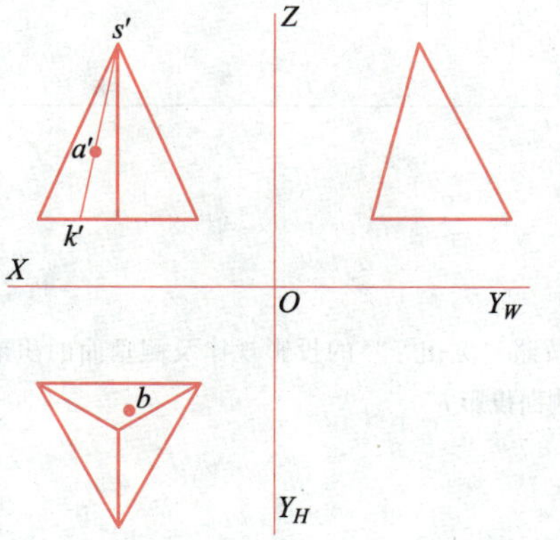
2. 求作辅助直线 *SK* 的水平投影 *sk*	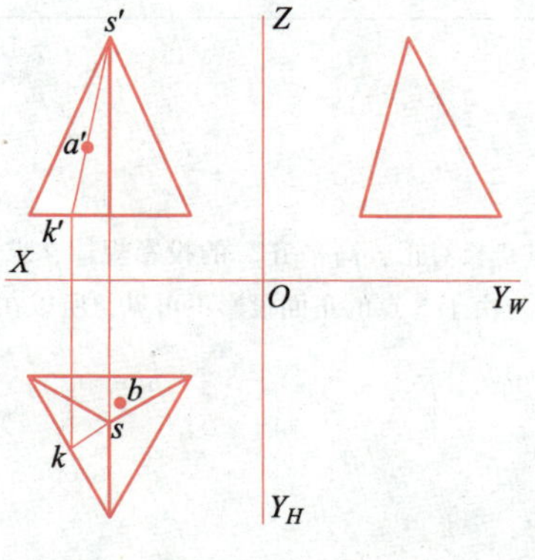

续表

<table>
<tr><th>步骤与方法</th><th>图例</th></tr>
<tr><td>3. 过 a' 向水平投影面引竖线，与 sk 的交点即 a</td><td>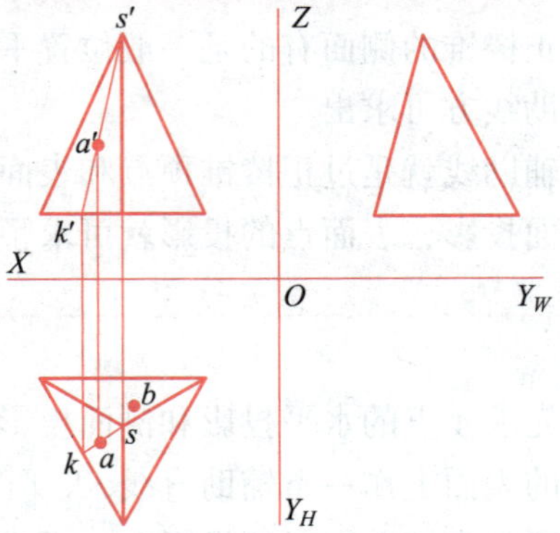
</td></tr>
<tr><td>4. 利用点的投影规律求作 a''</td><td>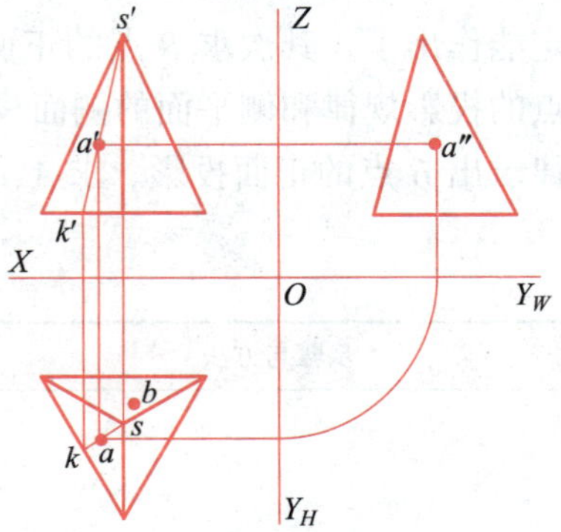
</td></tr>
<tr><td>5. 按照“宽相等”的投影规律及侧垂面的积聚性求 B 点的侧面投影 b''</td><td>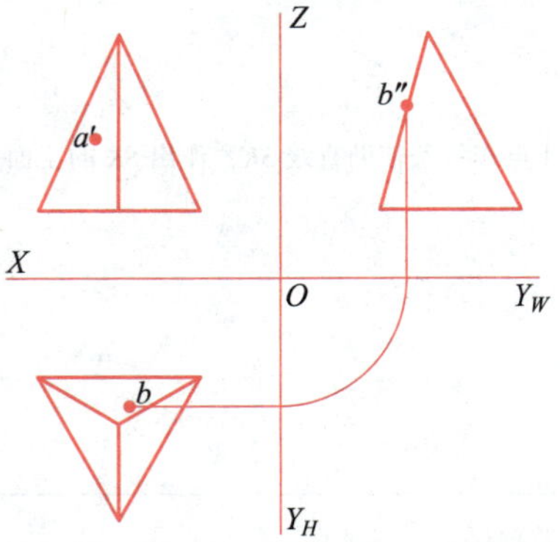
</td></tr>
<tr><td>6. 按照“长对正，高平齐”的投影规律，求 B 点的正面投影 b'。由于 B 点的正面投影不可见，所以在图中标为“(b')”</td><td>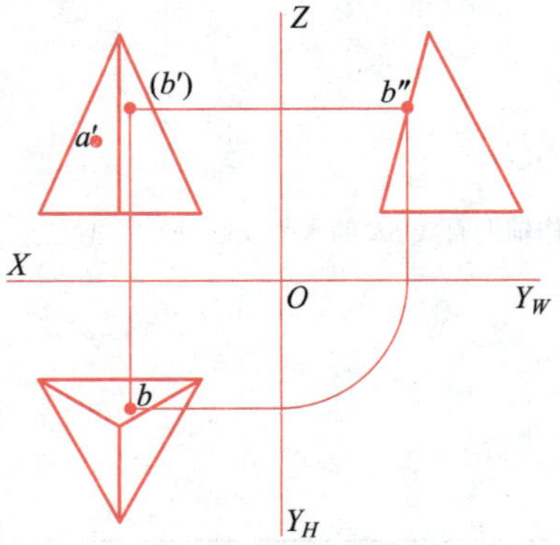
</td></tr>
</table>

勤思考

请按照正三棱锥的放置位置，绘制出正五棱锥的三视图，如图 2－26 所示。

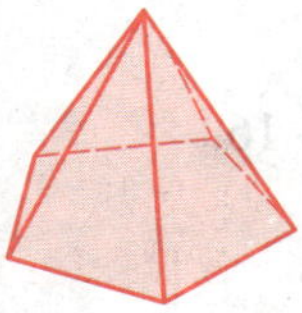

图 2－26　正五棱锥

任务 3　绘制圆柱的三视图

任务导入

若图 2－27 所示圆柱体的底面直径为 ϕ16 mm，圆柱高为 14 mm，下面绘制其三视图，分析投影特性，并在三视图上标注尺寸。

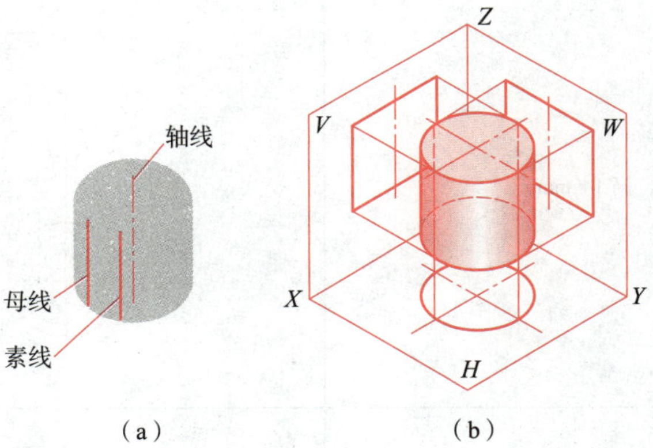

图 2－27　圆柱的形成及投影

（a）圆柱的形成；（b）圆柱的投影

任务分析

如图 2－27 所示，圆柱体由一个圆柱面、圆形的顶面和底面组成。圆柱面可看作是一条直线（母线）绕着与它平行的一条轴线旋转一周形成的［图 2－26（a）］，母线在任意位置时称为素线。该圆柱面上有四条特殊位置的素线，分别称为最前素线、最后素线、最左素线、最右素线，如图 2－27（b）所示。

如图 2－27 所示圆柱的顶面和底面为水平面，圆柱面的轴线垂直于水平投影面。

想一想，绘制该圆柱的三视图时，应该先绘制哪个视图？圆柱面的水平投影有何特性？确定圆柱的大小需要几个尺寸？

任务实施

一、绘制圆柱的三视图

圆柱三视图的具体画图步骤见表 2 – 16。

表 2 – 16　绘制圆柱的三视图

步骤与方法	图例
1. 绘制三视图的轴线或中心线； 2. 绘制圆柱的俯视图； 由于圆柱面在俯视图上积聚为圆，所以该圆柱的水平投影为圆（直径为 ϕ16 mm）	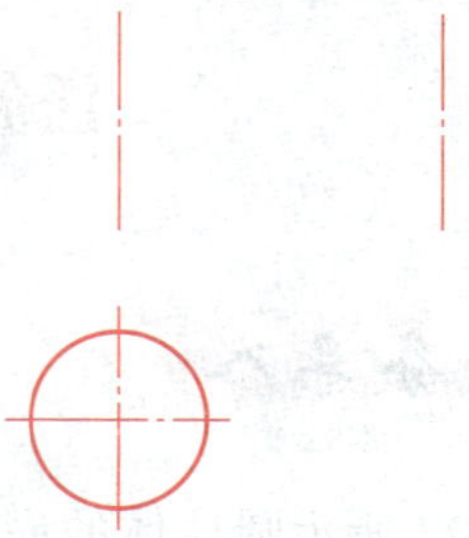
3. 绘制圆柱的主视图； 该图为矩形框（长 16 mm，高 14 mm）	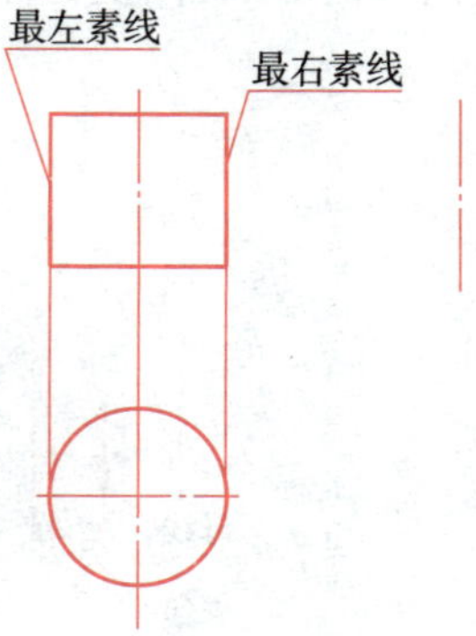
4. 绘制圆柱的左视图； 该图亦为矩形线框（宽 16 mm，高 14 mm）	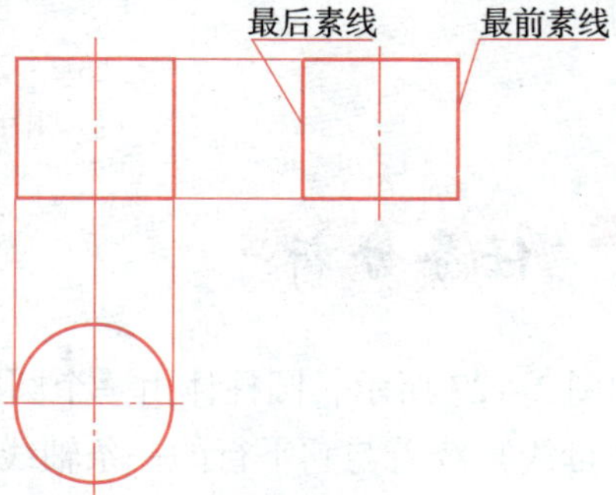

二、分析投影特性

在表 2 – 16 中，圆柱的水平投影为圆，圆围成的区域为顶面和底面的投影，圆周为圆柱面的积聚投影，圆柱的正面投影为矩形线框，其中两条竖线为圆柱面最左素线和最右素线的投影（最左素线和最右素线是前、后圆柱面的分界线），两横线分别为顶面和底面的投影；圆柱的侧面投影为与主视图相同的矩形线框，两条竖线为圆柱面最前素线、最后素线的投影（最前素线和最后素线是圆柱面的左、右分界线）。

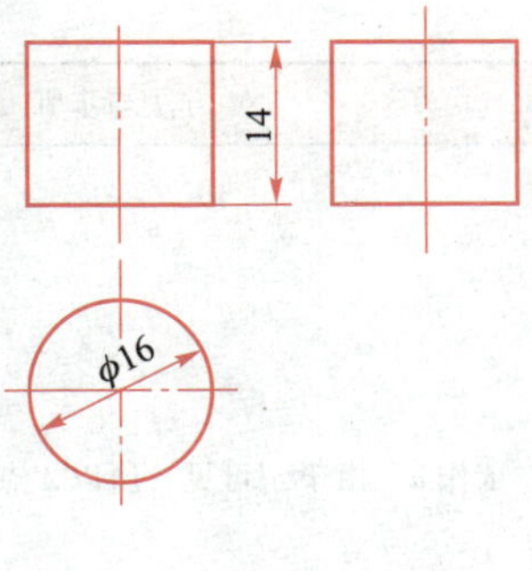

图 2－28　标注圆柱体的尺寸

三、标注尺寸

确定圆柱体的大小需要两个尺寸，一个是圆柱体的高，另一个是圆柱体的底圆直径，尺寸标注如图2－28所示。

多了解一点

圆柱的投影特性

当圆柱的轴线垂直于水平面投影面时，圆柱的水平投影为一反映底面实形的圆形，圆柱的正面投影和侧面投影为两个全等的矩形。

任务拓展

求圆柱表面上点的投影

如图 2－29 所示，已知圆柱表面上点 A 的正面投影 a' 和点 B 的侧面投影 b''，下面求作其另外两面投影。

由于该圆柱表面的水平投影具有积聚性，所以在求作点 A 和点 B 的未知投影时，应利用圆柱面在水平投影面上有积聚性和点的投影规律两个条件，先求出点的水平投影，然后再求作其他投影。具体作图步骤与方法见表 2－17。

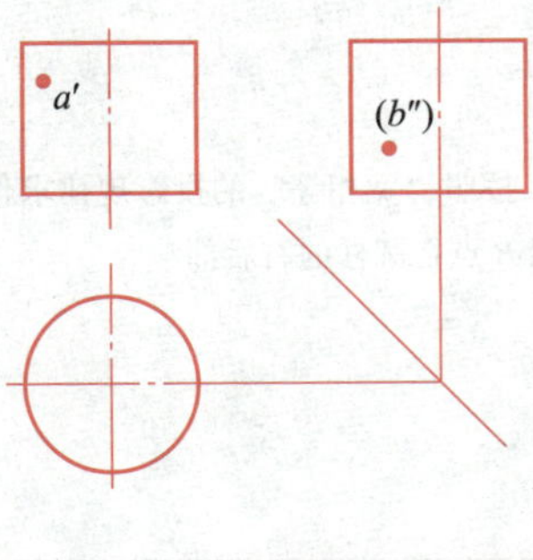

图 2－29　求圆柱表面上点的投影

小提示

（1）绘制圆柱的三视图时，轴线和中心线不要漏画。

（2）圆柱表面有底面、顶面和圆柱面，它们都是特殊位置表面，都具有积聚性，因此求其表面点的另两面投影时，可以先在面的积聚性的投影上求，而另一面投影要注意判断它的可见性。

表 2 – 17　求圆柱表面上点的未知投影

方法与步骤	图例
1. 求作 a。由于 a' 可见，所以 A 点在圆柱的前半部分上	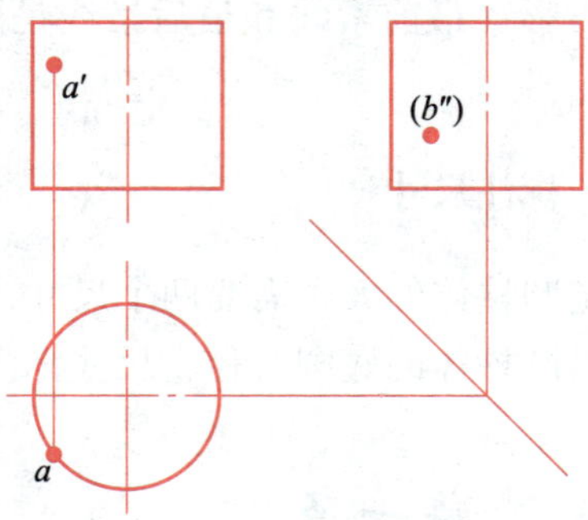
2. 利用点的投影规律求作 a''。利用 45°斜线保证宽相等	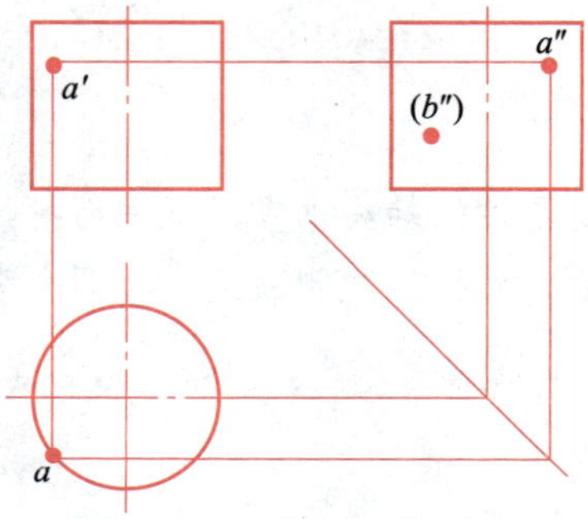
3. 按照“宽相等”的投影规律求作 b。由于 b'' 不可见，所以 B 点在圆柱的右后部	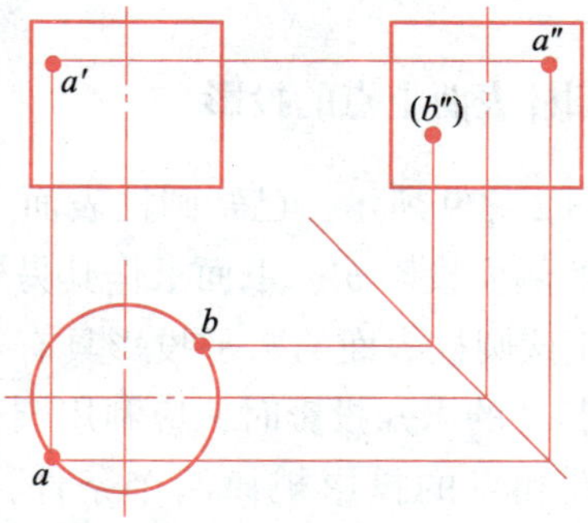
4. 按照“长对正，高平齐”的投影规律求作 b'。很显然 b' 不可见，用“（b'）”表示	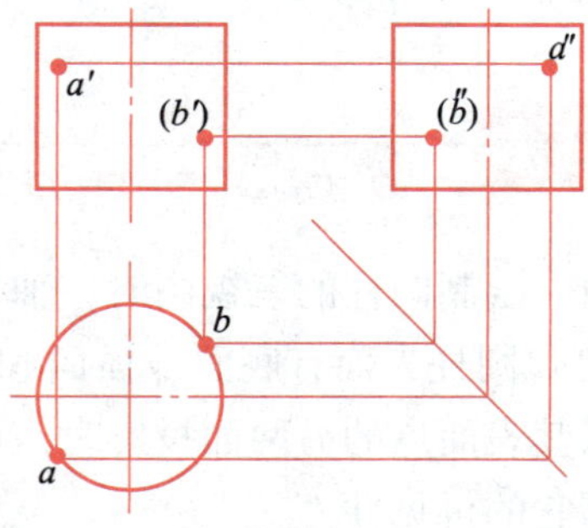

勤思考

如图 2-30 所示，已知圆柱表面上点 D 的水平投影 (d) 和点 E 的侧面投影 (e'')，求作其另外两面投影。

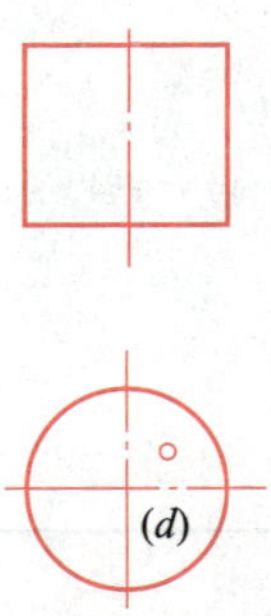

图 2-30 求圆柱表面上点的投影

任务4 绘制圆锥的三视图

任务导入

如图 2-31 所示圆锥体的底圆直径为 ϕ16 mm，圆锥体的高为 18 mm，下面绘制其三视图，分析投影规律，并在三视图上标注尺寸。

任务分析

如图 2-31 所示，圆锥体由一个圆锥面和圆形的底面围成。圆锥面可看成是由一条与轴线相交的直线（母线）绕轴线旋转一周形成的，如图 2-30（a）所示。在该圆锥面上同样有四条特殊位置素线，分别称为最前素线、最后素线、最右素线和最左素线，如图 2-30（b）所示。

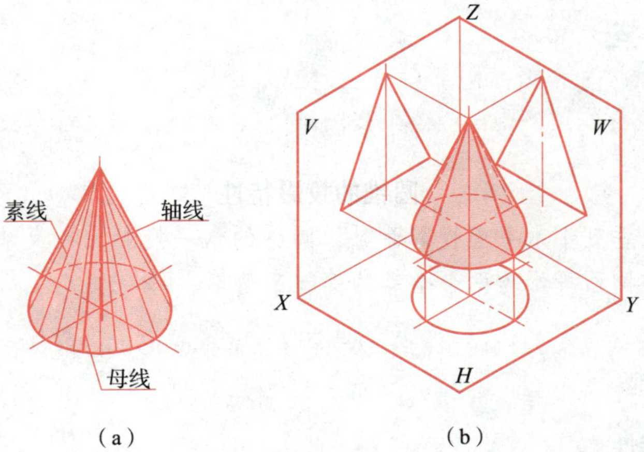

图 2-31 圆锥的形成及投影

（a）圆锥的形成；（b）圆锥的投影

如图 2 - 31（b）所示，圆锥的底面为水平面，圆锥面的轴线垂直于水平投影面。

想一想，绘制该圆锥的三视图时，应该先绘制哪个视图？圆锥面的水平投影有何特性？确定圆锥的大小需要几个尺寸？

任务实施

一、绘制圆锥的三视图

圆锥三视图的作图步骤与方法见表 2 - 18。

表 2 - 18　绘制圆锥体的三视图

步骤与方法	图例
1. 绘制各视图的轴线或中心线； 2. 绘制圆锥的俯视图（直径 ϕ16 mm）	
3. 绘制圆锥的主视图（高 18 mm，底边长 16 mm）； 4. 绘制圆锥的左视图（形状与主视图相同）	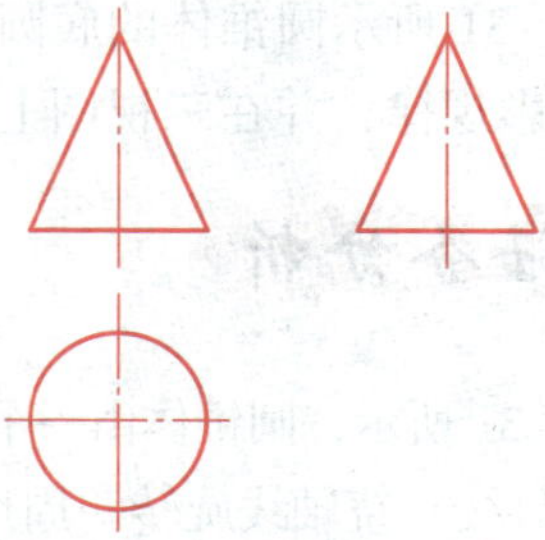

多了解一点

圆锥的投影特性

当圆锥的轴线垂直于水平面投影面时，圆锥的水平投影为一反映底面实形的圆形，圆锥的正面投影和侧面投影为两个全等的等腰三角形。

二、分析投影特性

表 2 - 18 中，圆锥体的水平投影为圆，圆围成的区域既是圆锥面的投影，也是底面的投

影。正面投影为等腰三角形，其中两腰为圆锥面最左素线和最右素线的投影，下面的横线为底面的投影。侧面投影为与正面投影相同的等腰三角形，两腰为圆锥面最前素线和最后素线的投影。

三、标注尺寸

确定圆锥体的大小需要两个尺寸，一个是圆锥体的高，另一个是圆锥体的底圆直径，尺寸标注如图 2－32 所示。

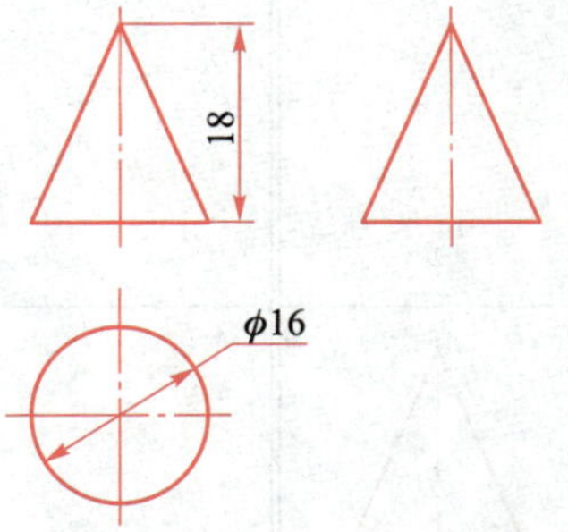

图 2－32　标注圆锥体的尺寸

任务拓展

求圆锥表面上点的投影

如图 2－33（a）所示，已知圆锥表面上点 *A* 的正面投影 *a′*，下面求作其另外两个投影。

由于该圆锥表面的任何投影都没有积聚性，所以不能用求圆柱表面上点的投影的方法求圆锥表面上点的投影。因此，应考虑借鉴求一般位置平面上点的投影的方法，在圆锥面上作过 *A* 点的辅助素线 *SK*［图 2－33（b）］，则 *A* 点的三面投影在辅助素线 *SK* 的三面投影上。具体作图步骤与方法见表 2－19。

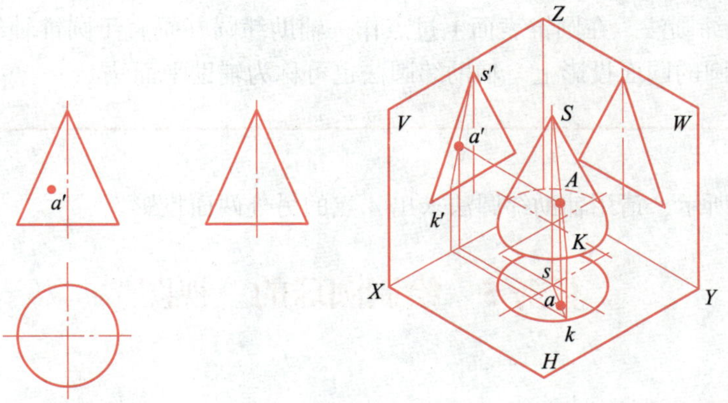

图 2－33　求圆锥表面上点的投影

（a）三视图；（b）立体图

表 2－19　求圆锥表面上点的未知投影

方法与步骤	图例	方法与步骤	图例
1. 过 a' 作 $s'k'$	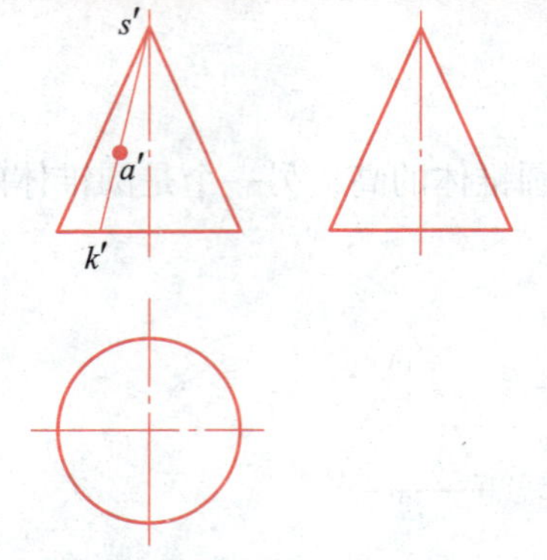	3. 求作 a	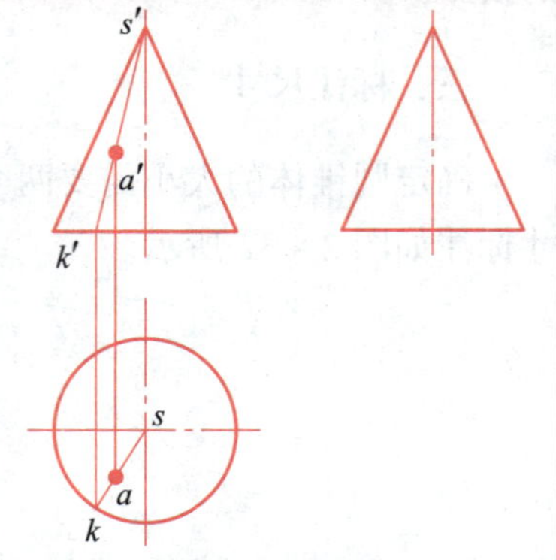
2. 求作 sk	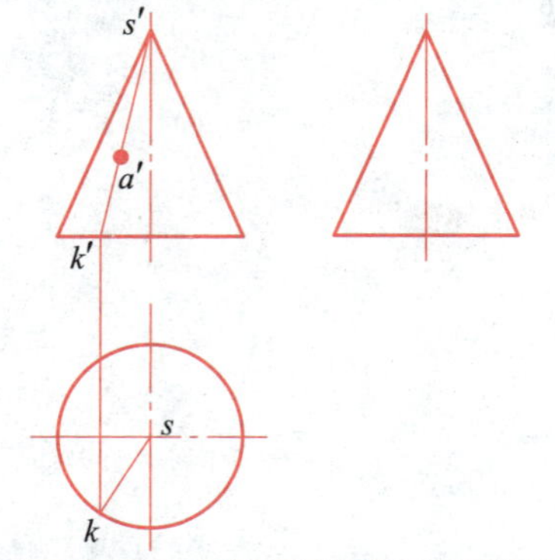	4. 求作 a''	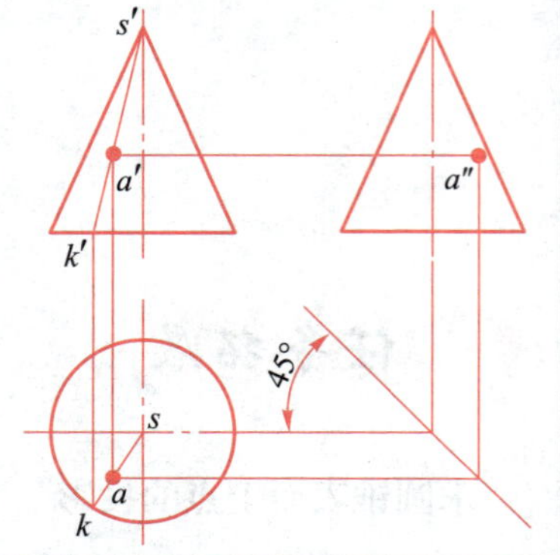

小提示

求圆锥表面上点的未知投影有两种方法：

（1）辅助素线法。如表 2－19 中的方法。

（2）辅助纬圆法。在圆锥表面上过点作一辅助纬圆（垂直于圆锥轴线的圆），则点各投影必在该圆的同面投影上。辅助纬圆法也可称为辅助平面法。

如图 2－33 所示，请用辅助纬圆法求出 A 点的另外两面投影。

任务 5　绘制圆球的三视图

任务导入

如图 2－34 所示球体的直径为 $\phi 15$ mm，下面绘制其三视图，分析投影规律，并在三视图上标注尺寸。

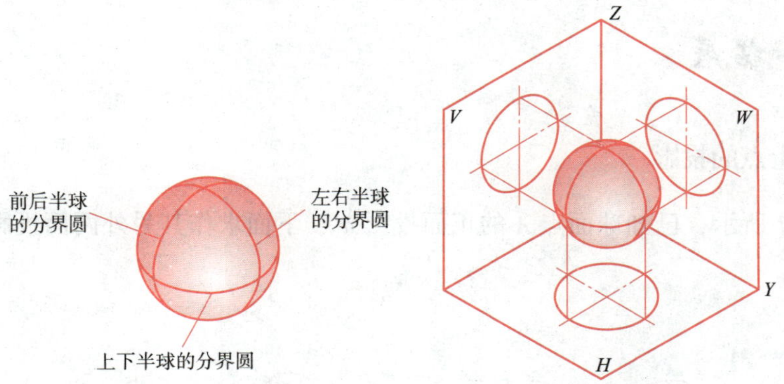

（a）　（b）

图 2－34　球的投影

（a）球的立体图；（b）球的投影

任务分析

如图 2－34（a）所示，球面可看成是一个半圆（母线）绕通过圆心的轴线旋转一周形成的。在球面上有三个特殊位置的素线圆，分别是前、后半球分界圆，左、右半球分界圆，上、下半球分界圆。

球的任何投影都是圆。想一想，球面的投影具有积聚性吗？确定球的大小需要几个尺寸？

任务实施

一、绘制球的三视图，分析投影特性

很显然，该球的三面投影皆为直径为 $\phi 15$ mm 的圆，如图 2－35 所示。

球的三视图的投影特性为：三面投影分别为三个特殊位置素线圆的投影，其中正面投影为前、后半球分界圆的投影；水平投影为上、下半球分界圆的投影；侧面投影为左、右半球分界圆的投影。

二、标注尺寸

确定球的大小只需要确定球的直径（小于半球的球体标注半径）。国家标准规定，在尺寸数字面前加注“$S\phi$”或“SR”表示球的直径或半径，尺寸标注如图 2－36 所示。

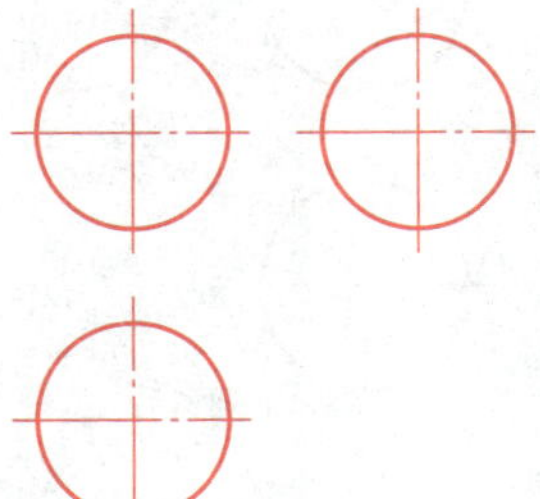

图 2－35　球的三视图

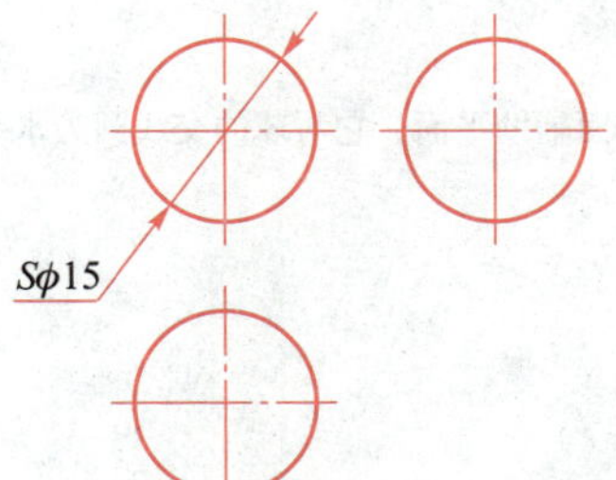

图 2－36　标注球的尺寸

任务拓展

求球表面上点的投影

如图 2－37 所示，已知球面点 *A* 的正面投影 *a*′，下面求作其另外两面投影。

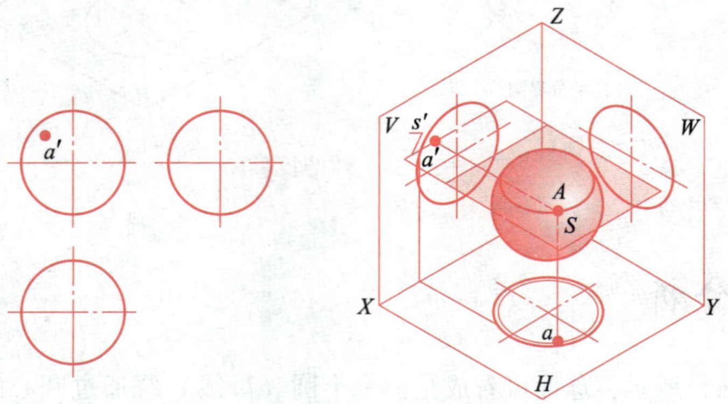

（a）　　　　　　（b）

图 2－37　求球面上点的投影

（a）三视图；（b）立体图

由于球面的任何投影都没有积聚性，球面的素线也不是直线，所以不能用前面求圆柱和圆锥表面上点的投影的方法求球面上点的投影。但是如果用平面切割球，得到的交线是圆（圆是唯一可利用手工绘图工具准确绘出的曲线）。因此，可以用作辅助平面的方法求球面上点的投影。如图 2－37（b）所示，在求作点 *A* 的未知投影时，可过 *A* 点作水平辅助平面，具体作图步骤与方法见表 2－20。这种利用辅助平面求点的投影的方法称为辅助平面法。

表 2－20　求球面上点的未知投影

步骤与方法	图例
1. 过 *a*′作水平面辅助平面，它与球的交线圆为水平圆	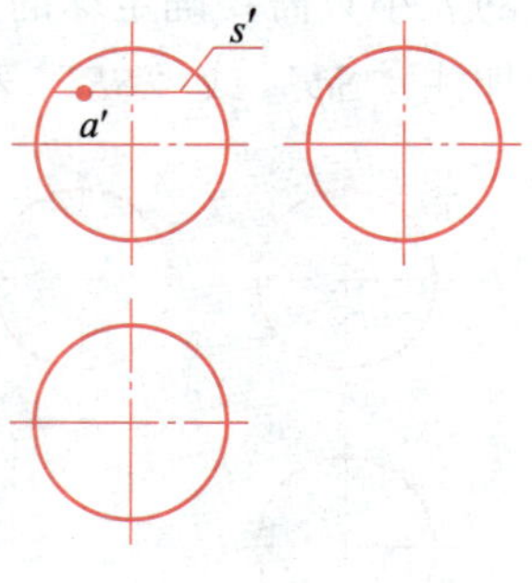

续表

步骤与方法	图例
2. 求作交线圆的水平投影	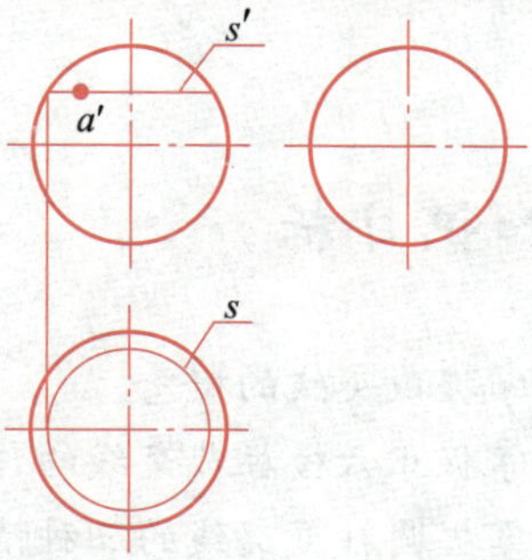
3. 求 a	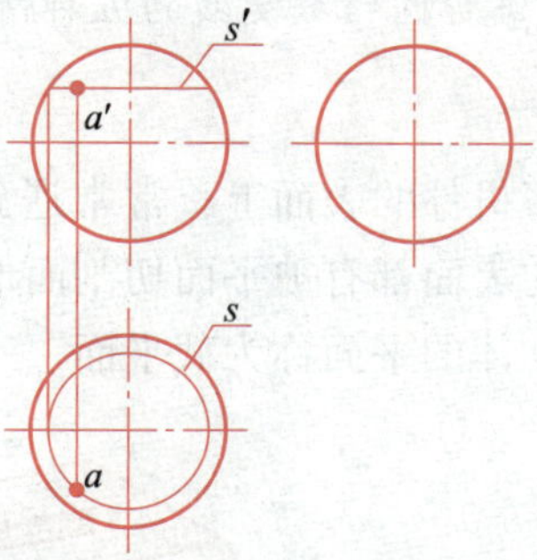
4. 求作 a''	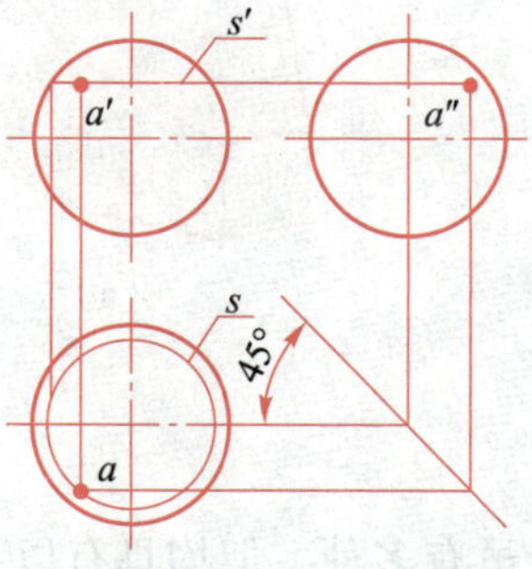

勤思考

如图 2－38 所示，请思考一下，求出 A、B 两点的另外两面投影。

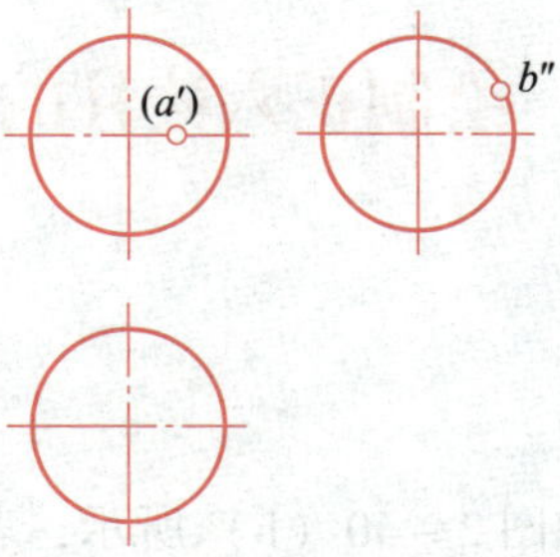

图 2－38　求球面上点的投影

项目四　绘制截交线的投影

知识目标

(1) 掌握截交线的概念。
(2) 掌握正六棱柱截交线的作图方法。
(3) 掌握圆柱截交线的三种情况。
(4) 掌握圆锥截交线的五种情况。

在许多机件的表面上，常常遇到平面与立体相交的情况，如图 2－39 所示的压板和顶尖，它们的表面都有被平面切割而形成的截交线，这种平面截割立体而产生的交线称为截交线。截割立体的平面称为截平面。

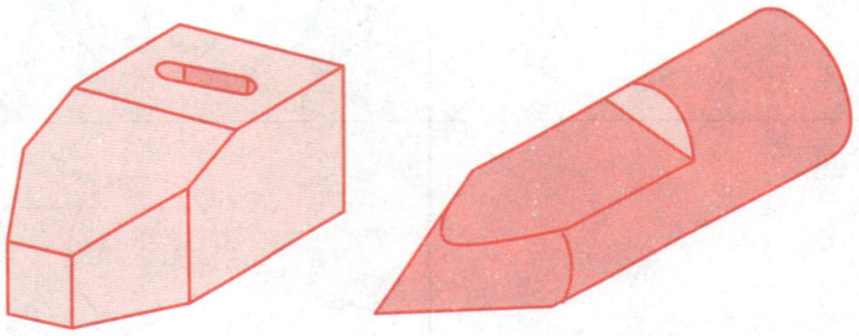

(a)　　(b)

图 2－39　平面切割立体形成截交线
(a) 压板；(b) 顶尖

截交线虽有多种，但均具有以下两个基本特性：
(1) 封闭性—截交线为封闭的平面图形。
(2) 共有性—截交线既在截平面上，又在立体表面上，是截平面与立体表面的共有线，截交线上的点均为截平面与立体表面的共有点。
因此，求作截交线就是求截平面与立体表面的共有点和共有线。

任务1　绘制正六棱柱的截交线

任务导入

正六棱柱被正垂面 P 切割，如图 2－40（b）所示，若已知正六棱柱被截切后的主、俯视图 2－40（a），下面分析截交线的投影特性，并绘制其左视图。

任务分析

观察图 2－40（a）可以看出，平面斜割六棱柱时，平面与六棱柱的截交线为六边形，由于该六边形是六棱柱侧面和截平面 P 的共有线，因此该六边形的正面投影和水平投影都是已知的，它的水平投影为六边形，其顶点分别是 1，2，3，4，5，6；正面投影积聚成斜线，1′，2′，3′，4′，5′，6′分别为六边形六个顶点的正投影。已知截交线的两面投影求第三面投影，可用求顶点的第三投影，再依次连接各点投影的方法。

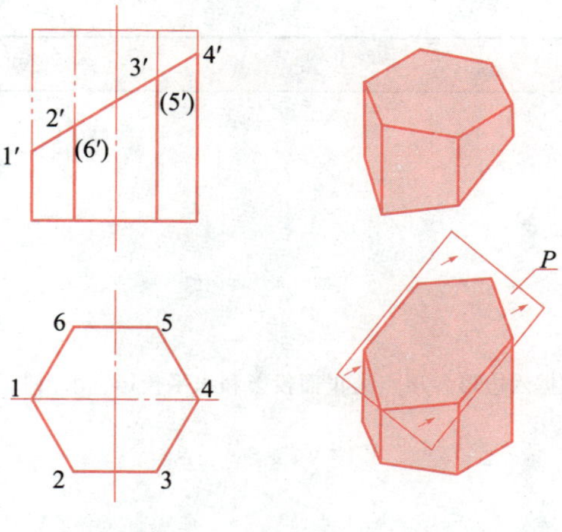

（a）　（b）

图 2－40　正六棱柱的截交线

（a）两视图；（b）立体图

任务实施

绘制斜割六棱柱左视图的具体作图步骤见表 2－21。

多了解一点

平面立体的截交线

平面立体的截交线一般为多边形，求截交线的第三面投影，要先在截交线的已知投影中明确多边形的各个顶点，然后求出各顶点的第三面投影，依次连接即可。

表 2－21　绘制斜割六棱柱左视图的具体作图步骤

步骤	图例
1. 绘制截割前六棱柱的左视图	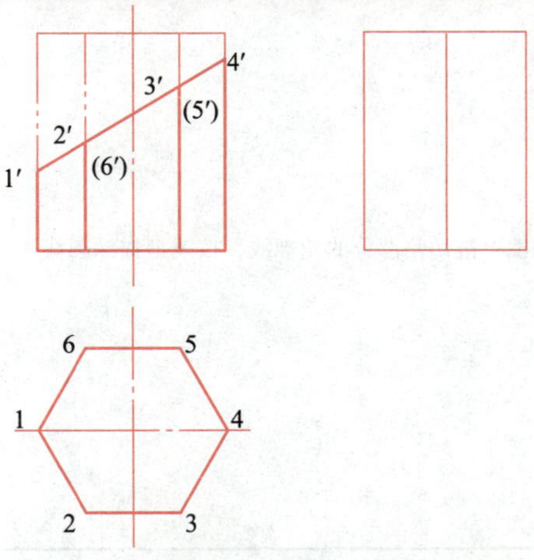

续表

<table>
<tr><th>步骤</th><th>图例</th></tr>
<tr><td>2. 根据六边形各顶点的正面投影和水平投影，求出其侧面投影</td><td>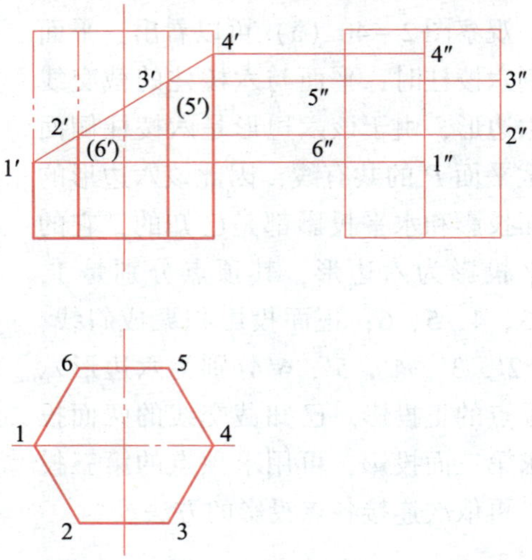
</td></tr>
<tr><td>3. 顺次连接1″、2″、3″、4″、5″、6″、1″，补画虚线</td><td>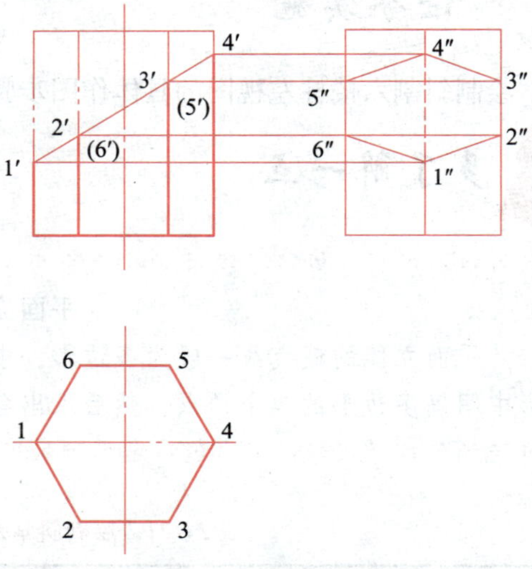
</td></tr>
<tr><td>4. 擦去被切割部分的轮廓线，按线型描深图线</td><td>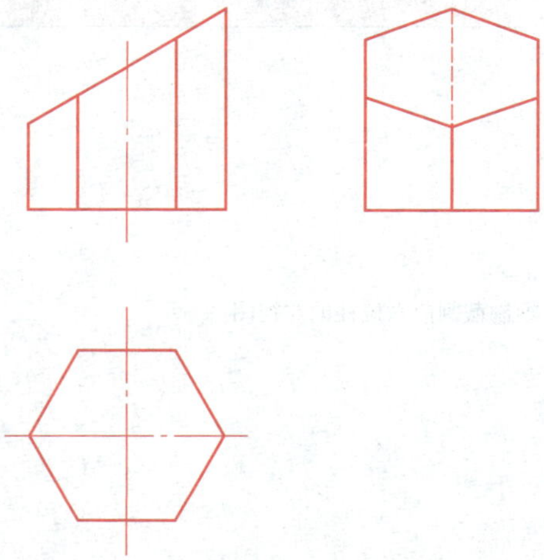</td></tr>
</table>

知识拓展

正四棱锥的截交线

如图 2－41 所示，四棱锥被正垂面切割，截交线是一个四边形，四边形的顶点是四条棱线与截平面的交点，截交线的正面投影分别为 1′，2′，3′，4′。

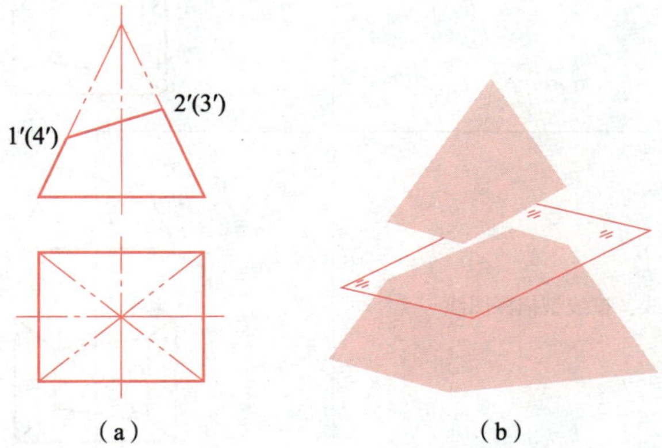

图 2－41　四棱锥的截交线

（a）两视图；（b）立体图

绘制斜割四棱锥俯视图和左视图的具体作图步骤见表 2－22。

表 2－22　绘制斜割四棱锥的俯视图和左视图的具体作图步骤

步骤	图例
1. 绘制截割前四棱锥的左视图	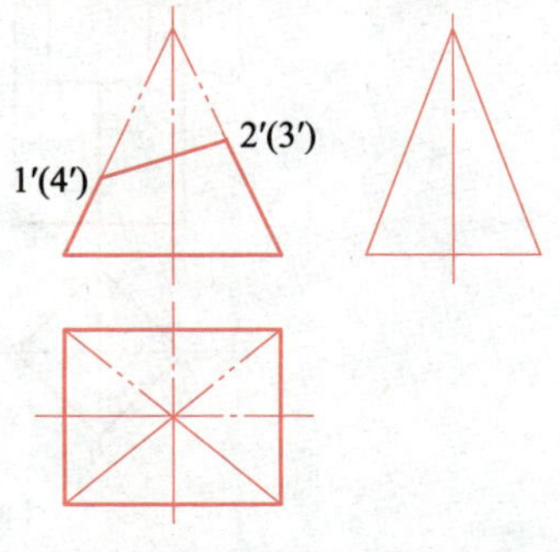
2. 根据四边形各顶点的正面投影，求出其水平投影和侧面投影	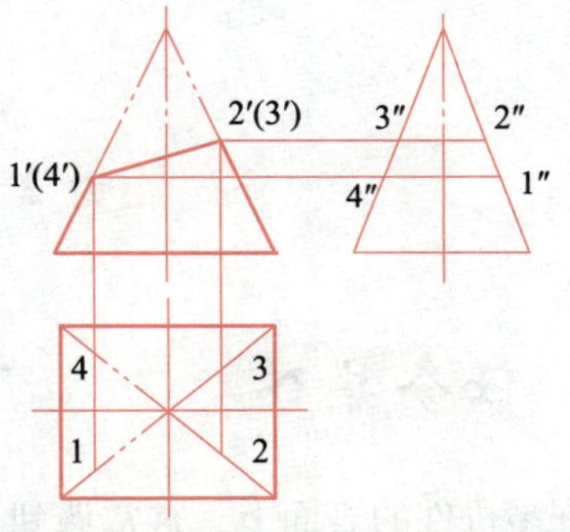

续表

步骤	图例
3. 顺次连接 1、2、3、4 和 1″、2″、3″、4″，补画俯视图棱线	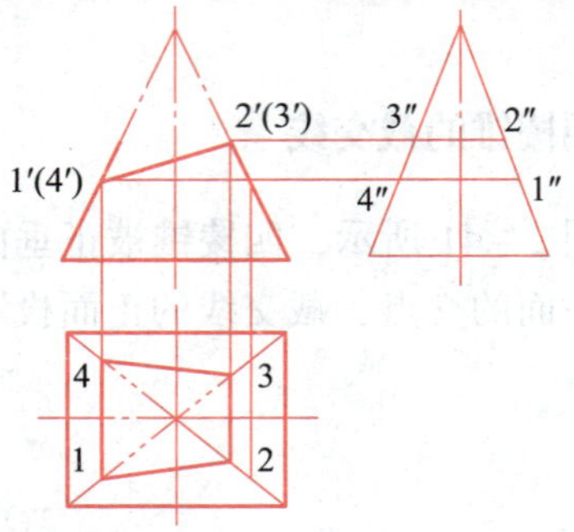
4. 擦去被切割部分的轮廓线，按线型描深图线	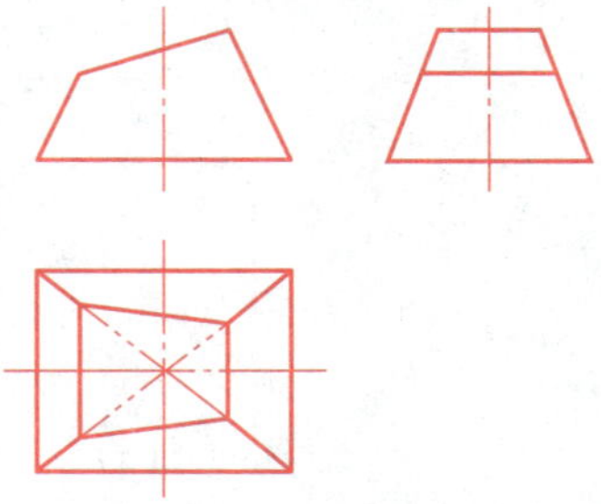

勤思考

如图 2－42 所示，在四棱柱上切割一个矩形通槽，已知其正面投影和切割前的水平投影、侧面投影，试完成矩形通槽的水平投影和侧面投影。

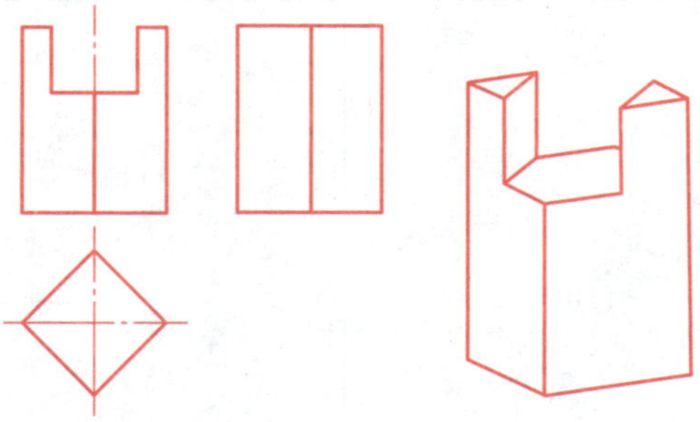

（a）　　　　（b）

图 2－42　四棱柱开槽

（a）三视图；（b）立体图

任务 2　绘制圆柱的截交线

任务导入

在许多机件的表面上，常常遇到平面与曲面立体相交的情况，图 2－43（a）所示为一圆柱体被正垂面切割。如图 2－43（b）所示，已知该切割圆柱体的主、俯视图，试绘制其左视图。

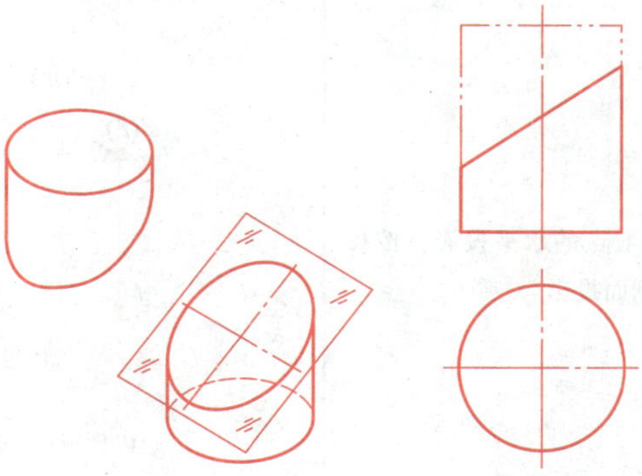

（a）　　（b）

图 2－43　正垂面切割圆柱体的截交线

（a）立体图；（b）两视图

任务分析

观察图 2－43（a）不难看出，平面斜割圆柱体时，平面与圆柱体的交线为椭圆，由于该椭圆截交线是圆柱面和截割平面的共有线，因此它具有两个性质：一是该椭圆在圆柱面上，具有圆柱面的投影特性——水平投影为圆；二是该椭圆在正垂截割平面上，具有正垂面的投影特性——正面投影积聚成直线。因此该截交线的正面投影和水平投影都是已知的。已知椭圆截交线的两面投影求第三面投影，可用求多个椭圆上点的第三投影，再依次连接各点投影的方法。在该椭圆上有四个特殊位置点（又称为极限点），即最低点 *A*、最高点 *B*、最前点 *C*、最后点 *D*。

任务实施

绘制斜割圆柱体左视图的具体作图步骤见表 2－23。

表 2－23　绘制斜割圆柱体左视图的具体作图步骤

步骤	图例
1. 绘制截割前圆柱体的左视图； 2. 找出椭圆的四个特殊位置点（极限点）的正面投影和水平投影，求出其侧面投影	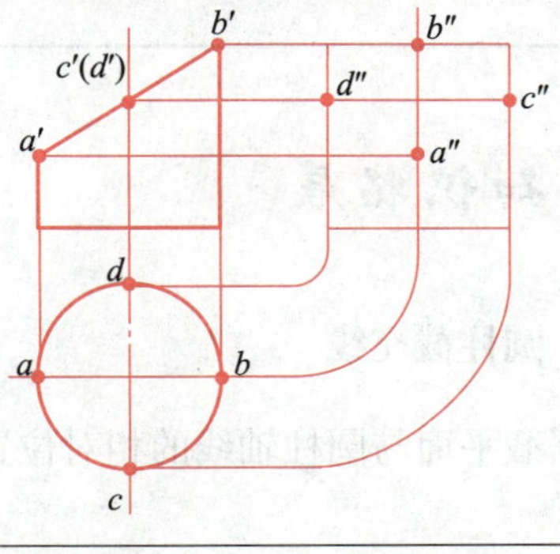

续表

步骤	图例
3. 在俯视图适当位置找四个一般点的水平投影，按投影规律找出其正面投影，求出其侧面投影	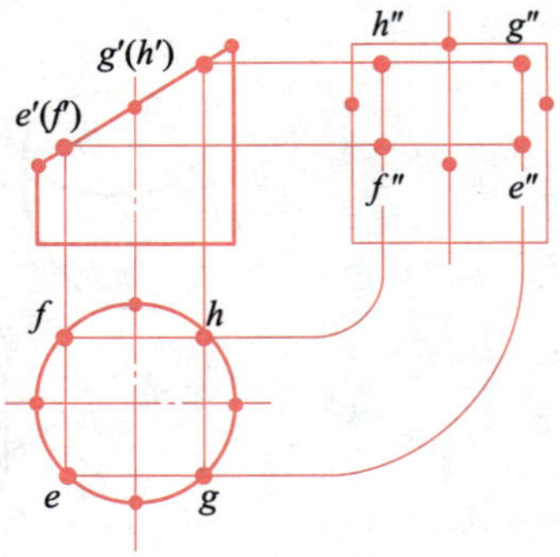
4. 光滑连接各点的侧面投影	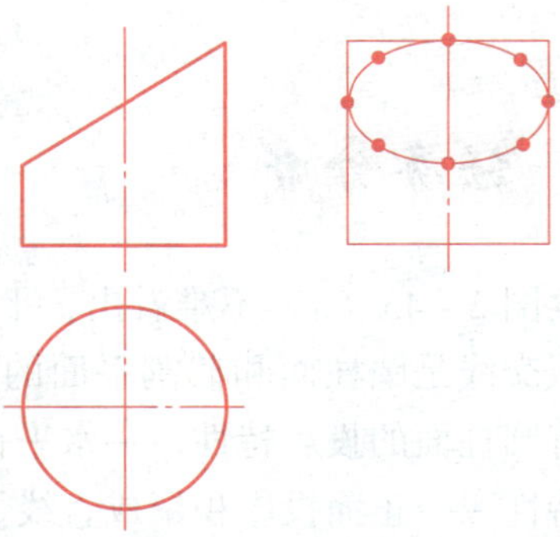
5. 擦去被切割部分的轮廓线，按线型描深图线	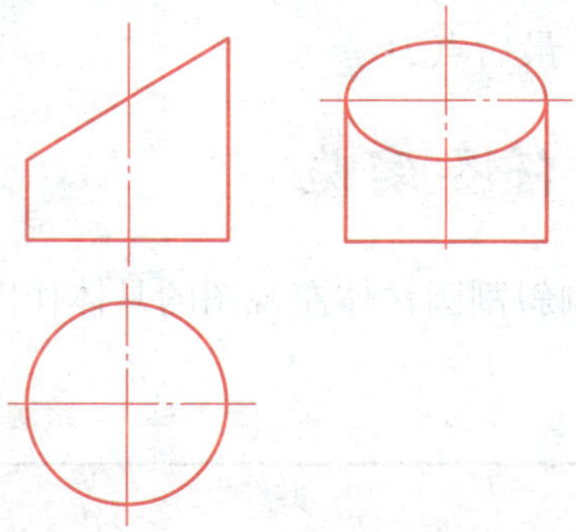

知识拓展

一、圆柱截交线

根据截平面与圆柱轴线的相对位置不同，圆柱截交线有三种情况，见表 2－24。

表 2－24　平面截割圆柱

截平面	平行于轴线	垂直于轴线	倾斜于轴线
立体图	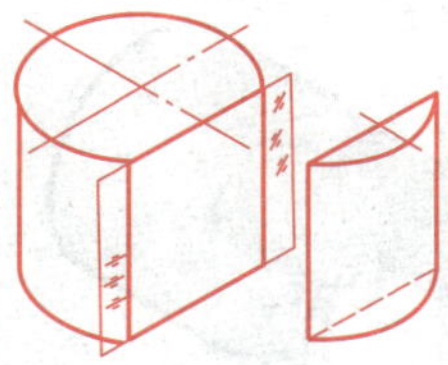	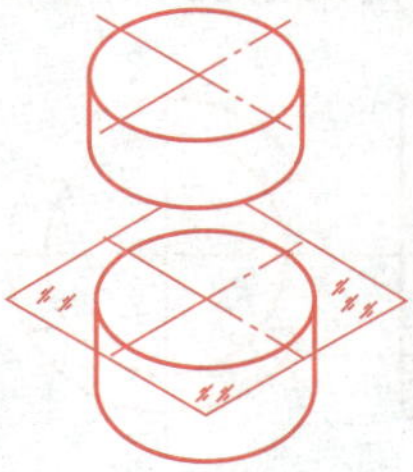	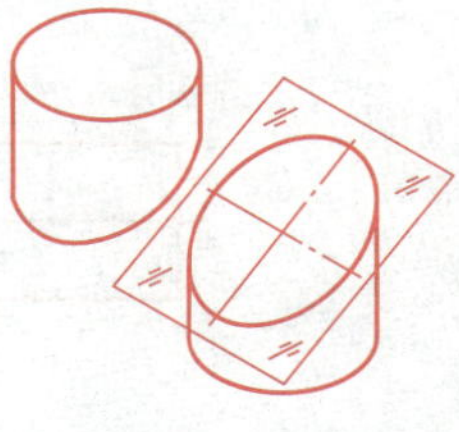
三视图	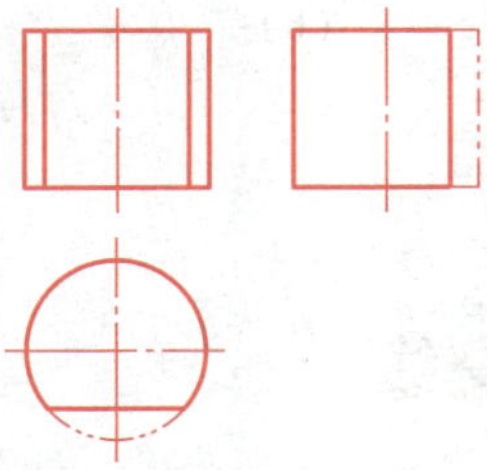	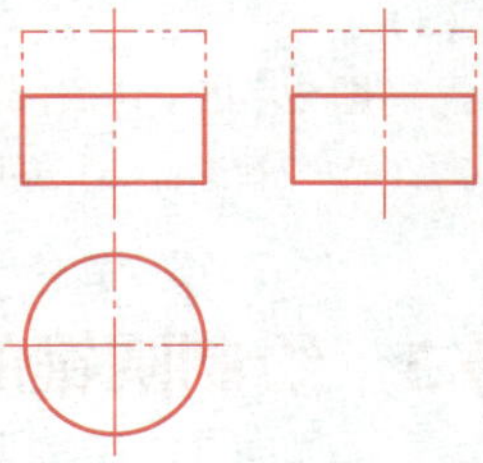	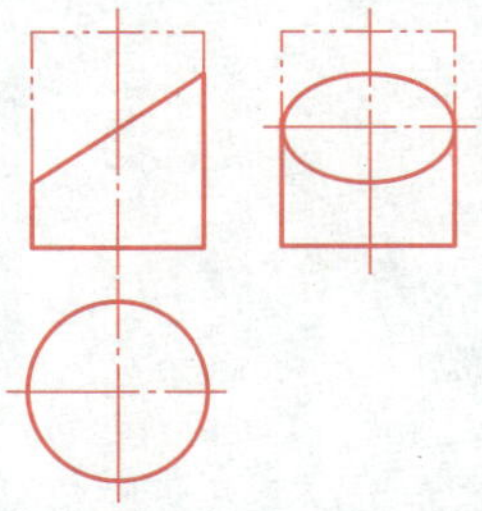
截交线	矩形	圆	椭圆

多了解一点

圆柱的截交线

如图 2－43 所示，截平面倾斜于圆柱轴线时，截交线是椭圆，侧面投影也是椭圆。倾斜的角度不同，椭圆的大小不同，但当倾斜角度为 45°时，截交线的侧面投影不是椭圆而是圆。

二、圆柱开槽的三视图（见图 2－44）

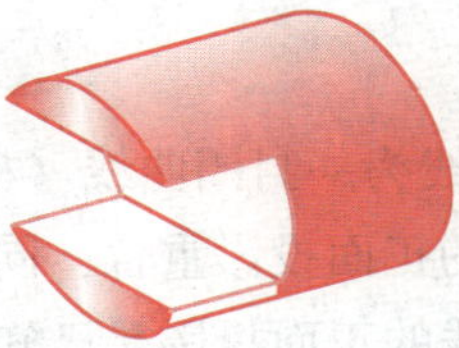

（a）

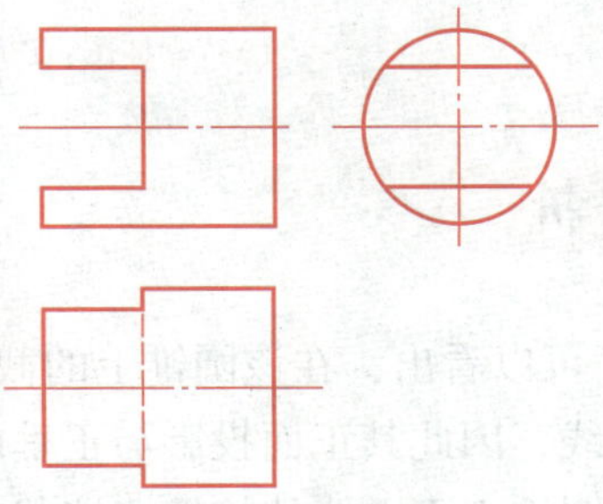

（b）

图 2－44　圆柱开槽
（a）立体图；（b）三视图

勤思考

如图 2-45 所示，求作切肩圆筒的俯视图。

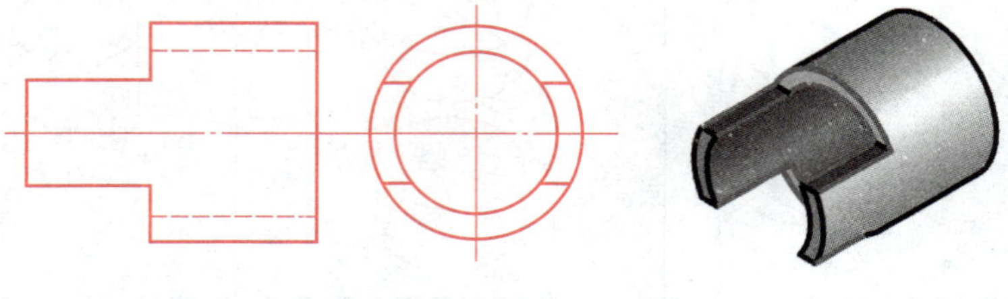

（a）　　（b）

图 2-45　切肩圆筒

（a）三视图；（b）立体图

任务 3　绘制圆锥的截交线

任务导入

如图 2-46 所示，圆锥被正垂面切割，试完成切割体的俯视图和左视图。

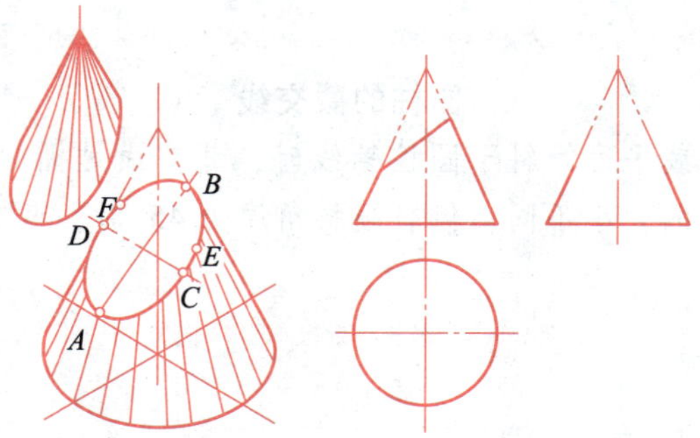

（a）　　（b）

图 2-46　正垂面切割圆锥的截交线

（a）立体图；（b）三视图

任务分析

由图 2-46（a）可以看出，在该圆锥上的截交线为一封闭曲线（椭圆）。该截交线是截平面与圆锥面的共有线，因此其正面投影与正垂面的正面投影重合，同时由于截交线是圆锥面上的线，所以具备圆锥表面上线的特性。该截交线的正面投影是已知的，水平投影和侧面投影是椭圆，需要绘制。椭圆上的 A、B、C、D 为长、短轴的端点，E、F 是圆锥面最前素线和最后素线上的点，上述各点的水平投影和侧面投影可用求圆锥表面上点的方法——辅助素线或辅助纬圆法求出。

任务实施

斜割圆锥的截交线的绘图步骤见表 2－25。

表 2－25　斜割圆锥的截交线的绘图步骤

步骤	图例	说明
1. 作椭圆最上点 B、最下点 A 的水平投影和侧面投影	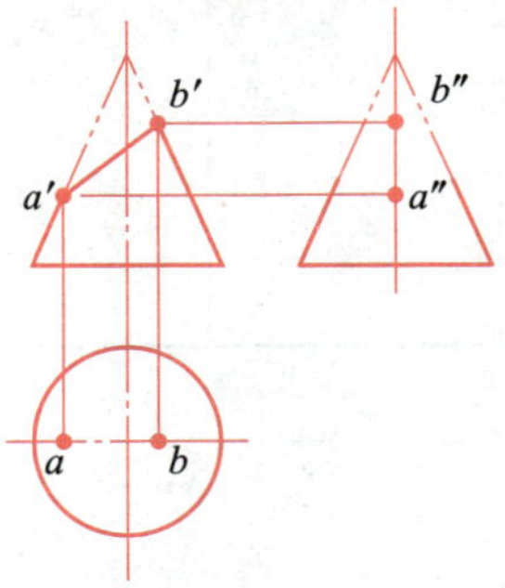	已知 a'、b'，根据投影规律可直接求出 a、b 和 a''、b''
2. 作椭圆最前点 C、最后点 D 的水平投影和侧面投影	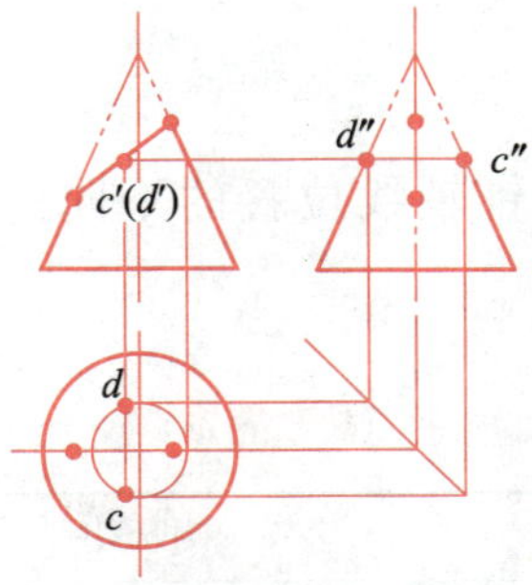	注意：C、D 的正面投影 c'、d'在 $a'b'$中间。过 c'（d'）作水平辅助纬圆的正面投影，求出该辅助纬圆的水平投影，然后求出 c、d，最后求出 c''、d''（这是前面介绍过的辅助纬圆法）
3. 作椭圆与最前素线的交点 E、与最后素线的交点 F 的水平投影和侧面投影	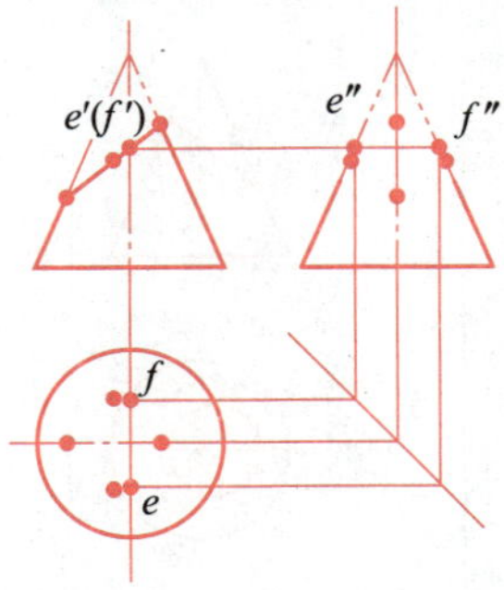	先找出 E、F 的正面投影 $e'(f')$，然后利用辅助平面法求出水平投影 e、f，再根据投影规律求出侧面投影 e''、f''
4. 作一般点的投影	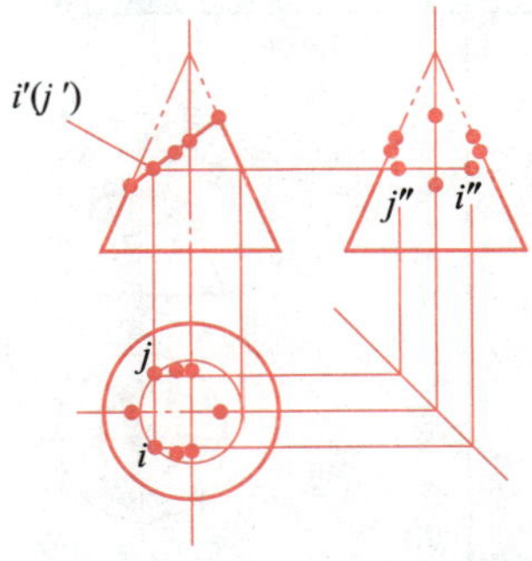	在主视图上找适当的一般点的正面投影 $i'(j')$，利用辅助平面法求作其水平投影和侧面投影

续表

步骤	图例	说明
5. 连接各点的同面投影，完成截交线的投影； 6. 擦去多余的图线，完成俯、左视图	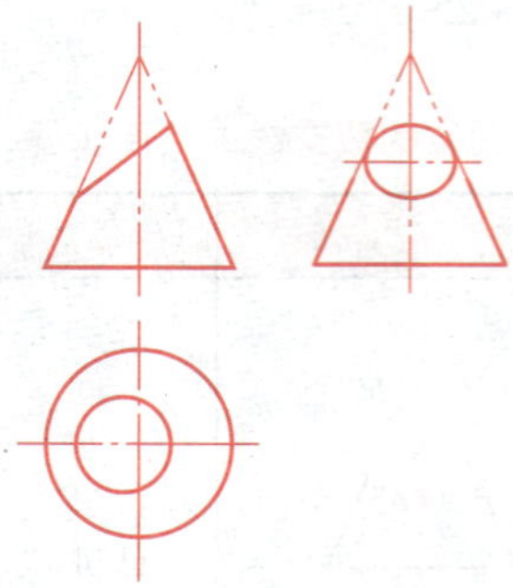	补全左视图上的轮廓线，绘制轴线、中心线。擦去多余图线，按线型描深图形

知识拓展

一、平面截割圆锥

平面截割圆锥时，根据截平面与圆锥轴线位置的不同，其截交线有 5 种情况，见表2－26。

表 2－26　平面截割圆锥

截平面位置	立体图	投影图	截交线形状
倾斜于轴线		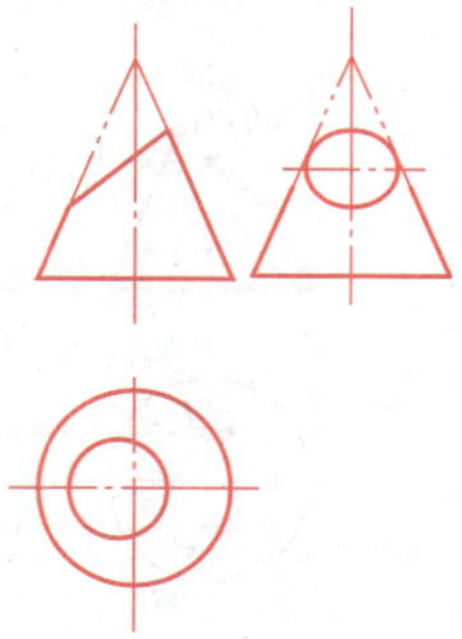	椭圆
垂直于轴线	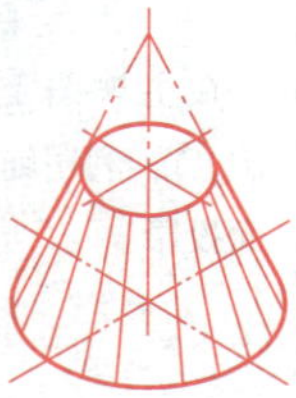	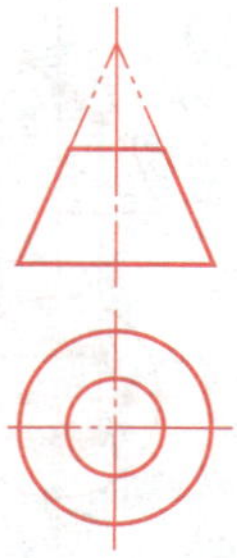	圆

截平面位置	立体图	投影图	截交线形状
平行于素线	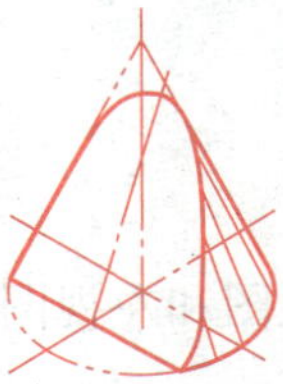		抛物线与直线
平行于轴线		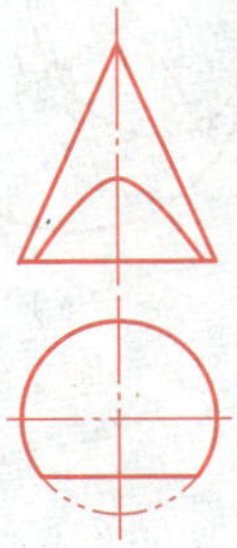	双曲线与直线
过锥顶	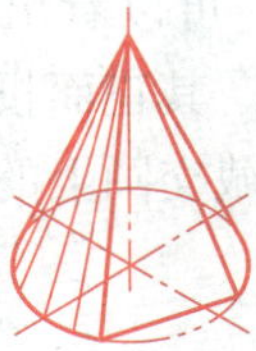	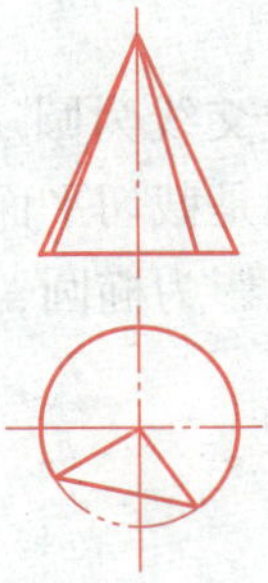	三角形

勤思考

如图 2－47 所示，请补充侧平面截割圆锥的截交线的侧面投影。

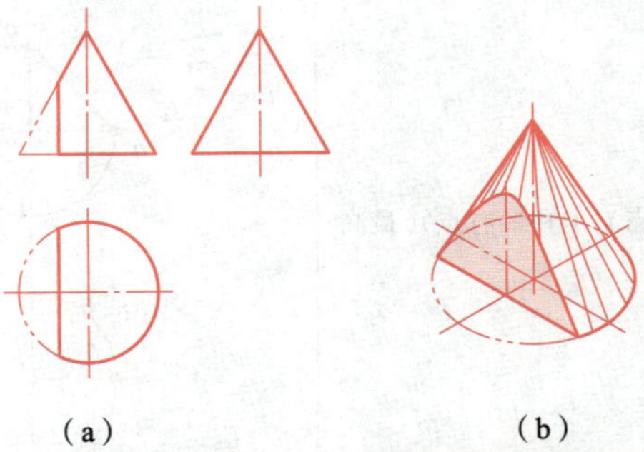

（a）　　　　　　（b）

图 2－47　求作侧平面截割圆锥的截交线

（a）三视图；（b）立体图

任务4　绘制圆球的截交线

任务导入

如图 2－48 所示，球体被正垂面切割，试完成俯视图和左视图。

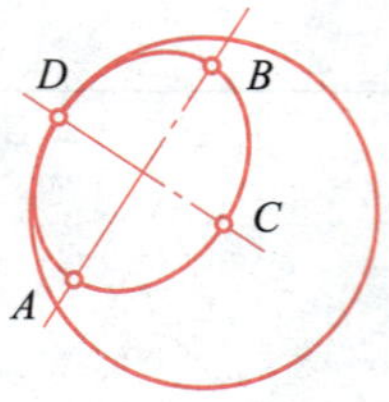

（a）

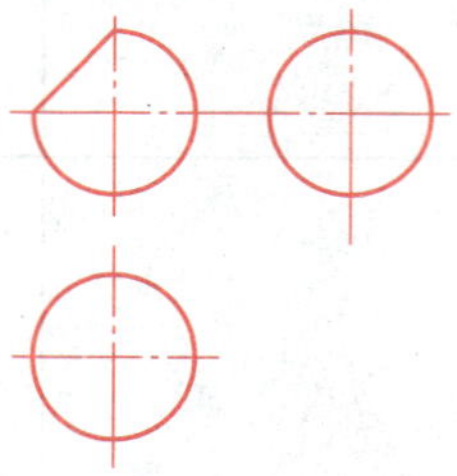

（b）

图 2－48　球体被正垂面切割
（a）立体图；（b）三视图

任务分析

平面切割球体产生的截交线为圆。由图 2－48（a）可以看出，正垂面切割球体，在球体上产生一个截交圆，该圆是截切平面与球面的共有圆。其正面投影为直线，与截平面的投影重合；水平投影和侧面投影为椭圆，需要绘制。空间截交圆上的 A、B、C、D 点为俯、左视图上椭圆的长、短轴的端点。

任务实施

正垂面切割球体的作图步骤见表 2－27。

表 2－27　正垂面切割球体的作图步骤

步骤	图例
1. 求作截交圆的最左点（最低点）A 和最右点（最高点）B 的水平投影和侧面投影	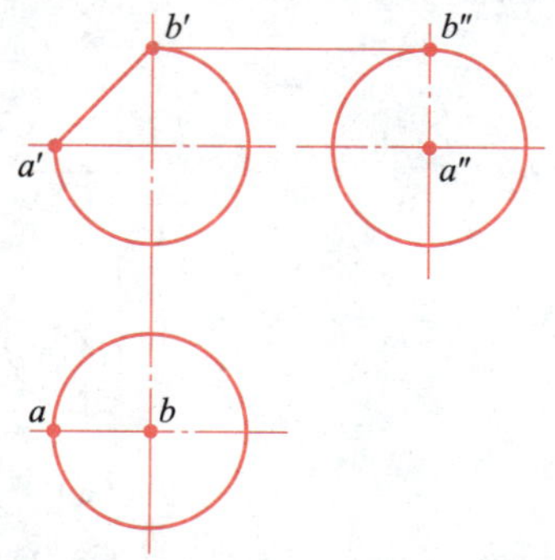

续表

步骤	图例
2. 求作截交圆的最前点 C、最后点 D 的水平投影和侧面投影； 过 C、D 作水平辅助纬圆，求出 C、D 的水平投影 c、d，然后利用投影规律求出侧面投影 c''、d''	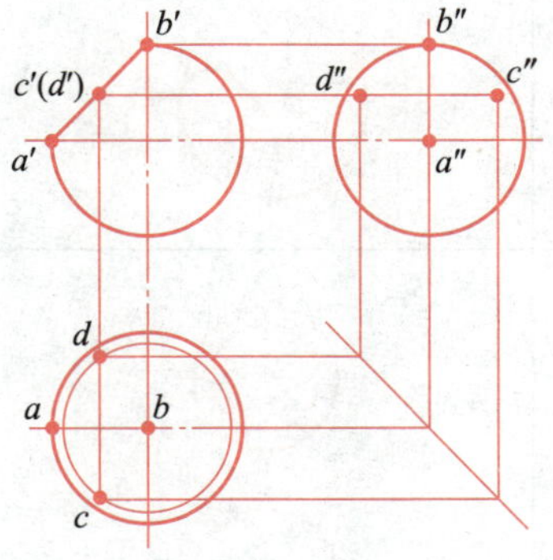
3. 求一般点的投影 过Ⅰ、Ⅱ点作侧平辅助纬圆，求一般点Ⅰ、Ⅱ的侧面投影 1″、2″，然后根据投影规律求水平投影 1、2。用同样的方法求出一般点Ⅲ、Ⅳ的侧面投影和水平投影	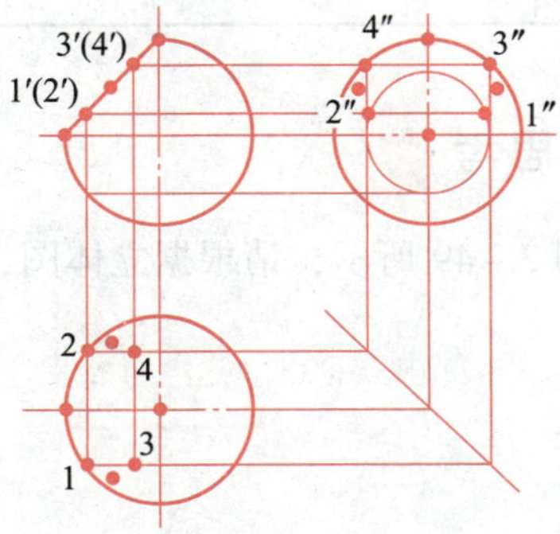
4. 连接各点的同面投影，完成作图	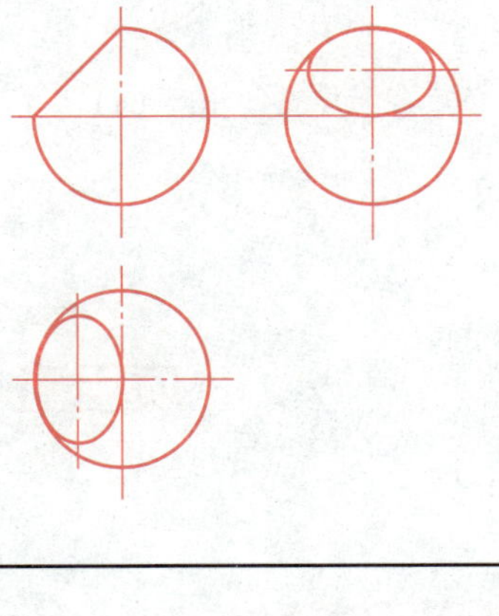

知识拓展

一、平面截割圆球的截交线

平面截割球体时，截交线为圆。根据截平面与投影面的位置不同，其截交线的投影也不同，具体见表 2－28。

表 2-28 平面截割圆球的截交线

截平面位置	截平面为正平面	截平面为水平面	截平面为正垂面
立体图			
投影图	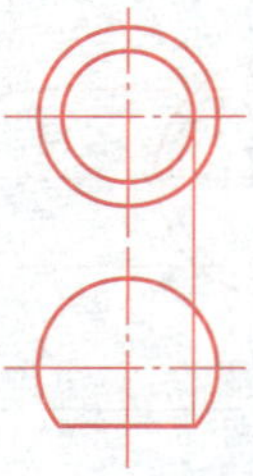	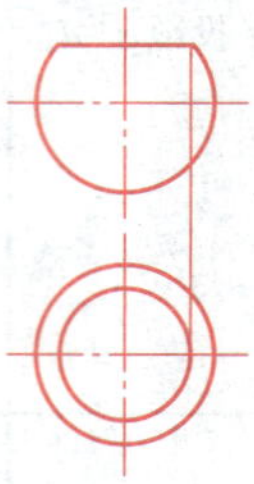	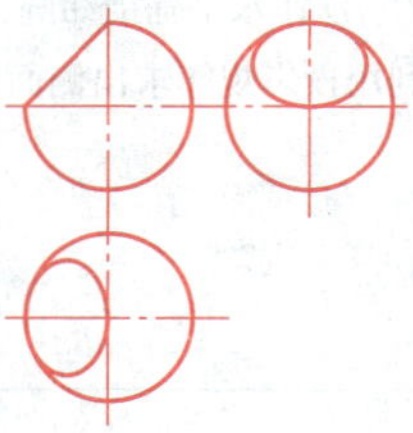

勤思考

如图 2-49 所示，请根据立体图，补画半球开槽后的俯视图和左视图上的截交线。

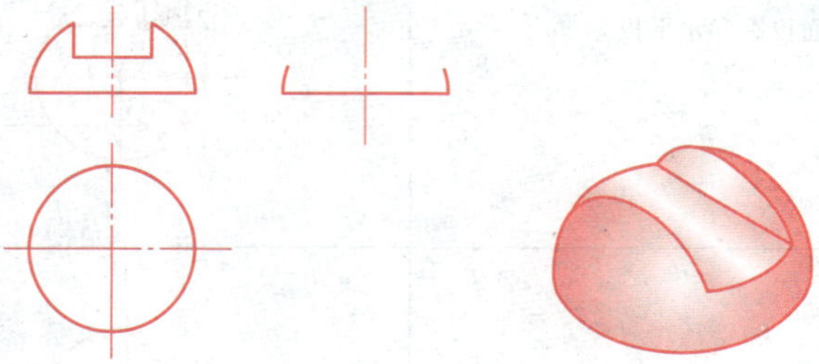

（a）　　　　　　（b）

图 2-49 半球开槽

（a）三视图；（b）立体图

项目五 绘制相贯线的投影

知识目标

（1）掌握相贯线的概念。

（2）掌握圆柱正交相贯线的投影的作图方法。

（3）掌握圆柱穿孔相贯线的投影的作图方法。

任务　绘制正交两圆柱的相贯线

任务导入

两圆柱正交相贯的三视图如图 2－50（b）所示，试补画主视图上相贯线的投影。

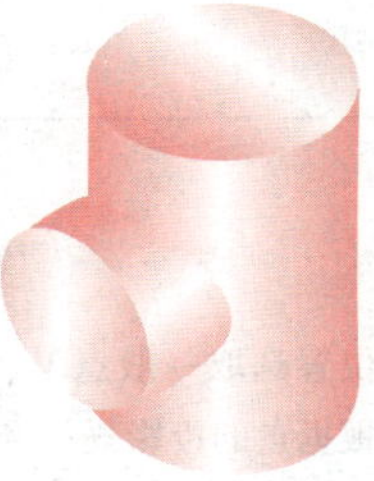

（a）

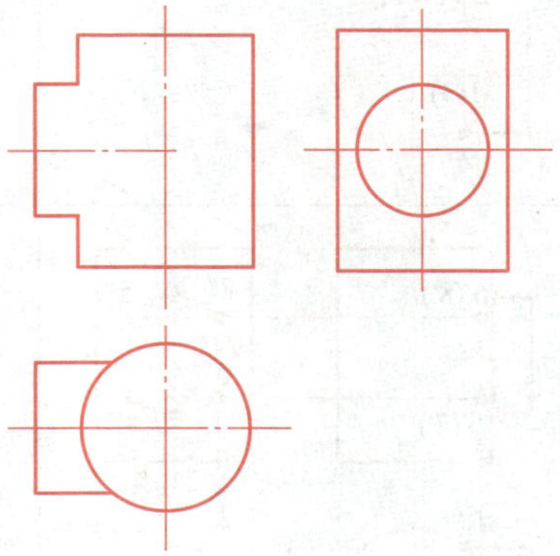

（b）

图 2－50　两圆柱正交相贯线

（a）立体图；（b）三视图

任务分析

图 2－50（a）所示为两圆柱正交相贯，两圆柱面相交产生了一条封闭的空间曲线，这种曲面和曲面的交线称为相贯线。

由图 2－50（a）可知，两圆柱直径不同，轴线垂直相交（正交），其中大圆柱的轴线垂直于水平投影面，故大圆柱面水平投影为圆；小圆柱的轴线垂直于侧投影面，故小圆柱面的侧面投影为圆。相贯线（空间封闭曲线）是两圆柱面的交线，也是两圆柱面的共有线，因此具有两圆柱面的投影特性，即相贯线的水平投影与大圆柱面的投影重合（为圆的一部分圆弧），相贯线的侧面投影与小圆柱的侧面投影重合（为整圆）。因此，该相贯线的水平投影和侧面投影是已知的。

任务实施

在绘制该相贯线时，可以找出相贯线上的特殊位置点（即极限点），再在适当位置选取一般点，并根据点的投影规律求作未知投影，光滑连接各点即得相贯线的未知投影，具体作图步骤见表 2－29。

表 2－29　绘制两圆柱正交相贯的相贯线

步骤	图例	说明
1. 作特殊点的正面投影	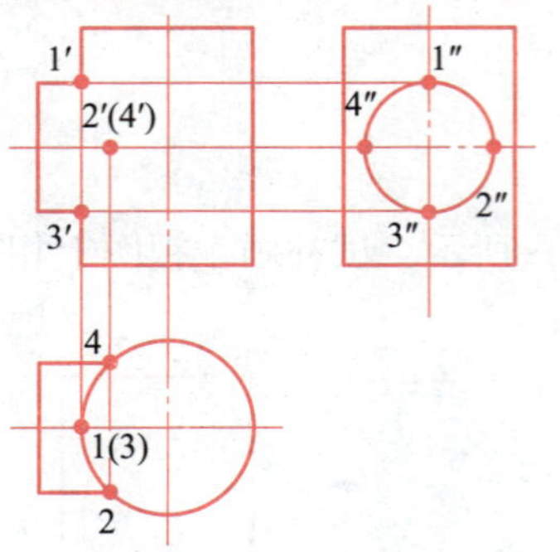	在左视图和俯视图上找出相贯线上的最高点Ⅰ和最低点Ⅲ（该两点同时是最左点）、最前点Ⅱ和最后点Ⅳ（该两点同时是最右点）的侧面投影和水平投影，求出正面投影
2. 作一般点的正面投影	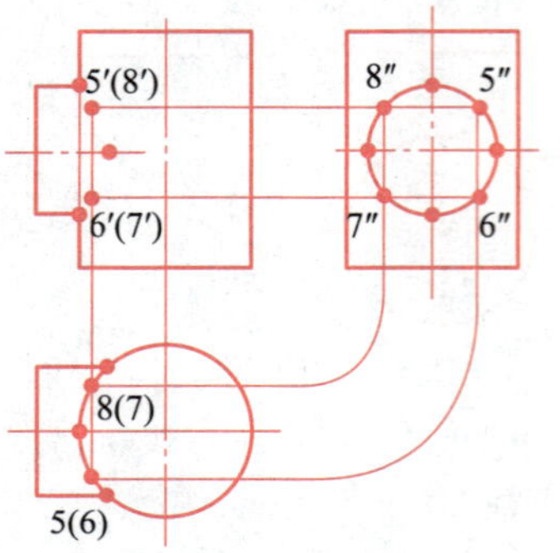	在适当位置选取一般点Ⅴ、Ⅳ、Ⅶ、Ⅷ，找出其侧面投影，根据点的投影规律和相贯线上点的水平投影在大圆周上两个条件，求出其水平投影，然后根据点的两面投影求作其正面投影
3. 光滑连接各点	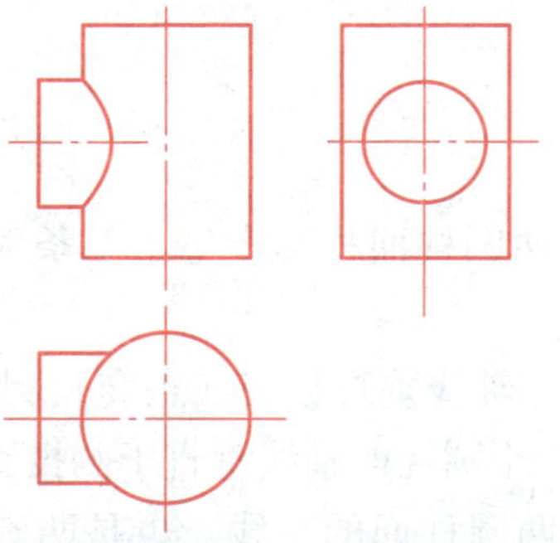	擦去多余的图线，描深可见轮廓线

多了解一点

相贯线的投影作图

两回转体的相贯线，实际上是两回转体表面上一系列共有点的连线，求作共有点的方法通常采用表面取点法和辅助平面法。表面取点法就是取特殊点和一般点；辅助平面法就是在适当位置过两立体作一辅助平面。

知识拓展

一、两圆柱正交的相贯线

两圆柱正交相贯的相贯线见表 2－30。

表 2－30　两圆柱正交的相贯线

尺寸变化	$D_1 > D_2$	$D_1 = D_2$	$D_1 < D_2$
立体图	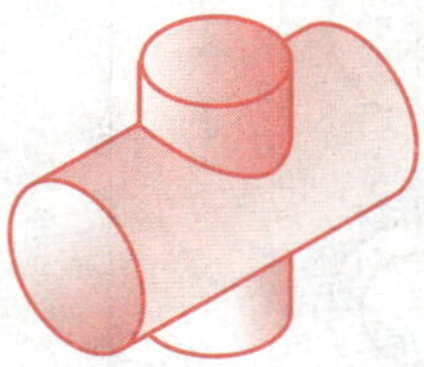	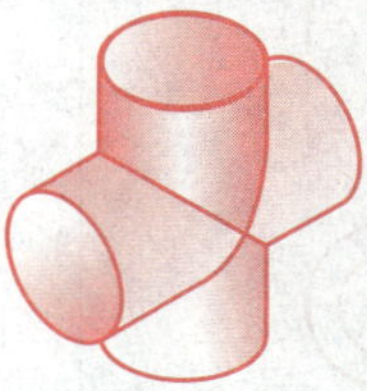	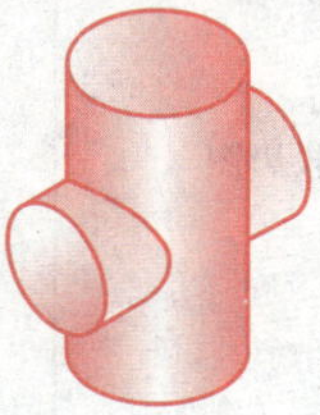
三视图	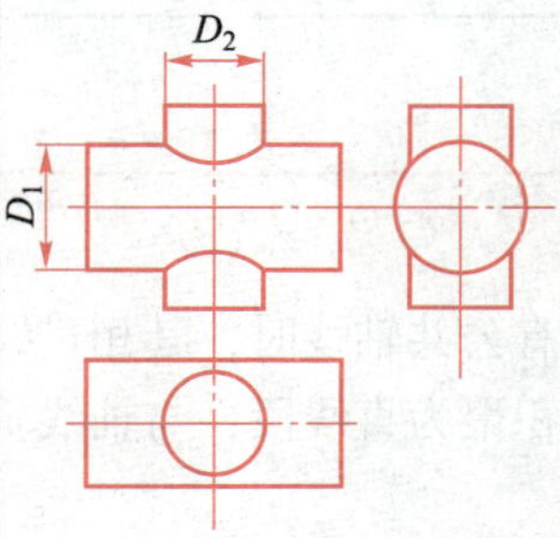	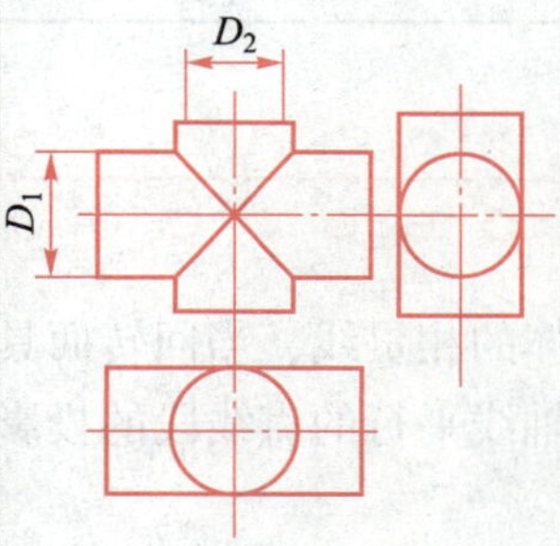	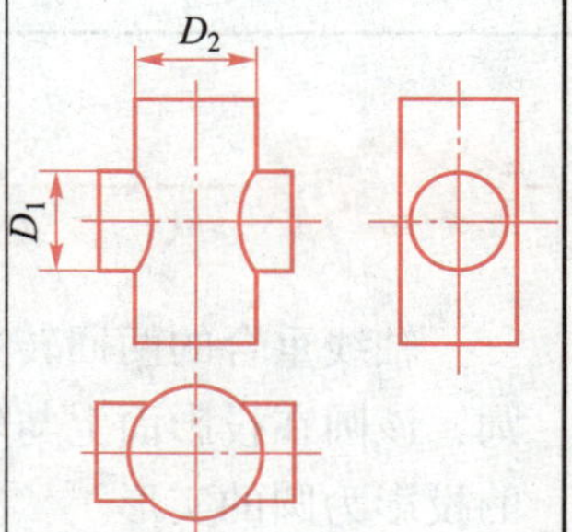

二、圆柱穿孔的相贯线

圆柱穿孔的相贯线见表 2－31。

表 2－31　圆柱穿孔的相贯线

形式	轴上圆柱孔	不等径圆柱孔	等径圆柱孔
三视图	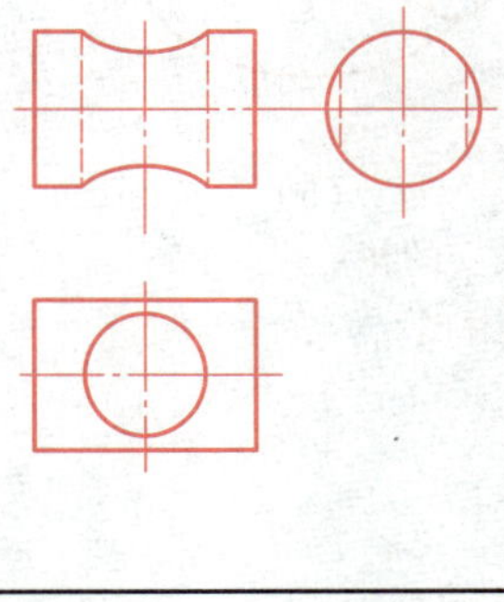	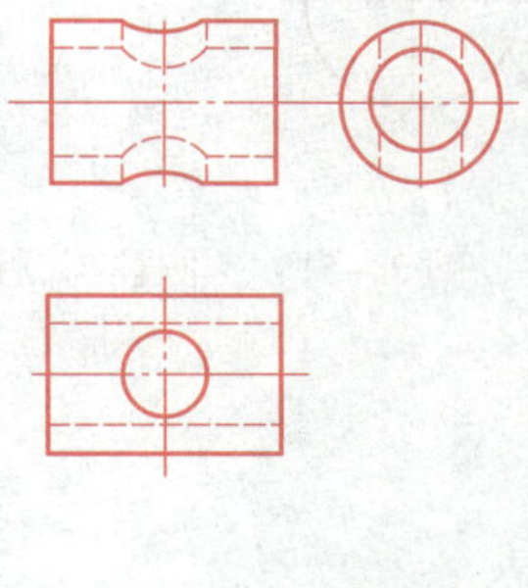	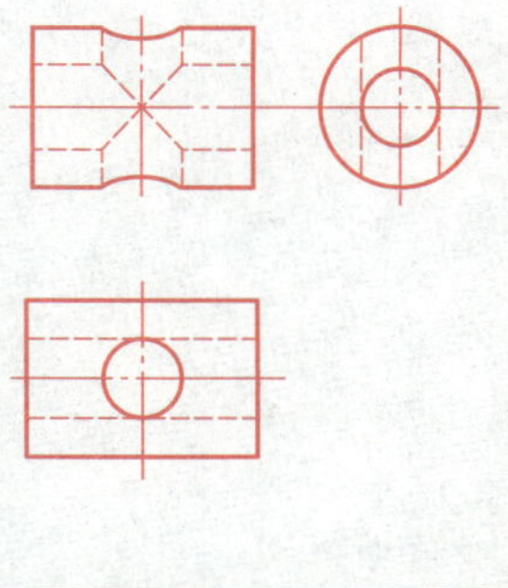

三、相贯线的特殊情况

轴线重合的两回转体的相贯线见表2－32。

表2－32　轴线重合的两回转体的相贯线

类型	圆锥和圆柱相贯	圆柱和球相贯	圆锥和球相贯
投影图	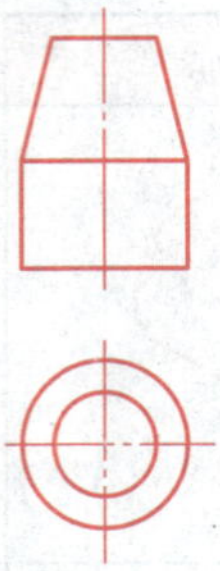	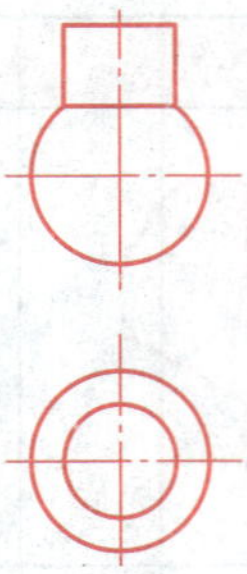	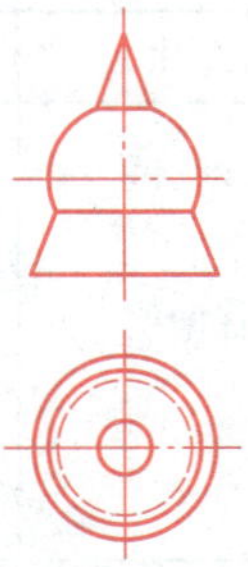

小提示

轴线重合的两回转体的相贯线，当回转面具有公共轴线时，其相贯线为垂直轴线的圆，该圆在投影面上与轴线平行的直线段的投影积聚为直线段，与轴线垂直的投影面上的投影为圆的实形。

勤思考

请认真思考后补画出图2－51的主、俯视图上相贯线的正面投影。

（a）　　（b）

图2－51　圆柱与圆锥正交的相贯线

（a）三视图；（b）立体图

模块三 轴测图

项目一 绘制正等轴测图

知识目标

(1) 了解轴测图的基本知识。
(2) 掌握正等轴测图的画法。

任务1 绘制支架的三视图

任务导入

根据如图3-1 (a) 所示长方体的三视图，绘制其正等轴测图，如图3-1 (b) 所示。

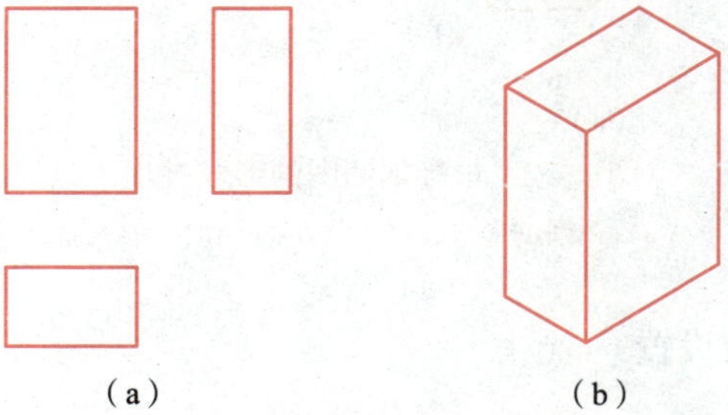

(a)　　(b)

图3-1 长方体的三视图与轴测图

(a) 三视图；(b) 轴测图

任务分析

用正投影法绘制的三视图［图3-1 (a)］，可以准确地表达物体的结构形状和大小，画图方便，但缺乏立体感，直观性差，没有经过专门训练的人很难看懂其形状。而用正投影法绘制的轴测图，能同时反映物体长、宽、高三个方向的形状［图3-1 (b)］，虽然它在表达物体时，某些结构的形状发生了变形（矩形被表达为平行四边形），但它具有较强的立体感和较好的直观性。因此，轴测图被广泛地应用于设计构思、产品介绍和帮助读图及进行外观设计等。绘制和识读轴测图也是工程技术人员必备的能力之一。

相关知识

一、正等轴测图的形成过程

正等轴测图的形成过程如图 3－2 所示，假想将长方体放在一个空间直角坐标系中，其坐标轴 OX、OY、OZ 和形体上的三条相互垂直的棱线重合，O 为原点。如图 3－2（a）所示，当物体上的一个坐标轴与正投影的投影方向平行时，所得的投影图（即视图）只能反映形体两个方向的尺寸和一个表面的形状，缺乏立体感。若投影方向不变，改变物体与投影面的相对位置，使物体上的三个坐标轴与投影面倾斜相同的角度，所得投影图就能同时反映物体三个方向的形状，具有较好的立体感，如图 3－2（b）所示。

在图 3－2（b）中，轴测图所在的投影面称为轴测投影面，空间直角坐标轴 OX、OY、OZ 在轴测投影面上的投影 O_1X_1、O_1Y_1、O_1Z_1 称为轴测图，轴测图之间的夹角 $\angle X_1O_1Y_1$、$\angle Y_1O_1Z_1$、$\angle X_1O_1Z_1$ 称为轴间角。

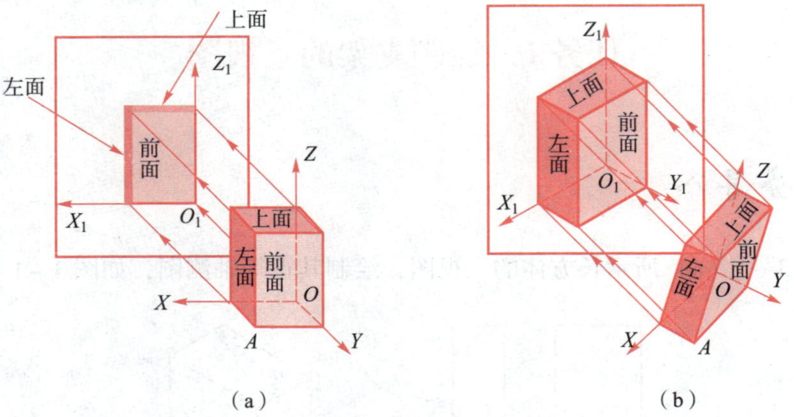

图 3－2　正等轴测图的形成过程

（a）视图的形成；（b）正等轴测图的形成

二、正等轴测图的参数设置

1. 轴向变形系数

轴测轴上单位长度与相应空间直角坐标轴上单位长度的比值，称为轴向变形系数。在正等轴测图中，OX、OY、OZ 轴上的变形系数均为 0.82，为简化作图，在实际绘图时取 1，即凡与坐标轴平行的直线，在轴测图上都按视图上的实际尺寸画出。

2. 轴间角

在正等测图中，三个轴间角 $\angle X_1O_1Y_1 = \angle Y_1O_1Z_1 = \angle X_1O_1Z_1 = 120°$，绘图时一般取 O_1Z_1 轴为竖直线，则 O_1X_1、O_1Y_1 轴与水平线的夹角为 30°，如图 3－3 所示。

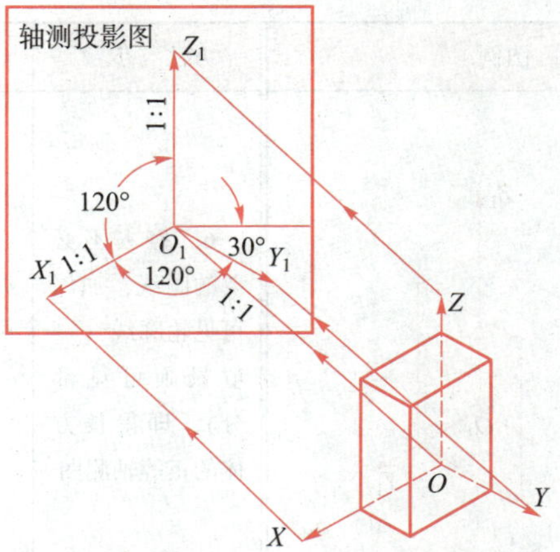

图 3－3　轴间角与轴向变形系数

任务实施

长方体正等轴测图的绘图步骤见表 3－1。

表 3－1　长方体正等轴测图的作图步骤

方法与步骤	图例	方法与步骤	图例
1. 在三视图中选取坐标原点（O）确定空间坐标轴（OX、OY、OZ）的投影，本例选取长方体的右、后、下角定点为坐标原点	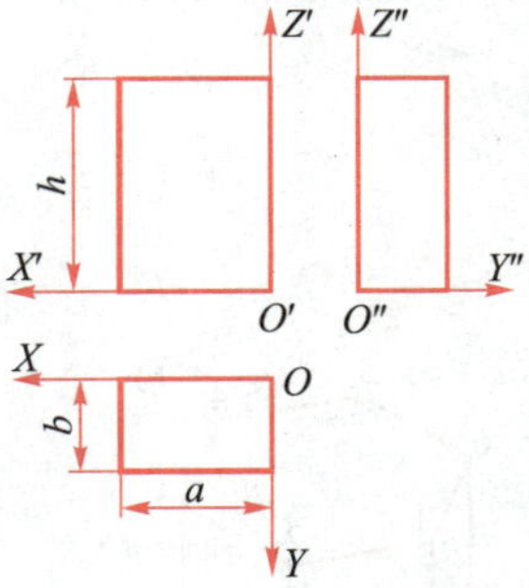	3. 取长方体的长度尺寸 a、宽度尺寸 b，按 1∶1 的比例分别在 O_1X_1、O_1Y_1 轴测轴上截取，画出长方体的底面	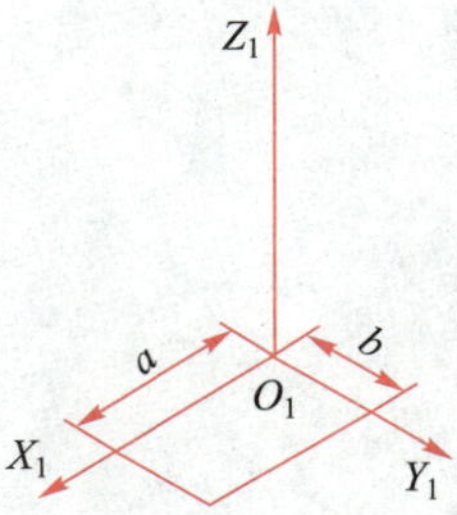
2. 画轴测轴。将 O_1Z_1 轴画成铅垂线，O_1X_1 轴、O_1Y_1 轴与水平成 30°角（用 30°角三角板可方便作出），X_1、Y_1、Z_1 轴交点为原点 O_1	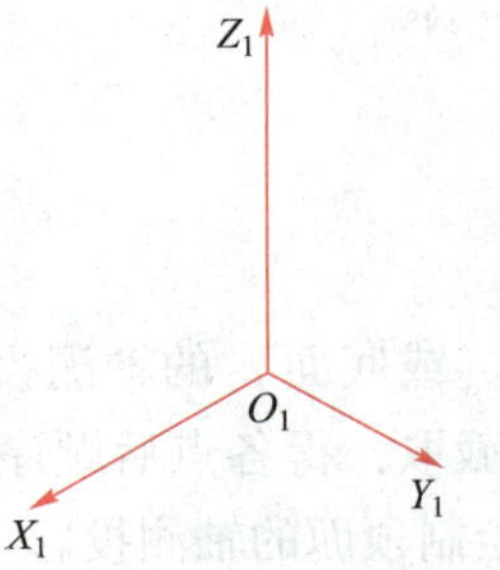	4. 从底面四个顶点作平行于 O_1Z_1 轴的四条平行线，并 1∶1 的比例取其高度 h	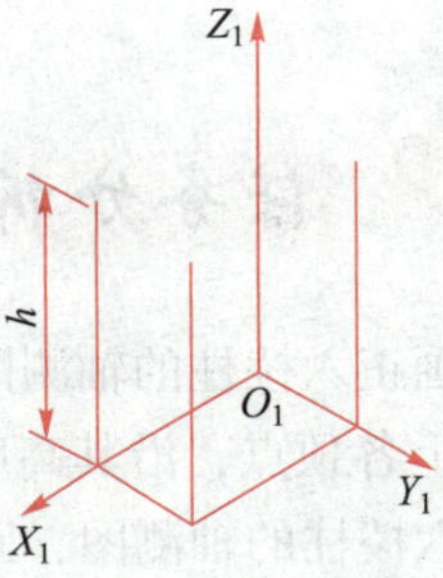

续表

方法与步骤	图例	方法与步骤	图例
5. 连同坐标原点 O_1，即得长方体的 8 个顶点。连接 8 个顶点	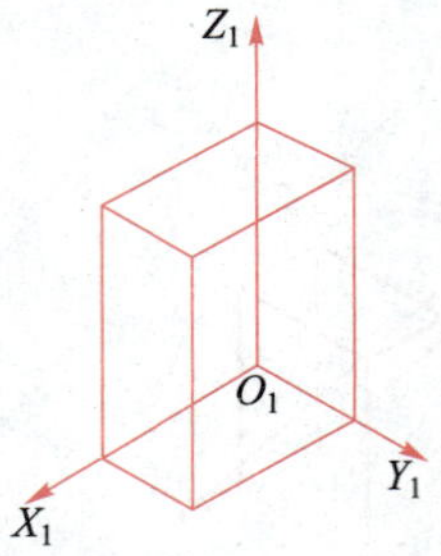	6. 擦去不必要的图线，加深可见轮廓线（一般只画可见部分），即得长方体的正等轴测图	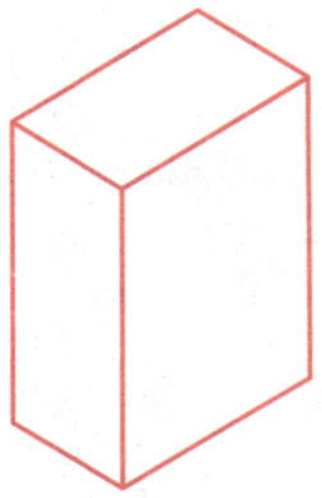

任务2　绘制正六棱柱的正等轴测图

任务导入

根据图 3－4（a）所示正六棱柱的三视图，绘制其正等轴测图，如图 3－4 所示。

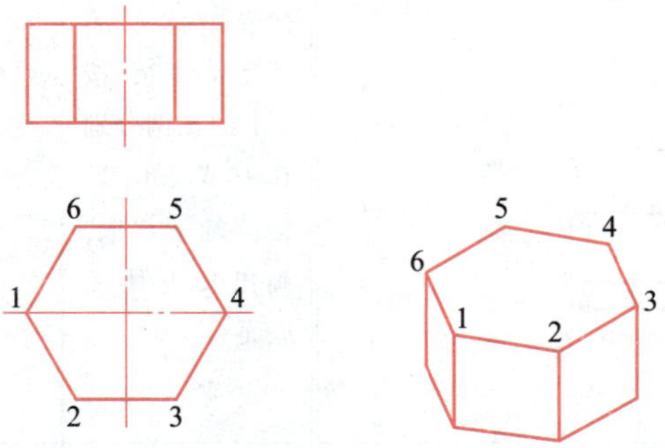

（a）　　　（b）

图 3－4　正六棱柱的三视图与轴测图

（a）三视图；（b）轴测图

任务分析

画正六棱柱的轴测图时，只要画出其一顶面（或底面）的轴测投影，再过顶面（或底面）上各顶点，沿其高度方向作平行线，按高度截取，得各点后顺序连线（细虚线不画），即得六棱柱的轴测图，画图的关键是如何准确地绘制顶面的轴测投影。

画正六棱柱顶面的轴测图时，由于其六边形顶面上的ⅠⅡ、ⅢⅣ、ⅣⅤ和ⅥⅠ四条边与轴测轴不平行（图 3－4），因此，这些边不能直接测量画出。如果我们能通过坐标定位求出

Ⅰ、Ⅱ、Ⅲ、Ⅳ、Ⅴ、Ⅵ各点在轴测图中的位置，并连接各点，即可求得六棱柱端面的轴测投影，进而完成此任务。

相关知识

因为正等轴测图也是正投影图，因此，它具有正投影的一般性质。

一、平行性

物体上相互平行的直线，在轴测图上仍然平行；凡与坐标轴平行的直线，在轴测图上必与轴测轴平行。

二、等比性

沿着轴线方向的线段可根据轴向变形系数直接测量画出（“轴测”之名由此而来）。

画轴测图时，应利用此投影特性作图，但对物体上那些与坐标轴不平行的线段，就不能应用等比性量取长度，而应用坐标定位的方法求出直线两端点，然后连成直线。

任务实施

正六棱柱正等轴测图的作图步骤见表3－2。

表3－2　正六棱柱正等轴测图的作图步骤

方法与步骤	图例
1. 在主、俯视图中确定空间坐标轴（OX、OY、OZ）的投影，六棱柱前后、左右对称，选顶面中心为坐标原点	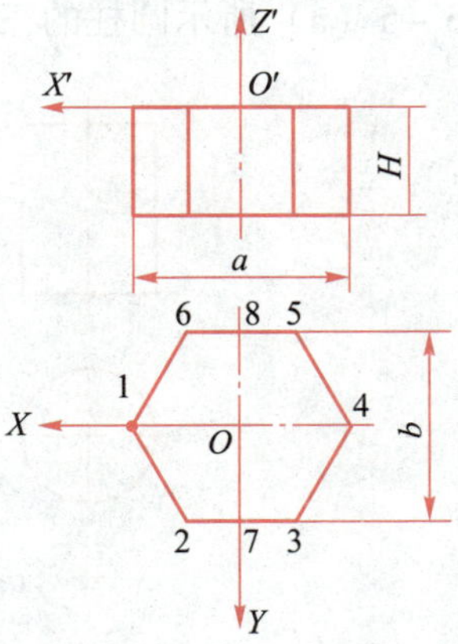
2. 画出轴测轴 O_1X_1、O_1Y_1、O_1Z_1，沿 X_1 轴在原点 O_1 两侧分别量取 $a/2$ 得到 1_1、4_1 两点，沿 Y_1 轴在 O_1 点两侧分别量取 $b/2$ 得到 7_1、8_1 两点	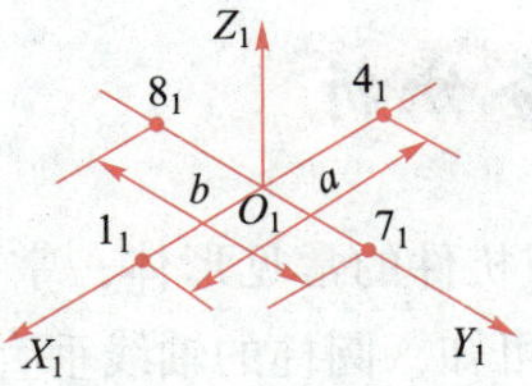

续表

方法与步骤	图例
3．过 7_1、8_1 两点作 X_1 轴平行线，量取 23 和56 的长度得 2_13_1 和 5_16_1，连接各点完成六棱柱顶面的轴测图	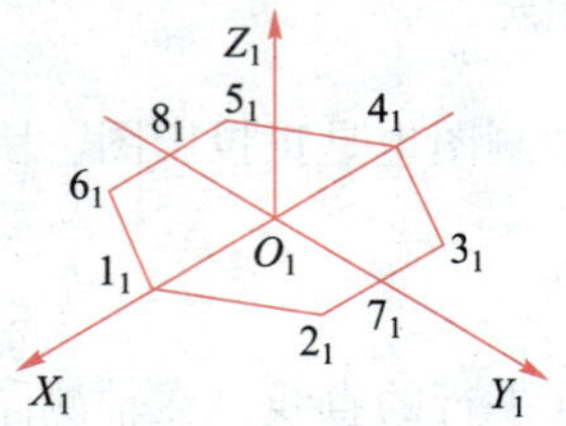
4．沿 1_1、2_1、3_1、6_1 各点垂直向下量取 H，得到六棱柱底面可见的各端点（轴测图上细虚线一般省略不画）。用直线连接各点并加深轮廓线，即得到六棱柱的正等轴测图	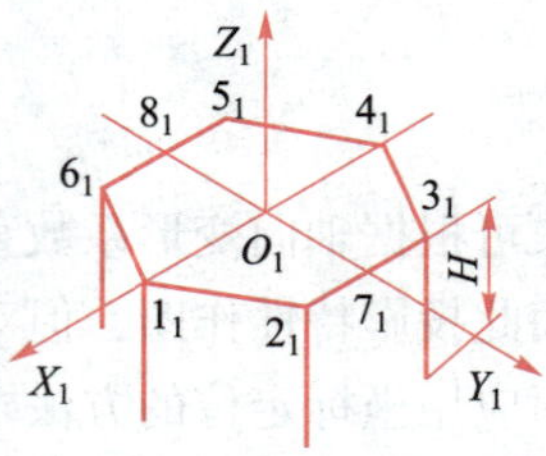 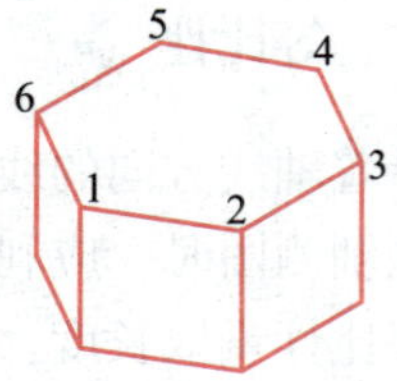

任务3　绘制圆柱的正等轴测图

任务导入

根据如图 3－5（a）所示圆柱的三视图，绘制其正等轴测图，如图 3－5（b）所示。

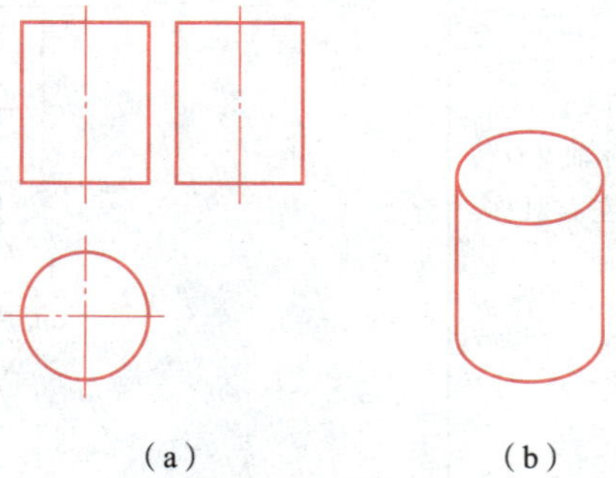

图 3－5　圆柱的三视图与正等轴测图

（a）三视图；（b）正等轴测图

任务分析

圆柱是组成机件的常见形体，掌握圆柱正等轴测图的画法，是绘制回转体轴测图的基础。由图 3－6 可知，圆柱的轴线垂直于 $X_1O_1Y_1$ 坐标面，即圆柱的上、下底圆平行于坐标面 XOY。而在正等轴测图中，由于三个坐标面都倾斜于轴测投影面，所以其上、下端面圆的轴测投影为椭圆，如图 3－6 所示。故绘制圆柱正等轴测图的关键是如何绘制圆柱端面圆的正等轴测图（椭圆），只要将顶面和底面的椭圆画好，然后作两椭圆的公切线，即得圆柱的正等轴测图。

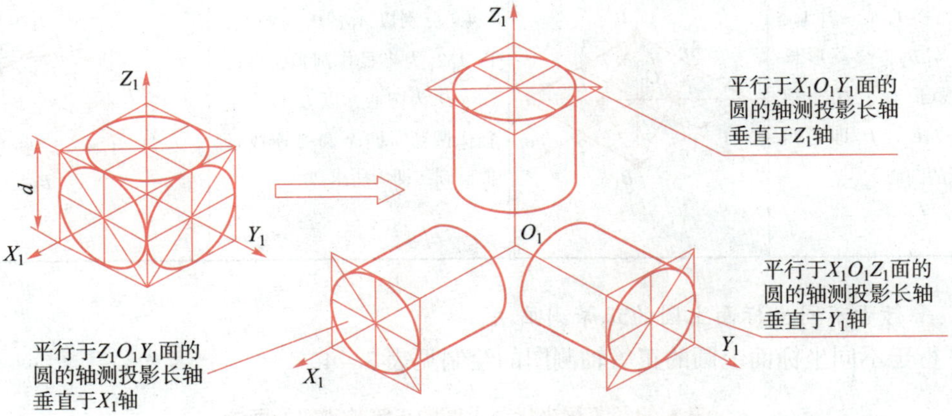

图 3－6　平行于三个不同坐标面圆的正等轴测图

相关知识

一、圆的正等轴测投影

在平面立体的正等轴测图中，平行于坐标面的正方形变成了菱形，如果在正方形内有一个圆与其相切，显然圆随正方形四条边的变化而变成了内切于菱形的椭圆，轴线垂直于三个坐标面的圆柱的轴测图如图 3－6 所示。

二、圆的正等测画法

由上面分析知，平行于坐标面的圆的正等轴测图都是椭圆，虽然椭圆的方向不同，但画法相同，各椭圆的长轴都在外切菱形的长对角线上，短轴在短对角线上。

1. 平行于水平面的圆的正等测画法

在正等轴测图中，椭圆一般用四段圆弧代替，平行于水平面的圆的正等测画法见表 3－3。

表 3－3　平行于水平面圆的正等测画法

方法与步骤	图例	方法与步骤	图例
1. 选取圆心为坐标原点作坐标轴，在俯视图中作坐标轴，在俯视图中作圆的外切正方形，切点为 1、2、3、4	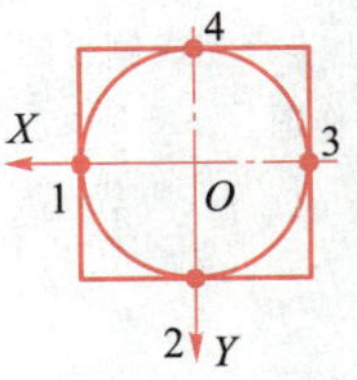	2. 作轴测轴和点 1_1、2_1、3_1、4_1，过此四点作平行于轴测轴的直线得菱形，并作对角线	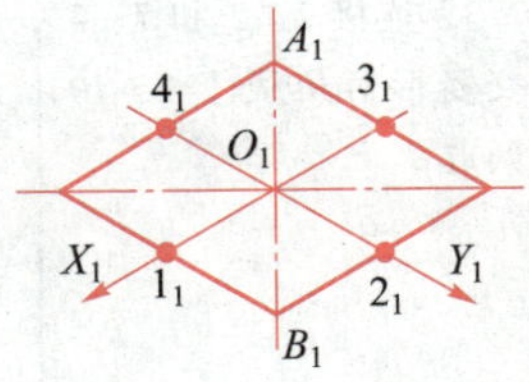

续表

步骤与方法	图例	步骤与方法	图例
3. 连接 1_1A_1、2_1A_1、3_1B_1、4_1B_1，交菱形长对角线于 C_1、D_1，则 A_1、B_1、C_1、D_1 即为四段圆弧的圆心	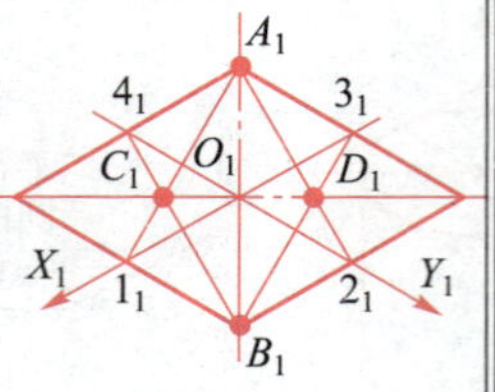	4. 分别以 A_1、B_1 为圆心，以 A_12_1 为半径作圆弧；再以 C_1、D_1 为圆心，以 C_11_1 为半径作圆弧，四个圆弧连成近似椭圆，即为所求	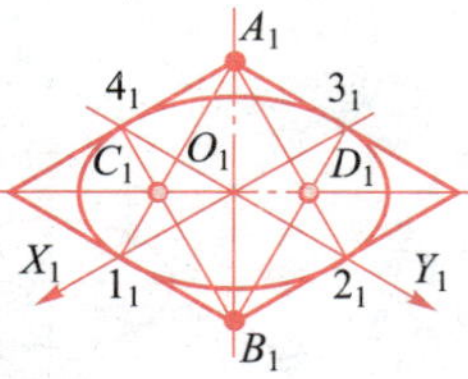

2. 平行于不同坐标面上圆的正等测画法

平行于不同坐标面上圆的正等轴测图的绘制见表 3-4。

表 3-4　不同坐标面上圆的正等轴测图的画法

方法与步骤	图例	方法与步骤	图例
1. 在正方体的前表面上作菱形的对角线	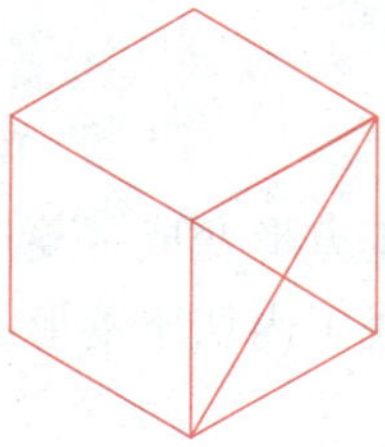	4. 分别以 3、7 为圆心，以 3、8 间的距离为半径画弧	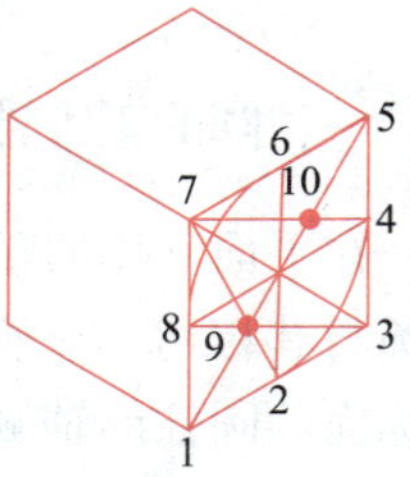
2. 分别作菱形水平边和竖直边的平分线，得 1、2、3、4、5、6、7、8 各点	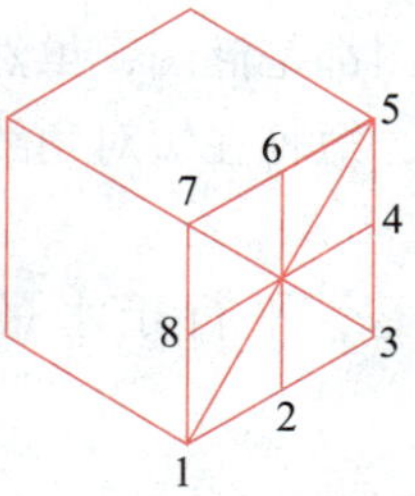	5. 以 9、10 为圆心，以 9、2 间的距离为半径画弧； 6. 检查，去掉多余的作图线	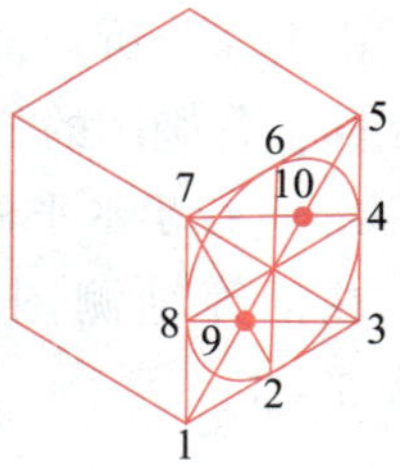
3. 连接 7、2 和 7、4 交菱形对角线于 9、10 两点	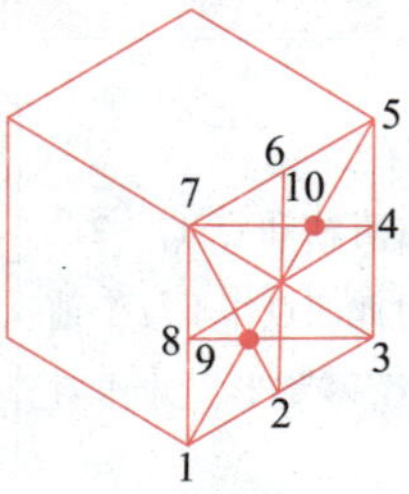	7. 按以上步骤完成侧平圆和水平圆的作图	

任务实施

圆柱正等轴测图的作图步骤见表 3－5 所示。

表 3－5 圆柱正等轴测图的作图步骤

<table>
<tr><th>方法与步骤</th><th>图例</th><th>方法与步骤</th><th>图例</th></tr>
<tr>
<td>1. 确定空间坐标轴（OX、OY、OZ）的投影，在投影为圆的视图上作圆的外切正方形</td>
<td>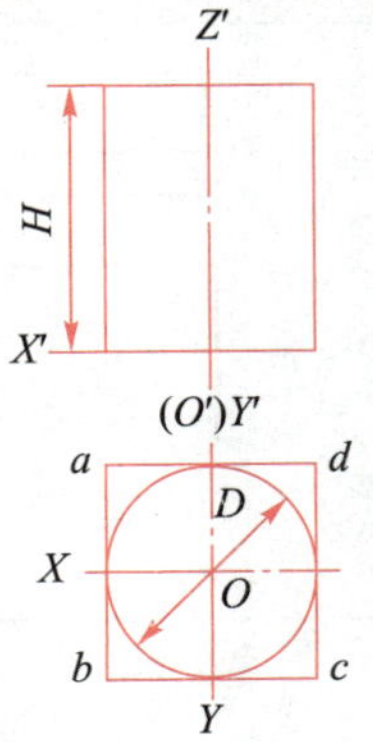
</td>
<td>3. 作圆柱的顶面和底面圆的轴测投影椭圆</td>
<td>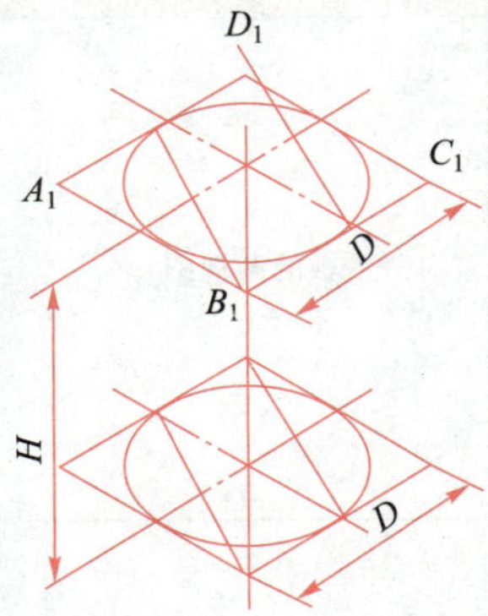
</td>
</tr>
<tr>
<td>2. 画出轴测轴 O_1X_1、O_1Y_1、O_1Z_1，在 O_1Z_1 轴上截取圆柱高度 H，并作 O_1X_1、O_1Y_1 的平行线</td>
<td>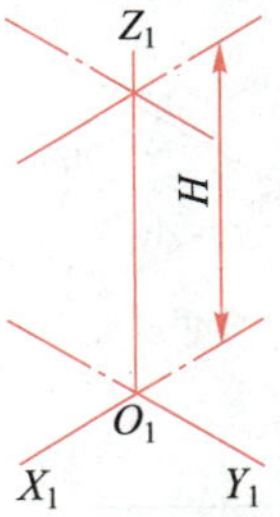
</td>
<td>4. 作两椭圆的公切线，加深可见轮廓线（细虚线省略不画）</td>
<td>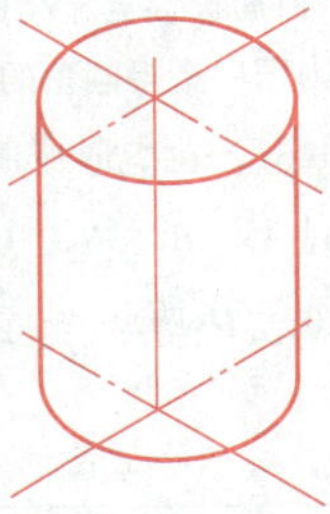</td>
</tr>
</table>

小技巧

在绘制圆柱的正等轴测图时，由于上下底面的椭圆相同，为简化作图，可在完成顶面椭圆后，将该椭圆的四段圆弧平移，即把四个圆心和切点往下移动圆柱高度 H，并分别作出四个相对应圆弧，可得底面的椭圆，如图 3－7 所示。

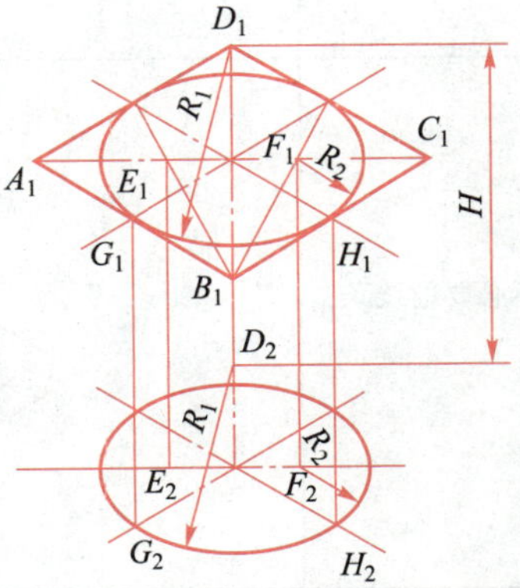

图 3－7 移心法画圆柱正等轴测图

知识拓展

一、平板上圆角的正等轴测图的简化画法（见表3-6）

表3-6　平板的正等轴测图

<table>
<tr><th>方法与步骤</th><th>图例</th></tr>
<tr><td>1. 平板的两视图</td><td>
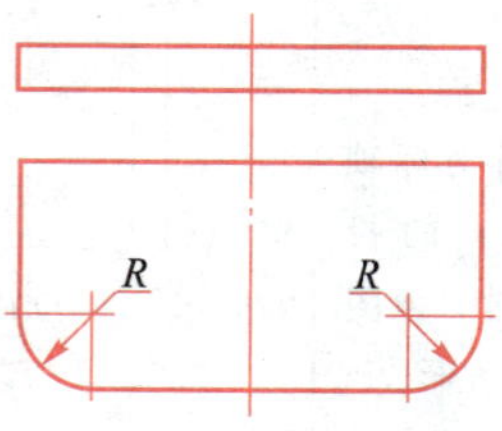

</td></tr>
<tr><td>2. 根据长、宽、高画出长方体的正等轴测图。从正投影图中量得圆角的半径 R，并用 R 的值，以 1_1 及 2_1 为基点，在矩形板顶面上定出 A_1、B_1、B_2、C_1 四点。过 A_1、B_1、B_2、C_1 作相应棱线的垂线，垂线交于点 O_1、O_2 两点</td><td>
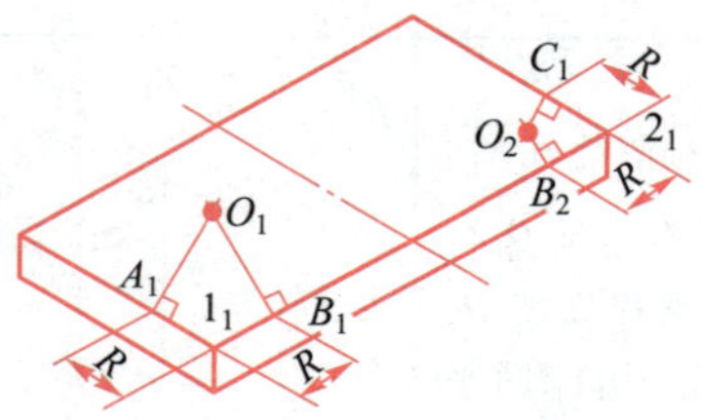

</td></tr>
<tr><td>3. 画圆角。以 O_1、O_2 为圆心，分别以 O_1A_1、O_2B_2 为半径画圆弧，这样就画出了矩形板顶面圆角的轴测投影。用同样的方法画出矩形板底面圆角的轴测投影</td><td>
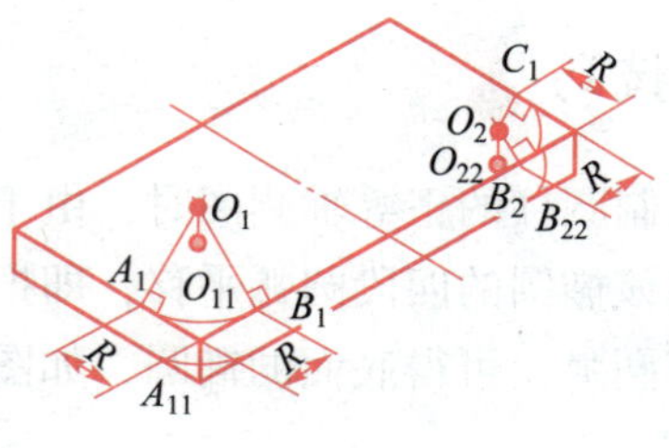

</td></tr>
<tr><td>4. 作右端两段圆弧的公切线，擦去不必要的线条，加深轮廓线，完成图形</td><td>
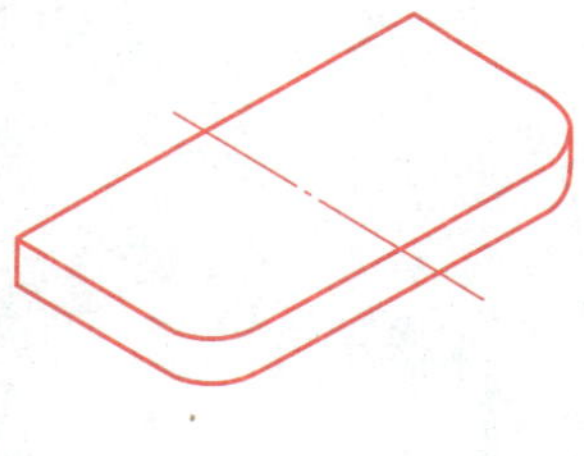
</td></tr>
</table>

二、常见回转体的正等轴测图的画法（见表 3－7）

表 3－7　常见回转体正等轴测图的画法

方法与步骤		图例	方法与步骤		图例
圆锥台	1. 已知圆锥台的上、下端面圆的直径及高度	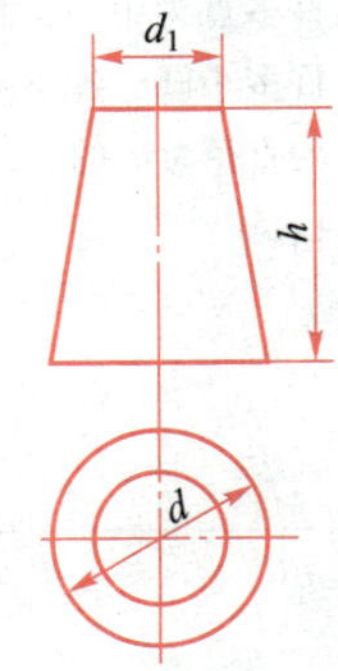	圆锥台	3. 画出上、下端面圆的轴测图	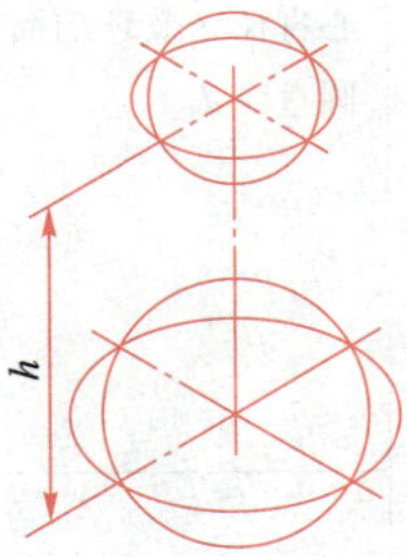
	2. 作出上、下端面的轴测轴	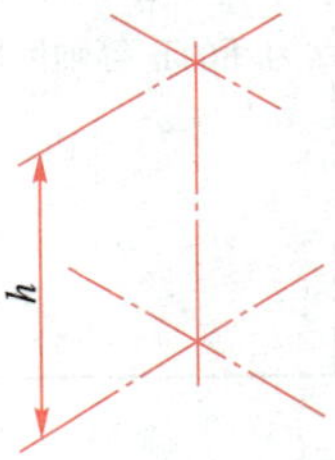		4. 作两椭圆的公切线（圆锥两侧轮廓线），擦去不必要线条，加深轮廓线	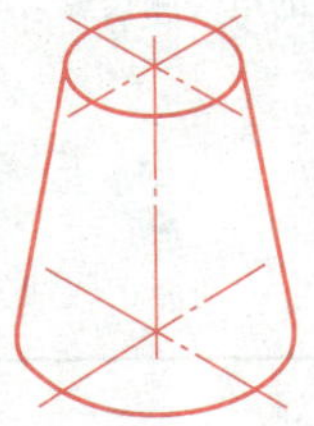
圆球	1. 已知圆球的直径 d 及截面高度 h	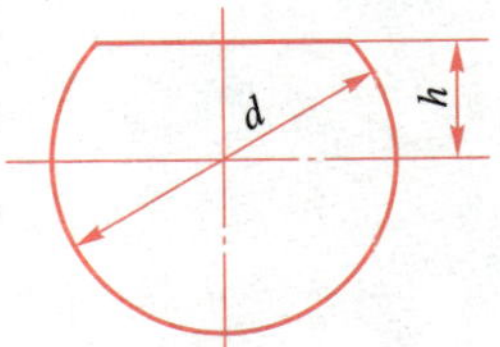	圆球	3. 以球直径的 1.22 倍画一圆，即球的轴测图	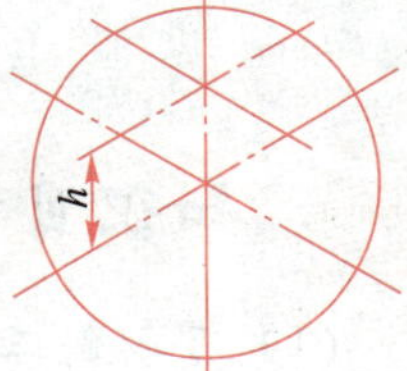
	2. 作轴测轴	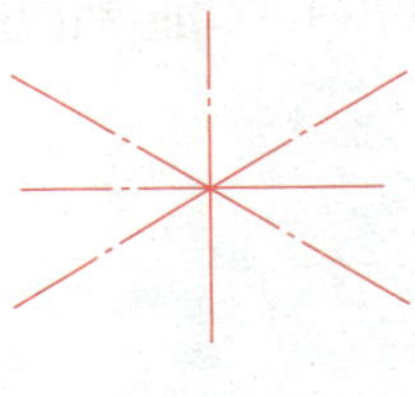		4. 截交线圆应先定出中心位置，然后再画椭圆	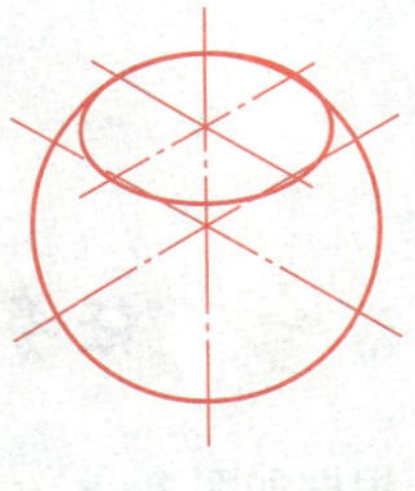

续表

方法与步骤		图例	方法与步骤		图例
圆环	1. 已知圆环中心直径 d 及环剖面圆直径 d_1	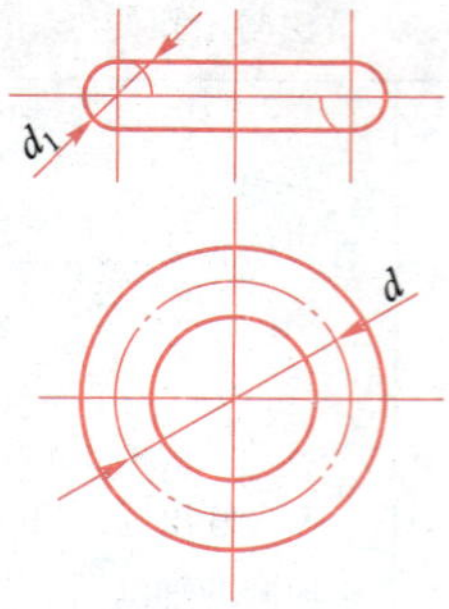	圆环	3. 在椭圆上取许多点为中心，画许多小圆，各小圆的直径为 d_1 的1.22倍	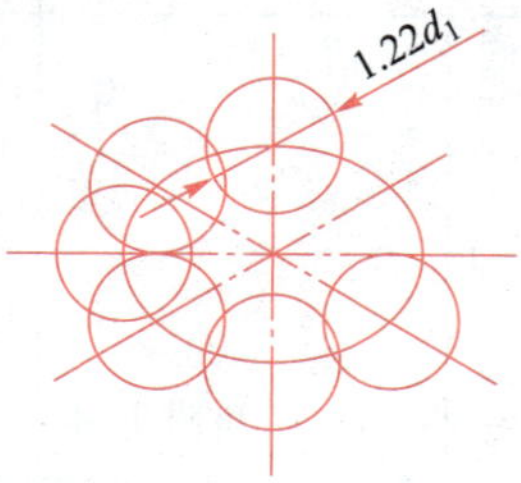
	2. 画出中心圆的正等测投影	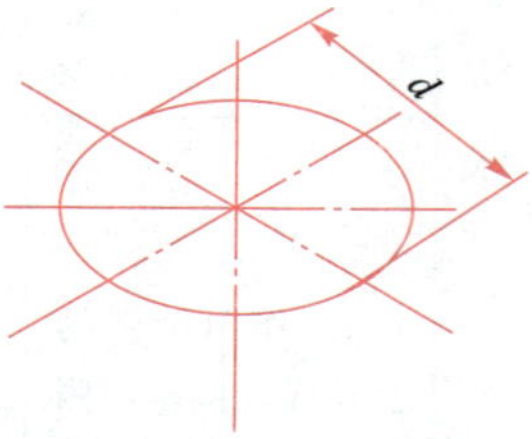		4. 画出各小圆的内外包络线，即为环的正等轴测图	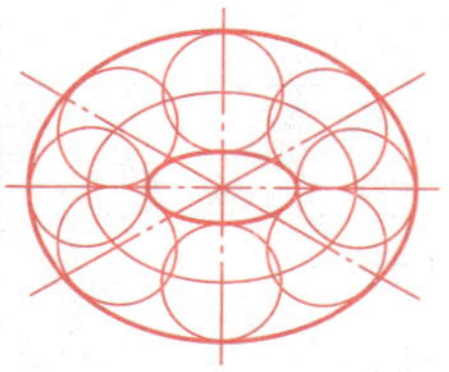

项目二　绘制斜二轴测图

知识目标

（1）了解斜二轴测图的画法。

（2）掌握组合体斜二轴测图画法。

任务　绘制连接盘的斜二轴测图

任务导入

根据如图3－8（a）所示连接盘的主、俯视图，绘制其斜二轴测图，如图3－8（b）所示。

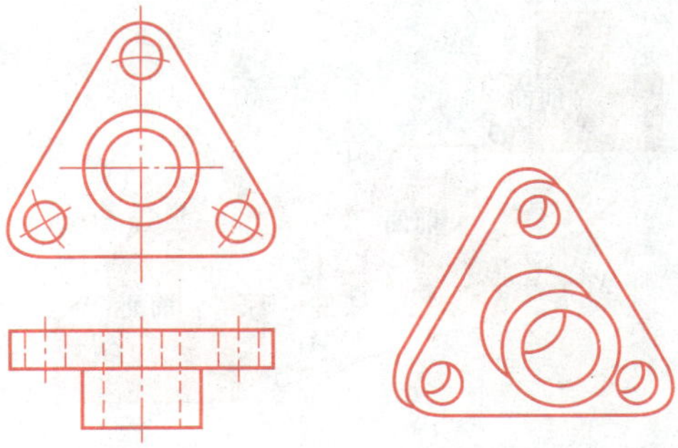

(a)　　　　　　(b)

图 3-8　连接盘

(a) 主、俯视图；(b) 斜二轴测图

任务分析

根据视图可以看出，连接盘在平行于正面（XOZ 面）的方向上具有较多的圆或圆弧。如果画正等轴测图，就要画很多椭圆，作图烦琐。如果我们用斜二轴测图来表达，就会大大简化作图。

相关知识

一、斜二轴测图的形成过程

如图 3-9 所示，将凸块置于一空间坐标中，将凸块的某一坐标面（如 XOZ 坐标面）与轴测投影面平行，用斜投影法在轴测投影面上所得的轴测投影就是凸块的斜二轴测图，简称斜二测。

由以上可知，斜二轴测图是物体在斜投影下形成的一种单面投影图，它具有平行投影的特性。因此，绘图方法与绘制正等轴测图的方法基本相同，其区别在于它们各自的轴间角和轴向变形系数不同。

二、斜二轴测图的参数设置

1. 轴间角

斜二轴测图的轴间角分别是：$\angle X_1O_1Y_1 = \angle Y_1O_1Z_1 = 135°$（即 O_1Y_1 轴与水平方向呈 45°），$\angle X_1O_1Z_1 = 90°$，如图 3-10 所示。

2. 尺寸布置原则

在斜二轴测图中，空间 XOZ 面与轴测投影面平行，因此，物体上凡是平行于 XOZ 坐标面（即正投影面）的表面，其轴测投影反映实形。因此得出，斜二轴测图在 O_1X_1 和 O_1Z_1 轴上的轴向变形系数为 1，在 O_1Y_1 轴上的轴向变形系数取 0.5，如图 3-10 所示。

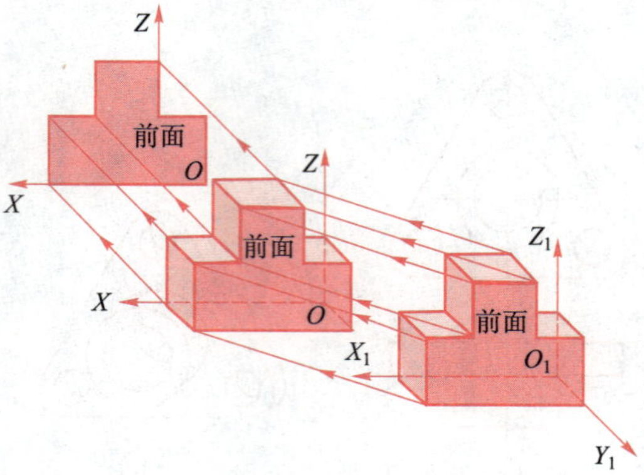

图 3-9　斜二轴测图的形成

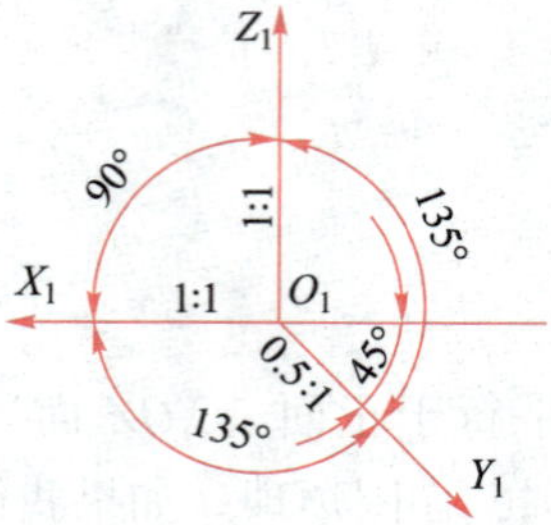

图 3-10　斜二轴测图的参数

任务实施

连接盘斜二轴测图的绘图步骤见表 3-8。

表 3-8　连接盘斜二轴测图的绘图步骤

方法与步骤	图例
1. 确定坐标轴	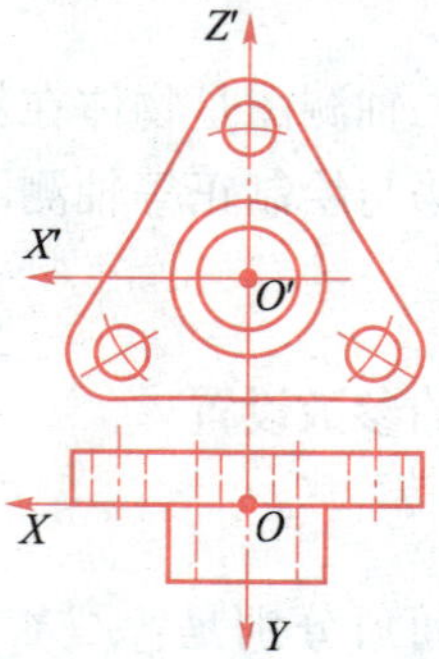
2. 作轴测轴，将形体上各平面分层定位并画出各平面的对称线、中心线，再画主要平面的形状	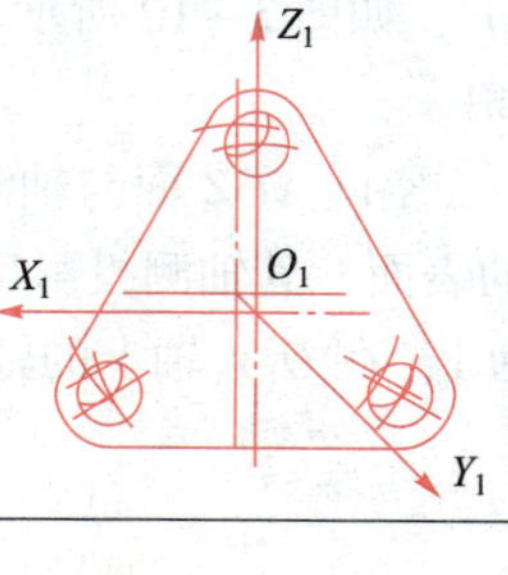

续表

方法与步骤	图例
3．画各层主要部分形状和各细节及孔洞后的可见部分形状	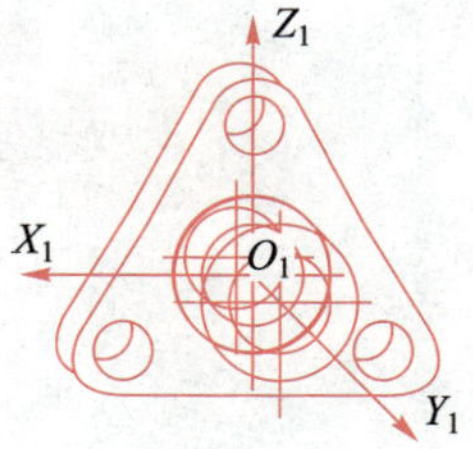
4．擦去多余图线，加深轮廓线	

模块四 组合体

项目一 绘制组合体的三视图

知识目标

（1）掌握叠加类组合体、切割类组合体、综合类组合体的画图方法。
（2）了解常见的表面连接关系。

任务1 绘制支架的三视图

任务导入

根据图4－1所示支架的立体图，绘制其三视图。

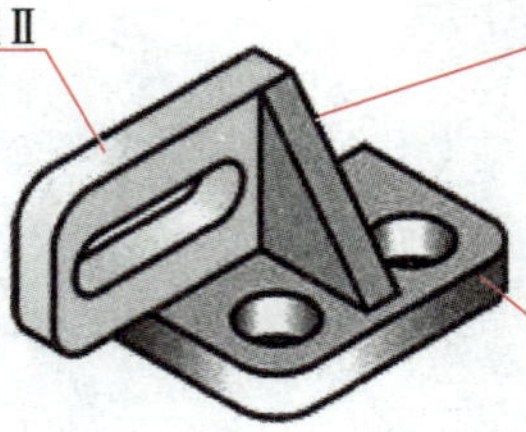

图4－1 支架

任务分析

如图4－1所示支架是由底板Ⅰ、立板Ⅱ和三角肋板Ⅲ三个基本形体组合而成的，这类由几个基本几何体叠加而成的形体称为叠加类组合体。

画叠加类组合体的三视图：

（1）要运用形体分析法进行形体分析，即把比较复杂的组合体视为若干个基本形体的组合，对其形状和相对位置及表面连接关系进行分析。

（2）选择主视图的投射方向，从而确定俯、左视图。

（3）选择比例、确定图幅。

（4）画图。

相关知识

一、表面连接关系

两形体在组合时，由于组合方式或接合面的相对位置不同，形体之间的表面连接关系有以下四种。

1. 两形体的表面平齐

如图 4－2 所示，形体Ⅰ和形体Ⅱ的前表面相平，此为平齐。当两形体的表面平齐时，两表面为共面，因而视图上两形体之间无分界线，两表面间平齐的连接处不应有线隔开。

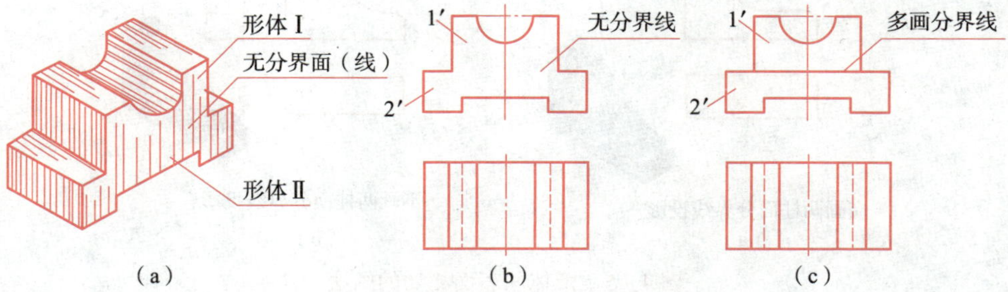

图 4－2　两表面平齐的画法

（a）直观图；（b）正确；（c）错误

2. 两形体的表面不平齐

如图 4－3 所示，形体Ⅰ和形体Ⅱ的前表面前后错开，此为不平齐。如果两形体的表面不平齐，则必须画出它们的分界线，两表面间不平齐的连接处应有线隔开。

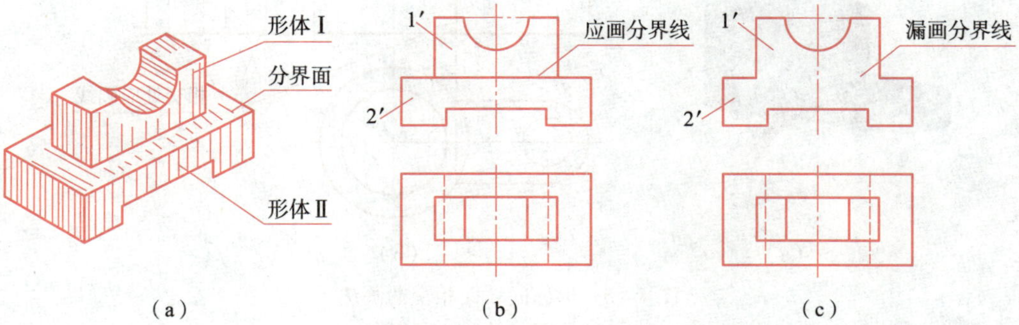

图 4－3　两表面不平齐的画法

（a）直观图；（b）正确；（c）错误

3. 两形体的表面相切（平面与曲面相切，曲面与曲面相切）

当两基本形体表面相切时，其相切处过渡自然平滑，无分界线，故不应画线，如图 4－4 所示。

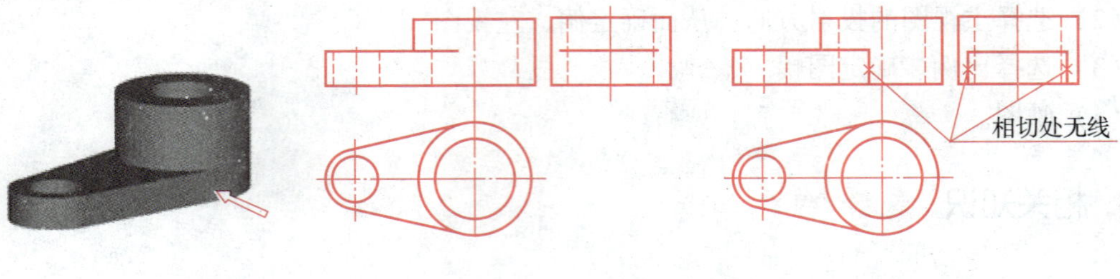

（a）　　（b）　　（c）

图 4－4　形体间表面相切的画法

（a）直观图；（b）正确；（c）错误

注意：画图时，当与曲面相切的平面或两曲面的公切线垂直于投影面时，在该投影面上的投影画出相切处的投影轮廓线，如图 4－5（a）所示。否则，不应画出公切线的投影，如图 4－5（b）所示。

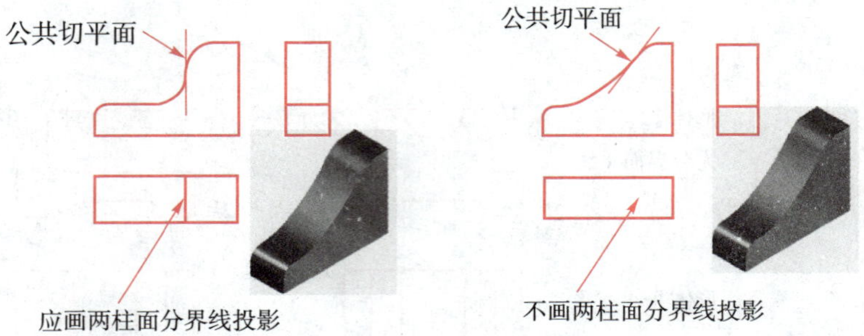

（a）　　（b）

图 4－5　形体间表面相切的画法

4. 两形体的表面相交

如果两形体的表面彼此相交，则称其为相交关系。相交处有交线，表面交线是它们的表面分界线，图上必须画出它们交线的投影，如图 4－6 所示。

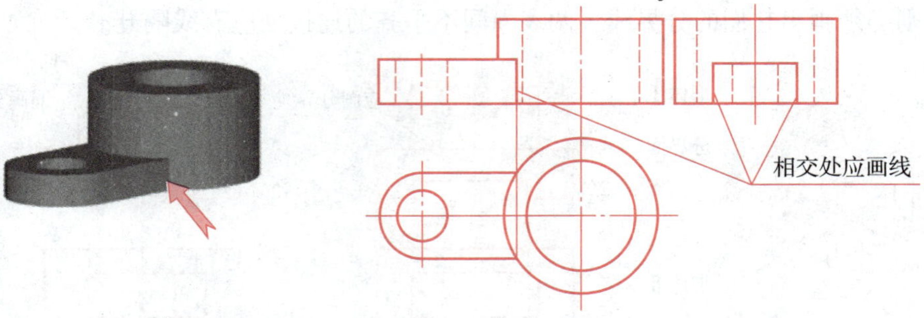

（a）　　（b）

图 4－6　形体间表面相交的画法

（a）直观图；（b）三视图

二、主视图方向的确定

主视图是表达组合体的一组视图中最主要的视图，合理选择主视图是准确表达组合体的关键。

选择主视图一般遵循以下原则：

（1）组合体应按自然位置放置，即保持组合体自然稳定的位置。

（2）主视图应较多地反映出组合体的结构形状特征及各部分间的相对位置关系，即把反映组合体的各基本几何体和它们之间相对位置关系最多的方向作为主视图的投影方向。

（3）在主视图中尽量少使用虚线，即在选择组合体的安放位置和投影方向时，应同时考虑其他各视图中不可见的部分要少，以尽量减少各视图中的虚线。

三、选择比例、确定图幅

视图确定后，要根据物体的大小选择适当的作图比例和图纸幅面的大小，并且应符合制图标准的规定，同时注意所选图幅大小要留有余地，以便标注尺寸、画标题栏和写技术要求。

四、画图

布置视图时，要根据各视图每个方向上的最大尺寸和视图间要留的间隙，来确定每个视图的位置。

（1）合理布局后，绘出每一个视图的基准线，即各视图的对称线、回转体的轴线、圆的中心线以及主要形体的端面线。

（2）按照组成物体的基本形体，先绘制主要组成部分，后绘制次要部分；先绘制主要轮廓，后绘制细节；逐个绘制各组成部分的三视图。

（3）校对，擦去作图线，加粗图线。

任务实施

一、形体分析

由图 4－1 可知，支架由底板Ⅰ、立板Ⅱ和三角肋板Ⅲ所组成，并且在底板上有圆孔、立板上有长槽。底板Ⅰ平放，立板Ⅱ竖放在底板上，两者后表面平齐；三角肋板Ⅲ竖放在底板Ⅰ上，下表面和后表面分别与底板Ⅰ的上表面和立板Ⅱ的前表面相贴。

二、选择主视图

选择底板水平放置，立板平行于正投影面，三角肋板在前面，这样主视图能较多地反映出支架的结构形状和各基本形体之间的相对位置。

三、作图

具体作图步骤见表 4－1 所示。

表 4-1　支架三视图的作图步骤

方法与步骤	图例	方法与步骤	图例
1. 绘制底板Ⅰ的三视图	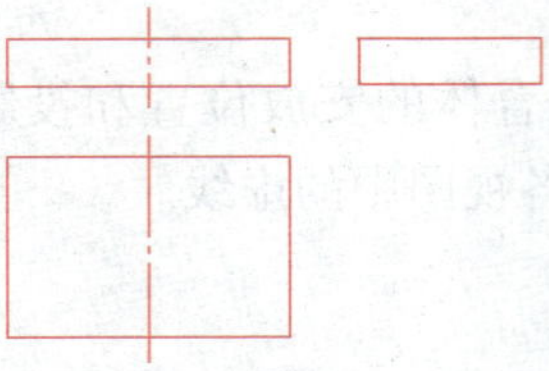	4. 画出底板Ⅰ和立板Ⅱ上圆角的投影	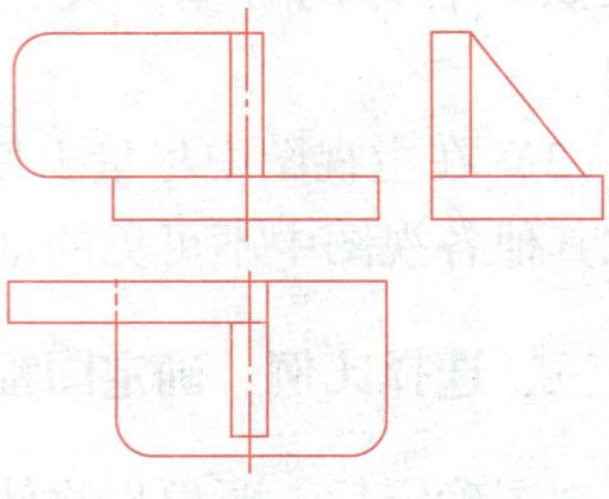
2. 绘制立板Ⅱ的三视图	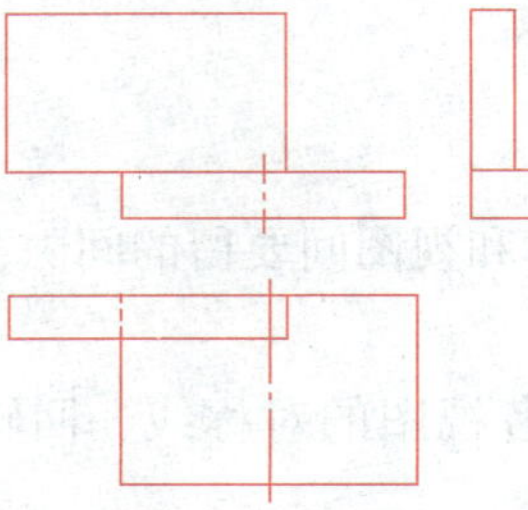	5. 画出底板Ⅰ和立板Ⅱ上圆孔和槽的投影	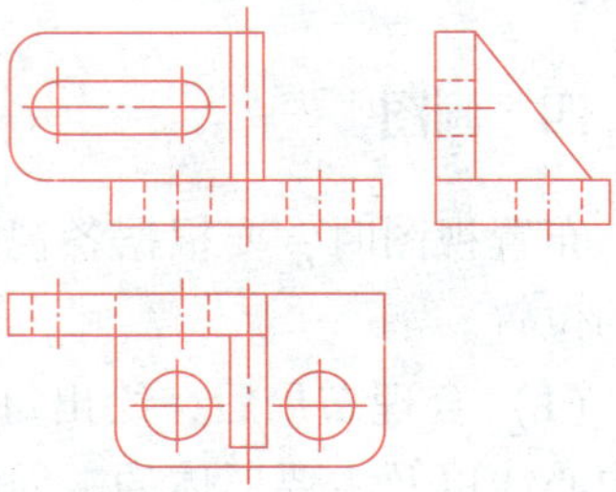
3. 绘制三角肋板Ⅲ的三视图	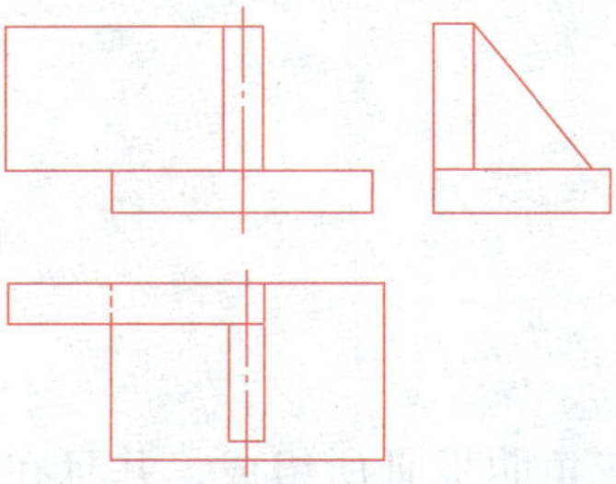	6. 检查后按规定线型加深图线	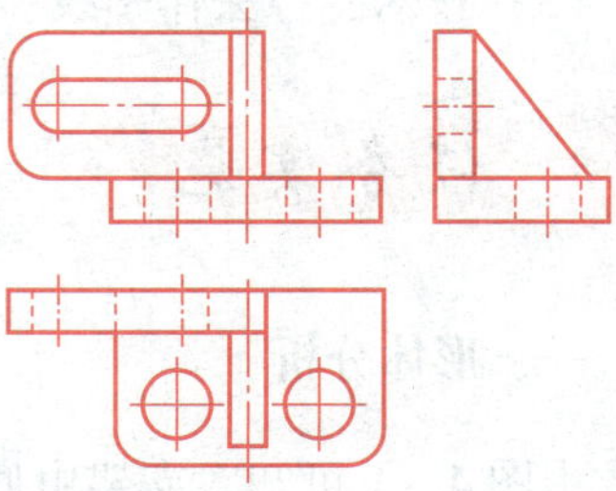

小提示

归纳绘制叠加类组合体三视图的基本方法和步骤：
(1) 将组合体分解成若干基本几何体；
(2) 分别绘制每一部分的三视图；
(3) 检查各部分之间的位置关系和表面连接关系；
(4) 按规定线型描深图线。

任务2 绘制支座的三视图

任务导入

根据图4－7所示支座的立体图，绘制其三视图。

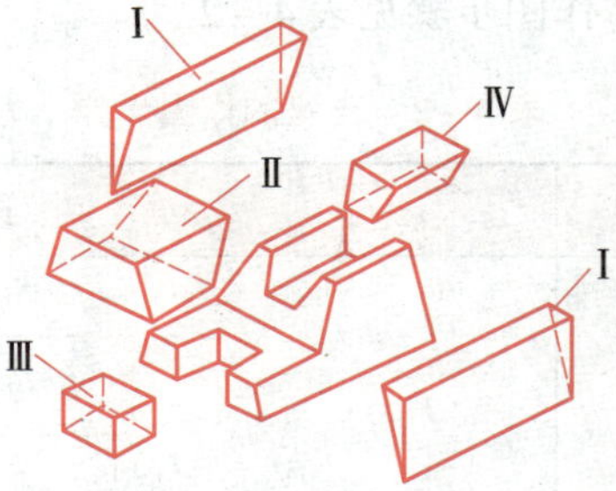

图4－7 支座及其形体分析

任务分析

由一个或多个截平面，从较大的基本形体中切割出较小的基本形体，使之变为较复杂的形体，是组合体的另一种组合形式，这类组合体称为切割类组合体。如图4－7所示支座是在长方体的基础上经过多次切割而形成的，即为切割型组合体，该类组合体的三视图一般应用“减法”进行绘制。

任务实施

一、形体分析

分析切割类组合体，要重点弄清以下几点：

（1）该组合体在切割之前的形状。

（2）截切面的空间位置、切割顺序及被切去形体的形状。

由图4－7支座的立体图可知，该支座是在长方体的基础上，依次用侧垂面切去了前后各一块三角块Ⅰ，左上角用正垂面和水平面切去了一块梯形块Ⅱ，左下方中间部位用正平面和侧平面切去一长方体Ⅲ，右上角中间部位用侧垂面和水平面切去一块梯形块Ⅳ。

二、选择主视图

切割类组合体与叠加类组合体主视图选择的不同点是：应使切割类组合体上尽量多的截切面（切口）处于投影面的垂直位置或平行位置，使其有积聚性或反映实形，以简化作图。

对于支座，选择其水平放置，使前后对称面平行于正投影面，将切割较大的部分置于左上方，以此确定主视图的投射方向，这样能较好地反映出支座的形体特征。

三、作图

一般用“减法”绘制切割类组合体，即：

（1）首先画出切割之前的完整形体的三视图。

（2）按切割过程逐个减去被切去部分的视图（叠加类组合体是一部分一部分地加在一起，切割类组合体是一部分一部分地减去）。

画图时，应先画被切割部分的特征视图（即截切面或切口有积聚性的投影），再画其他视图，三个视图同时绘制。具体作图步骤见表4－2。

表4－2　支座的作图步骤

方法与步骤	图　例
1. 画出切割前长方体的三视图	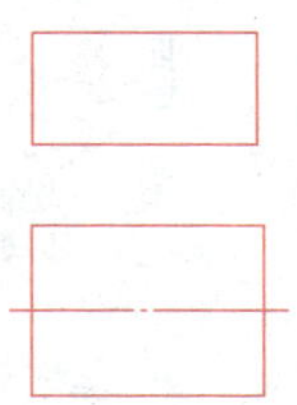
2. 切去前后三角块Ⅰ（先画截面有积聚性的投影，即左视图）	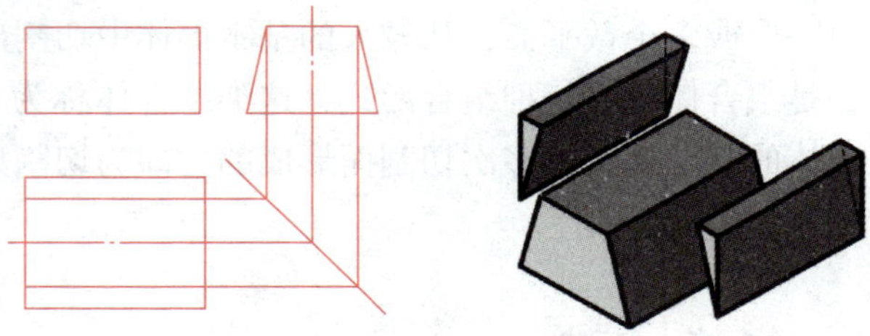
3. 切去左上方梯形块Ⅱ（先画切口有积聚性的投影，即主视图，再画左视图，后画俯视图）	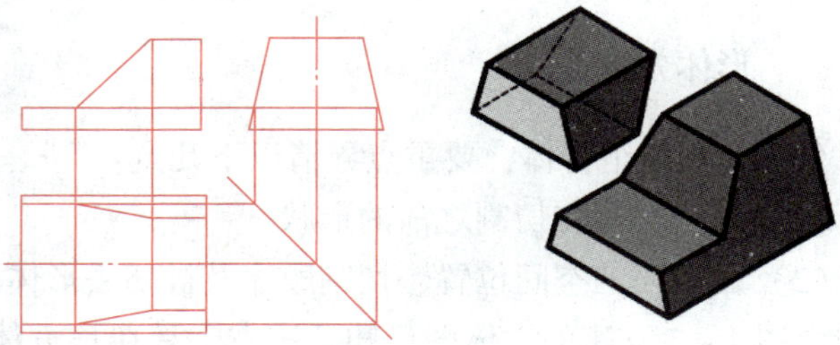
4. 切去左下方中间长方体Ⅲ（先画切口的积聚投影，即俯视图，再画其他视图）	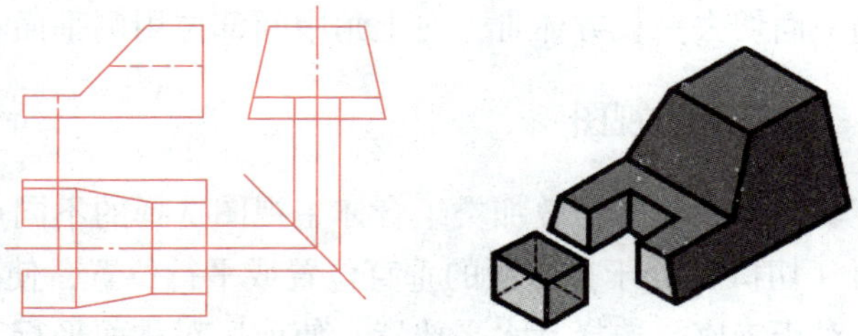

续表

方法与步骤	图　　例
5. 切去右上方梯形块Ⅳ（先画切口的积聚投影，即左视图，再画主视图，后画俯视图）	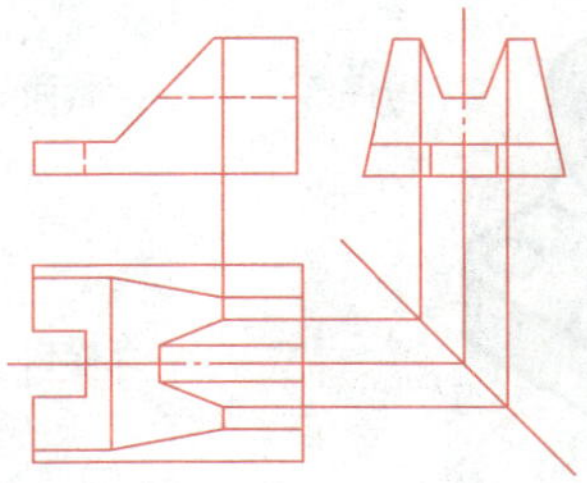 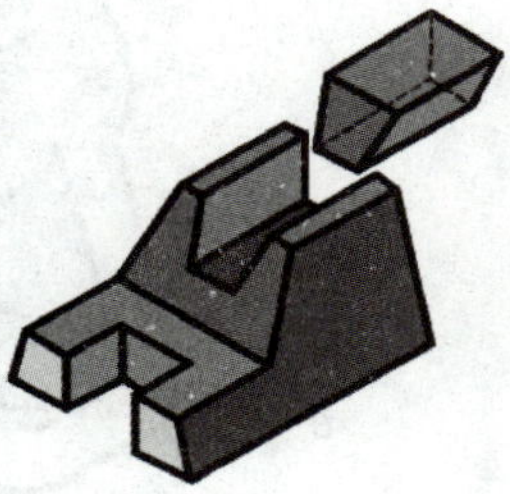
6. 检查无误后，擦去作图辅助线，按规定线型加深图线	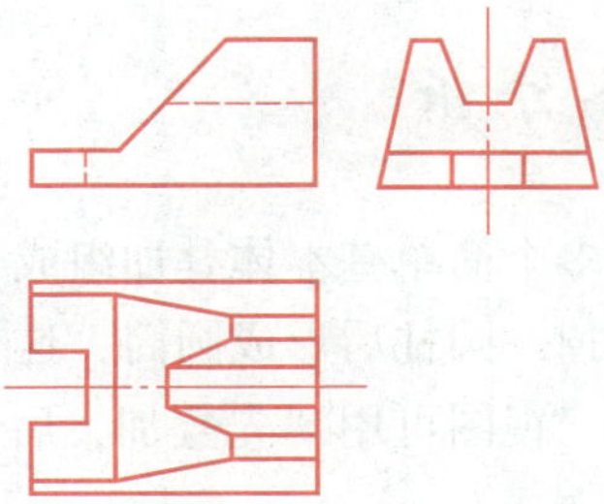

小提示

归纳绘制切割类组合体三视图的基本方法和步骤：

（1）绘制切割前基本形体的三视图。

（2）按照切割过程逐步绘制切割后形体的三视图。

（3）画图时，应先画被切割部分的特征视图，然后本着先易后难的原则绘制其他视图，要三个视图同时绘制。

任务3　绘制轴承座的三视图

任务导入

根据图4－8所示轴承座的立体图，绘制其三视图。

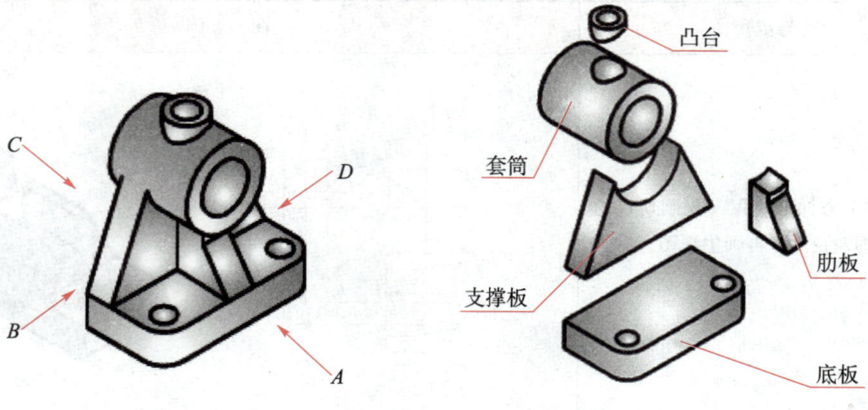

图 4-8　轴承座及其形体分析

任务分析

该轴承座由多个简单基本体叠加组成，在底板上切掉两个小圆柱形成两个小孔，上部圆柱体在其内部切掉一圆柱后形成圆筒，这类既有叠加又有切割的组合体称为综合类组合体。综合类组合体的三视图可用“先叠加，后切割”的方法绘制。

任务实施

一、形体分析

轴承座可看作由 5 个基本形体组成：底板、支撑板、肋板、套筒和凸台，各基本形体的形状如图 4-8（b）所示。

支撑板叠放在底板上，它们的后表面平齐；支撑板的上部支在套筒下侧，其两侧面与圆柱面相切，它们的后表面不平齐；肋板居中叠放在底板上，后面与支撑板相交，与圆筒外圆柱面截交，截交线为直线和一段圆弧；凸台在套筒顶端，轴线与套筒的轴线垂直相交，凸台与套筒的内、外圆柱面分别相贯，相贯线为空间曲线。该形体整体结构左右对称。

二、选择主视图

从图 4-8（a）中可以分析出，方向 *C* 使得主视图本身的细虚线比较多，若选方向 *B* 又会使左视图的细虚线比较多，方向 *A* 和 *D* 比较好，但考虑主视图应尽可能多地反映机件的形状特征，故选择方向 *A* 作为主视图的投影方向。

三、作图

轴承座的作图步骤见表 4-3 所示。

表 4－3 轴承座的作图步骤

方法与步骤	图 例
1. 画基准线 画出底板下表面的主视图和左视图；画出圆筒轴线的位置；画出对称面的投影	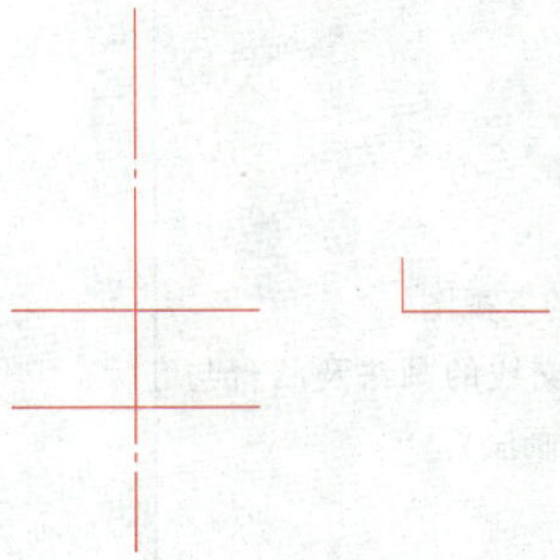
2. 画出底板的三视图	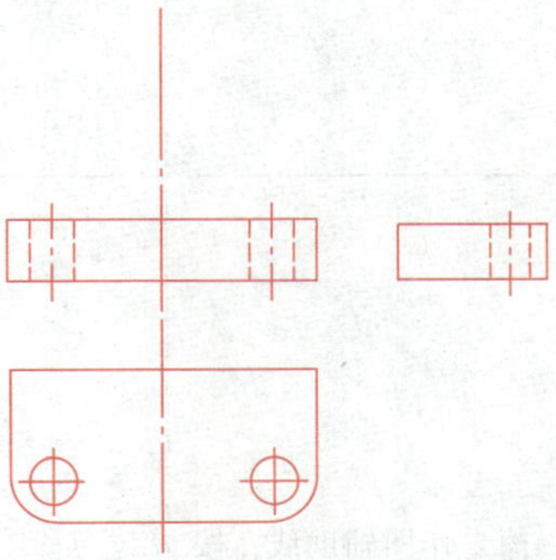
3. 画出圆筒的三视图 先画圆筒投影为圆的主视图，再画俯、左视图	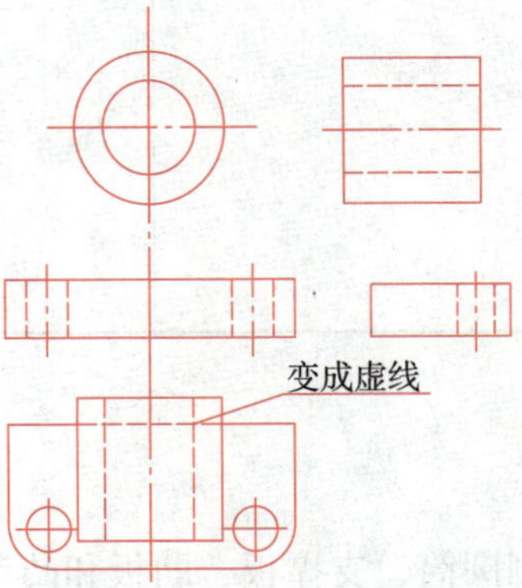
4. 画出支撑板的三视图 先画主视图，再画俯、左视图（注意支撑板与圆筒外表面相切的连接关系）	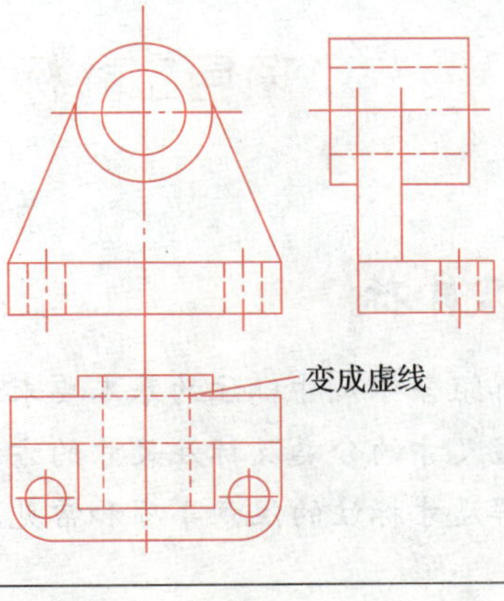

续表

方法与步骤	图　例
5. 画肋板、凸台的三视图 （注意肋板与圆筒交线的画法及凸台与圆筒内表面相贯线的画法）	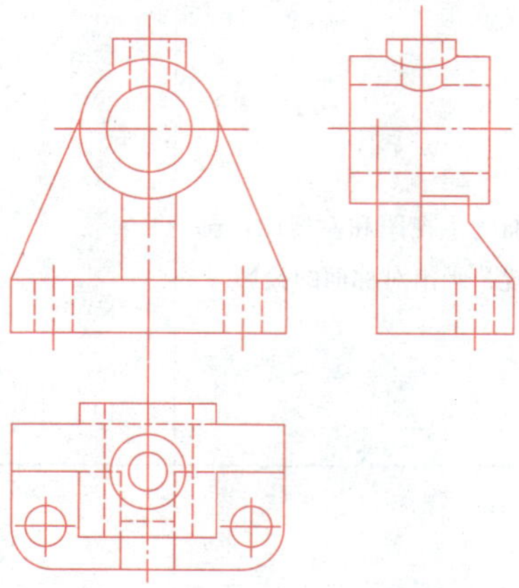
6. 检查无误后，擦去作图辅助线，按规定线型加深图线	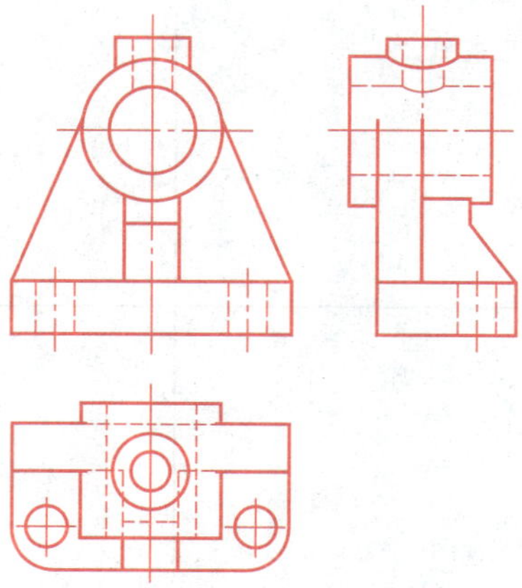

注意

学生在绘制圆筒、支撑板、肋板和凸台的三视图时，要首先从特征视图入手开始绘制。

项目二　标注组合体的尺寸

知识目标

（1）了解组合体尺寸标注的基本要求和尺寸基准的概念。
（2）掌握尺寸的分类及标注尺寸的方法和步骤。
（3）了解尺寸标注的注意事项和常见尺寸注法。

任务导入

在图 4 – 9 所示轴承座的三视图上标注尺寸。

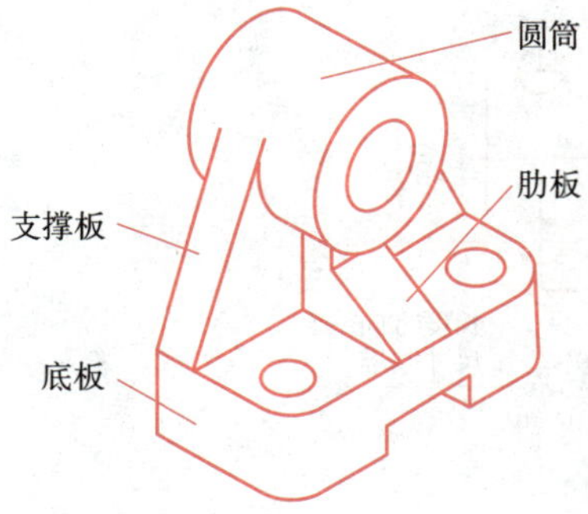

（a）

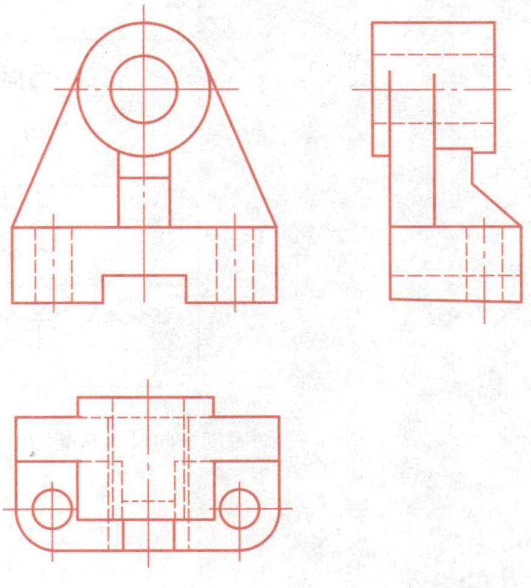

（b）

图 4 – 9 轴承座的轴测图与三视图

任务分析

视图只能表达组合体的形状，而形状的真实大小及各组成部分的相对位置，则要根据视图上所标注的尺寸来确定。如何标注出完整、正确、清晰的尺寸，就是本任务要解决的问题。

相关知识

一、尺寸标注的基本要求

组合体尺寸标注的基本要求是：正确、齐全、清晰和合理。

（1）正确是指符合国家标准的规定。

（2）齐全是指将确定组合体各部分形状大小及相对位置的尺寸标注完全，不遗漏，不重复。

（3）清晰是指尺寸布局要整齐、清晰，便于阅读。

（4）合理是指标注的尺寸要符合设计要求及工艺要求。

二、尺寸基准

所谓尺寸基准，就是标注尺寸的起点。组合体有长、宽、高 3 个方向的基准（对回转体则只有径向、轴向两个方向），每个方向至少应该有 1 个基准，用来确定该方向上各基本形体之间的相对位置。同方向的尺寸基准中，有 1 个主要基准，通常由它注出的尺寸较多，除此之外，还可能有若干个辅助基准。标注尺寸时，一般选取组合体的底面、大端面、对称面、结合面、重要的加工面以及回转体轴线等作为尺寸基准，如图 4－10 所示。

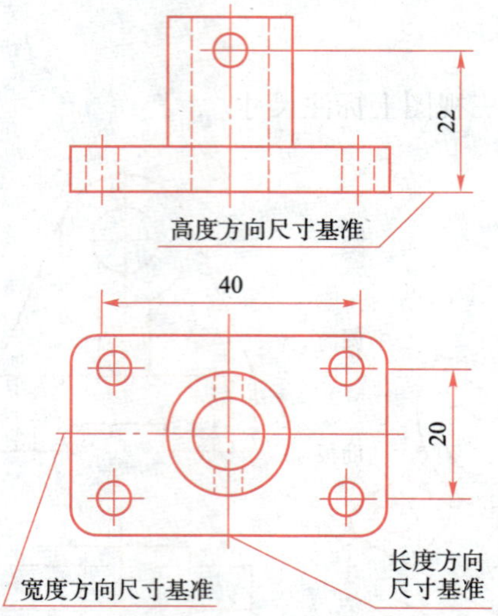

图 4－10　尺寸基准

三、尺寸的分类

组合体的尺寸可以分为定形尺寸、定位尺寸和总体尺寸三类。

（1）定形尺寸：表示各基本几何体形状大小的尺寸。

（2）定位尺寸：表示各基本几何体相对位置的尺寸。

（3）总体尺寸：表示组合体总长、总宽和总高的尺寸。

四、标注尺寸的方法和步骤

1. 尺寸布置原则

（1）各基本形体的定形尺寸和有关的定位尺寸，要尽量标注在一个或两个视图上，以便于集中标注看图；

（2）尺寸应注在表达形体特征最明显的视图上，并尽量避免标注在虚线上；

（3）对称结构的尺寸，一般应按照对称要求进行标注；

（4）尺寸应尽量标注在视图的外边，布置在两个视图之间；

（5）圆的直径一般注在投影为非圆的视图上，圆弧的半径应注在投影为圆弧的视图上；

（6）平行并列的尺寸，应使较小的尺寸靠近视图，较大的尺寸依次向外分布，以免尺寸线与尺寸界线交错。

2. 尺寸标注步骤

在对物体进行形体分析的基础上，按下列步骤标注尺寸：

（1）选择组合体长、宽、高三个方向的基准；

（2）标注各基本形体的定形尺寸；

（3）标注各基本形体相对于组合体基准的定位尺寸；

（4）标注组合体的总体尺寸；

（5）核对尺寸，调整布局。

任务实施

一、分析形体，选择基准

该轴承是由圆筒、支撑板、底座、肋板四部分组成的，整体结构左右对称。

根据其结构特点，长度方向以左右对称面为基准，高度方向以底面为基准，宽度方向以后面为基准。

定形尺寸就是圆筒、支撑板、底座、肋板各自的大小尺寸。

定位尺寸除各基本形体相对基准和相互之间的相对位置尺寸外，还要对形体内部的局部结构进行定位，如底板上的小孔及底部开口槽等。

二、标注尺寸

轴承座尺寸标注的步骤见表 4 –4 所示。

表 4 –4 轴承座尺寸标注的步骤

步骤与方法	图 例
1. 选择尺寸基准 根据其结构特点，长度方向以左右对称面为基准，高度方向以底面为基准，宽度方向以后面为基准	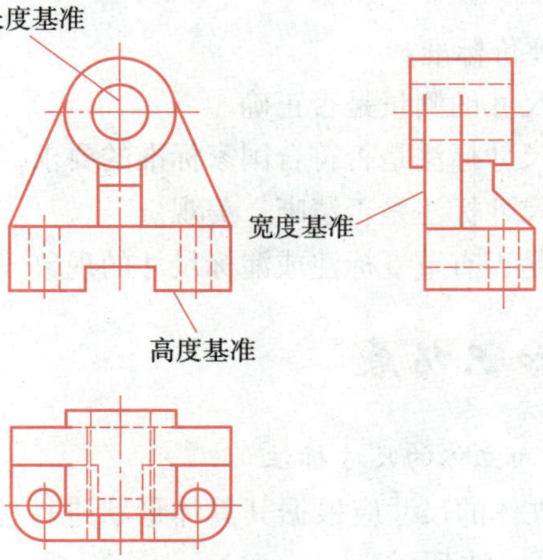
2. 标注定形尺寸，分别标注出底板、支撑板、圆筒和肋板的定形尺寸	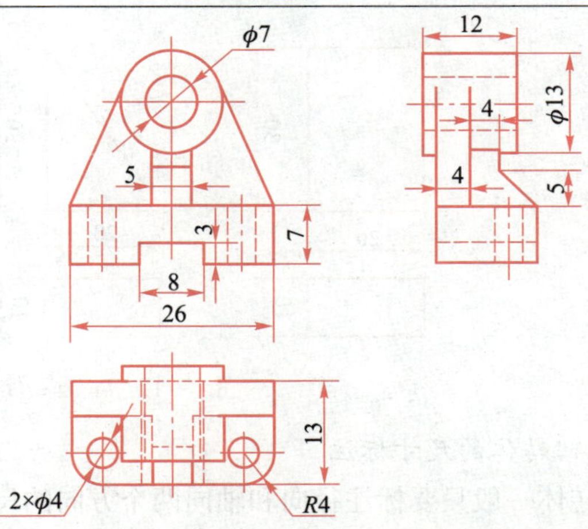

续表

步骤与方法	图　例
3．标注定位尺寸 从三个基准出发，标注确定底板、支撑板、圆筒和肋板的定位尺寸； 4．标注总体尺寸，并核对、调整布局。 此例的总长、总宽尺寸 26、13 与定形尺寸重合，在此，总高尺寸一般不标，即总高可通过简单计算得到	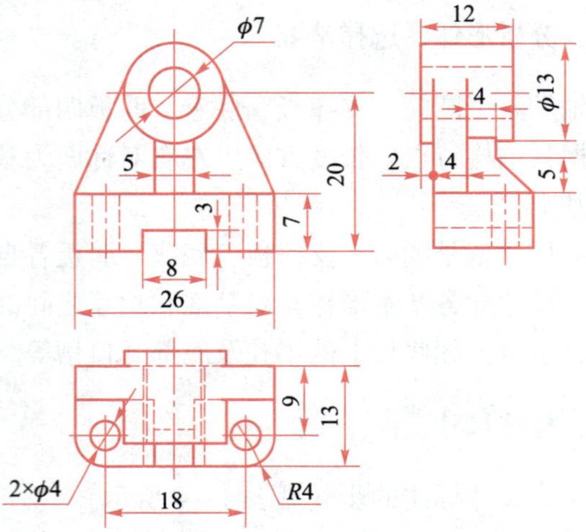

注意

任务评价标准：

（1）尺寸的测量是否正确。

（2）尺寸标注是否符合国家标准的要求。

（3）尺寸标注是否清晰、美观。

（4）是否有重复标注或漏标尺寸的现象。

知识拓展

1．平面立体的尺寸标注

平面立体的尺寸应根据其具体形状进行标注，一般要求标注长、宽、高三个方向的尺寸，如图 4－11 所示。

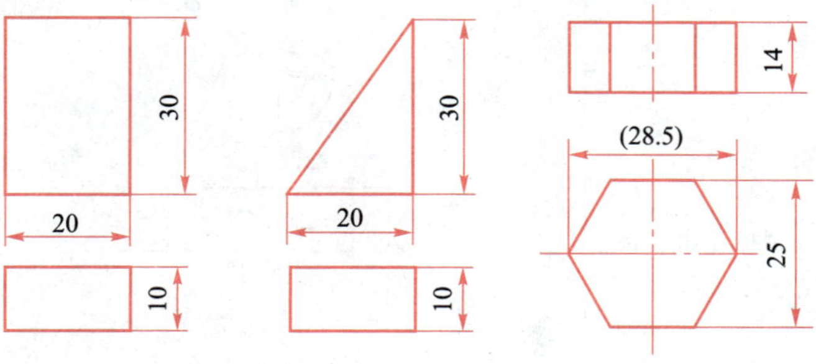

图 4－11　平面立体的尺寸标注

2．回转体的尺寸标注

回转体一般只要标注径向和轴向两个方向的尺寸，有时加上尺寸符号（直径符号“φ”

或球径符号“$S\phi$”）后，视图的数量便可减少，如图 4－12 所示。

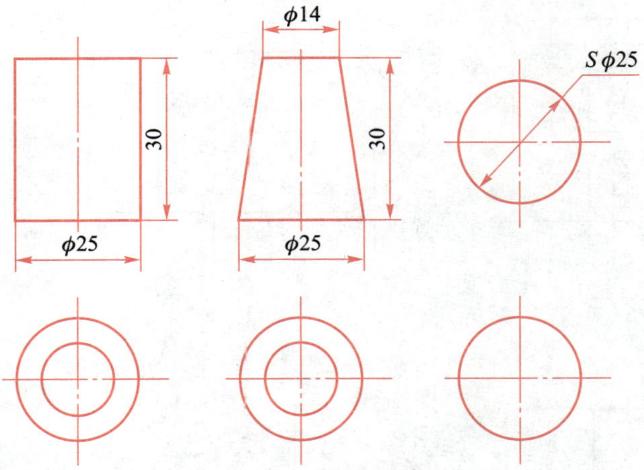

图 4－12　回转体的尺寸标注

3．切口形体的尺寸标注

切口的定形尺寸不能直接标注（即图中标 X 的尺寸是错误的），而应标注加工这部分切口的定位尺寸，如图 4－13 所示。

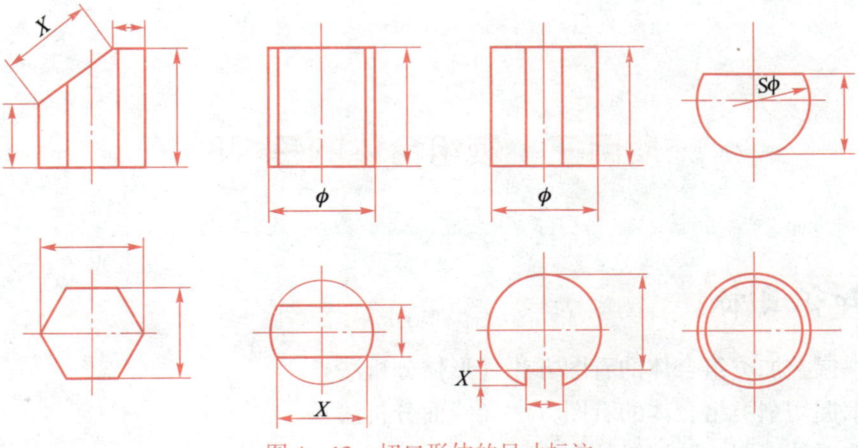

图 4－13　切口形体的尺寸标注

4．常见几种平板的尺寸标注

常见几种平板的尺寸标注如图 4－14 所示。

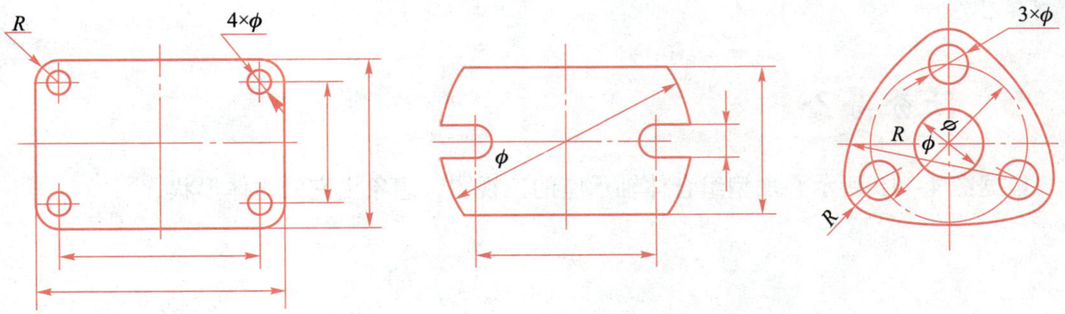

图 4－14　常见几种平板的尺寸标注

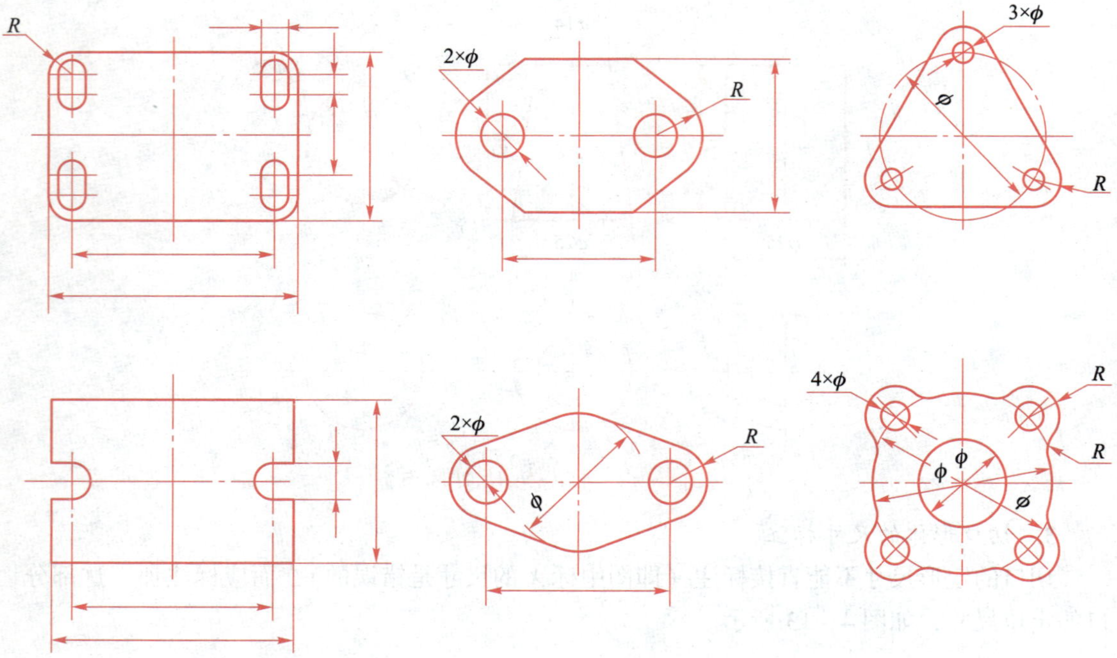

图 4-14　常见几种平板的尺寸标注（续）

项目三　读组合体的三视图

知识目标

（1）掌握叠加类组合体的看图方法（形体分析法）。

（2）掌握切割类组合体的看图方法（线面分析法）。

（3）掌握补视图、补缺线的方法。

任务一　读轴承座的三视图

任务导入

根据图 4-15 所示叠加型组合体轴承座的三视图，想象出它的立体形状。

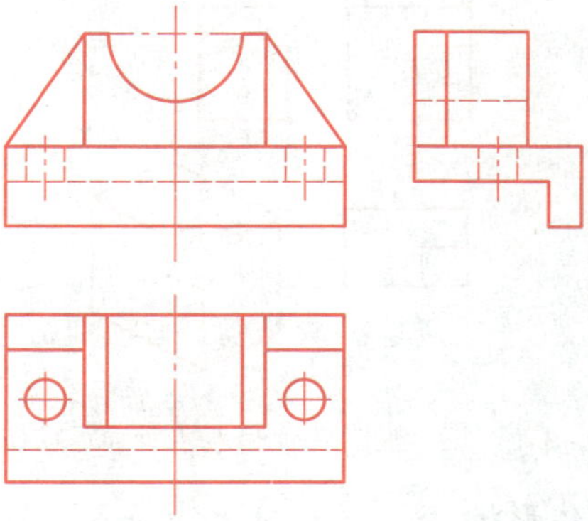

图 4－15　轴承座的三视图

任务分析

画图与读图是学习本课程的两个重要环节，画图是运用形体分析法或线面分析法把空间形体按照正投影规律表达在平面上；而读图则是运用形体分析法或线面分析法按照正投影规律，根据视图想象出空间形体的结构形状。而对于叠加型组合体轴承座经常采用形体分析法进行读图。

相关知识

一、读图的基本知识

1. 几个视图联系起来识读才能确定物体形状

在机械图样中，机件的形状一般要通过几个视图来表达，每个视图只能表达机件一个方向的形状，因此，仅由一个或两个视图往往不能唯一地确定机件的形状。读图时必须将几个视图联系起来，互相对照分析，才能正确地想象出该物体的形状。

如图 4－16（a）所示物体的主视图都相同，图 4－16（b）所示物体的俯视图都相同，但通过另一个视图可以看出，图 4－16 分别表示了形状各异的六种形状的物体。

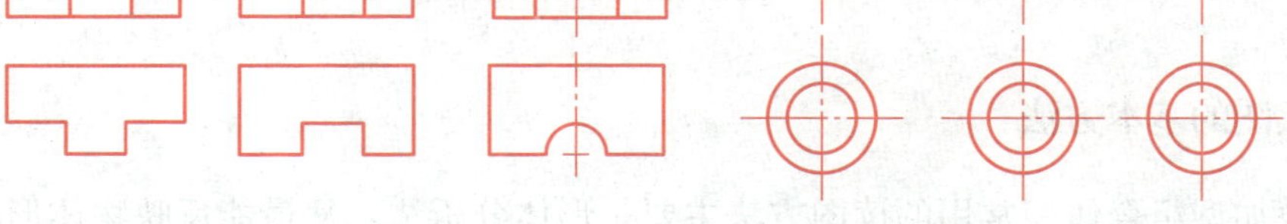

（a）　　　　（b）

图 4－16　两个视图结合起来才能确定物体形状

如图 4－17 所示的三组图形，它们的主、俯视图都相同，但实际上也是三种不同形状的物体，由此可知，读图时必须将几个视图联系起来，互相对照分析，才能正确地想象出来该物体的形状。

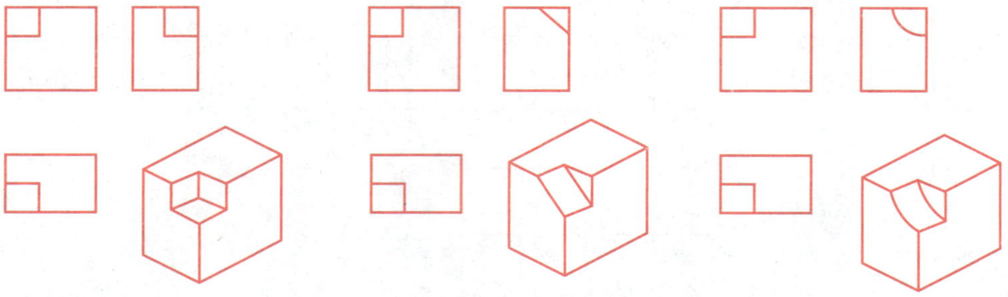

图 4－17　三个视图结合起来才能确定物体形状

2. 抓特征视图，想象物体形状

抓特征视图，就是抓物体的形状特征视图和位置特征视图。

（1）形状特征视图。所谓形状特征视图就是最能表达物体形状的那个视图。如图 4－17 中，由其主视图和俯视图可以想象出多种物体形状，只有配合左视图，才能唯一确定物体的形状。所以左视图是特征视图。

（2）位置特征视图。所谓位置特征视图就是反映组合体各组成部分相对位置关系最明显的视图。读图时，应以位置特征视图为基础，想象各组成部分的相对位置。

如图 4－18（a）所示，若只看主、俯视图，形体Ⅰ、Ⅱ两块基本形体哪个凸出、哪个凹进，无法确定，如果根据左视图，就可唯一判定物体的形状，如图 4－18（b）、4－18（c）所示，所以左视图就是位置特征视图。

特征视图是表达形体的关键视图，读图时应注意找出形体的位置特征视图和形状特征视图，再联系其他视图，就能很容易地读懂视图，想象出形体的空间形状了。

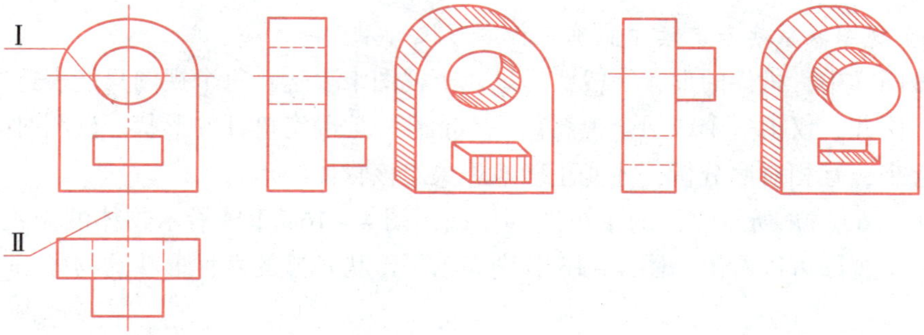

（a）　（b）　（c）

图 4－18　位置特征视图举例

二、读图的基本方法

对于叠加型组合体，常用的读图方法主要是形体分析法：从最能反映物体形状和位置特征的主视图入手，将复杂的视图按线框分成几部分；然后运用三视图的投影规律，找出各线框在其他视图上的投影，从而分析各组成部分的形状和它们之间的位置；最后综合起来，想象组合体的整体形状。即“看大致，分形体⇨对投影，想形状⇨合起来，想整体”。

任务实施

读轴承座三视图的方法与步骤见表4－5。

表4－5　读轴承座三视图的方法与步骤

步骤与方法	图　例
1. 分形体 从主视图看起，联系其他视图，可将主视图划分为四个基本部分Ⅰ、Ⅱ、Ⅲ、Ⅳ	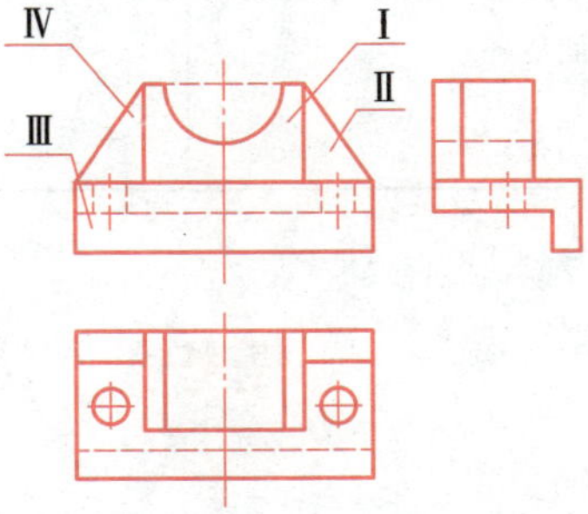
2. 看线框Ⅲ 特征视图是左视图，结合俯视图可以看出，该部分的形状为倒L形，并在其水平板上挖了两个圆柱孔	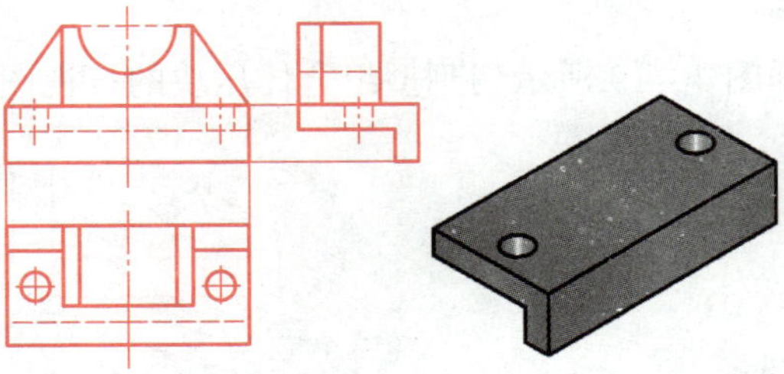
3. 看线框Ⅰ 特征视图是主视图，结合俯、左视图可看出，基本形体为长方体，在此基础上顶面挖了一个半圆槽	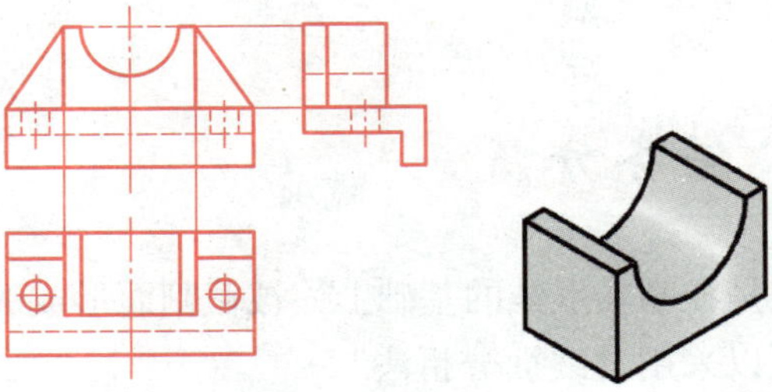
4. 看线框Ⅱ、Ⅳ 特征视图为主视图，结合俯、左视图可知，形体均为三棱柱	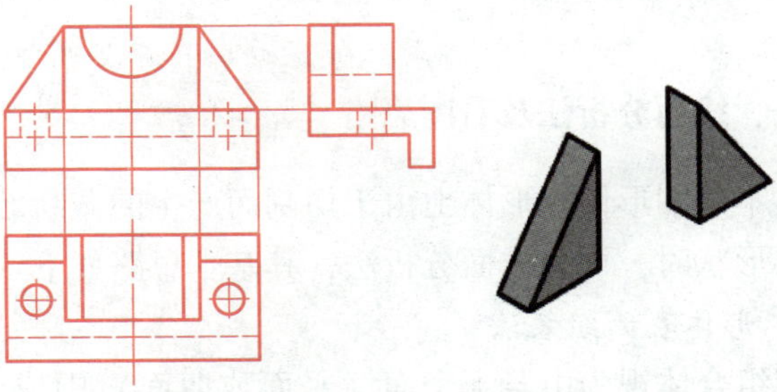

续表

步骤与方法	图　例
5. 综合想象 根据各形体的相对位置排列，得出立体形状：形体Ⅲ在下，形体Ⅰ在上，并与形体Ⅲ后表面平齐，形体Ⅱ、Ⅳ分别在形体Ⅰ两侧并与其后表面平齐	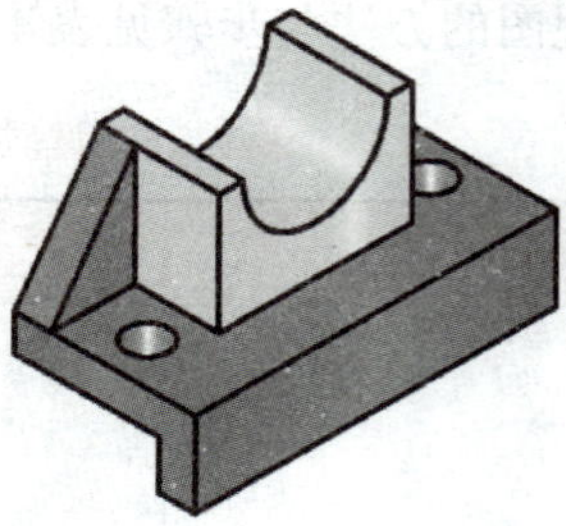

任务二　读压块的三视图

任务导入

根据图 4－19 所示切割型组合体压块的三视图，想象出它的立体形状。

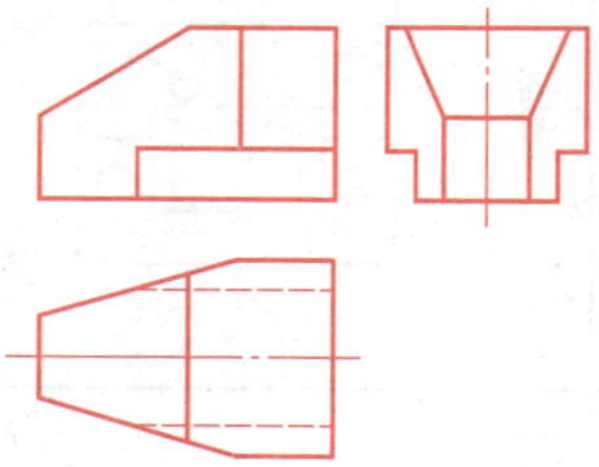

图 4－19　压块三视图

任务分析

压块是在基本形体的基础上，被截割而形成的形体，属切割类组合体。对这类组合体的读图，可以采用“线面分析法”。

相关知识

一、线面分析法及看图思路

对不规则形体或形体上由于切割而产生的截断面及截交线的投影，难以用形体分析法划分想象形状时，可用线面分析法，其基本思路如下：

1. 形体表面组装法

把组合体视为由若干个面（平面或曲面）围成，读图时，根据面的投影特性逐个分析其对投影面的相对位置、空间形状及相邻面之间的位置关系，然后把这些面按相对位置进行组合想象，综合出整体形状。

2. 形体切割法

读图时，若已知视图表示的形体是切割体，可根据外形线框特点，补齐表示基本体所缺的图线（即先整后切），然后由积聚性线段，确定切口位置，想象出切口、切角的形状。

二、正确分析视图中线框和图线的含义

组合体三视图中的图线主要有粗实线、细虚线和细点画线。读图时应根据三视图之间的投影关系（位置关系、方位关系和尺寸关系），正确分析视图中的每条图线、每个线框所表示的含义。

1. 视图中轮廓线的含义

视图中的每条粗实线（或细虚线）可以表示形体的两表面（两平面、两曲面、平面与曲面）交线的投影、曲面最外素线的投影、具有积聚性表面（平面或柱面）的投影。

细点画线可以表示回转体轴线、圆的中心线、对称面的投影，如图 4－20 所示。

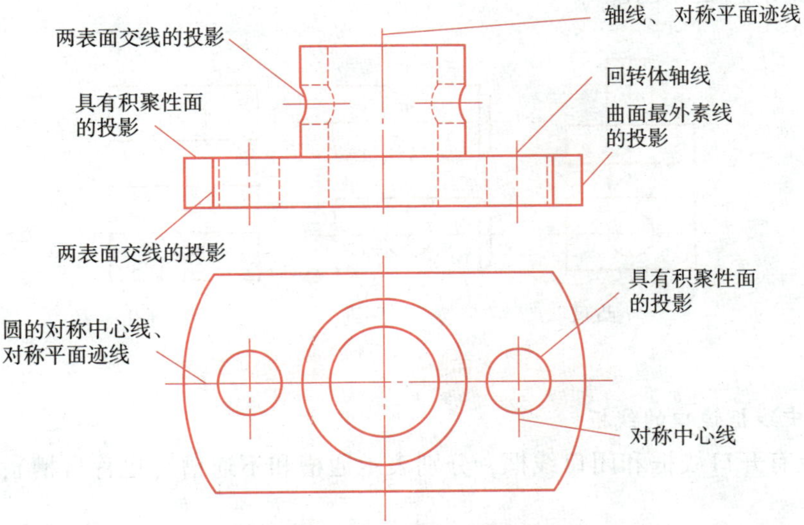

图 4－20 视图中图线的含义

2. 视图中封闭线框的含义

视图中的每个封闭线框，通常都是物体上的一个封闭表面（平面或曲面）的投影、曲面及相切平面的投影、凹坑或通孔积聚的投影，如图 4－21 所示。

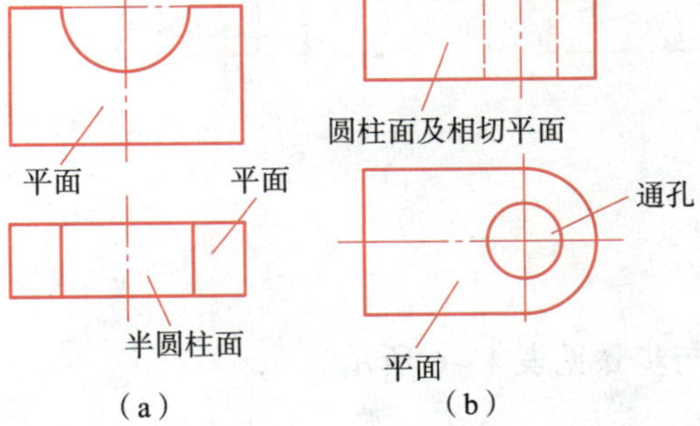

图 4－21 视图中图线的含义

3. 视图中的相邻线框

若两线框相邻，则表示两表面或者相交，或者在前后、上下、左右方向上平行，如图4-22所示。

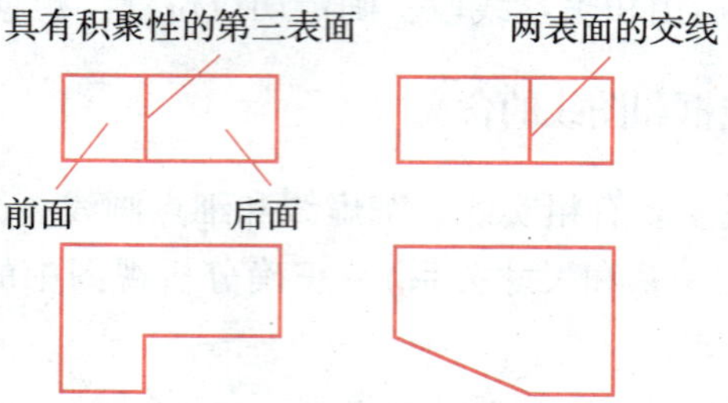

图4-22 表面间的相对位置分析（一）

4. 视图中线框中的线框

若大线框中套有小线框，则表示小线框所代表的表面或者凸出，或者凹下，或者通孔内表面积聚，如图4-23所示。

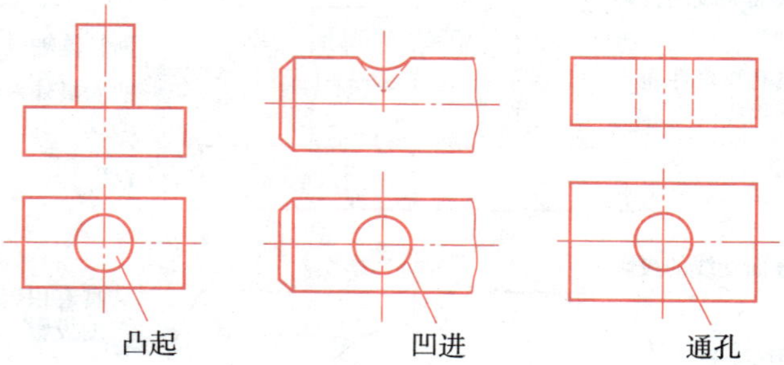

图4-23 表面间的相对位置分析（二）

5. 视图中线框边口的线框

线框边上有开口线框和闭口线框，分别表示通槽和不通槽（也称盲槽），如图4-24所示。

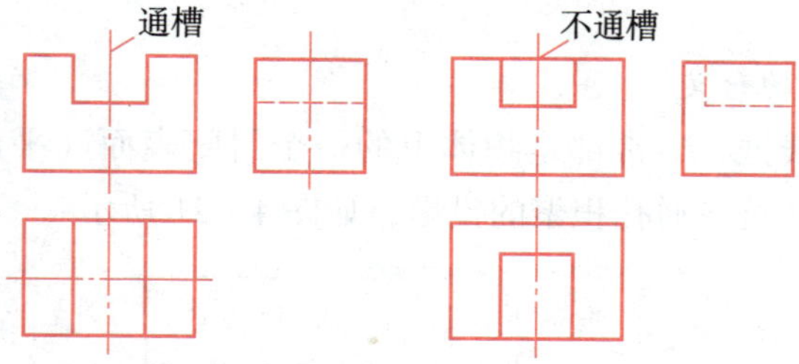

图4-24 表面间的相对位置分析（三）

任务实施

读压块三视图的方法与步骤见表4-6所示。

表 4－6 读压块三视图的方法与步骤

步骤与方法	图 例
1. 想象切割体原始形状 假想把各视图中所缺少的部分补齐，外围线框则构成一长方体的三视图，因此该形体未切前为长方体	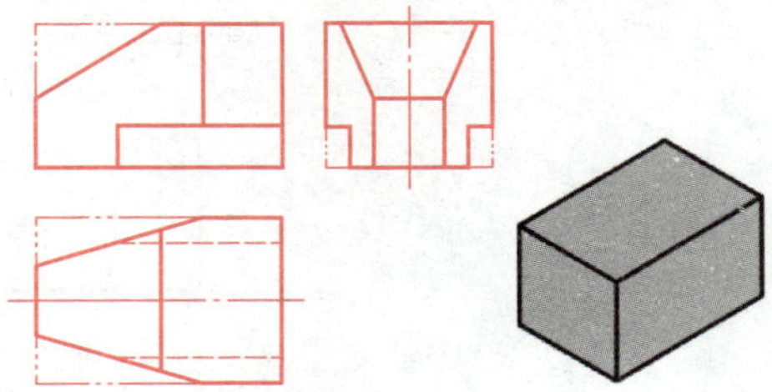
2. 分析 *P* 平面 从俯视图线框 *p* 入手，可找出其另两投影 *p*′和 *p*″，可知 *P* 为一正垂面，即形体被一正垂面切去左上角	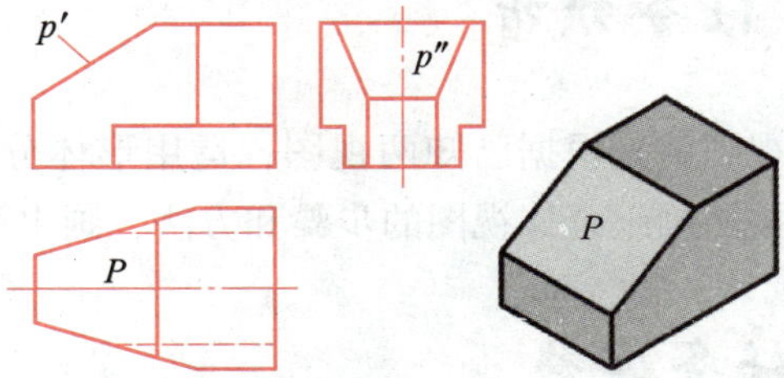
3. 分析 *Q* 平面 从主视图线框 *q*′开始，按投影关系找出 *q* 和 *q*″，可知 *Q* 面为铅垂面，将长方体的左前（后）角切去	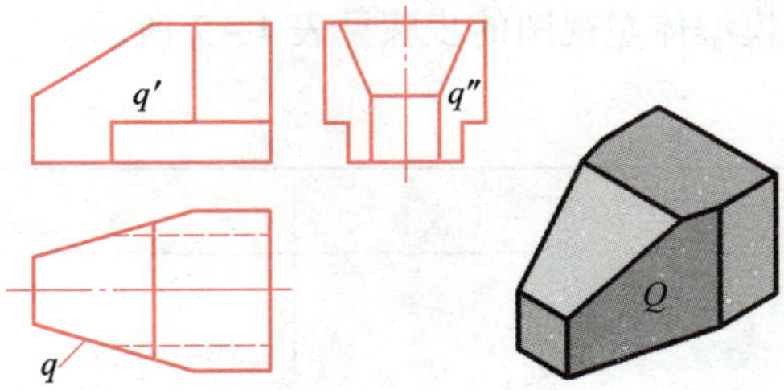
4. 分析 *R* 平面、*H* 平面 与主视图线框 *r*′有联系的是俯视图中图线 *r*、左视图中图线 *r*″，所以 *R* 为正平面；由俯视图上线框 *h* 可找出其正投影 *h*′和侧面投影 *h*″，*H* 为水平面。由正平面 *R* 与水平面 *H* 结合将长方体前（后）下部各切去一块长方体。经过几次切割以后，剩余部分即为物体的形状	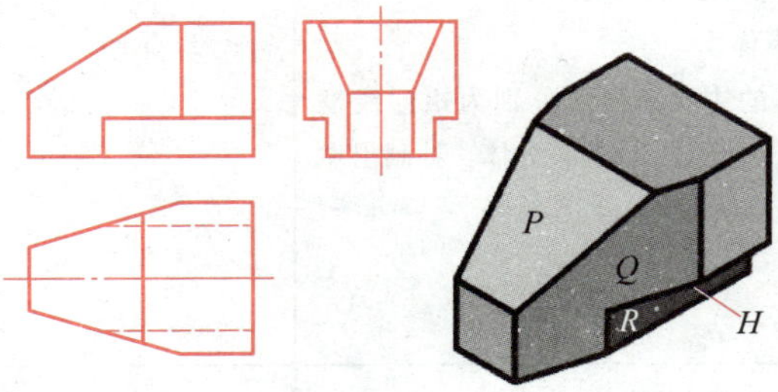

任务三 补画模型体的左视图

任务导入

根据图 4－25 所示模型体的主、俯两视图，补画其左视图。

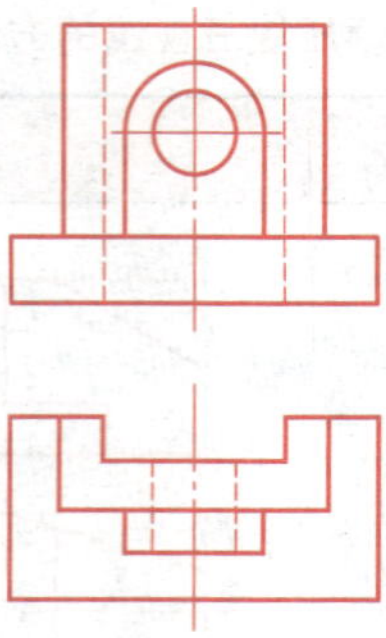

图 4－25　补画模型体的左视图

任务分析

补画视图就是根据已知两视图，运用形体分析法和线面分析法，想象出形体的结构形状。然后按照画组合体视图的步骤和方法，画出第三视图。

任务实施

补画模型体左视图的步骤见表 4－7 所示。

表 4－7　补画模型体左视图的步骤

方法与步骤	图　例
1. 分视图 按线框分成三个组成部分。 2. 想形体Ⅰ 形体Ⅰ的主、俯视图分别为矩形线框（近似），想象出形体为长方体，补画出左视图（矩形线框）	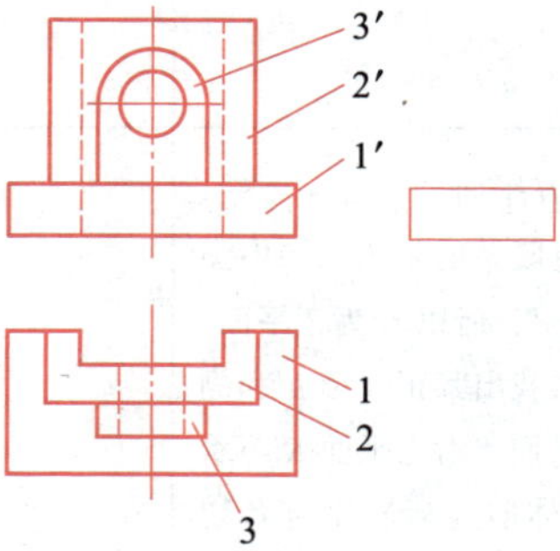
3. 想形体Ⅱ 形体Ⅱ的主、俯视图分别为矩形线框（近似），想象出基本形体为长方体，并立在形体Ⅰ的上后方，补画出左视图（矩形线框）	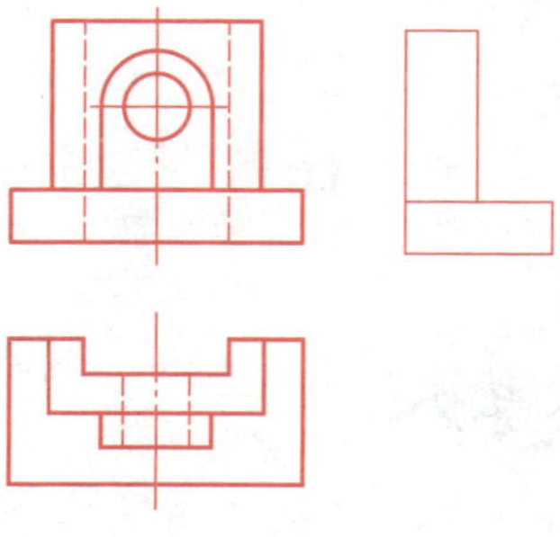

续表

步骤与方法	图　例
4. 想形体Ⅲ 形体Ⅲ的主视图为上圆下方，俯视图为矩形，可想象为半圆柱与长方体的圆滑结合体，并紧靠形体Ⅱ，补画出左视图（矩形线框）	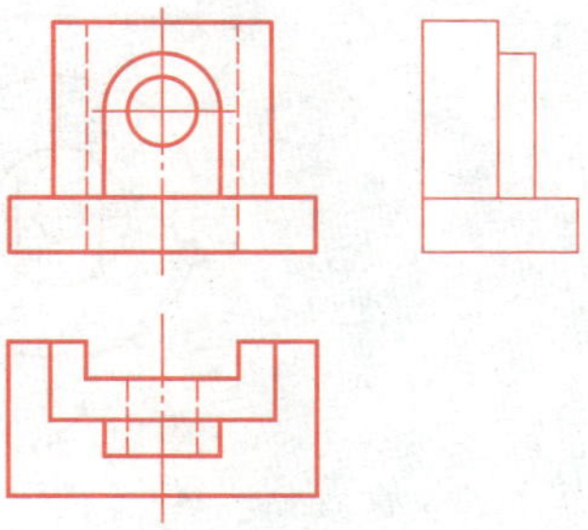
5. 开孔、开槽 由形体Ⅱ、Ⅲ可知，它们的上面有一通孔；由形体Ⅱ、Ⅰ可知，在后面有一凹形通槽，补画出左视图中孔、槽的细虚线	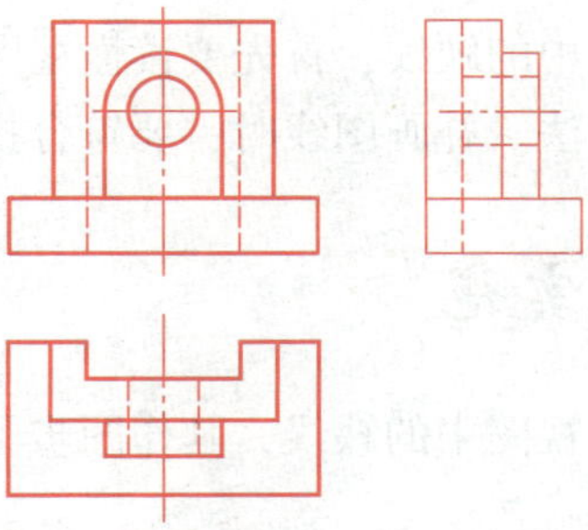
6. 综合想象，检查 根据想象出的Ⅰ、Ⅱ、Ⅲ各形体的形状，综合想象出组合体的整体形状。检查所补视图无误后，按规定线型加深图线	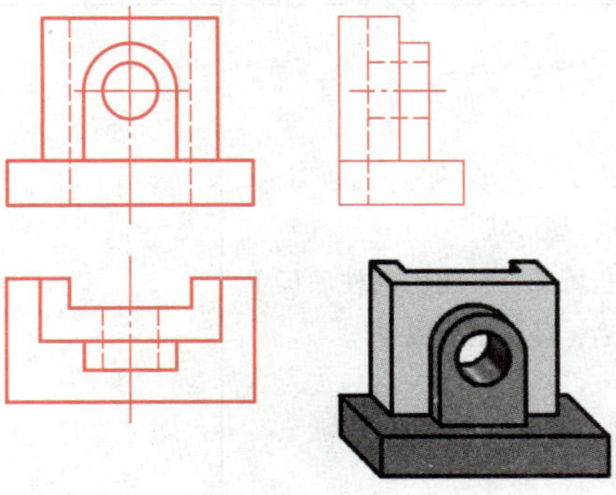

任务四　补画支座三视图中的缺线

任务导入

根据图 4－26 所示支座的三视图，补画视图中的缺线。

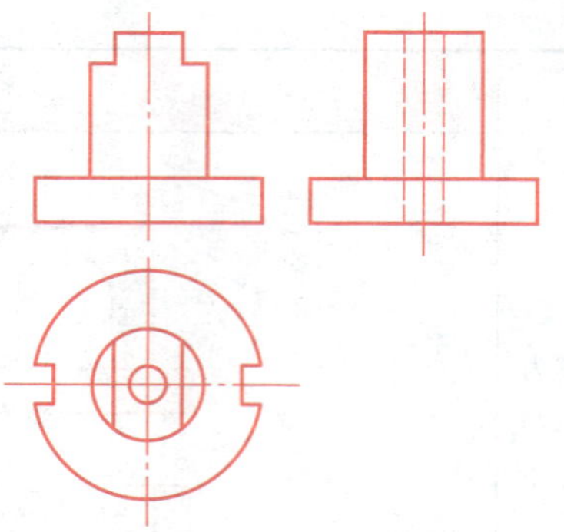

图 4-26　补画视图中的缺线

任务分析

补画三视图中的缺线，首先要读懂视图，想象出物体的形状。读图的方法依然是形体分析法和线面分析法。补画图线时，要符合投影规律，并遵守国家标准的有关规定。

任务实施

补画支座三视图中的缺线，其作图步骤见表 4-8 所示。

表 4-8　补画支座缺线的作图步骤

步骤与方法	图　例
1. 读三视图，想形状 进行形体分析可知：支座由圆柱底板 I 和圆筒 II 组合后，经切割而成	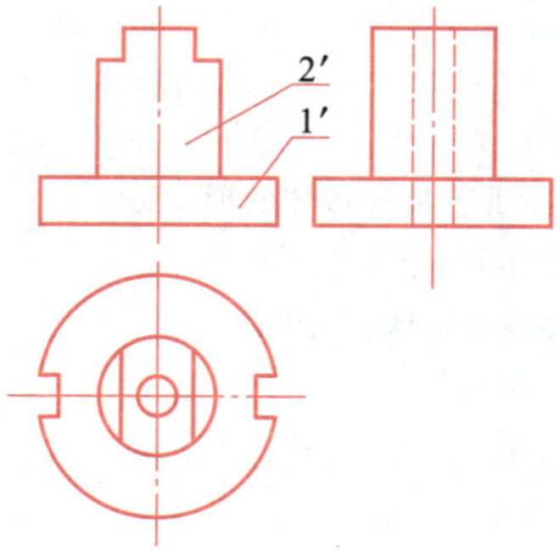
2. 补画底板 I 上缺漏的线 圆柱底板 I 的左右各有一方槽，在俯视图中已表达清楚，需补画出主、左视图中应有的图线及孔在主视图中的细虚线，孔在左视图的细虚线与方槽宽相同，省略不画	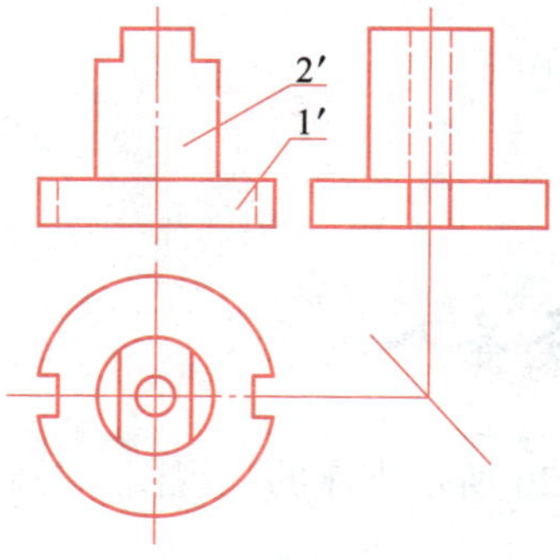

续表

步骤与方法	图　例
3. 补画圆筒Ⅱ上缺漏的线 由主视图和俯视图看出，圆筒Ⅱ上端左右分别铣切出缺口，需补全左视图中图线，并补画圆筒内孔主视图中细虚线	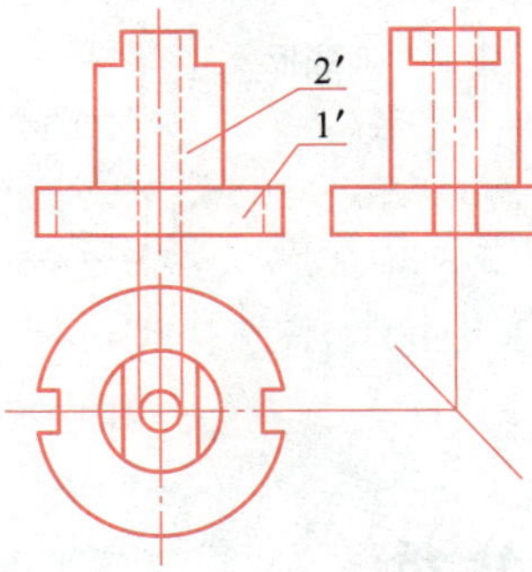
4. 检查 补齐所缺图线，检查是否与形体结构相符，擦去作图辅助线，使细虚线、粗实线符合标准	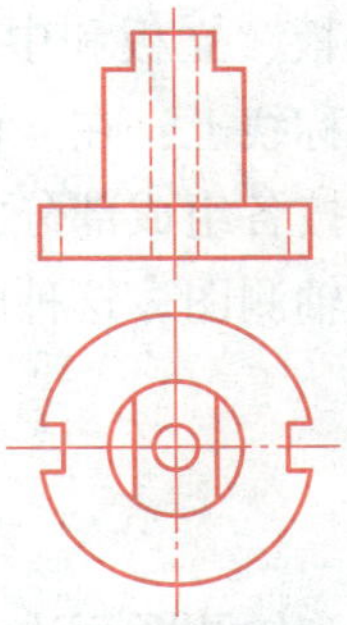

项目四　绘制组合体的轴测图

知识目标

（1）掌握叠加类组合体轴测图的绘图方法和步骤。
（2）掌握切割类组合体轴测图的绘图方法和步骤。

任务一　绘制支座的正等轴测图

任务导入

根据图 4－27 所示支座的三视图，绘制其正等轴测图。

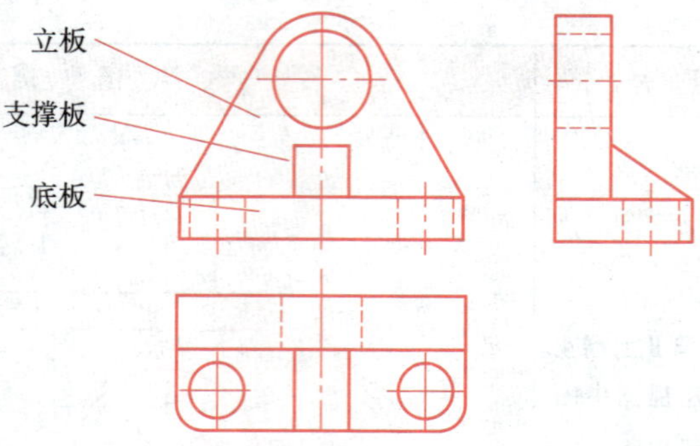

图 4－27　支座的三视图

任务分析

该支座左右对称，由底板、立板和中间三角形支撑板组合而成，底板与立板后表面平齐，支撑板处在物体左右对称线上；在立板与底面上分别有平行于正面和水平面的圆孔及圆弧。绘制这类组合体时，可按各组成部分的相对位置，根据坐标定位，逐个画出各组成部分的轴测图，进而完成形体的轴测图，这种画法称为叠加法。

相关知识

一、半圆头与圆角的正等轴测图画法

半圆头与四分之一圆周的圆角是组合体中最常见的形体，如图 4－28（a）所示的组合体由半圆头竖板和具有圆角的底板两部分组成。绘图步骤：

（1）在绘制这个组合体切割前的侧垂的 L 形柱体时，先将半圆头包络在竖板的长方体内，定出前壁轮廓线的切点 A、B、C［图 4－28（b）］。

（2）过切点 A、B、C 分别作相应各边的垂线，得交点 O_1、O_2。以 O_1、O_2 为圆心，O_1A、O_2B 为半径分别作圆弧［图 4－28（c）］。

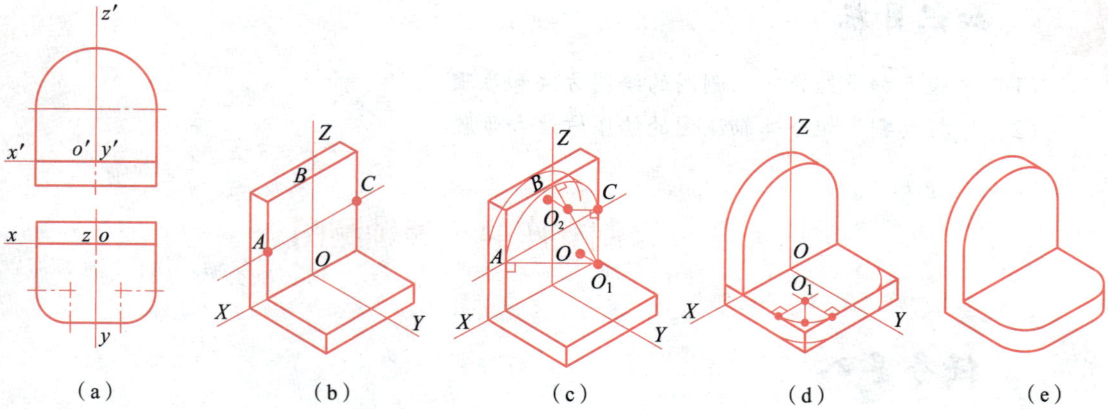

图 4－28　半圆头与圆角的画法

(3) 由 O_1、O_2 向后平移板的厚度，并作出相应的圆弧［图 4－28（d）］。

(4) 作竖板前后壁近似椭圆的两段小圆弧的公切线。清理图面，描深可见轮廓线［图 4－28（e）］。

在图 4－28（b）～（e）中，画出竖板的同时，也显示了底板的作图过程，其中的圆角是按图 4－29 所示的方法画出的。

圆角正等轴测图画法与半圆头相同。平行于坐标面的圆角是圆的一部分，特别是常见的四分之一圆周的圆角，如图 4－29（a）～（d）所示，其正等轴测恰好是近似椭圆的四段圆弧中的一段，从而可以理解为什么从切点作相应棱线的垂线就可获得圆弧的圆心。

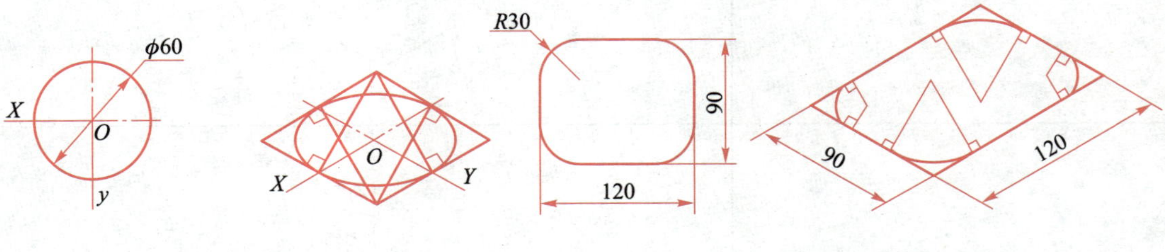

（a）　（b）　（c）　（d）

图 4－29　圆角的画法

任务实施

任务实施

支座轴测图的绘图步骤见表 4－9 所示。

表 4－9　支座轴测图的绘图步骤

步骤与方法	图　　例
1. 在三视图上确定物体的空间坐标轴	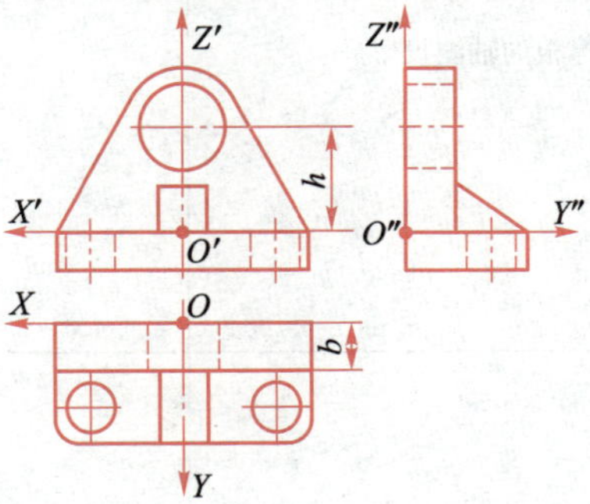
2. 绘制轴测轴，画出底板的轴测图	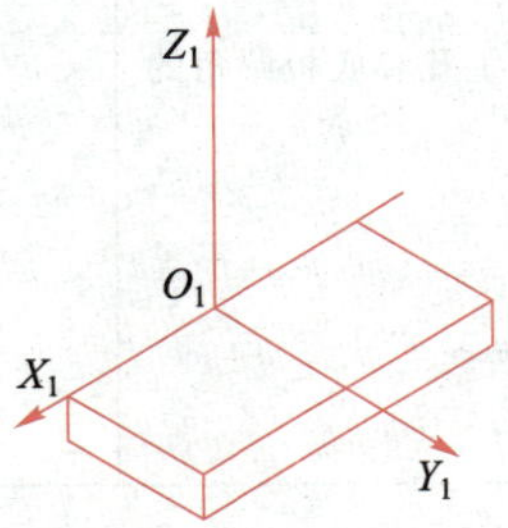

续表

步骤与方法	图　例
3．确定立板上部回转体中心 根据立板的厚度 b、顶端圆柱体的中心高度 h，确定其轴测投影椭圆的中心Ⅰ、Ⅱ	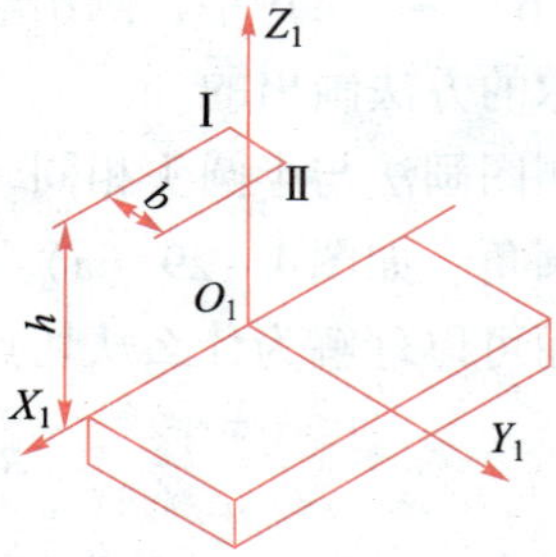
4．画立板的轴测投影 根据上面确定的椭圆中心Ⅰ、Ⅱ，画出前后椭圆，并根据厚度 b 画出与椭圆弧相切的线，完成立板的轴测投影	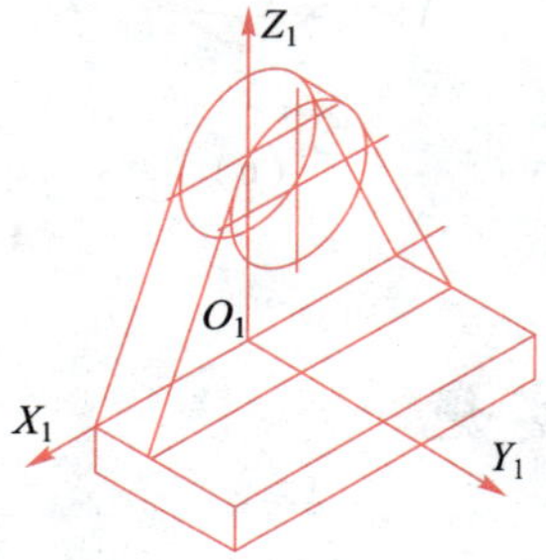
5．画三角支撑板的轴测投影	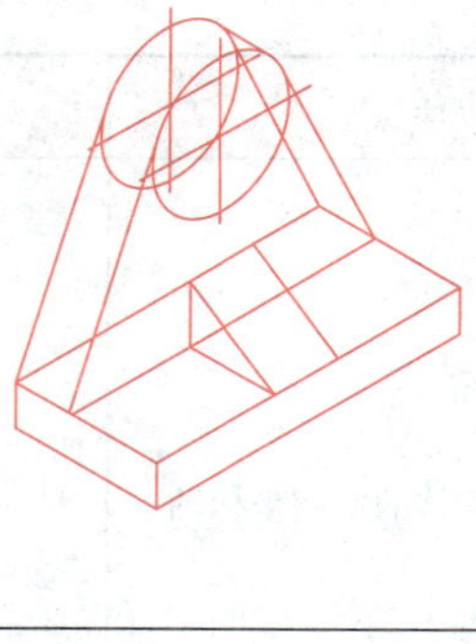
6．画出立板、底板上孔和底板圆角的轴测图	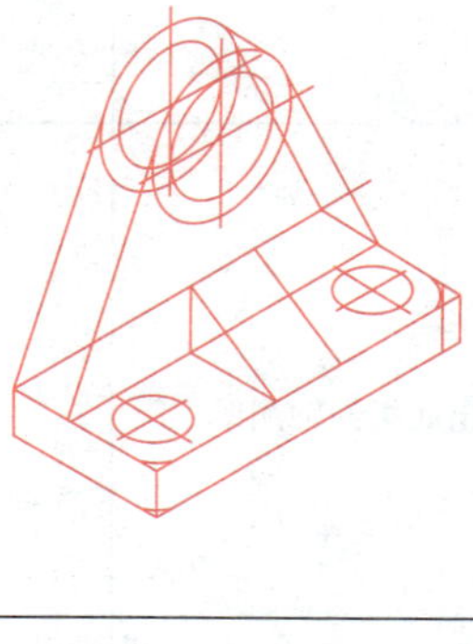

续表

步骤与方法	图　　例
7．检查 擦去作图辅助线，描深可见轮廓线，完成作图	

任务二　绘制压块的正等轴测图

任务导入

根据图 4－30 所示压块的三视图，绘制其正等轴测图。

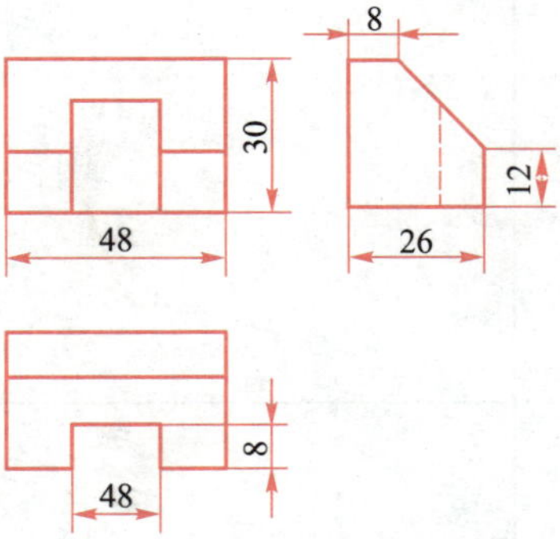

图 4－30　压块的三视图

任务分析

该形体是在长方体的基础上，经过几次切割而形成的。画这类组合体时，可先画出完整长方体的轴测图，然后按切割顺序，用坐标法定出各切割面的位置，逐一进行切割，从而完成全图。

任务实施

压块正等轴测图的绘图步骤见表 4－10。

表 4-10　压块正等轴测图的绘图步骤

步骤与方法	图　　例
1. 定出坐标轴位置 假如取形体的右、后、下角为坐标原点	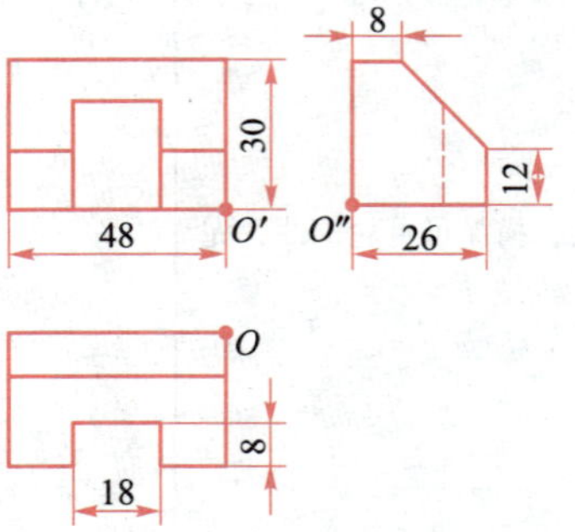
2. 画轴测轴； 3. 根据长方体的长、宽尺寸画出长方体底面的轴测投影	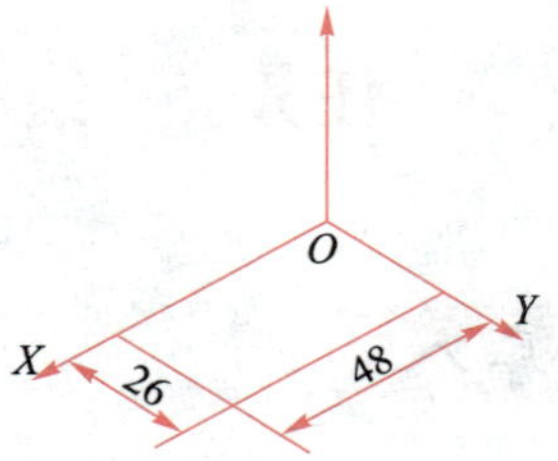
4. 画出完整长方体的轴测图	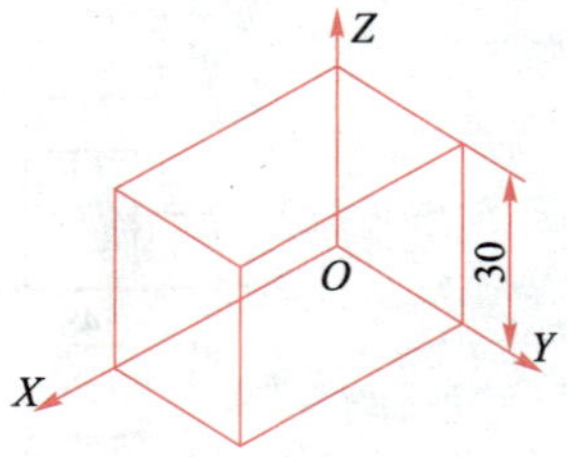
5. 切去前上倾斜部分 斜面用尺寸 8、12 定位	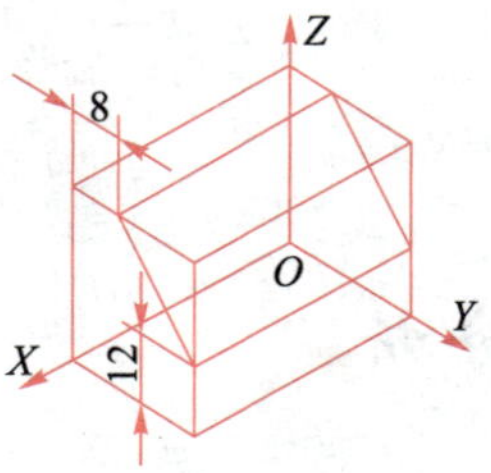
6. 画前方中央的凹槽 用尺寸 18、8 定位	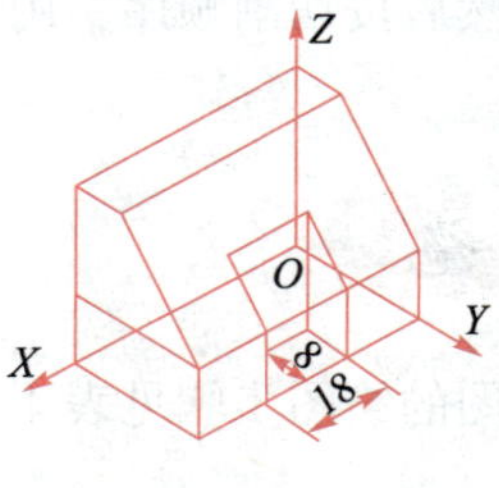

续表

步骤与方法	图　例
7. 检查 检查无误后，描深可见轮廓线，完成作图	

模块五 机械图样的表达方法

在工程实际中，机件的结构形状是多种多样的，仅采用三视图往往不能做到完整、清楚的表达，为此，国家标准《技术制图》和《机械制图》中规定了表示机械图样的各种画法。本模块将介绍视图、剖视图、断面图等图样画法、特点，以便恰当地选择各种表达方法。

项目一 视图

知识目标

（1）掌握六个基本视图、向视图、局部视图和斜视图的概念。

（2）掌握视图的常用规定画法和标注方法。

任务一 绘制切割体的基本视图

任务导入

图 5－1 所示为一切割体的轴测图，试绘制其六个基本视图。

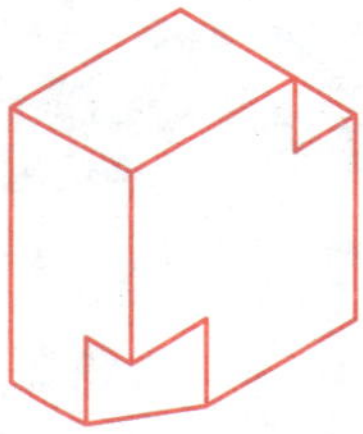

图 5－1 切割体的轴测图

任务分析

在许多情况下，如果仅仅采用三视图，许多结构的投影为细虚线，不利于看图和标注尺寸，采用不同方向投影的基本视图可以解决这一问题。

相关知识

一、基本视图的形成

机件向基本投影面投射得到的视图，称为基本视图。

如图5－2（a）所示，基本投影面是在原来的三个投影面的基础上，再增加三个投影面所组成的。这六个面在空间构成一个正六面体，六面体的六个面则为基本投影面。一个机件有六个基本投射方向，机件分别向六个基本投影面投射。为使六个基本投影面位于同一平面内，可将六个基本投影面按图5－2（b）所示方向展开，与正投影面成一个平面，即得到六个基本视图。

六个基本视图的名称和投射方向如下：

主视图——由前向后投射所得的视图；

俯视图——由上向下投射所得的视图；

左视图——由左向右投射所得的视图；

右视图——由右向左投射所得的视图；

仰视图——由下向上投射所得的视图；

后视图——由后向前投射所得的视图。

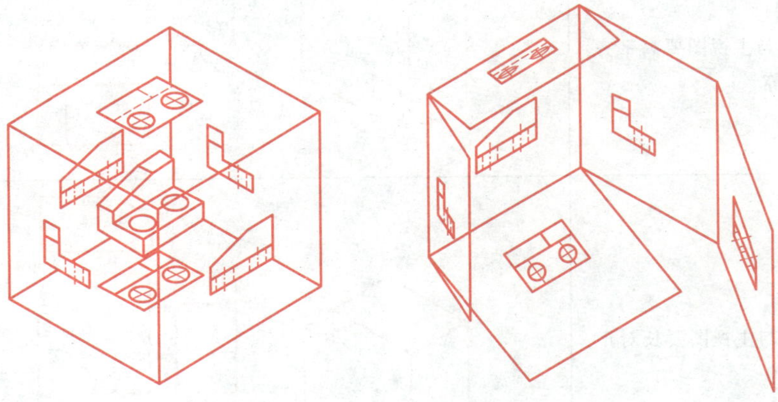

（a）　　（b）

图5－2　基本视图

（a）六个基本投影面；（b）六个基本视图的形成

二、基本视图的配置和投影规律

六个基本视图一般应按图5－3所示的位置关系分配。按规定位置配置的视图，一律不标注视图的名称。

六个基本视图仍保持“长对正、高平齐、宽相等”的三等关系。即：

主、俯、仰、后视图，长对正；

主、左、右、后视图，高平齐；

俯、左、仰、右视图，宽相等。

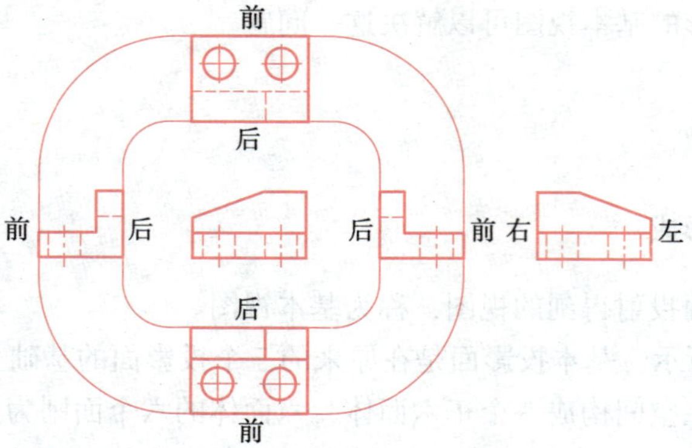

图 5－3　基本视图的配置

任务实施

切割体绘制基本视图的步骤见表 5－1。

表 5－1　基本视图的绘图步骤

绘图方法与步骤	图　例
1. 绘制三视图； 2. 绘制右视图； 注意：右视图与主视图要高平齐，与俯视图要宽相等	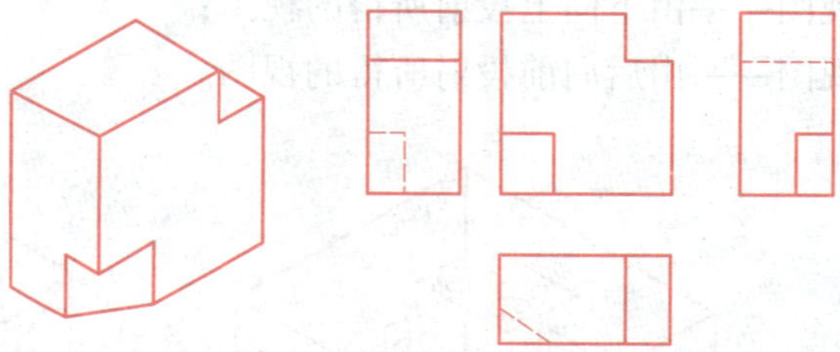
3. 绘制仰视图 注意：仰视图与主视图要长对正，与左视图要宽相等	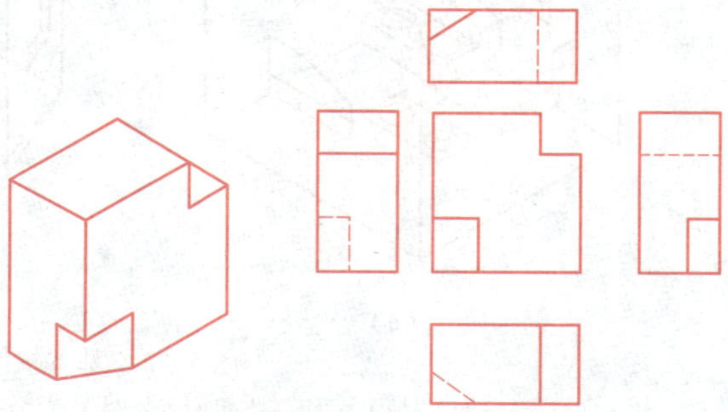
4. 绘制后视图 注意：后视图与主视图的相应长度要对正，高度要平齐	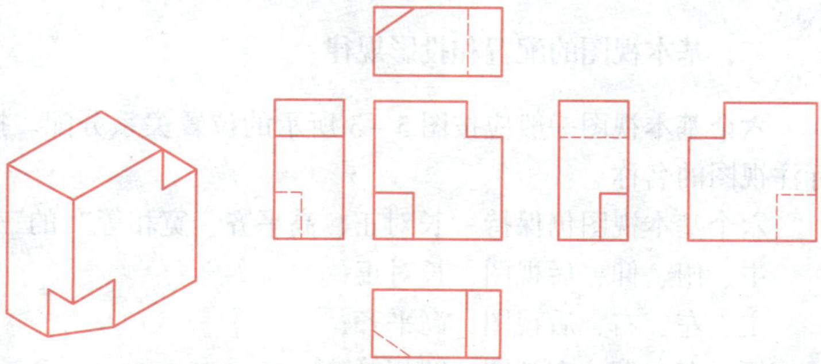

任务二　绘制机座的向视图

任务导入

根据图 5－4 所示机座的三视图，参照如图 5－4（a）所示轴测图，绘制 D、E、F 三个方向的向视图。

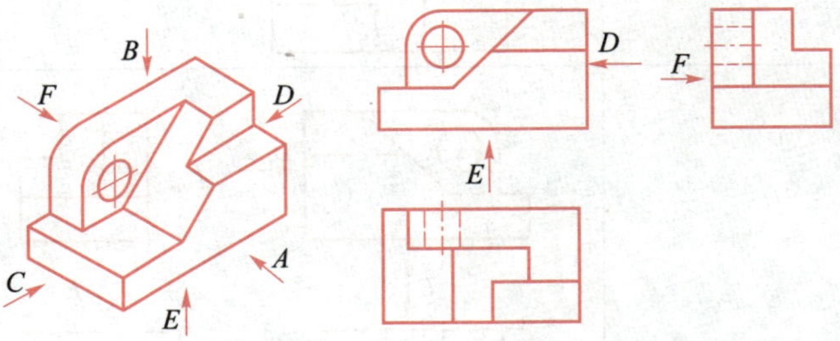

（a）　　　　（b）

图 5－4　机座的三视图与轴测图

（a）轴测图；（b）三视图

任务分析

向视图是可以自由配置的基本视图。

向视图是基本视图的另一种表达形式，或者说，它是移位配置的基本视图。为便于读图，应在向视图的上方用大写拉丁字母标出该向视图的名称（如“A”“B”等），并在相应的视图附近用箭头指明投影方向，注上相同的字母，如图 5－5 所示。

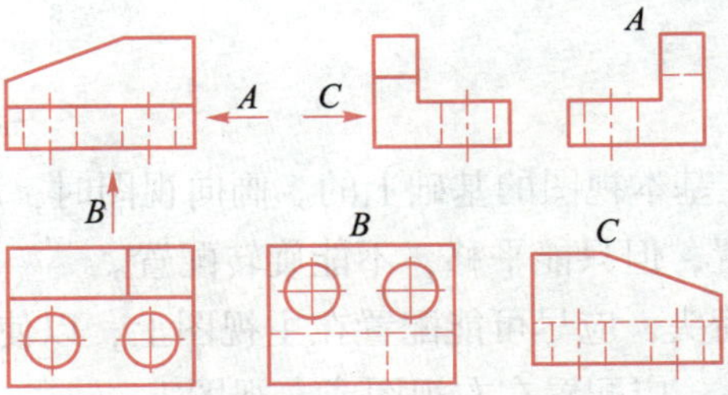

图 5－5　向视图

任务实施

一、绘制机座的向视图

绘制向视图的步骤见表 5－2。

表 5－2　向视图的绘图步骤

绘图方法与步骤	图　例
1. 绘制 *D* 向视图	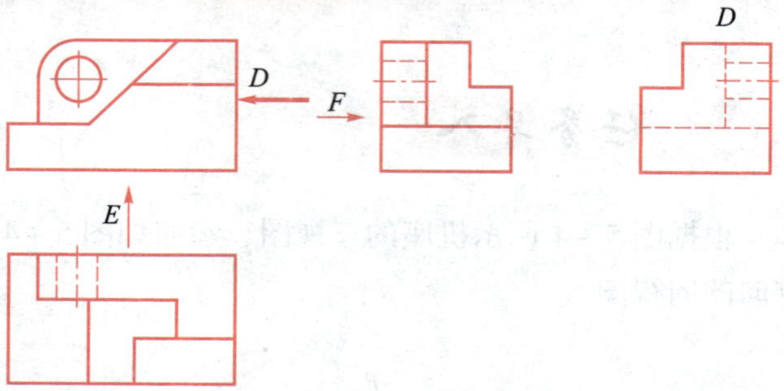
2. 绘制 *E* 向视图	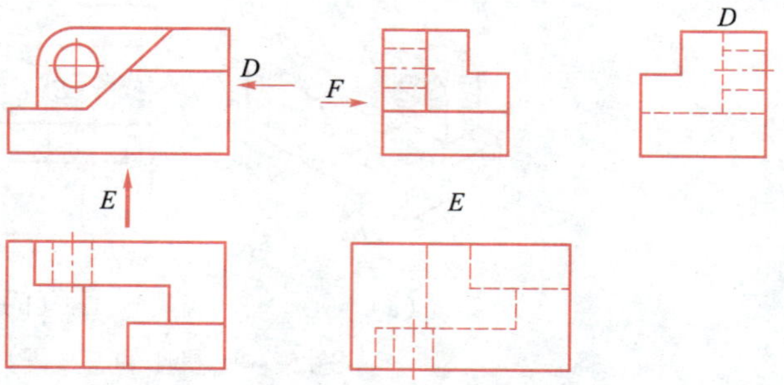
3. 绘制 *F* 向视图	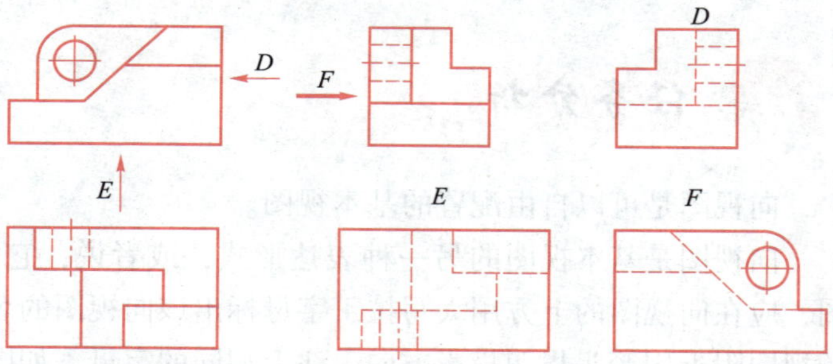

二、注意事项

向视图的画法是建立在基本视图的基础上的。画向视图时，应注意以下几点：

（1）向视图可自由配置，但只能平移，不能旋转配置。

（2）表示投影方向的箭头，应尽可能配置在主视图上，以使所获视图与基本视图一致。表示后视图投影方向的箭头，应配置在左视图或右视图上。

任务三　绘制支座的局部视图

任务导入

图 5－6 所示为一支座的轴测图及四个基本视图，试分析其表达方法中存在的问题，重

新选择合理的表达方法，并绘制其相应的视图。

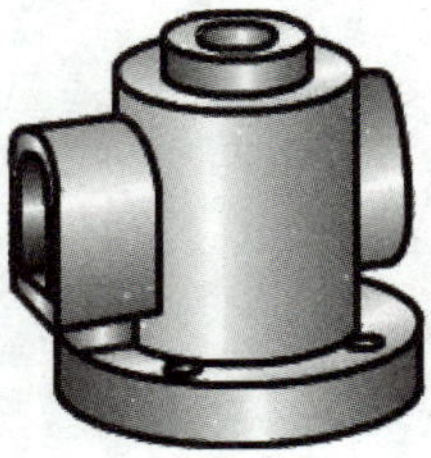

(a)

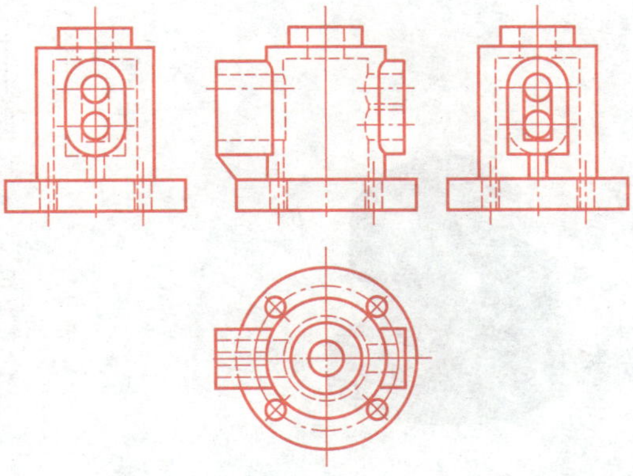

(b)

图 5-6 支座的轴测图与视图

(a) 轴测图；(b) 视图

任务分析

在如图 5-6 所示的支座的四个视图中，主视图和俯视图已将支座的主要结构表达清楚了，只有左、右凸台的形状需要表达。若用左视图、右视图两个基本视图来表达凸台，则显得烦琐和重复。这时，可以采用局部视图来表达。

相关知识

一、局部视图的形成

将机件的某一部分向基本投影面投射所得的视图，称为局部视图，如图 5-7 所示。

二、局部视图的配置与标注

(1) 局部视图最好按基本视图配置的形式配置，如图 5-7 (b) 中 *A* 向视图；必要时，允许按向视图配置在其他适当的位置，如图 5-7 (b) 中的 *B* 向视图。

(2) 绘制局部视图时，一般在局部视图的上方标注出视图的名称“*X*”(“*X*”为大写拉丁字母代号)，在相应的视图附近用箭头指明投射方向，并注上相同的字母。当局部视图按投影关系配置，中间没有其他图形隔开时，可省略标注，如图 5-7 (b) 中 *A* 向局部视图的箭头，字母均可省略。

(3) 局部视图的断裂边界线用波浪线或双折线表示，但当所表达的局部结构是完整的，且图形的外形轮廓又自成封闭时，波浪线可省略不画，如图 5-7 (b) 中的 *B* 向局部视图。

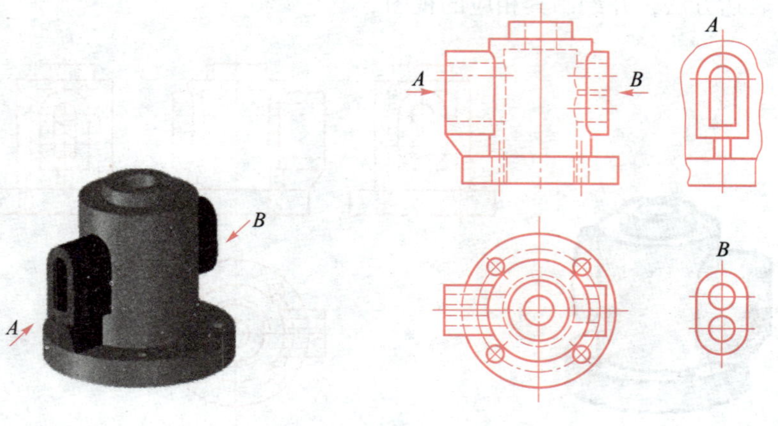

（a）　　　　（b）

图 5－7　局部视图

任务实施

一、确定表达方案

保留主视图、俯视图两基本视图，采用 A 向局部视图来表达左端凸台及肋板的结构，采用 B 向局部视图来表达右端凸台的结构，这样的表达方案既简练又能突出重点。

二、绘制局部视图

支座的局部视图如表 5－3 所示。

表 5－3　局部视图的绘图步骤

绘图方法与步骤	图　例
1. 绘制 A 向局部视图	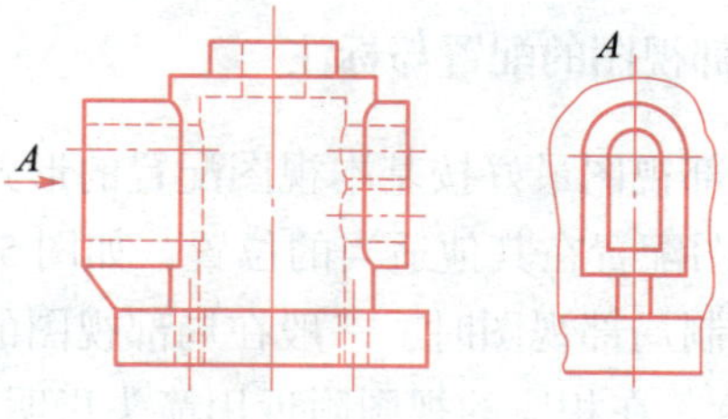
2. 绘制 B 向局部视图	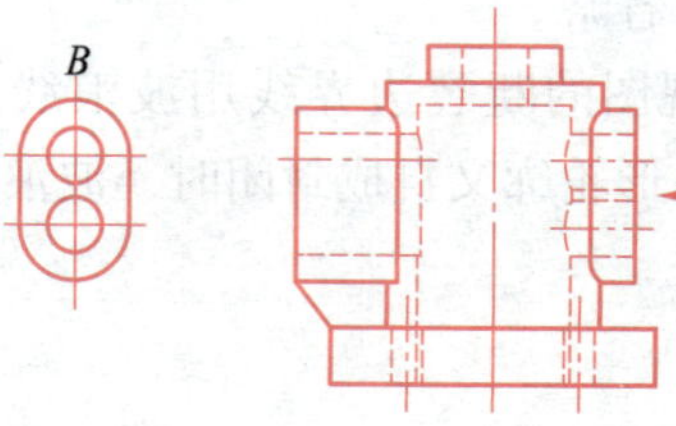

续表

绘图方法与步骤	图　例
3. 按向视图配置 *B* 向局部视图	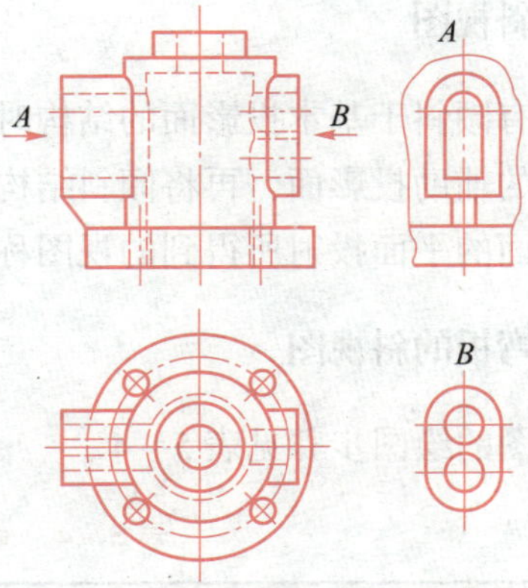

任务四　用斜视图表达弯板

任务导入

图 5－8 所示为弯板的轴测图和三视图。分析用三视图表达该形体的不足，用适当的视图进行表达。

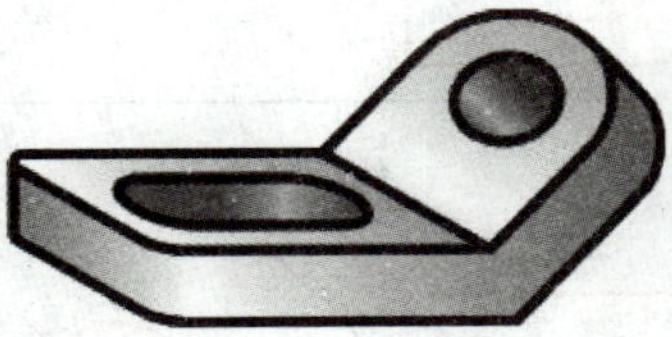

（a）

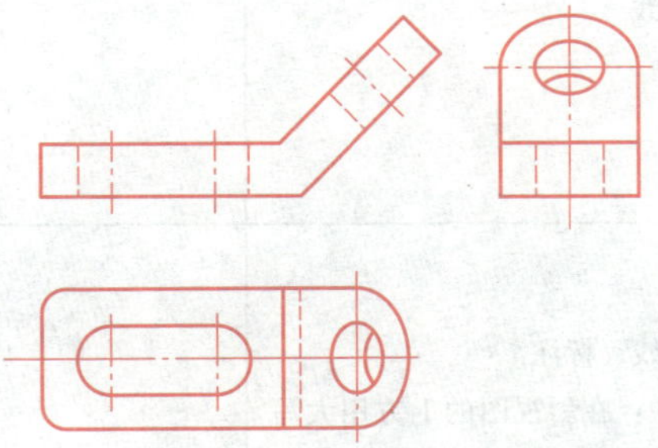

（b）

图 5－8　弯板的轴测图与视图

（a）轴测图；（b）视图

任务分析

弯板上具有倾斜结构，当采用基本视图表达时，其俯视图和左视图均不反映它的真实形状。这样，既不便于标注其倾斜结构的尺寸，也不方便画图和读图。为此，可采用斜视图来专门表达倾斜部分的结构形状。

任务实施

一、形成斜视图

当机件上有倾斜于基本投影面的结构时，为了表达倾斜部分的真实形状，可设置一个与倾斜部分平行的辅助投影面，再将倾斜结构向该投影面投射。这种将机件的倾斜部分向不平行于基本投影面的平面投射所得到的视图称为斜视图。

二、绘制弯板的斜视图

弯板斜视图的绘图步骤见表 5－4。

表 5－4　斜视图的绘图步骤

绘图方法与步骤	图　　例
1. 绘制作图基准线 斜视图通常按向视图的形式配置	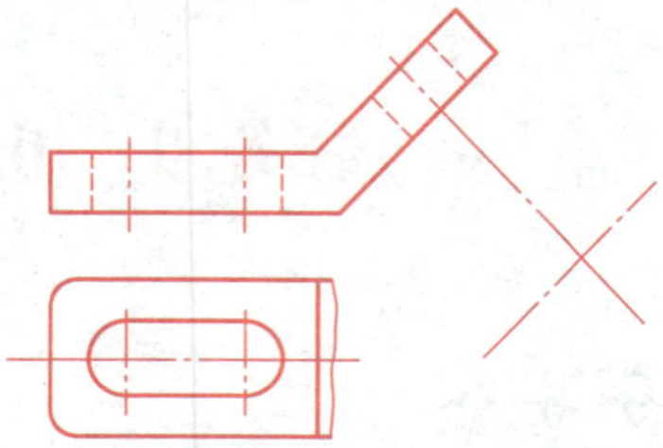
2. 绘制轮廓线	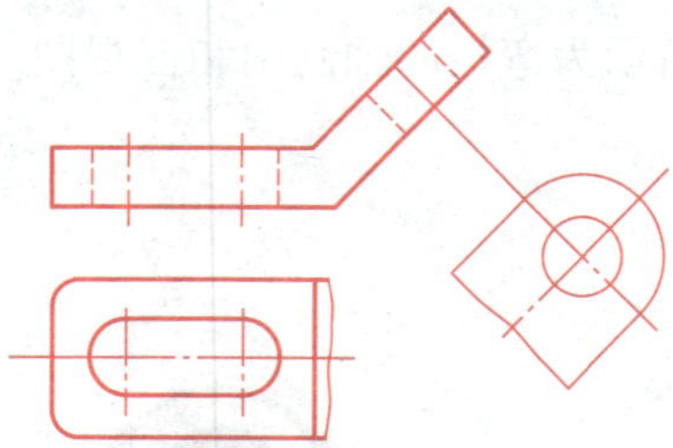
3. 加深轮廓线、标注 斜视图的标注：在斜视图的上方用大写拉丁字母标注视图的名称，在相应的视图附近用带同样字母的箭头指明投影方向	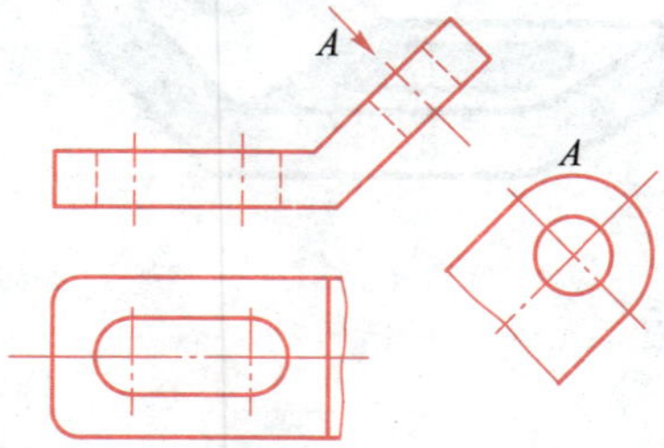
4. 如有必要，可以将斜视图旋转配置 允许将斜视图转平绘制，并加注旋转符号。注意，字母应靠近旋转符号的箭头端	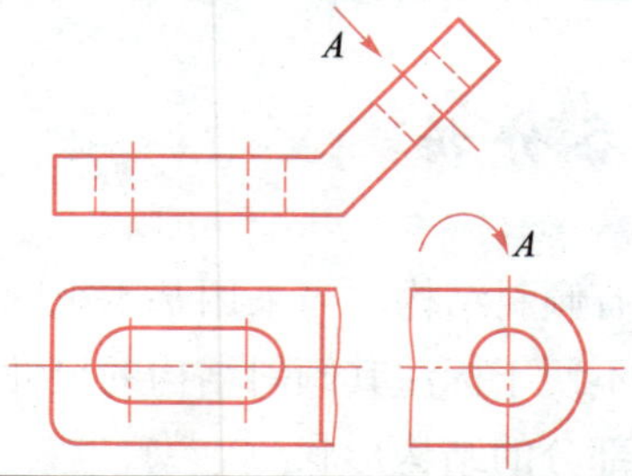

项目二　绘制剖视图

知识目标

(1) 掌握各种剖视图、剖切面的概念。
(2) 掌握剖视图的标注方法，了解省略标注的原则。
(3) 了解各种剖视图、剖切面的画法规定。

任务一　绘制剖视图

任务导入

看懂如图 5 -9 所示机件的两视图，将主视图绘制成剖视图。

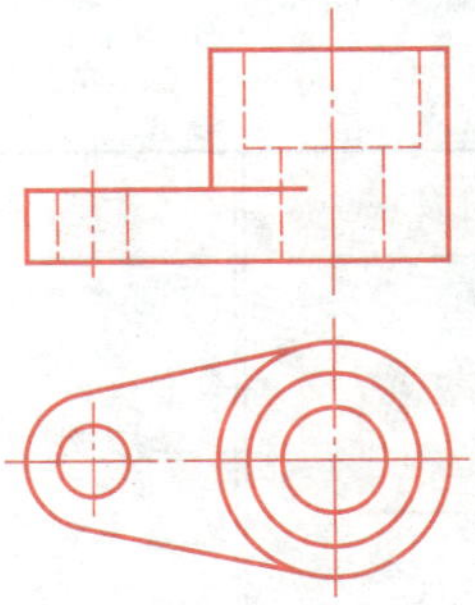

图 5 -9　机件的主、俯视图

任务分析

用视图表达机件形状时，机件上不可见的内部结构（如孔、槽等）要用细虚线表示，如图 5 -9 所示机件的主视图。如果机件的内部结构比较复杂，图上会出现较多细虚线，既不便于画图和读图，也不便于标注尺寸。为此，可按国家标准规定，采用剖视图来表达机件的内部形状。

相关知识

一、剖视图的形成

假想用剖切平面剖开机件，将处在观察者和剖切平面之间的部分移去，而将其余部分向投影面投射所得的图形，称为剖视图，简称剖视。剖视图的形成过程如图 5－10 所示。

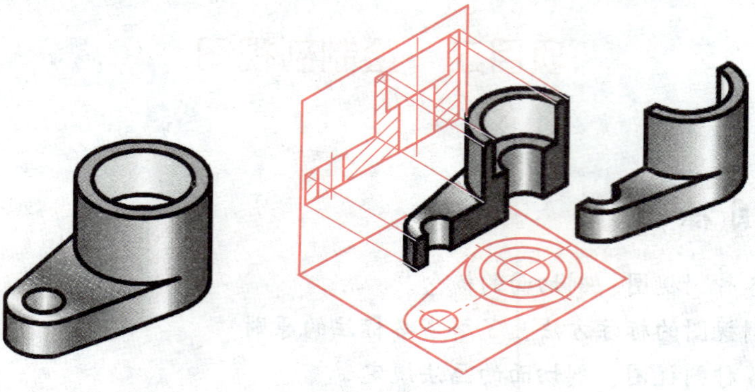

（a）　（b）

图 5－10　剖视图的形成

（a）机件直观图；（b）剖视图的形成过程

二、剖面符号的画法

剖切平面与机件接触的部分称为断面。为了区分机件的实心部分与空心部分，国家标准规定在接触部分要画上规定的剖面符号。机件的材料不同，其剖面符号也不同。常见材料的剖面符号见表 5－5。

表 5－5　剖面符号

材料名称	剖面符号	材料名称	剖面符号
金属材料（已有规定剖面符号者除外）	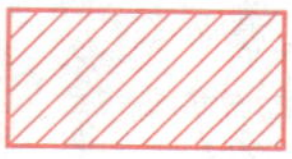	线圈绕组元件	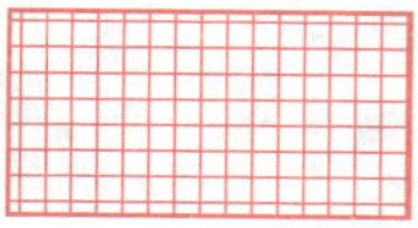
非金属材料（已有规定剖面符号者除外）	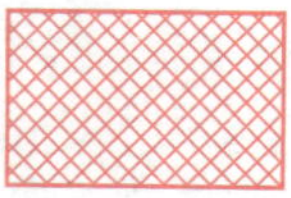	转子、变压器等的迭钢片	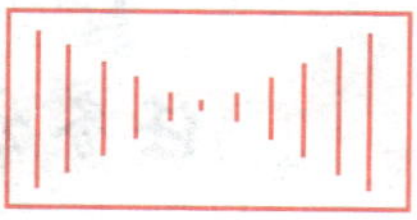
型砂、粉末冶金、陶瓷、硬质合金等	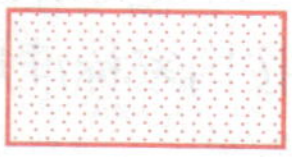	玻璃及其他透明材料	
木质胶合板（不分层数）		格网（筛网、过滤网等）	

续表

材料名称		剖面符号	材料名称	剖面符号
木材	纵剖面		液体	
	横剖面			

金属材料的剖面符号是一组与机件的主要轮廓或剖面区域的对称线成45°的细实线，通常称其为剖面线，如图5－11所示。同一机件在各个视图中的剖面线的画法应保持一致，即间距一致、方向相同。

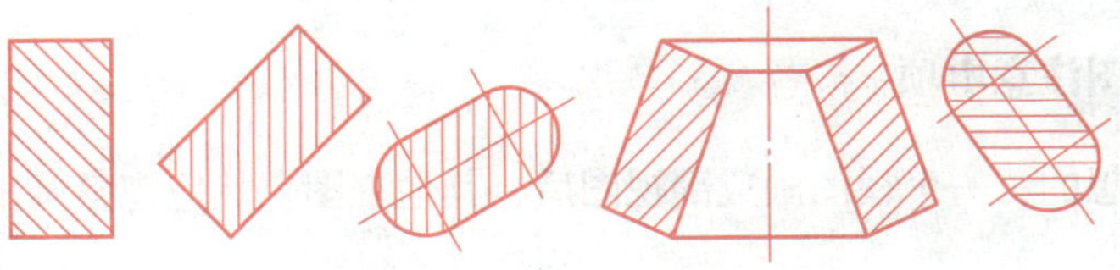

图5－11　剖面线的角度

三、剖视图的配置与标注

根据国家标准规定，剖视图的标注包括剖切符号、剖切线及剖视图名称的标注。

（1）剖切符号。由粗短线（线宽约1.5b，长为5～10 mm）和箭头组成。其中，粗短线表示剖切面起止和转折位置，且不要与图形轮廓线相交；箭头表示投射方向，一般在粗短线的外端。

（2）剖切线。用来指示剖切面的位置，用细点画线表示。剖切线可省略不画。

（3）剖视图名称。在剖切位置线的起讫及转折处写上同一字母并在所画剖视图的上方用相同的字母标注出剖视图的名称“X—X”。

但在下列情况下，剖视图可以简化或省略标注：

（1）当剖视图按投影关系配置，中间没有图形隔开时，允许省略箭头，如图5－12所示。

（2）当单一剖切平面与机件的对称平面重合，且剖视图按投影关系配置，中间没有图形隔开时，可以省略标注，如图5－13所示。

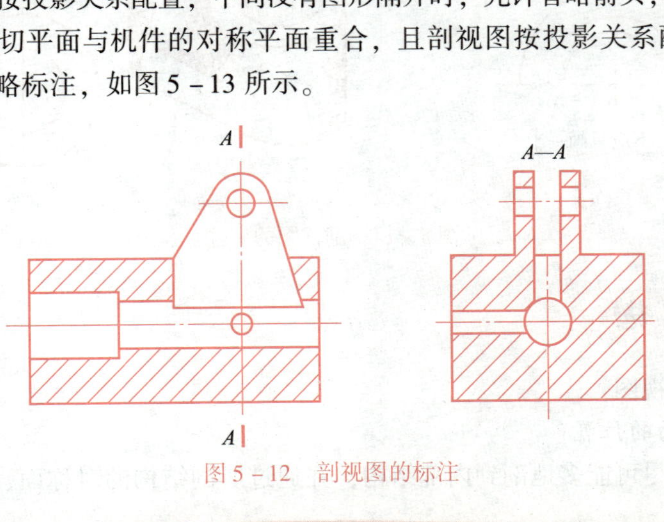

图5－12　剖视图的标注

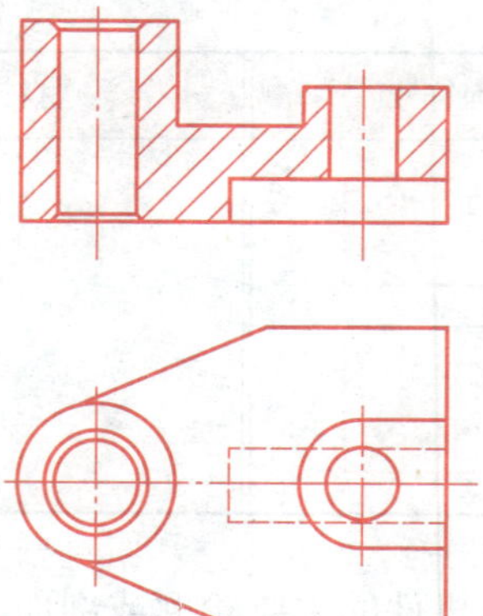

图 5 – 13　剖视图的标注

四、绘制剖视图注意事项

（1）剖切是假想的，一个视图画成剖视图后，其他视图仍然应完整画出，如图 5 – 14（a）所示。

（2）剖切平面之后的部分应全部向投影面投射，用粗实线画出其可见投影。如图 5 – 14（a）中圆柱孔台阶面的剖视图投影容易漏画，应特别注意。

（3）剖视图中的细虚线一般省略不画，当画少量细虚线可减少视图数量时，允许画出必要的细虚线，如图 5 – 14（b）所示。

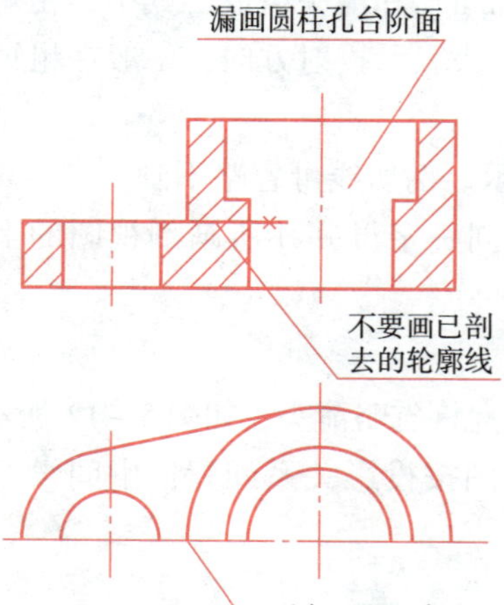

（a）

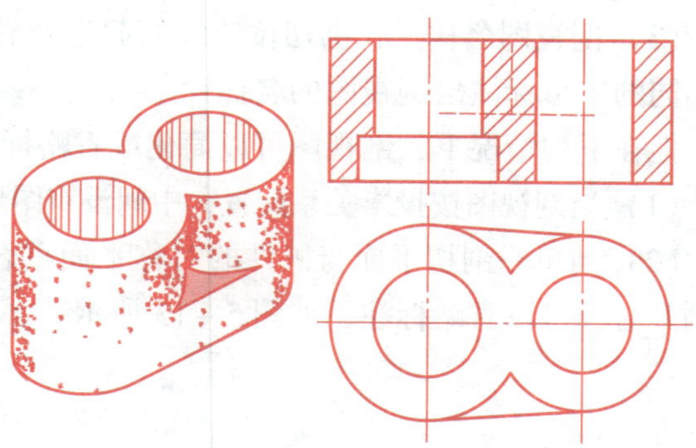

（b）

图 5 – 14　剖视图的标注

任务实施

绘制机件的剖视图：

1. 确定剖切面的位置

剖切平面应该尽可能多地剖到内部结构，并通过所剖结构的对称面、回转面的轴线等。

故该机件选择平行于正投影面且通过机件前后对称面的平面为剖切面。

2. 画剖视图

移开机件的前半部分，将机件的后半部分向正投影面投影，绘图步骤见表 5－6。

表 5－6　机件剖视图的绘图步骤

绘图方法与步骤	图　　例
1. 绘制断面图（剖切面与机件的接触部分）	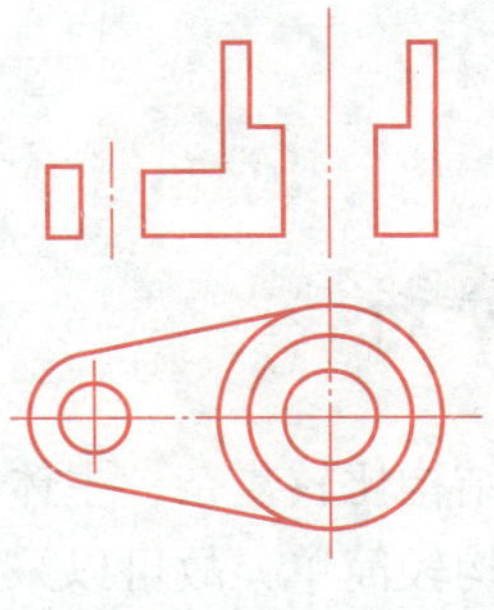
2. 绘制剖切面后面结构的图形（注意不要漏线和多线）	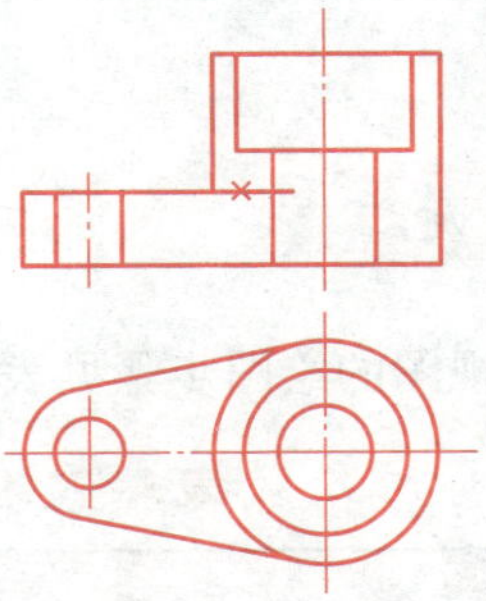
3. 绘制剖面线，完成全图 在剖切面与机件的实体接触部分绘制剖面线，剖面线为间隔均匀的 45°倾斜的细实线	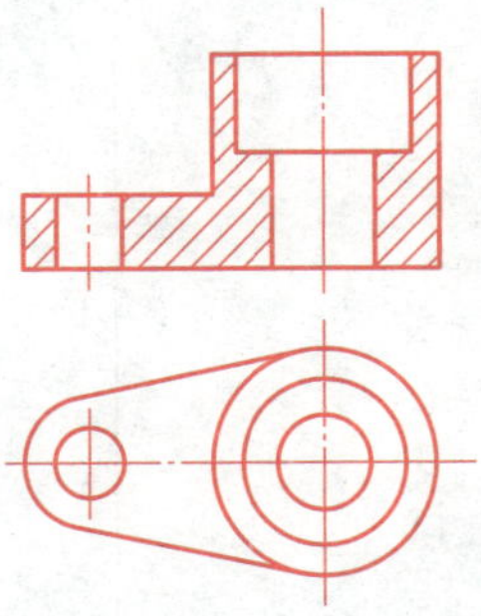

任务二　绘制机件的全剖视图

任务导入

看懂图 5－15 所示机件的两视图，将主视图绘制成全剖视图。

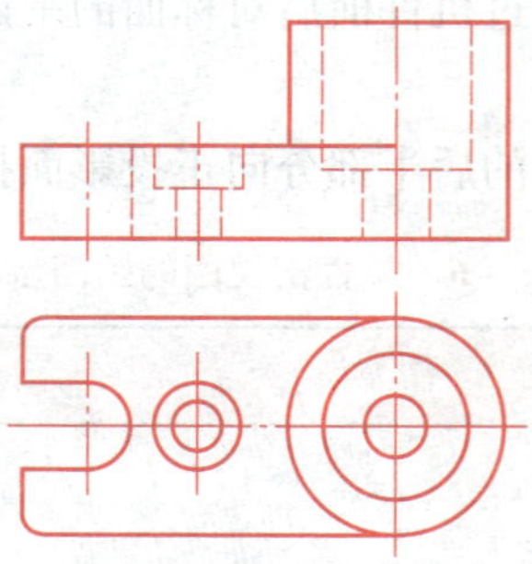

图 5－15　机件的主、俯视图

任务分析

该机件的内部结构比较复杂，主体圆柱筒上有一个较大的沉孔，底板上有一个小沉孔和一个槽，而外部结构较简单，故可以采用全剖视图进行表达。

用剖切面完全地剖开机件所得的剖视图称为全剖视图。全剖视图一般适用于内形复杂、外形简单的机件。

任务实施

机件的全剖主视图的绘图步骤见表 5－7。

表 5－7　机件主视图全剖的绘图步骤

绘图方法与步骤	图例
1. 绘制断面部分	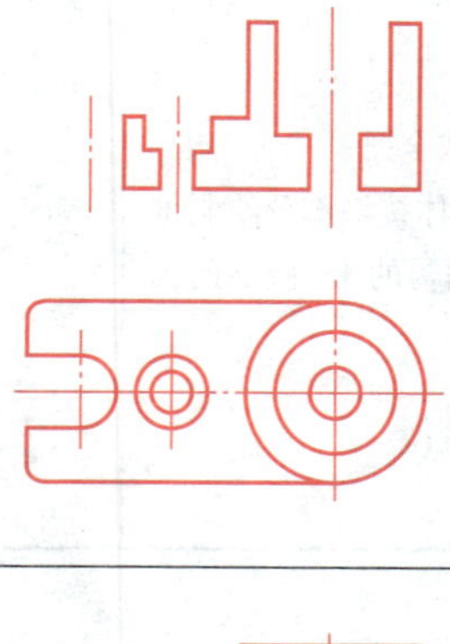
2. 绘制剖切面后面其他结构的图形	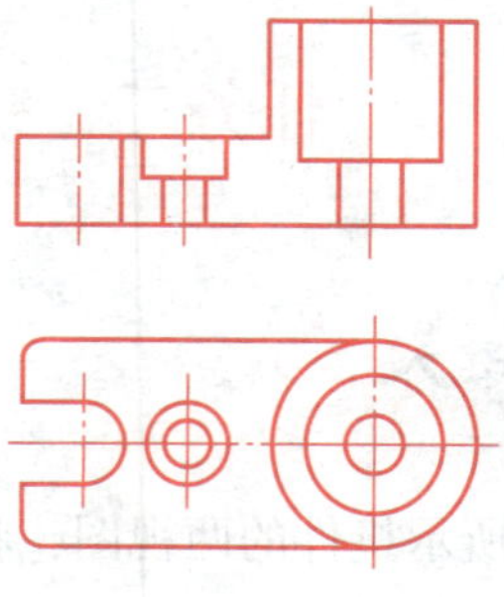

续表

绘图方法与步骤	图例
3．绘制剖面线，完成全图 （该剖视图不需标注）	

任务三　绘制半剖视图

任务导入

看懂图 5－16 所示机件的两视图，将主、俯视图绘制成半剖视图。

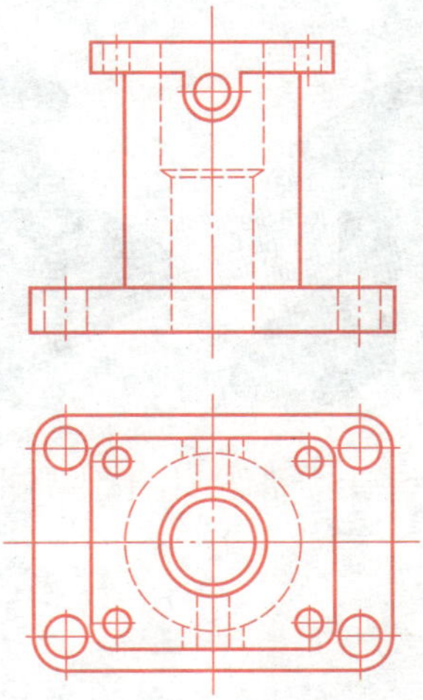

图 5－16　机件的主、俯视图

任务分析

该机件的主体部分是一个圆柱筒，上、下底板上分别有四个小圆柱孔，圆筒的上方有小凸台。如果采用全剖视图，则无法表达小凸台的形状。怎样剖切才能既表达内部形状又保留外部形状呢？可以采用半剖视图进行表达。

相关知识

一、半剖视图的概念

当机件具有对称平面时，向垂直于对称平面的投影面上投影所得的图形，可以以对称中心线为界，一半画成剖视图，一半画成视图，这种剖视图称为半剖视图，简称半剖视，如图 5－17所示。

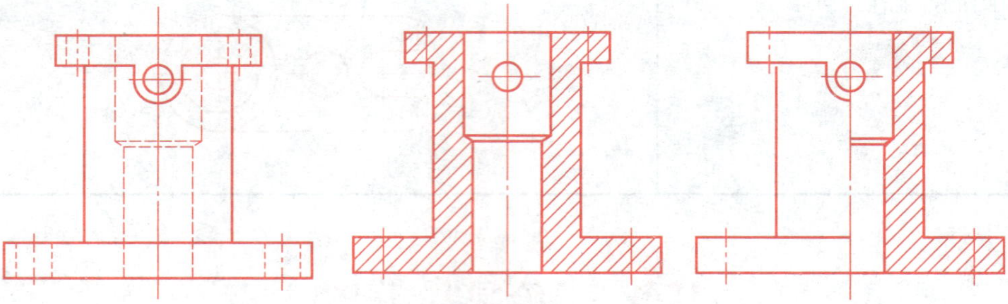

（a）　（b）　（c）

图 5－17　半剖视图的概念

半剖视图主要用于内、外形状比较复杂，都需要表达的对称机件。当机件形状接近对称，且不对称部分已另有视图表达清楚时，也可画成半剖视图。而对于图 5－16 所示机件，左右对称，前后对称，所以主、俯视图都可以画出半剖视图，实体半剖如图 5－18 所示。

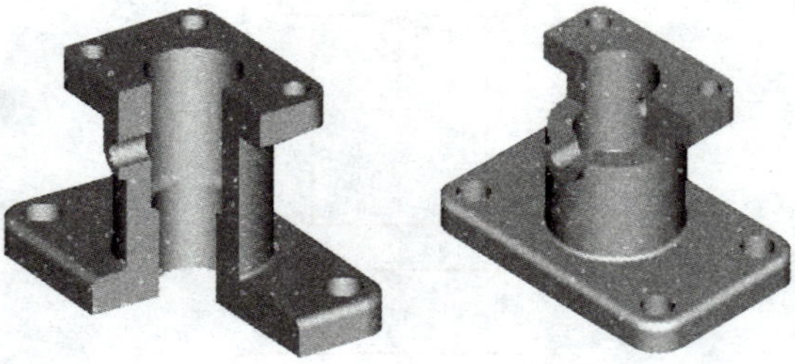

图 5－18　机件实体半剖结构图

二、画半剖视图的注意事项

画半剖视图应注意的问题：

（1）半剖视图中，因机件的内部形状已由半个剖视图表达清楚，所以在不剖的半个外形视图中，表达内部形状的虚线应省去不画 。

（2）画半剖视视图，不影响其他视图的完整性。

（3）半个剖视图与半个视图之间分界处应画细点画线，不应画成粗实线。

任务实施

机件的半剖视图的绘图步骤见表 5－8 所示。

表 5－8　机件半剖视图的绘图步骤

绘图方法与步骤	图　例
1. 将主视图右半部分绘制成剖视图，左半部分为外形视图	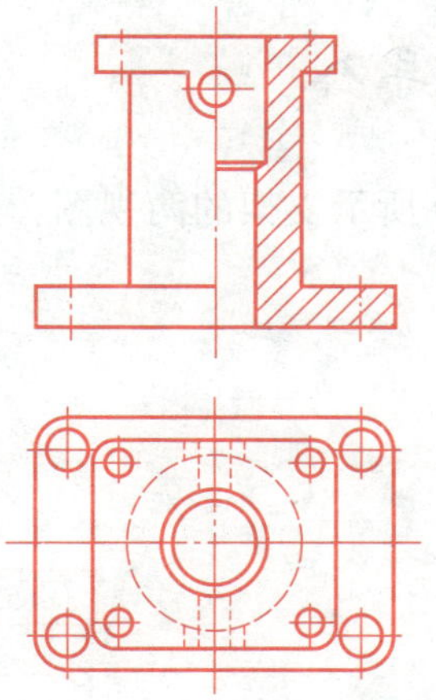
2. 将俯视图改画成半剖视图（注意：主视图的半剖可完全省略标注，俯视图的半剖不能省略剖切符号和字母，以表示剖切位置和剖视图名称）	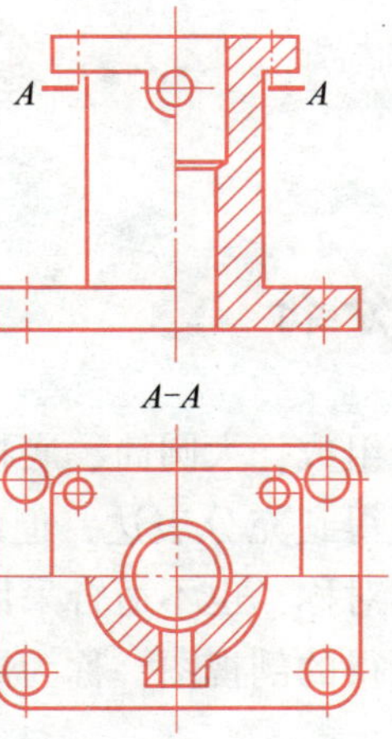
3. 检查，完成全图	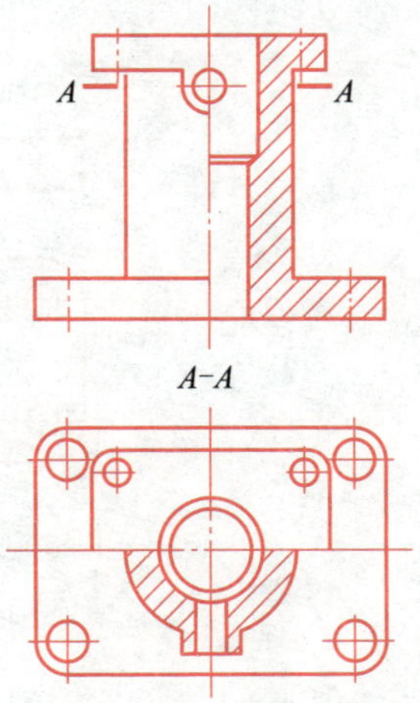

任务四　绘制支架的局部剖视图

任务导入

看懂图 5－19 所示支架的两视图，用恰当的方法表达机件的内外结构，绘制完整的剖视图。

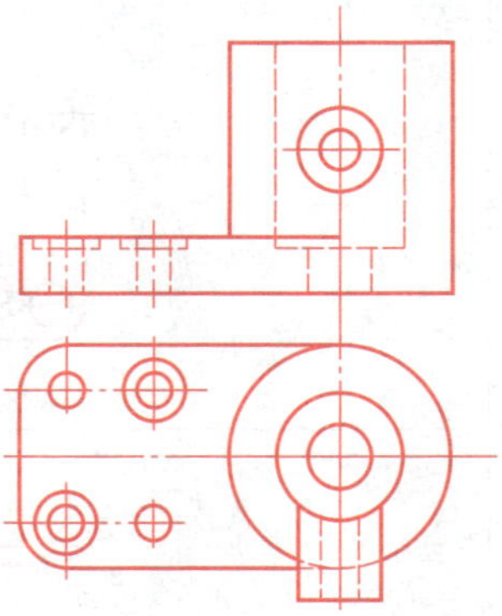

图 5－19　支架的主、俯视图

任务分析

支架由三部分组成：大圆筒、底板和小圆柱凸台。主视图若采用全剖视图，如图 5－20 所示，虽然大孔可得到充分表达，但缺点也很明显：小凸台被剖掉，底板上的小孔没有表达。又由于结构不对称，也不适合采用半剖视图表达。这时，可采用局部剖视图。用剖切面局部地剖开机件所得的剖视图，称为局部剖视图。

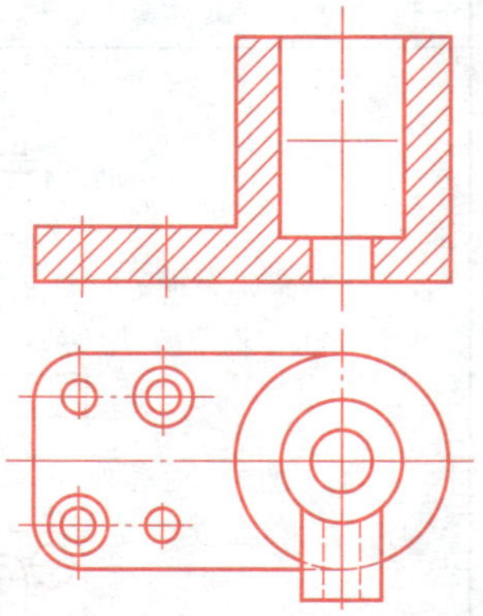

图 5－20　支架的全剖视图

相关知识

绘制局部剖视图的注意事项：

局部剖视图一般可省略标注，但当剖切位置不明显或局部剖视图未按投影关系配置时，则必须加以标注。

局部剖视图的范围根据需要而定，是一种比较灵活的表达方法，运用得当，可使图形表达得更简洁更清晰。

画局部剖视图应注意的问题：

(1) 局部剖视图中，部分剖视图与部分视图之间应以波浪线为界，波浪线也表示机件断裂处的边界线。波浪线不能与轮廓线重合，也不能超出图形轮廓线，如遇到孔、槽等结构，则必须断开，如图 5－21 所示。

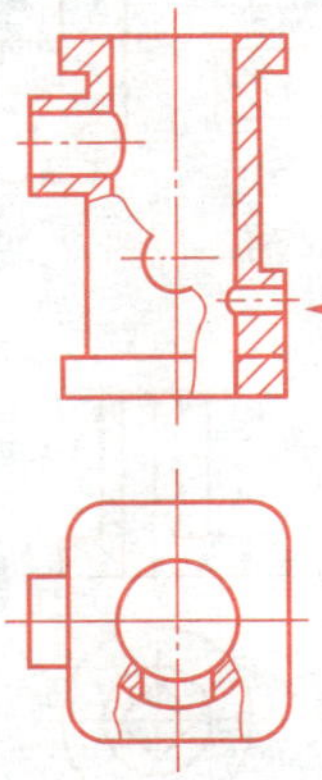

图 5－21　局部剖视图

(2) 局部剖视在同一个视图上不宜过多，以免影响看图。

局部剖视图不受图形是否对称的限制，剖切位置和范围可根据需要决定。局部剖视图通常用于下列情况：

①物体内、外形状需要表达而机件不对称时，不能采用半剖视图表达，可用局部剖视图，如图 5－22 所示。

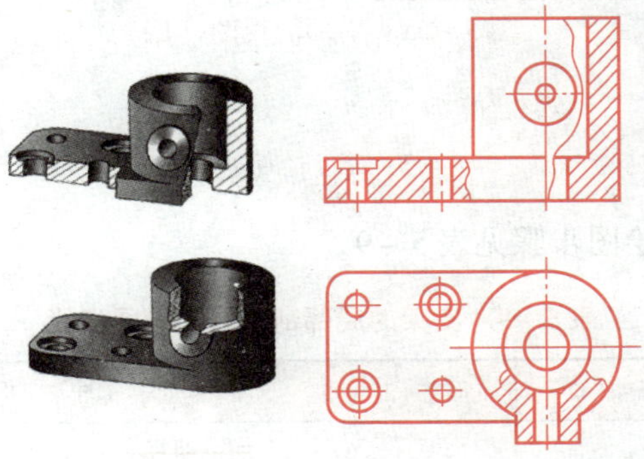

图 5－22　局部剖视图（一）

②物体只有局部的外形需要表达，而不必采用全剖视图时，可用局部剖视图，如图 5－23 所示。

③当对称机件的轮廓线与中心线重合，不宜采用半剖视图时，如图 5－24 所示。

④当实心机件（如轴、杆等）上面的孔或槽等局部结构需要剖开表达时，如图 5－25 所示。

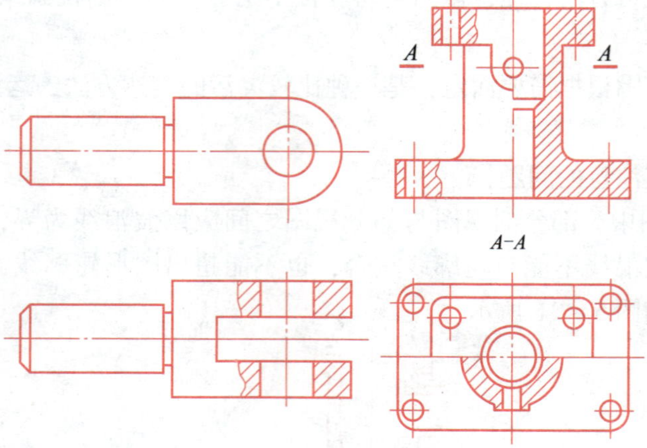

图 5－23　局部剖视图（二）

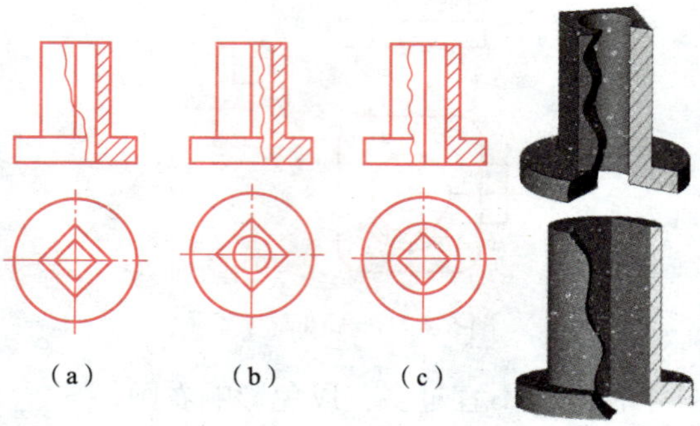

图 5－24　局部剖视图（三）

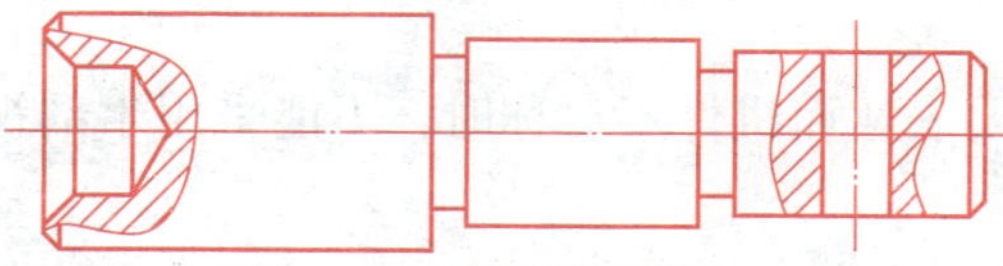

图 5－25　局部剖视图（四）

任务实施

支架的局部剖视图的绘图步骤见表 5－9。

表 5－9　支架的局部剖视图的绘图步骤

绘图方法与步骤	图　例
1. 先绘制大圆筒部分的局部剖视图，在剖切分界处绘制波浪线	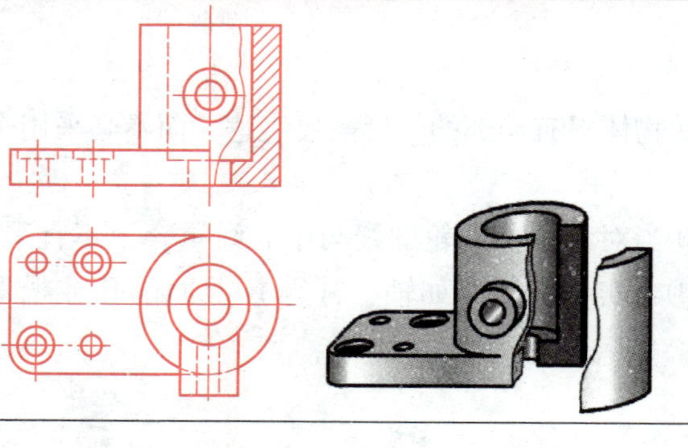

续表

绘图方法与步骤	图　　例
2. 再绘制底板部分的局部剖视图	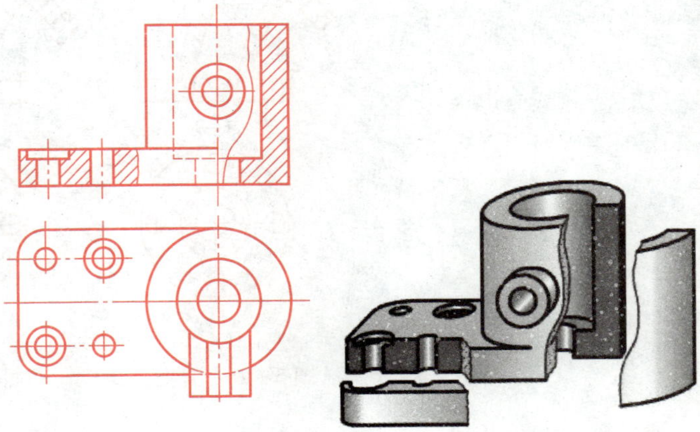
3. 绘制俯视图的局部剖视图 剖切位置明显的局部剖视图可省略标注。 4. 检查，擦去多余的细虚线	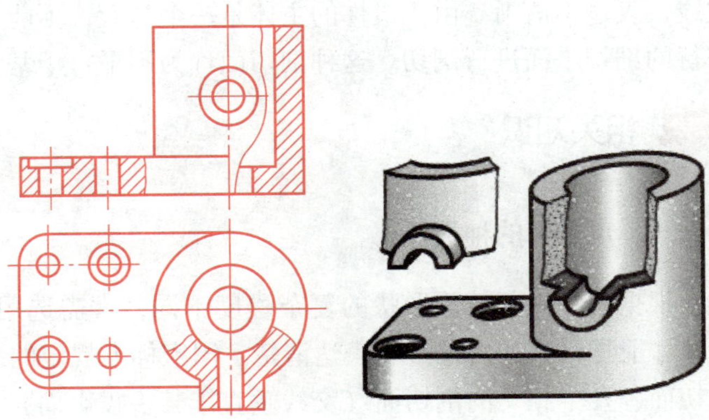

任务五　绘制不平行于基本投影面的剖切面的剖视图

任务导入

看懂图 5－26（a）所示弯管的剖视图及斜视图，绘制用不平行于基本投影面的单一斜剖切面剖切的全剖视图，即图 5－26（b）所示的 *B*－*B* 剖视图。

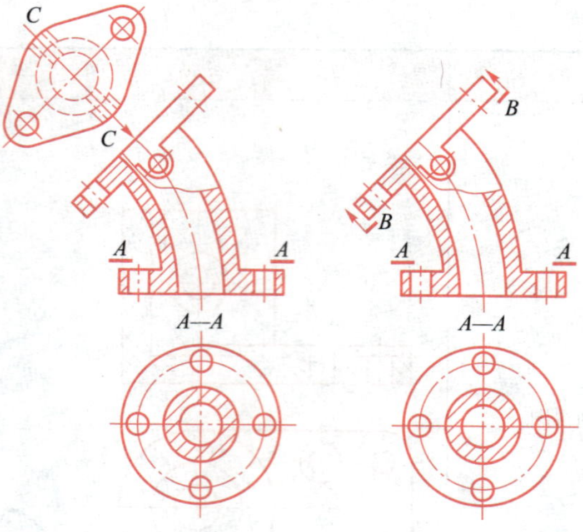

（a）　　（b）

图 5－26　弯管的剖视图和斜视图

任务分析

由图 5－26（a）可知，该机件的前后凸台上的小孔采用斜视图表达，图中存在大量细虚线，表达不清晰。由于机件的主体是一个弯管，不能用水平面进行剖切，可采用与上端面平行的剖切平面进行剖切。这种剖切面称为不平行于基本投影面的剖切面。

相关知识

一、剖切面的种类

根据机件内部结构形状的复杂程度不同，常需选用不同数量和位置的剖切面来剖开机件，才能把机件的内部形状表达清楚。国家标准规定的剖切面有：单一剖切面、几个平行的剖切面、几个相交的剖切面（交线垂直于某一投影面）。

二、单一剖切面

单一剖切面包括两种：

1. 平行于基本投影面的单一剖切平面

如前所述的全剖视图、半剖视图和局部剖视图都是用平行于基本投影面的单一剖切平面剖开机件而得到的剖视图。

2. 不平行于基本投影面的单一剖切平面

如图 5－26（b）中 *B—B*，这种剖视图一般应与倾斜部分保持投影关系，但也可配置在其他位置。

任务实施

用不平行于基本投影面的单一斜剖切平面剖切的全剖视图的绘图步骤见表 5－10。

表5－10　用不平行于基本投影面的单一斜剖切平面剖切的全剖视图的绘图步骤

绘图方法与步骤	图例
1. 画基准线和绘图辅助线	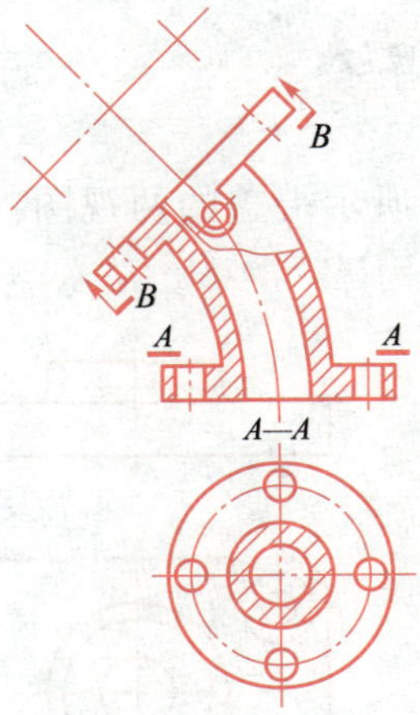
2. 根据斜视图画剖视图的断面形状及其他轮廓线	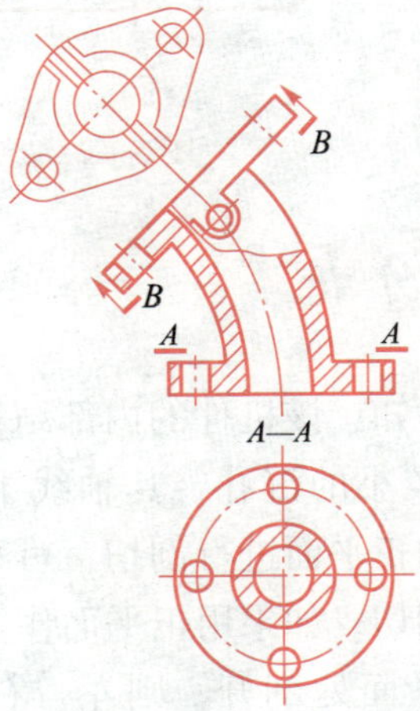
3. 检查，去掉绘图辅助线，加深轮廓线，画上剖面线，对剖视图进行标注完成全图。为了画图方便，可把剖视图转正，标注如右图所示。注意：字母应标注在箭头端	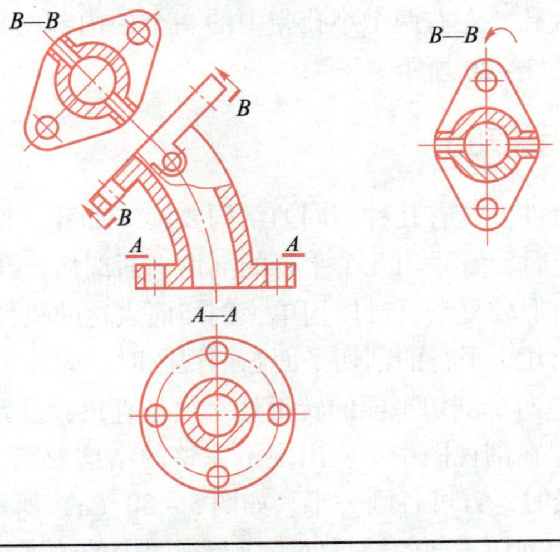

任务六 绘制几个平行的剖切平面的全剖视图

任务导入

看懂图 5－27 所示端盖的两视图，将主视图改画为几个平行的剖切平面剖切的全剖视图。

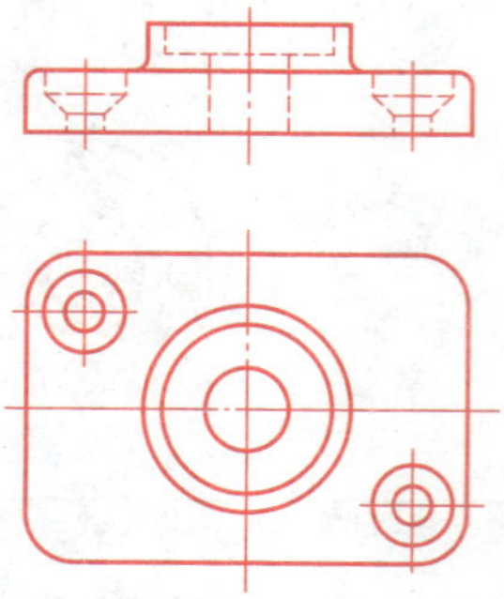

（a）

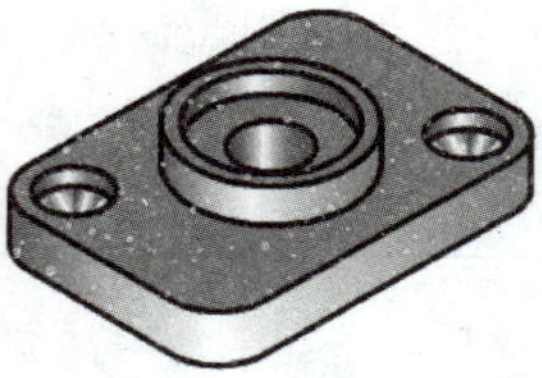

（b）

图 5－27 端盖的主、俯视图和实体图

任务分析

由图 5－27 可知，该机件的内部结构有两组：一个较大的沉孔和一对较小的沉孔。其轴线不在同一个正平面上，不能用单一的正平面进行剖切，可采用两个相互平行的剖切平面进行剖切。如果用正平面作为单一的剖切面在机件的前后对称平面处剖开，则左、右两个小孔不能剖到。若采用两个平行的剖切平面将机件剖开，则可同时将机件的大孔、左右两个小孔当中的一个的内部结构表达清楚，如图 5－28 所示。

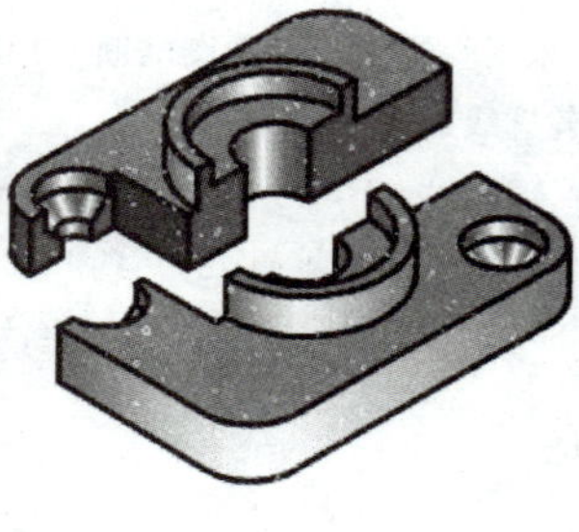

图 5－28 用几个平行于剖切平面剖切开的端盖实体

相关知识

当机件上具有几种不同的结构要素（如孔、槽等），而且它们的中心线排列在相互平行的平面上时，宜采用几个平行的剖切平面剖切。几个平行的剖切平面剖切适用于表达外形较简单、内形较复杂且难以用单一剖切面表达的机件，如图 5－29 所示。

采用几个平行的剖切平面画剖视图时，应注意的问题：

（1）两个剖切平面的转折处必须是直角，且转折处不应画出轮廓线。

（2）在剖视图中不应出现不完整的结构要素。只有当两个要素在图形上具有对称中心线或轴线时，方可各画一半，如图 5－30（a）所示。

（3）剖切平面的转折处不应与视图中的轮廓线重合，如图 5－30（b）所示。

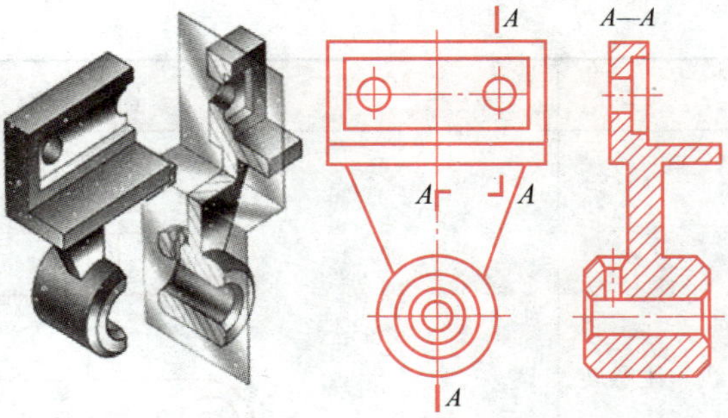

图 5-29　用几个平行的剖切平面剖切（一）

（4）几个平行的剖切平面得到的剖视图必须标注，即在剖切平面的起讫和转折处，要用相同的字母及剖切符号表示剖切位置，并在起讫外侧画上箭头表示投射方向。在相应的剖视图上用相应字母注出“X—X”表示视图名称。当剖视图按投影关系配置、中间又无其他视图隔开时，可省略箭头，如图 5-29 所示。

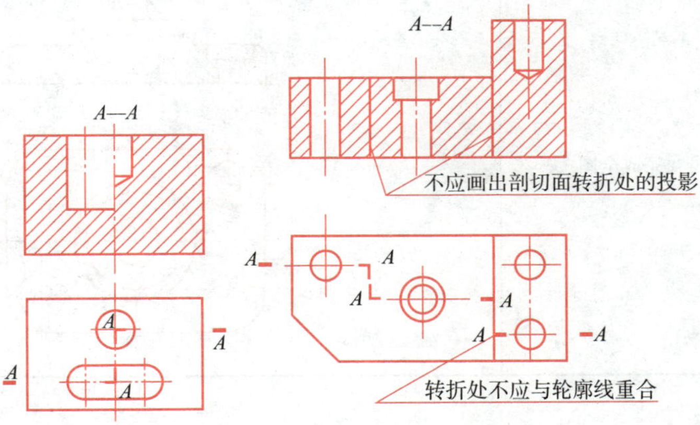

（a）　（b）

图 5-30　用几个平行的剖切平面剖切（二）

任务实施

几个平行剖切平面的剖视图的绘图步骤见表 5-11。

表 5-11　几个平行剖切平面的剖视图的绘图步骤

绘图方法与步骤	图　例
1. 先绘制剖切符号和字母（其中箭头可以省略）	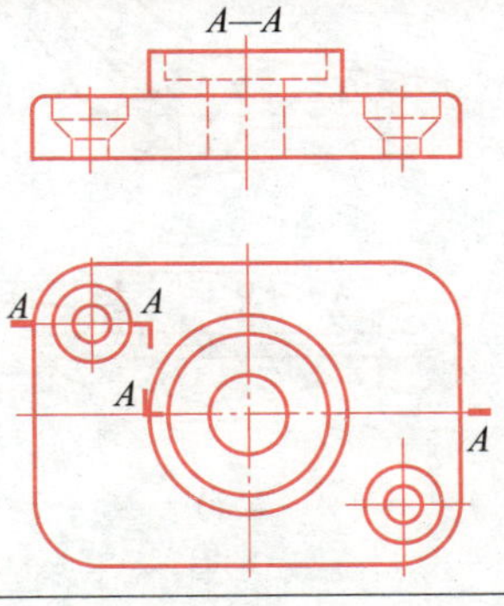

续表

绘图方法与步骤	图　例
2. 绘制断面图及其他轮廓线。注意转折处不要画线	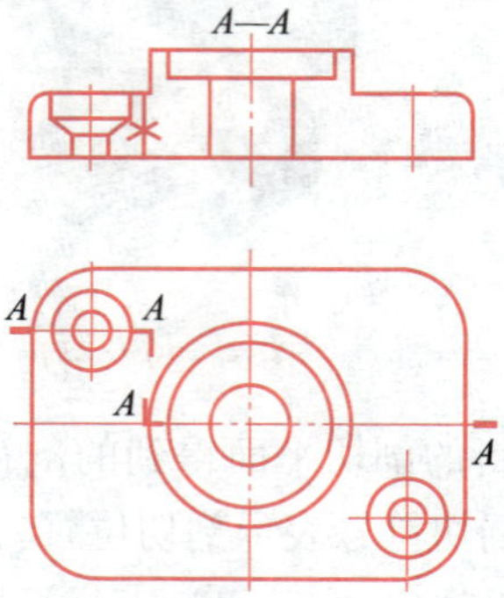
3. 检查，画上剖面线，完成全图	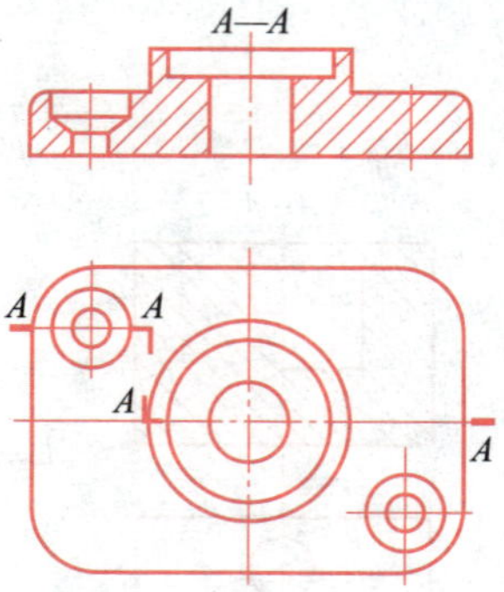

任务七　绘制两个相交剖切面的全剖视图

任务导入

看懂图 5－31 所示连杆的两视图，将俯视图改画为两个相交剖切面剖切的全剖视图。

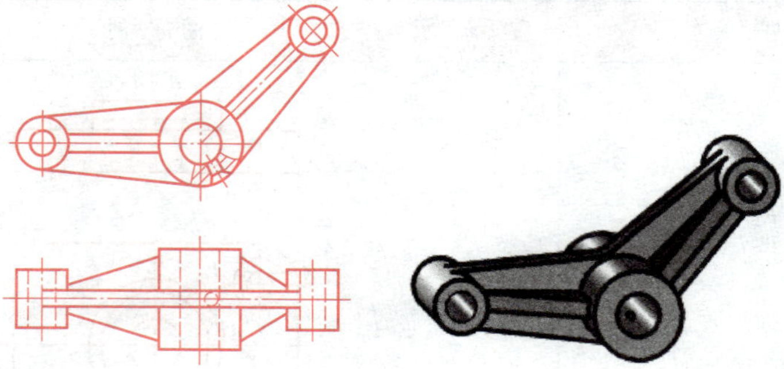

（a）　　（b）

图 5－31　连杆的主、俯视图和实体图

任务分析

由图 5－31 可知，该机件的内部结构分布在两个相交的平面上，不能用单一的水平面进行剖切，可考虑采用两相交剖切面进行剖切绘制全剖视图。

相关知识

当机件的内部结构现状用单一剖切平面不能完整表达时，可采用两个（或两个以上）相交的剖切平面剖开机件，并将与投影面倾斜的剖切面剖开的结构及有关部分旋转到与投影面平行后再进行投射，如图 5－32 所示连杆。

图 5－32　两相交的剖切面剖开连杆实体图

采用相交的剖切面剖切主要用于表达具有公共旋转轴线的机件内形和盘、轮、盖等机件的成辐射状均匀分布的孔、槽等内部结构。

采用几个相交的剖切平面画剖视图时，应注意的问题：

（1）相交的剖切面其交线应与机件上旋转轴线重合，并垂直于某一基本投影面，以反映被剖切结构的真实形状。

（2）剖开的倾斜结构及其有关部分应旋转到与选定的投影面平行后再投射画出，但在剖切平面后的部分结构仍按原来的位置投射画出，如图 5－31 连杆的小油孔。

（3）当相交两剖切面剖到机件上的结构会出现不完整要素时，则这部分结构做不剖处理，如图 5－33 所示。

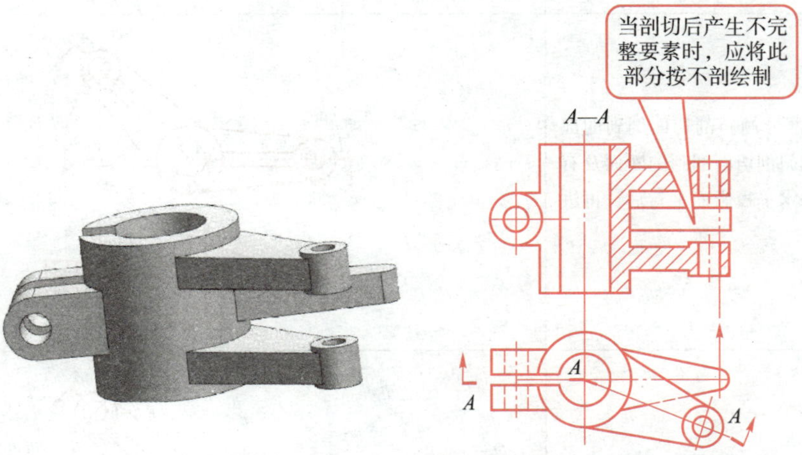

图 5－33　相交的剖切平面剖切机件

（4）采用相交的剖切平面得到的剖视图必须标注，即在剖切平面的起讫和转折处，要用相同的字母及剖切符号表示剖切位置，并在起讫外侧画上与剖切符号垂直相连的箭头表示投射方向。在相应的剖视图上方正中位置用相同字母注出“*X—X*”表示视图名称。当剖视图按投影关系配置。中间又无其他视图隔开时，可省略箭头。

任务实施

两个相交剖切面的剖视图的绘图步骤见表5－12。

表5－12 两个相交剖切面的剖视图的绘图步骤

绘图方法与步骤	图例
1. 先进行剖切位置等的标注，注意相交剖切面必须完整标注	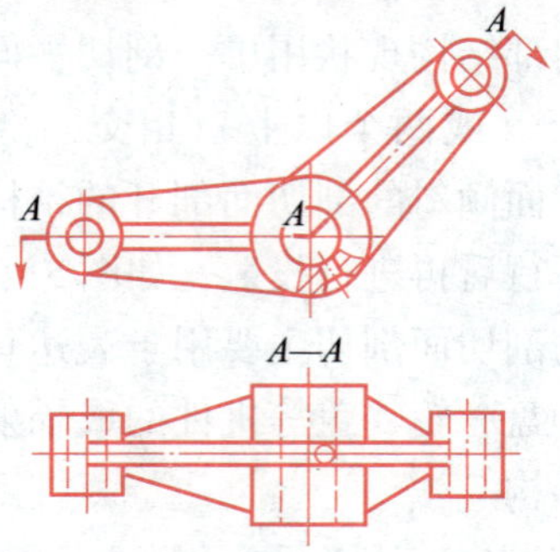
2. 画左半部分水平剖切面剖到的结构	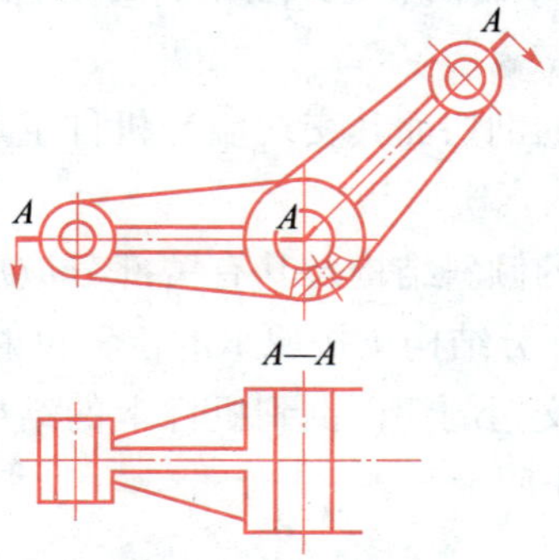
3. 绘制右半部分倾斜剖切面剖到的部分。注意要将倾斜剖切面剖到的断面及有关部分旋转到与水平投影面平行后，再进行投影	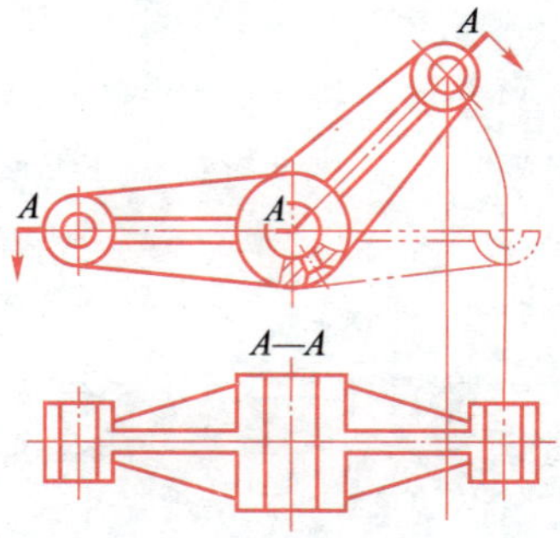
4. 将剖切平面后的小孔按原来的位置画出	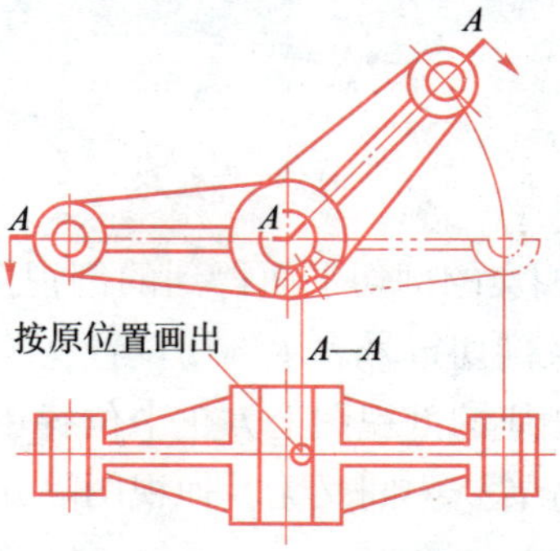

续表

绘图方法与步骤	图　例
5. 检查，画上剖面线，完成全图	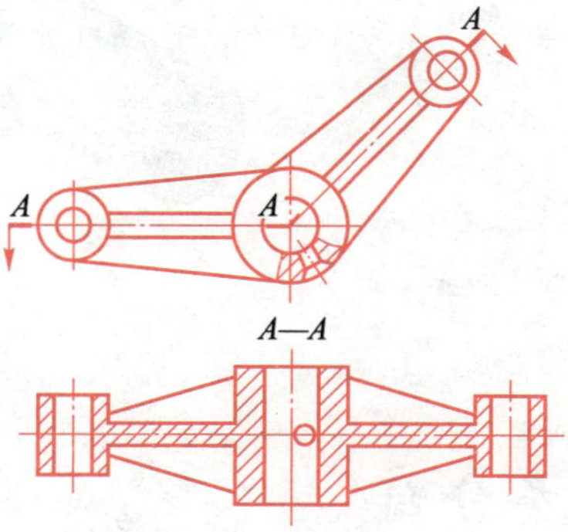

项目三　绘制断面图

知识目标

（1）掌握断面图、移出断面图、重合断面图的概念和画法。

（2）了解移出断面图和重合断面图的标注。

任务　绘制移出断面图

任务导入

看懂图 5－34 所示阶梯轴的视图，用移出断面图表达阶梯轴的键槽和小孔。

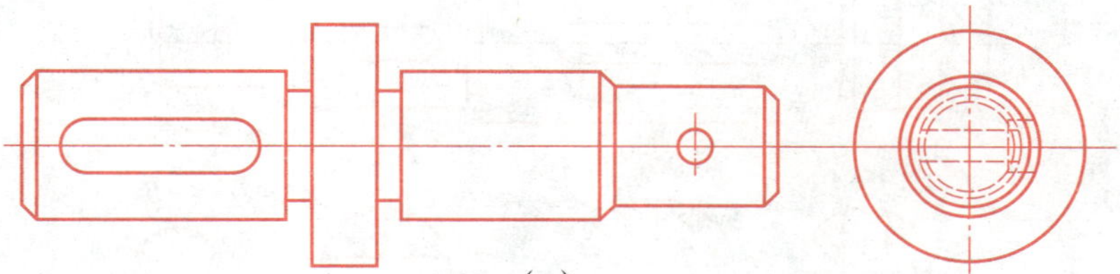

（a）

图 5－34　阶梯轴视图和实体图

（a）视图

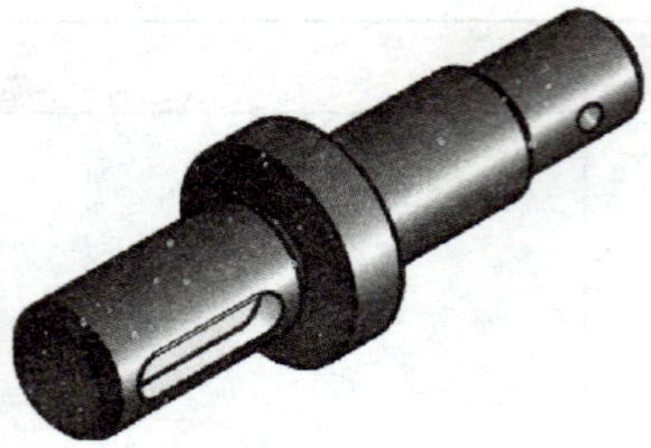

（b）

图 5－34　阶梯轴视图和实体图（续）

（b）实体图

任务分析

由图 5－34 可知，用左视图表达阶梯轴的键槽深度和小孔是否贯通，不清晰，也不便于标注尺寸。这些内部结构，比较适合用断面图表达。

相关知识

一、断面图的形成

假想用剖切面将机件的某处切断，仅画出剖切面与机件接触部分的图形，这种图形称为断面图。如图 5－35所示阶梯轴实体。

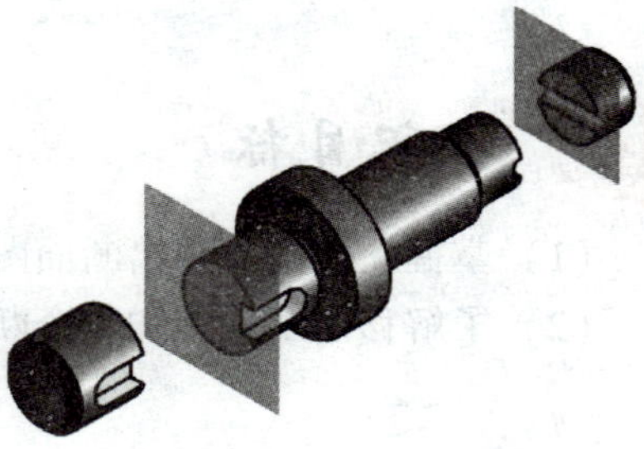

图 5－35　断面图的形成

画剖视图和断面图时，要特别注意断面图与剖视图的区别，断面图只画出机件被剖切后的断面形状，而剖视图除了画出断面形状外，还必须画出机件上位于剖切平面后的可见轮廓线。

二、移出断面图的画法

画在视图之外的断面图，称为移出断面图，如图 5－36 所示。

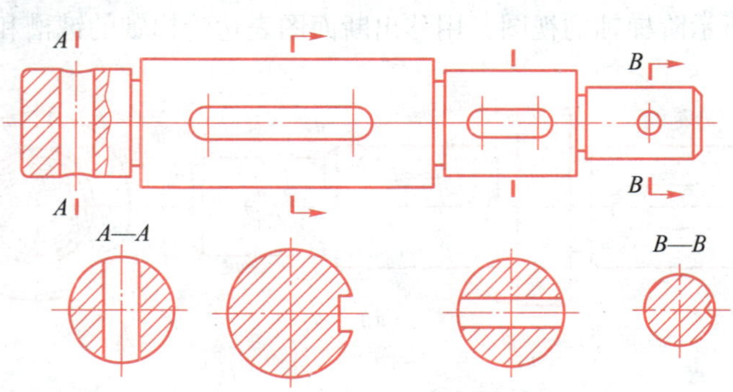

图 5－36　移出断面画法

画移出断面图时，应注意的问题：

（1）移出断面图的轮廓线用粗实线绘制。

（2）为了读图方便，移出断面图应尽可能画在剖切线的延长线上，必要时也可以配置在其他适当位置。在不致引起误解时，允许将图形旋转画出，如图5－37（a）所示。当移出断面的图形对称时，也可画在视图的中断处，如图5－37（b）所示。

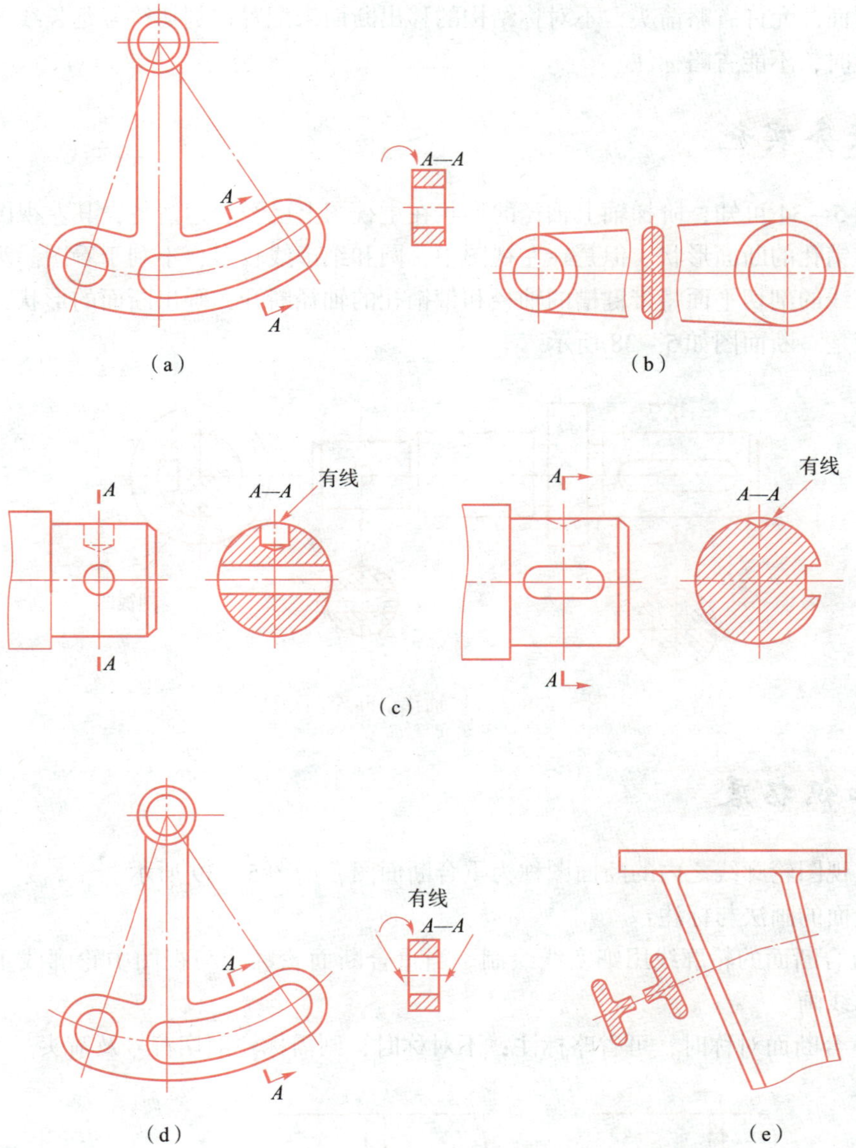

图5－37　移出断面图画法

（3）当剖切平面通过由回转面形成的孔或凹坑等的轴线时，这些结构按剖视绘制。如图5－37（c）所示。当剖切平面通过非圆孔，导致出现完全分离的断面时，则这些结构应按剖视绘制，如图5－37（d）所示。

（4）剖切平面应与被剖切部分的主要轮廓线垂直，若用一个剖切面不能满足垂直时，可用相交的两个或多个剖切面分别垂直于机件轮廓线剖切，其断面图形中间应用波浪线断开，如图5－37（e）所示。

（5）移出断面一般应用剖切符号表示剖切位置，用箭头表示投射方向，注上字母，并在断面图上方用相同字母标注出相应的名称“X—X”。

（6）当断面图配置在剖切符号的延长线上时，对称结构可全部省略标注，不对称结构可省略标注字母。

（7）当断面图没有配置在剖切符号延长线上时，对称结构以及按投影关系配置的不对称结构的断面，允许省略箭头，不对称结构的移出断面未配置在剖切符号延长线上或不按投影关系配置时，不能省略标注。

任务实施

分析图 5 - 34 可知，阶梯轴上轴径的形状在主视图上已经表达清楚，其左视图主要用于表达键槽和销孔的断面形状。但是在左视图中，圆和细虚线较多，不利于看图。为此，可以用垂直于轴线的剖切平面将带键槽的轴径和带销孔的轴径断开，画出断面的形状，即可将该零件表达清楚。断面图如 5 - 38 所示。

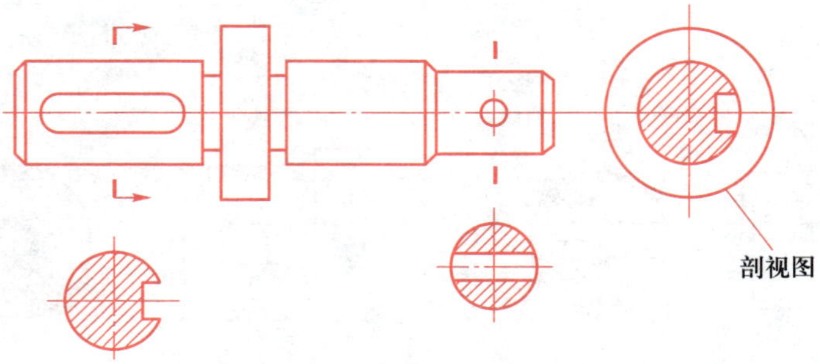

图 5 - 38　阶梯轴移出断面图画法

知识拓展

绘制在视图轮廓线之内的断面图称为重合断面图，如图 5 - 39 所示。

重合断面的画法与标注：

（1）重合断面的轮廓线用细实线绘制。当重合断面轮廓线与视图中轮廓线重合时，仍按图中轮廓线画。

（2）重合断面对称时，可省略标注；不对称时，则需标注剖切符号及箭头。

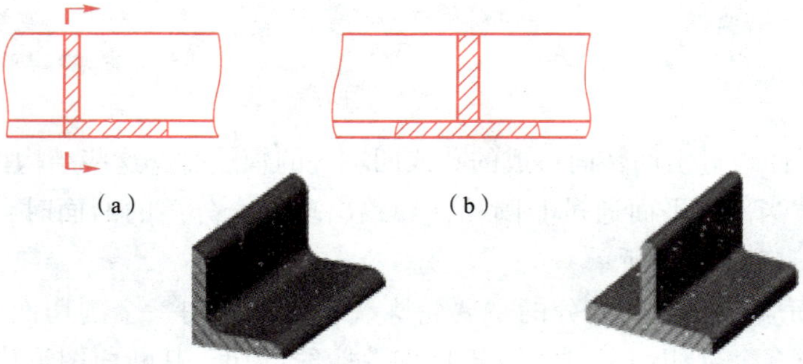

图 5 - 39　重合断面图

项目四　其他表达方法

知识目标

（1）掌握局部放大图的画法。
（2）掌握肋板、均布孔的画法。
（3）了解常用的规定画法和简化画法。

任务一　识读局部放大图

任务导入

识读如图 5－40 所示轴上细小结构的局部放大图。

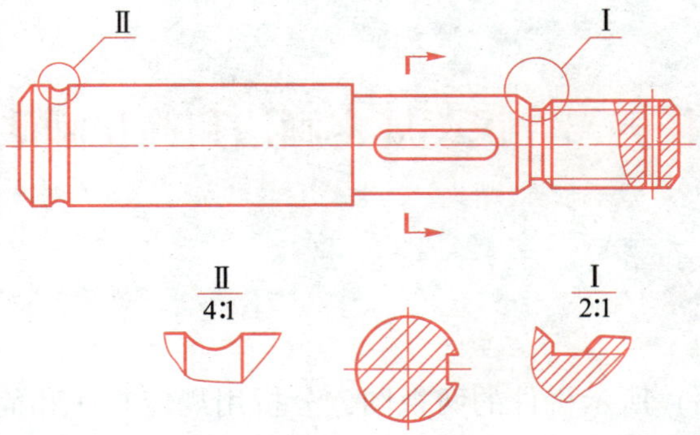

图 5－40　局部放大图（一）

任务分析

如图 5－40 所示的轴上有细小结构，用原比例画图时，很难将其表达清楚，又不便于标注尺寸，故可将该部分结构用局部放大图表达。

任务实施

一、认识局部放大图

将机件的部分结构用大于原图比例画出的图形，称为局部放大图。

二、认识局部放大图的画法

（1）局部放大图可画成视图、剖视图或断面图，与被放大部分的表达方式无关。局部放大图应尽量配置在被放大部位的附近。局部放大图必须标注。

（2）在视图中，将需要放大的部位画上细实线圆，然后在局部放大图的上方注写绘图比例。

（3）当需要放大的部位不止一处时，应在视图中对这些部位用罗马数字编号，并在局部放大图的上方注写相应编号。

（4）同一机件上不同部位的局部放大图，当图形相同或对称时只需画出一个，必要时可用几个图形表达同一被放大部分结构，如图 5－41 所示。

（5）当机件上被放大的部位仅有一处时，在局部放大图的上方只需注明所采用的比例，如图 5－42 所示。

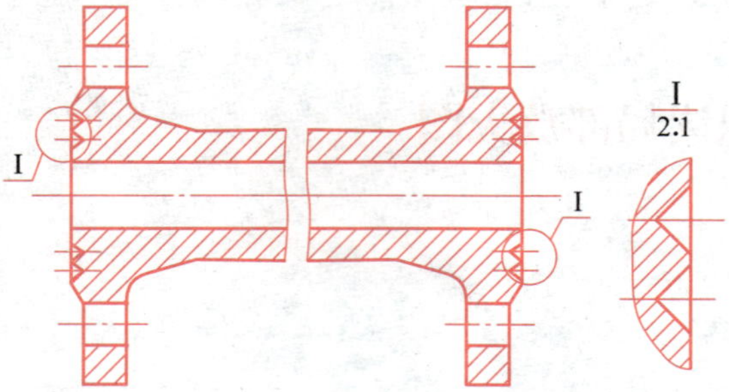

图 5－41　局部放大图（二）

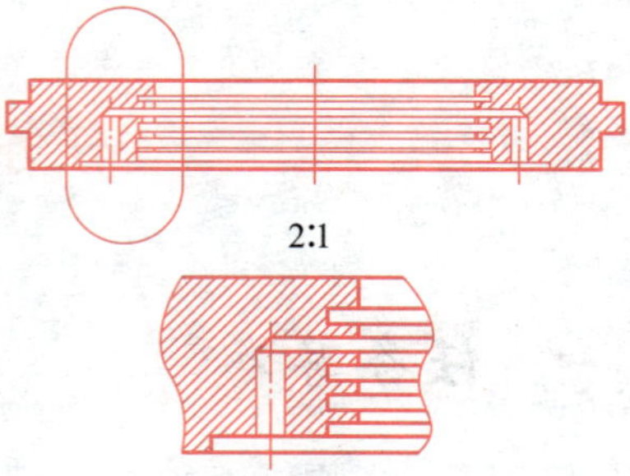

图 5－42　局部放大图（三）

任务二　识读规定画法和简化画法

任务导入

看懂如图 5－43（a）所示机件的两视图，分析用规定画法和简化画法绘制的两视图，如图 5－43（b）所示。

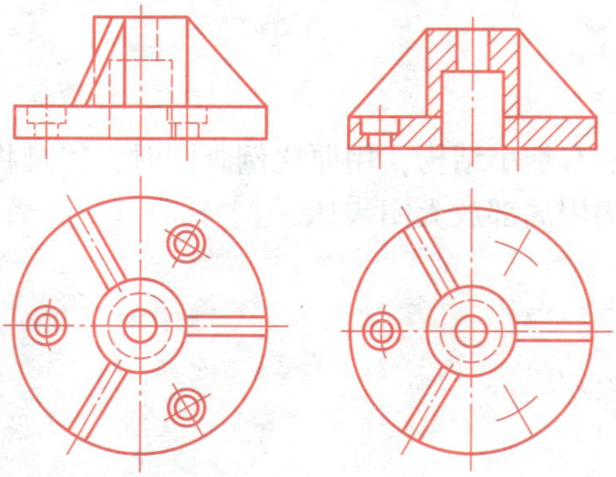
（a）　　（b）

图 5－43　机件剖视图的规定画法

任务分析

如图 5－43（a）所示，机件的主视图中有很多重叠的细虚线，既不利于画图，也不利于读图。对于这种结构的表达，可以采取国家标准中规定的一些规定画法和简化画法。

任务实施

一、认识肋板剖切的画法

对于机件的肋、轮辐及薄壁等，如按纵向剖切，这些结构都不画剖面符号，而用粗实线将它与其邻接部分分开，如图 5－43（b）所示。

二、认识均布肋、孔剖切的画法

当零件回转体上均匀分布的肋、轮辐、孔等结构不处于剖切平面上时，可将这些结构旋转到剖切平面上画出，如图 5－43（b）所示。

三、认识均布孔的简化画法

在图 5－43（b）中，俯视图上有三个小阶梯孔的投影，图中只画左侧一个，主视图上也只画了一个，其余只绘制中心线或轴线。这是因为国家标准规定：按一定规律分布的相同结构，可只画一个，其余只表示其中心位置。

知识拓展

（1）在移出断面图中，一般要画出剖面符号。当不致引起误解时，允许省略剖面符号，但剖切位置和断面图的标注必须遵守规定，如图 5－44 所示。

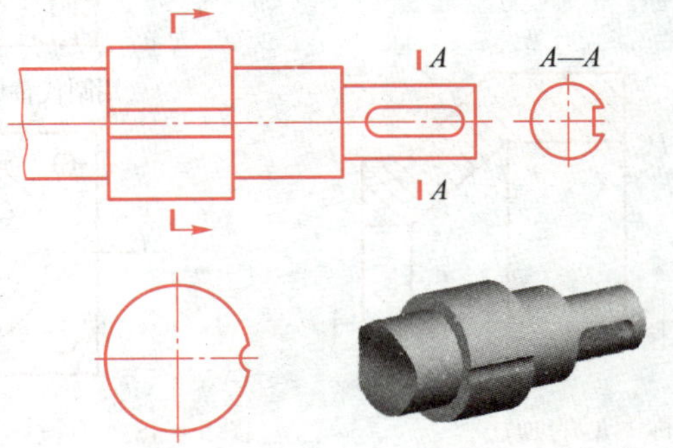

图 5－44　移出断面中省略剖面符号

（2）当机件上具有多个相同的结构要素（如孔、槽、齿等）并且按一定规律分布时，只需画出几个完整的结构，其余用细实线连接，或画出它们的中心线，然后在图中注明它们的总数，如图 5－45 所示。

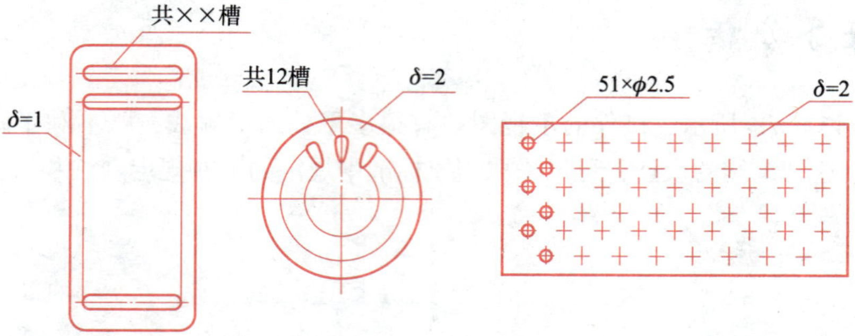

图 5－45 相同结构要素的简化画法

（3）较长的机件（轴、杆、型材、连杆等）沿长度方向的形状一致或按一定规律变化时，可采用折断画法，但尺寸仍按实长标注，如图 5－46 所示。

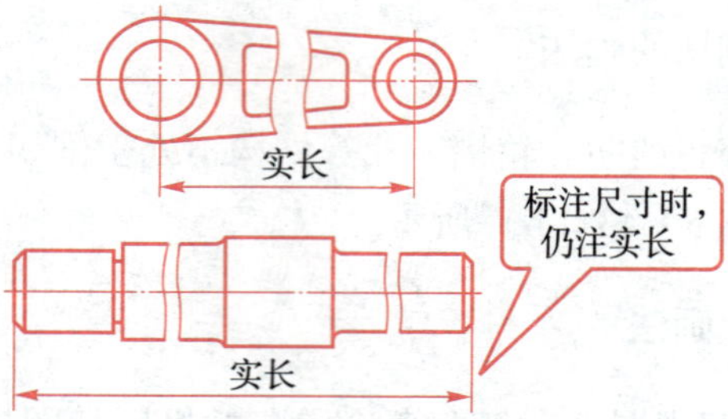

图 5－46 断开画法

（4）在不致引起误解时，对于对称机件的视图可只画一半或 1/4，并在对称中心线的两端画出两条与其垂直平行的细实线。有时还可略大于一半画出，如图 5－47 所示。

（5）机件中与投影面倾斜角度≤30°的圆或圆弧的投影可用圆或圆弧画出，如图 5－48 所示。

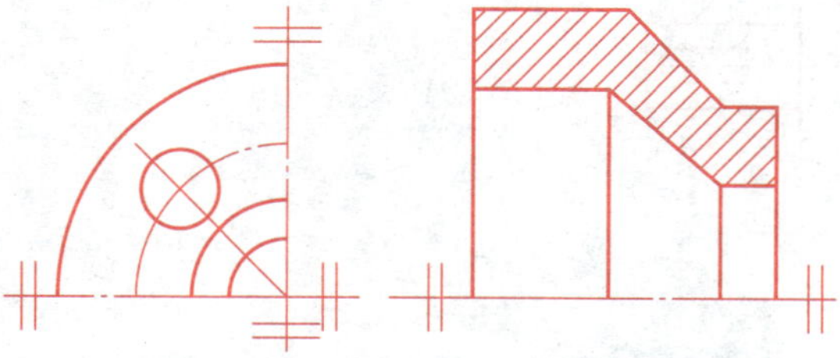

图 5－47 对称图形的画法

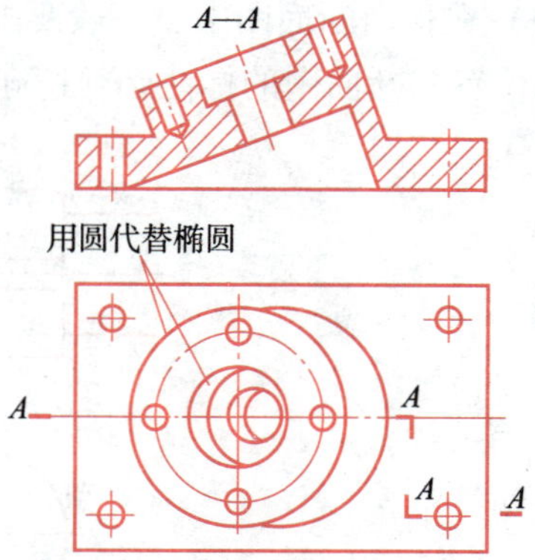

图 5－48 与投影面夹角≤30°的圆、圆弧画法

（6）在不致引起误解时，过渡线、相贯线允许简化，可用圆弧或直线代替非圆曲线，如图 5－49 所示。

（7）当图形不能充分表达平面时，可用平面符号（相交的两细实线）表示，如图 5－50 所示。

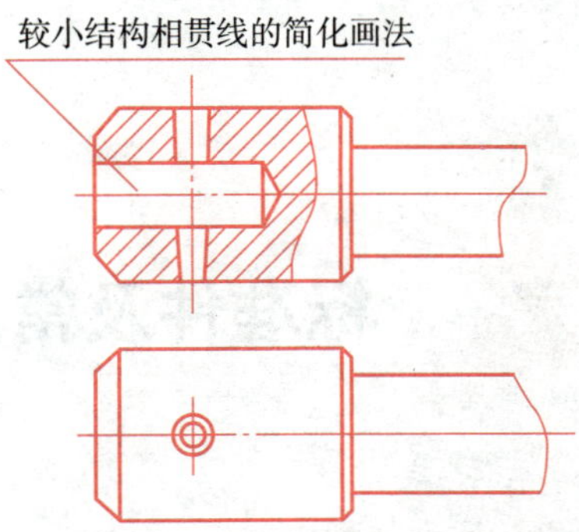

图 5－49　相贯线的简化画法图

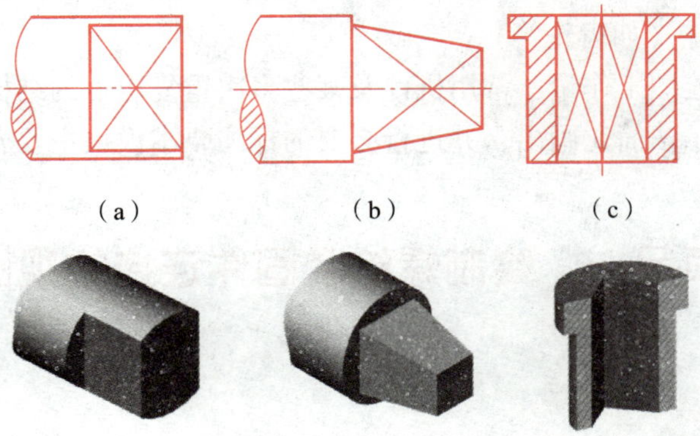

图 5－50　用符号表示平面

（8）圆柱形法兰和类似零件上均匀分布的孔，可按图 5－51 所示方法表示。

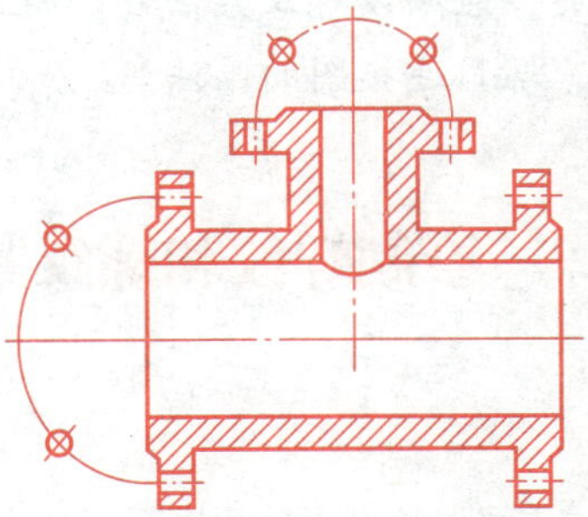

图 5－51　圆柱形法兰和类似零件上均匀分布的孔

模块六　标准件及常用件

常用机件是指在机械设备和仪器仪表的装配及安装过程中广泛使用的机件，它包括结构、尺寸以及技术要求都已标准化的常用标准件（如螺栓、螺钉、螺母、销、键等）和不属于标准件的常用机件（如齿轮等）。

为了减少设计和绘图工作量，常用机件及某些多次重复出现的结构要素，绘图时可按国家标准规定的特殊表示法简化画出，并进行必要的标注。本模块主要介绍有关画法规定。

项目一　绘制螺纹紧固件连接的视图

知识目标

（1）了解螺纹的结构，掌握螺纹的结构要素、规定画法和标记及标注方法。

（2）了解螺纹紧固件的种类，能阅读螺纹紧固件的视图、标记并查阅有关国家标准。

（3）掌握螺栓、双头螺柱、螺钉连接图的画法。

任务一　绘制螺纹和螺纹紧固件

任务导入

绘制图6－1（a）所示六角头螺栓、图6－1（b）所示六角螺母的视图。

（a）　　（b）

图6－1　六角头螺栓和六角螺母

任务分析

由图 6－1 可知，螺栓由六角形头部和杆身组成，杆身上加工有外螺纹。螺母外部形状为六角形，称为六角螺母，其中间有螺纹孔。本任务主要学习内、外螺纹和螺栓、螺母的结构特点、标记、标注以及视图的画法。

相关知识

一、认识螺纹

1. 螺纹的形成

在圆柱或圆锥表面上，沿螺旋线所形成的具有相同断面形状的连续凸起和沟槽即是螺纹，凸起也称螺纹的牙。在圆柱或圆锥外表面上形成的螺纹，称为外螺纹，如图 6－2（a）所示；在圆柱或圆锥内表面上形成的螺纹，称为内螺纹，如图 6－2（b）所示。

（a）　　（b）

图 6－2　螺纹的加工方法

（a）加工外螺纹；（b）加工内螺纹

2. 螺纹要素

内、外螺纹总是成对使用的，只有当内、外螺纹的牙型、公称直径、螺距、线数和旋向五个要素完全一致时，才能正常旋合。螺纹的结构要素包括：

（1）牙型。

在通过螺纹轴线的剖面上，有形状相同的连续的凸起和沟槽，它们的轮廓形状，称为螺纹牙型。凸起的顶端称为牙顶；沟槽的底部称为牙底。常见的螺纹牙型有三角形、梯形、锯齿形和矩形。其中，矩形螺纹尚未标准化，其余牙型的螺纹均为标准螺纹。

（2）直径。

螺纹的直径有大径、小径和中径，如图 6－3 所示。

大径是螺纹的最大直径，又称公称直径，即通过外螺纹的牙顶（内螺纹的牙底）的假想圆柱面的直径。内、外螺纹的大径分别用 D、d 表示。

小径是螺纹的最小直径，即通过外螺纹的牙底（内螺纹的牙顶）的假想圆柱面的直径。内、外螺纹的小径分别用 D_1、d_1 表示。

中径是在大径和小径之间有一假想圆柱面，其母线通过牙型上沟槽宽度和凸起宽度相等的地方。内、外螺纹的小径分别用 D_2、d_2 表示。

顶径：外螺纹的大径和内螺纹的小径，又称顶径。

底径：外螺纹的小径和内螺纹的大径，又称底径。

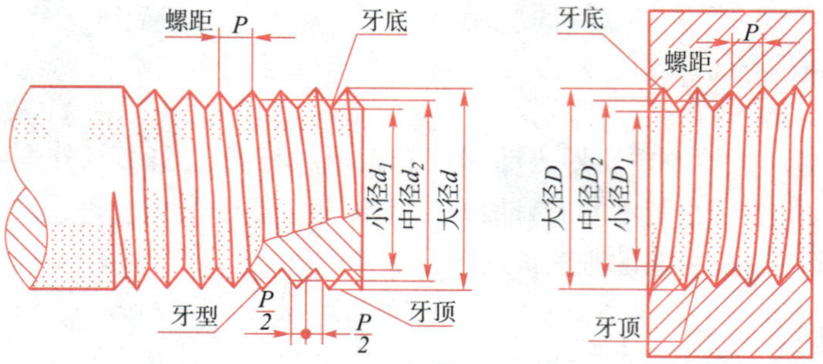

（a）　　（b）

图 6－3　螺纹各部分要素名称

（a）外螺纹；（b）内螺纹

（3）线数。

在同一圆柱（圆锥）上加工出的螺纹条数称为螺纹的线数。

沿一条螺旋线形成的螺纹，称为单线螺纹，如图 6－4（a）所示；沿两条或两条以上，且在轴向等距离分布的螺旋线所形成的螺纹，称为多线螺纹，如图 6－4（b）所示。

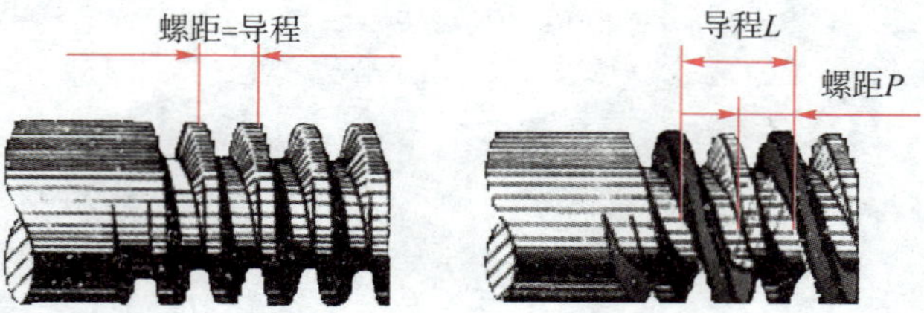

（a）　　（b）

图 6－4　螺纹的线数、导程和螺距

（a）单线螺纹；（b）双线螺纹

（4）螺距和导程。

相邻两牙在中径线上对应两点间的轴向距离，称为螺距，用“P”表示。在同一螺旋线上的相邻两牙在中径线上对应两点间的轴向距离，称为导程，用“L”表示。如图 6－4 所示，螺旋线数为 n，则导程与螺距有如下关系：$L=nP$。

（5）旋向。

螺纹分左旋和右旋两种，如图 6－5 所示，顺时针旋转时旋入的螺纹，称为右旋螺纹；逆时针旋转时旋入的螺纹，称为左旋螺纹。工程上常用右旋螺纹。

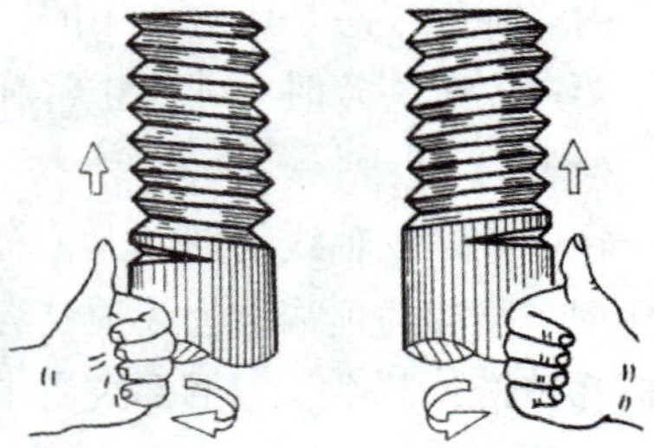

（a）　　（b）

图 6－5　螺纹的旋向

（a）左旋——左边高；

（b）右旋——右边高

二、螺纹的画法

1. 外螺纹的画法

外螺纹大径用粗实线表示，小径用细实线表示，螺杆的倒角和倒圆部分也要画出，小径可近似地画成大径的 0.85 倍，螺纹终止线用粗实线表示。在平行于螺纹轴线的视图中，表示牙底的细实线应画入倒角或倒圆内。在投影为圆的视图上，表示牙底的细实线只画约 3/4

圈，螺杆端面的倒角圆省略不画。螺尾一般不画，当需要表示螺尾时，表示螺尾部分牙底的细实线应画成与轴线成30°的夹角。在螺纹的剖视图（或断面图）中，剖面线应画到粗实线，如图6－6所示。

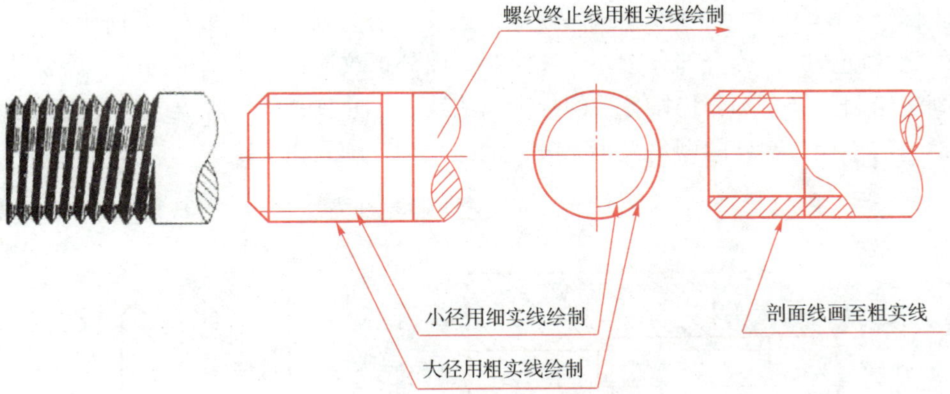

图6－6　外螺纹的画法

2. 内螺纹的画法

当内螺纹画成剖视图时，大径用细实线表示，小径和螺纹终止线用粗实线表示，剖面线画到粗实线处，如图6－7（a）所示。在投影为圆的视图中，表示牙底的细实线圆只画约3/4圆，倒角圆省略不画。螺纹不可见时，所有图形都为虚线。

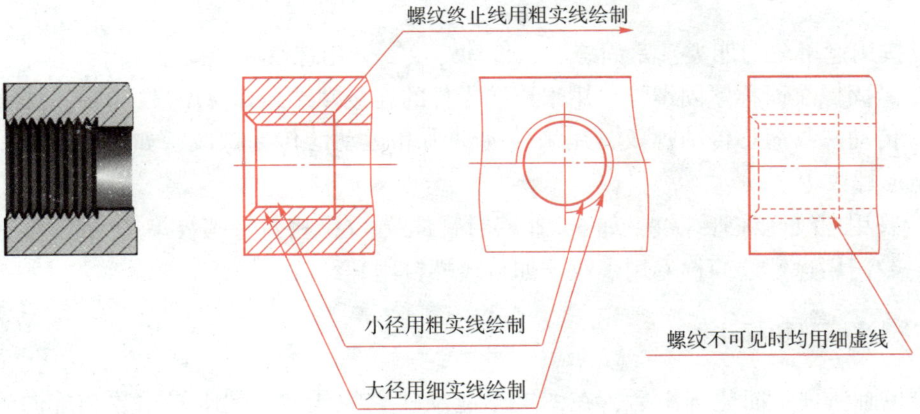

（a）

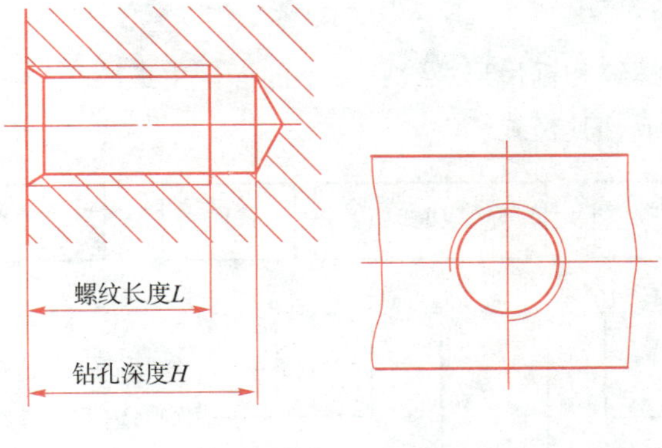

（b）

图6－7　内螺纹的画法

对于不穿通的螺孔，应将钻孔深度 H 和螺孔深度 L 分别画出，钻孔深度比螺纹深度深 0.3 ~ 0.5D（D 为螺孔大径），底部的锥顶角应画呈 120°，如图 6－7（b）所示。

3. 螺纹连接画法

国家标准 GB 4459.1—1995 中统一规定了螺纹的示意画法，如图 6－8 所示。

内外螺纹旋合时，旋合部分按外螺纹绘制。内外螺纹连接画成剖视图时，旋合部分按外螺纹的画法绘制，其余部分仍按各自的规定画法绘制。并且，内外螺纹的大径线和小径线应对齐，螺纹的小径与螺杆的倒角大小无关，剖面线均应画到粗实线。

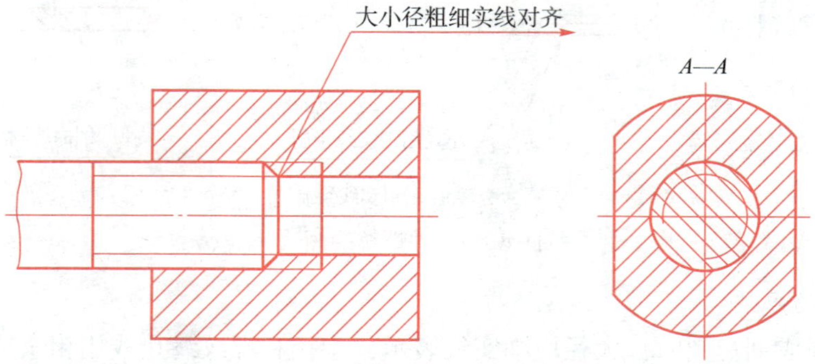

图 6－8　螺纹连接的画法

三、螺纹的分类

螺纹按用途可分为四类：紧固螺纹、传动螺纹、管用螺纹和专门用途螺纹。

（1）紧固螺纹简称紧固螺纹，用来连接零件的连接螺纹，如应用最广的普通螺纹。

（2）传动螺纹简称传动螺纹，用来传递动力和运动的传动螺纹，如梯形螺纹、锯齿形螺纹和矩形螺纹等。

（3）管用螺纹简称管螺纹，如 55°非密封管螺纹、60°密封管螺纹等。

（4）专门用途螺纹简称专用螺纹，如自攻螺钉用螺纹等。

四、螺纹标记和标注

螺纹按画法规定简化画出后，在图上不能反映它的牙型、螺距、线数和旋向等结构要素，因此，必须按规定的标记在图样中进行标注。

1. 螺纹的标记规定

普通螺纹、梯形螺纹和锯齿形螺纹，完整的标记由螺纹代号、螺纹公差带代号和螺纹旋合长度代号三部分组成，其格式：

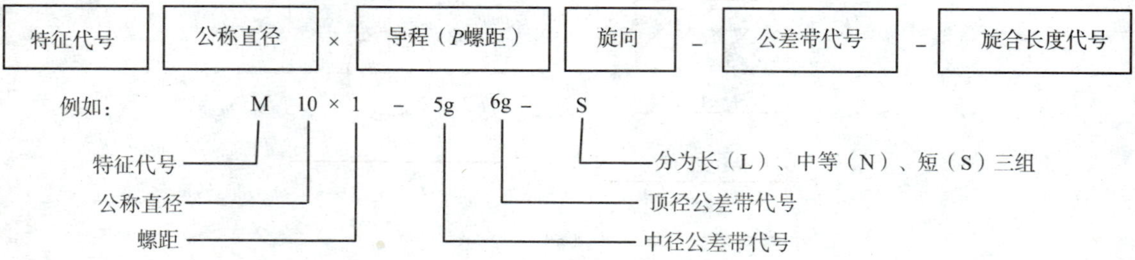

1）普通螺纹

普通螺纹代号是由螺纹特征代号 M、螺纹公称直径和螺距以及螺纹的旋向组成的。粗牙普通螺纹不标注螺距。当螺纹为左旋时，标注“LH”字，右旋不标注旋向。

公差带代号由中径公差带和顶径公差带两组组成，它们都是由表示公差等级的数字和表示公差带位置的字母组成。大写字母表示内螺纹，小写字母表示外螺纹。若两组公差带相同，则只标注一组。

旋合长度分为短（S）、中（N）、长（L）三种，中等旋合长度最为常用。当采用中等旋合长度时，不标注旋合长度代号。

2）梯形螺纹

梯形螺纹的完整标记与普通螺纹基本一致，特征代号用 Tr 表示，其牙型角为 30°，不分粗细牙，单线螺纹用“公称直径 × 螺距”表示，多线螺纹用“公称直径 × 导程（*P* 螺距）”表示。其公差带代号只标注中径的，旋合长度只分中旋合长度和长旋合长度两种。

3）锯齿形螺纹

锯齿形螺纹的牙型角为 30°，牙型代号为“B”，其标注格式与梯形螺纹相同。

注意：螺纹的标注按照线性尺寸的标注方法，标注在大径上。

2. 常用螺纹的标记示例（表 6－1）

表 6－1　常用标准螺纹的种类、标记和标注

螺纹种类		牙型	特征代号	标记示例		说明
连接螺纹	普通螺纹		M	粗牙	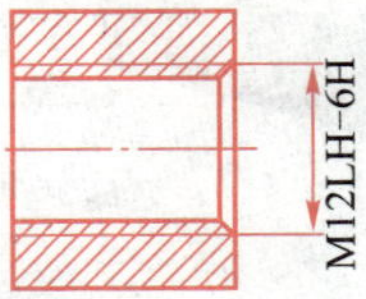	粗牙螺纹螺距不标注，LH 左旋，中径和顶径公差带相同，只标注一个代号 6H
				细牙	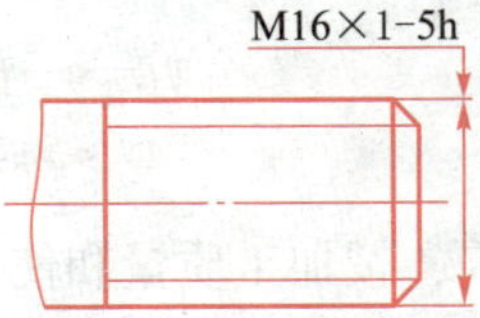	细牙螺纹螺距必须标注，中径和顶径公差带同为 5h，右旋省略不标注，旋合长度中等，省略标注
	管螺纹		G	55°非密封管螺纹	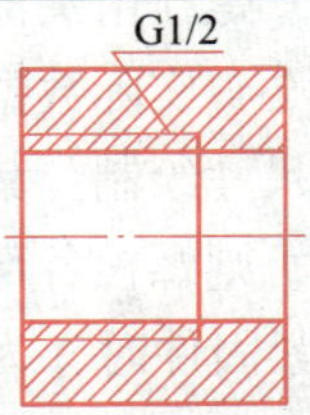	管螺纹的标注指向螺纹大径。内管螺纹的中径公差等级只有一种，省略标注
			Rp R1 Rc R2	55°密封管螺纹	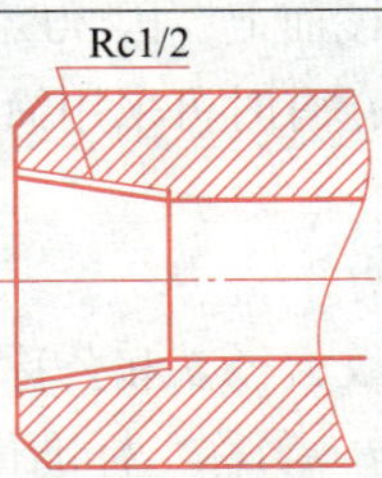	与圆锥内螺纹旋合的圆锥外螺纹特征代号为 R2，圆柱内螺纹、圆锥外螺纹旋合时，前者、后者代号分别为 Rp 和 R1

续表

螺纹种类		牙型	特征代号	标记示例	说明
传动螺纹	梯形螺纹	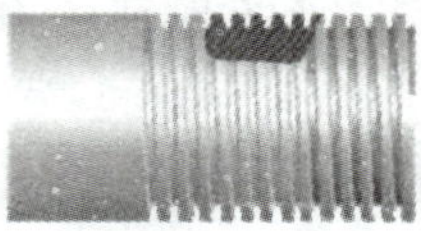	Tr	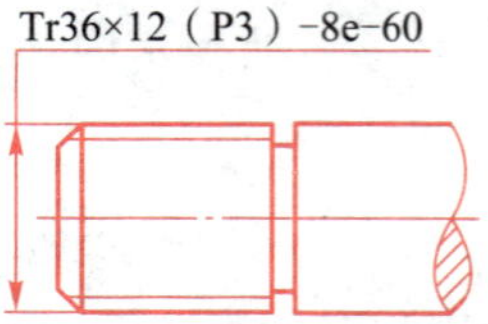	梯形螺纹公称直径为36 mm，导程12，螺距3，线数4，旋向右旋省略不注。中径公差带为8e，旋合长度为60 mm

任务实施

一、绘制六角头螺栓

1. 螺栓的视图和标记

螺栓由头部和杆身组成，常用的为六角头螺栓，如图6－9（a）所示。根据螺栓的功能及作用，六角头螺栓有“全螺纹”和“半螺纹”等多种规格，详细情况可查阅有关标准。

1）螺栓视图

图6－9（b）所示为螺栓的比例画法。

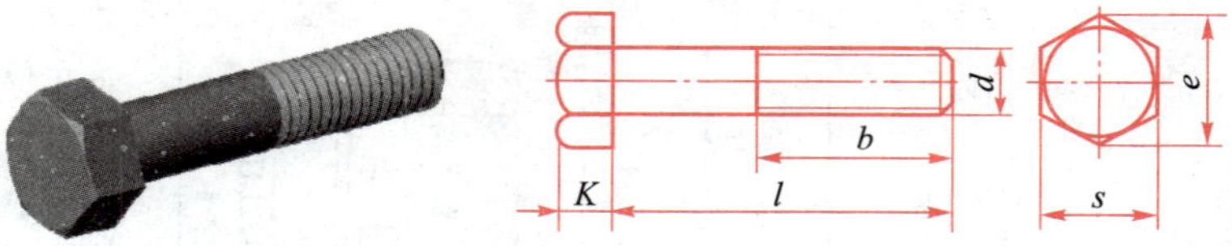

（a）　　（b）

图6－9　螺栓的比例画法

（a）螺母；（b）比例画法

六角头螺栓应用最广，按加工质量和使用要求的不同，分为粗制和精制两种。它的规格尺寸是螺纹大径和螺栓长度。螺栓由头部及杆部组成，杆部刻有螺纹，端部有倒角。画螺栓装配图时，为作图方便，不必查实际数据，而采用比例画法。比例画法是指除螺栓的有效长度和螺栓的螺纹大径按真实尺寸绘制，其他各部分尺寸按螺纹大径的一定比例画出。

按比例法确定有关尺寸，则螺栓各部分尺寸与螺纹公称直径的近似比例关系为：$b=2d$，$k=0.7d$，$e=2d$。绘制螺纹紧固件时，为了方便绘制，对有些不重要的结构采用近似画法，如螺栓六角头、六角螺母棱面上，因30°倒角而产生截交线，此截交线为双曲线，作图时常用圆弧代替双曲线的投影；有时可采用简化画法，如螺栓六角头、六角螺母可省略倒角，按六棱柱绘制。

2）螺栓的标记

螺栓的规格尺寸是螺纹大径 d 和公称长度 l。其规定标记为：

名称　标准代号　螺纹代号×长度

例如：螺栓 GB/T 5782—2016　M24 × 100

根据标记可知：该紧固件是螺栓，其标准代号为 GB/T 5782—2016，公称直径 24，粗牙普通螺纹，公称长度 100。

2. 绘制六角头螺栓

采用比例画法绘制如图 6 – 1（a）所示六角头螺栓的视图。绘图步骤见表 6 – 2。

表 6 – 2　绘制六角头螺栓视图的步骤与方法

绘图方法与步骤	图例
1. 画中心线、定位辅助线	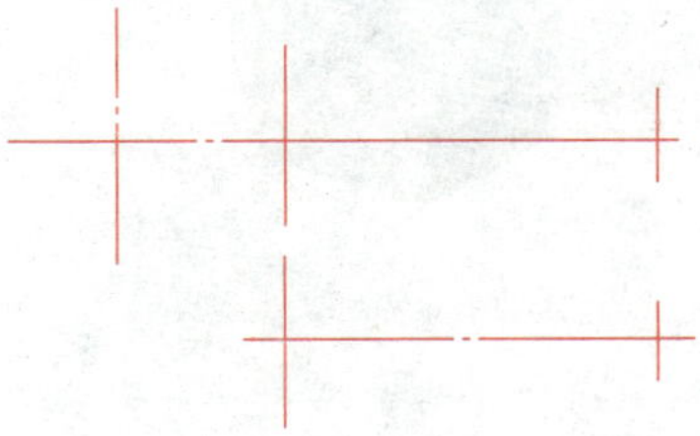
2. 画六角头和杆身圆柱的视图	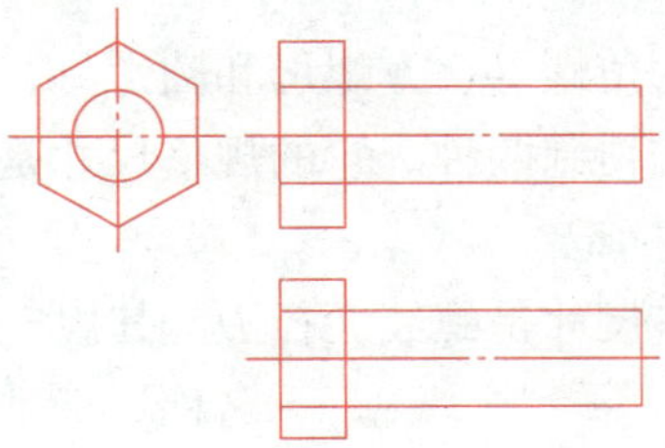
3. 画外螺纹视图 螺纹牙顶线与杆身圆柱轮廓线重合	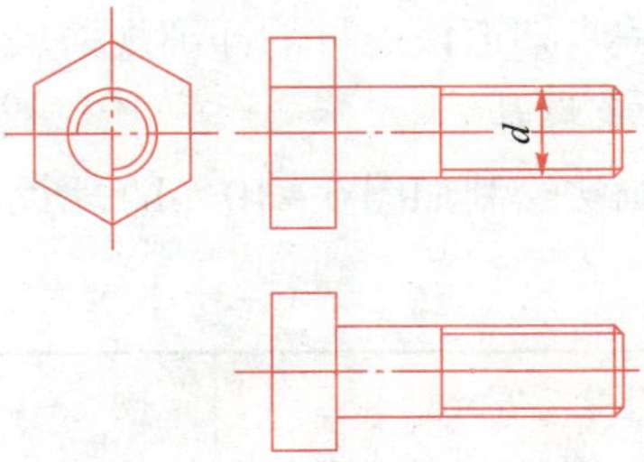
4. 整理图形，图线加粗	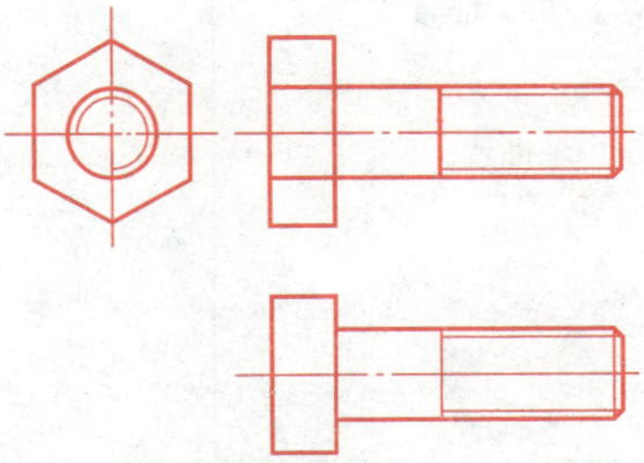

二、绘制六角形螺母

1. 螺母的视图和标记

1）螺母视图

螺母的画法与螺栓六角头的画法相同，如图 6－10 所示。

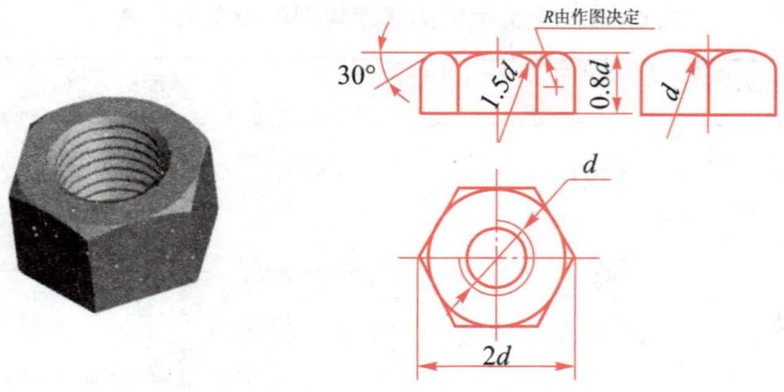

（a）　　（b）

图 6－10　螺母近似画法

（a）螺母；（b）近似画法

螺母：有六角螺母、方螺母和圆螺母，六角螺母应用最广，按加工质量和使用要求的不同，分为粗制和精制两种。它的规格尺寸是螺纹大径。

2）螺母的标记

螺母的规格尺寸是螺纹大径 *D*。其规定标记为：

名称　标准代号　螺纹代号

例如：螺母　GB/T 6170—2015　M20

紧固件名称是螺母，标准代号为 GB/T 6170－2015，粗牙普通螺纹，公称直径是 20。查阅标准，可进一步知道该螺母的详细规格尺寸和各种技术参数。

2. 绘制六角螺母

采用比例画法绘制如图 6－10（b）所示六角螺母的视图。绘图步骤见表 6－3。

表 6－3　绘制六角螺母视图的步骤与方法

绘图方法与步骤	图例
1. 画中心线、定位辅助线	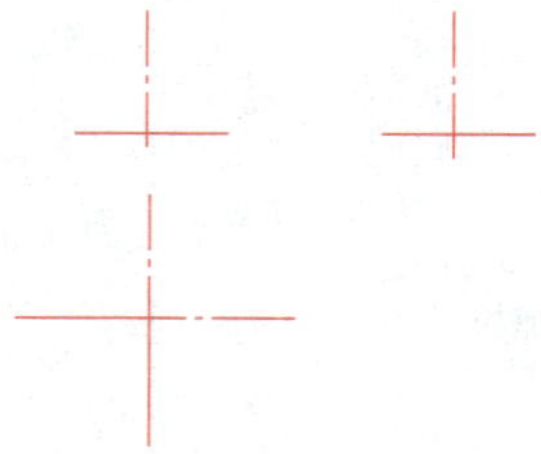

续表

绘图方法与步骤	图例
2. 按比例画六棱柱视图	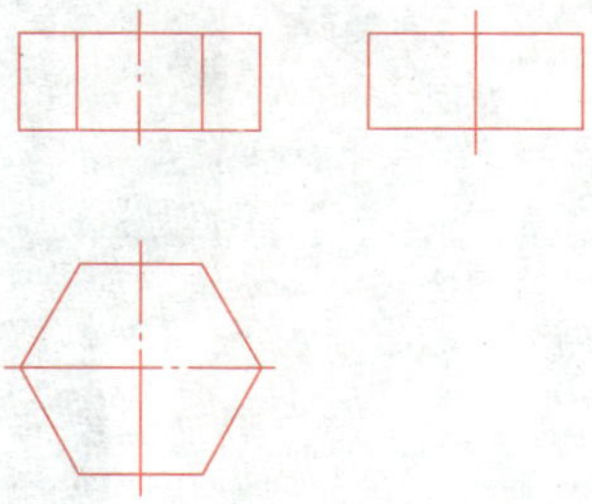
3. 画内螺纹和截交线的视图。按图示尺寸画截交线，六角形棱面上因 30°倒角而产生的截交线为双曲线，作图时常用圆弧代替双曲线的投影；r 尺寸由作图决定	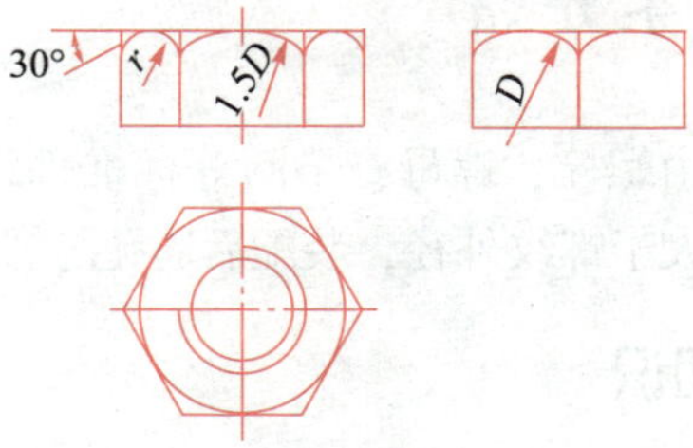
4. 整理图形，图线加粗	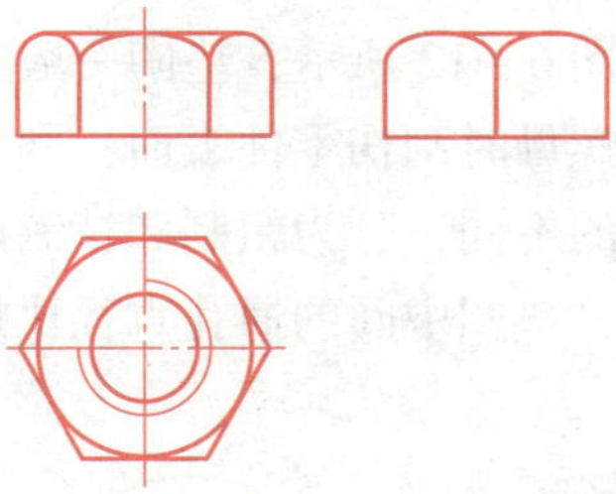

任务二　绘制螺栓连接图

任务导入

螺栓连接一般适用于两个不太厚，并允许钻成通孔的零件的连接，根据图 6－11 所示螺栓连接结构示意图，绘制螺栓连接图。

图 6－11　螺栓连接

任务分析

螺栓连接由螺栓、螺母、垫圈等标准件组成。其连接特点是：两个被连接件上加工出通孔，其直径略大于螺纹外径，装配后通孔与螺杆之间有间隙。在画图时要充分注意并合理表达。

相关知识

一、垫圈的画法与标记

1. 垫圈视图

垫圈画法如图 6－12 所示，垫圈一般放在螺母与被连接件之间，用于保护被连接零件的表面，以免拧紧螺母时刮伤零件表面；同时可以增加螺母与被连接零件的接触面积。按加工质量和使用要求的不同，分为粗制和精制两种。它的规格尺寸是螺栓的大径。

为便于安装，垫圈中间的通孔直径比螺纹的大径大些。

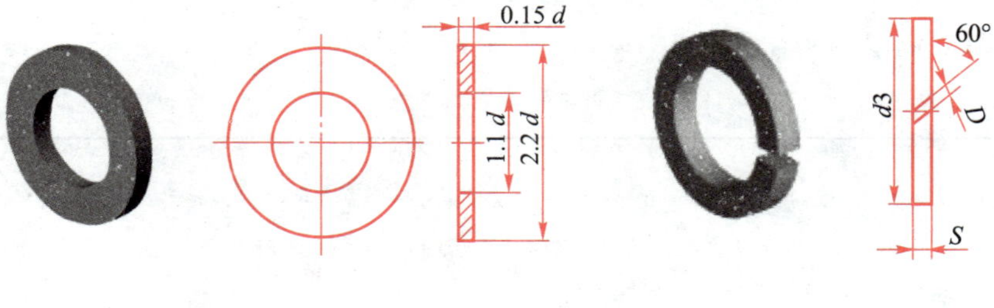

（a）　　　　（b）

图 6－12　垫圈的比例画法

（a）平垫圈的比例画法；（b）弹簧垫圈的比例画法

2. 垫圈的标记

垫圈的规格尺寸是与其配用的螺纹大径 d。其规定标记为：

名称　标准代号　公称尺寸—性能等级

例如：垫圈 GB/T 96—2002　12—100 HV

紧固件名称是垫圈，标准代号是 GB/T 96—2002，公称尺寸为 12，性能等级为 100 HV 级。

二、螺栓连接的比例画法

在被连接的零件上制出比螺栓直径稍大的通孔。螺栓穿过通孔后套上垫圈，并用螺母拧紧即为螺栓连接。常用于连接不太厚的零件，并能从连接零件两边同时装配的场合。

绘图时要知道螺栓的形式、大径和被连接零件的厚度，并从标准中查出螺栓、螺母和垫圈的有关尺寸。计算出的螺栓长度要按螺栓长度系列选择接近的标准长度。

画螺栓连接图时，螺栓的公称长度 L 可按下式计算：

$$L \geqslant \delta_1 + \delta_2 + h + m + b$$

式中　δ_1，δ_2——被连接件的厚度（已知条件）；

h——平垫圈厚度（根据标记查表）；

m——螺母高度（根据标记查表）；

b——螺栓末端超出螺母的高度，一般可取 $a=2P$ 或 $0.2\sim0.3d$（P 为螺距）。

计算出的螺栓长度还要按螺栓长度系列选择接近的标准长度，这个长度称为螺栓的公称长度。

一般为了作图方便，可采用简化方法画图，其各部分尺寸均按比例方法算出，如表 6－4 所示。

表 6－4　按比例计算螺栓连接各部分尺寸

代号	b	m	h	K	d_2	e	a
公式	$0.3d$	$0.8d$	$0.15d$	$0.7d$	$2.2d$	$2d$	$(1.5d\sim2d)$

采用简化画法画图时，其六角头螺栓头部和六角螺母上的截交线可省略不画。

螺栓连接画法如图 6－13 所示。

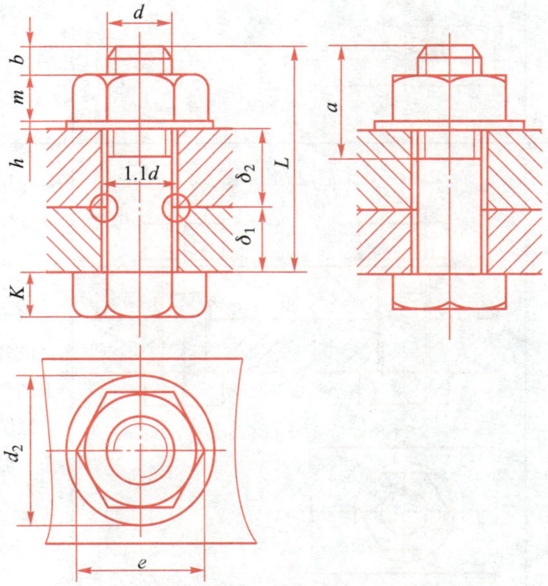

图 6－13　螺栓连接画法

任务实施

绘制如图 6－11 所示螺栓连接图时，螺栓、螺母、垫圈的结构尺寸按比例法确定，已知螺纹公称直径为 d（D），采用简化画法，绘图步骤见表 6－5。

表 6－5　绘制螺栓连接视图的方法与步骤

方法与步骤	图例	画图规则
1. 画被连接零件的视图	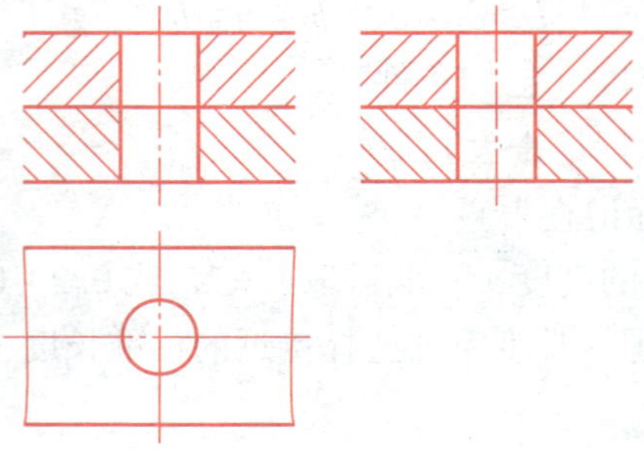	两个零件接触面处只画一条粗实线，不接触表面，不论间隙多小，在图上应画两条轮廓线
2. 采用简化画法画螺栓视图	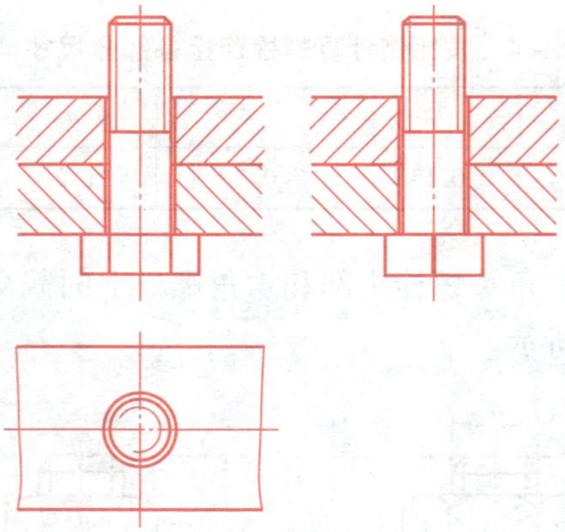	在剖视图中，相互接触的两个零件其剖面线方向应相反。而同一个零件在各剖视图中，剖面线的倾斜方向和间隔应相同。 通孔内的螺栓杆上应画出牙底线和螺纹终止线，表示拧紧螺母有足够的螺纹长度
3. 画螺母、垫圈的视图； 4. 检查，图线加粗	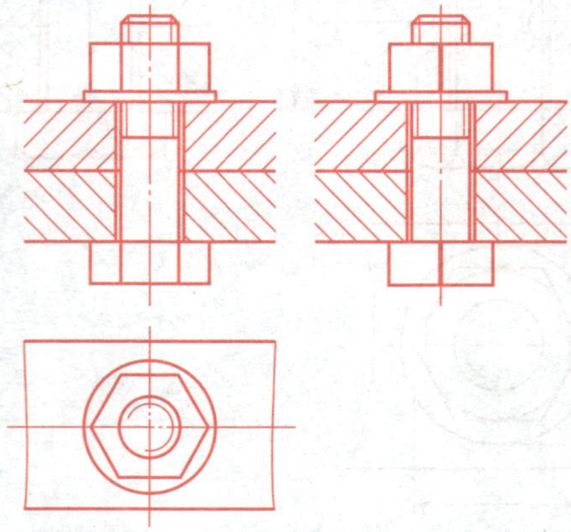	当剖切平面通过螺栓、螺柱、螺钉以及螺母、垫圈的轴线时，均按未剖切绘制，即只画外形。 螺纹紧固件上的工艺结构，如倒角、退刀槽、凸肩等均可省略不画

任务三　绘制双头螺柱连接图

任务导入

当被连接的两零件之一较厚，或不允许钻成通孔而不易采用螺栓连接；或因拆装频繁，又不宜采用螺钉连接时，可采用双头螺柱连接。双头螺柱连接如图 6－14 所示，绘制其连接视图。

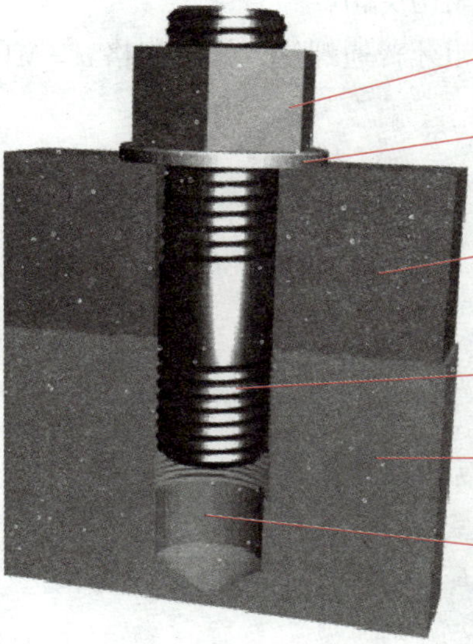

图 6－14　双头螺柱连接

任务分析

双头螺柱连接一般由双头螺柱、螺母和垫圈组成。双头螺柱没有头部，两端均加工有外螺纹。连接时，它的一端必须旋入带有螺纹孔的零件中，另一端穿过带有通孔的零件，然后旋上螺母。

相关知识

一、双头螺柱的画法与标记

1. 双头螺柱视图

图 6－15 所示为双头螺柱的简化画法，按比例法确定相关尺寸。

2. 螺柱的标记

螺柱的规格尺寸是螺纹大径 d 和公称长度 l。其规定标记为：

名称　标准代号　类型　螺纹代号×长度

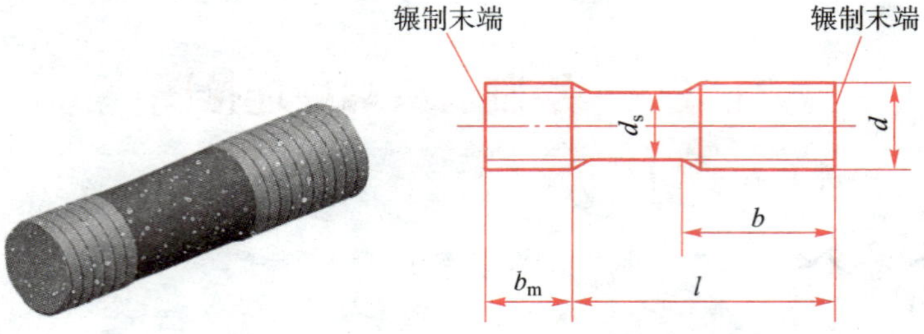

（a）　　　　（b）

图 6－15　双头螺柱的简化画法

（a）双头螺柱；（b）比例画法

例如：螺柱 GB/T 899—1988　M10×40

紧固件名称是螺柱，两端均为粗牙普通螺纹，螺纹规格 $d=$ M10，公称长度 $l=40$ mm。

二、双头螺柱连接的比例画法

双头螺柱两端都有螺纹，其中一端全部旋入被连接件的螺孔内，称为旋入端。其长度用 b_m 表示；另一端用来旋紧螺母称为紧固端。此时采用的是弹簧垫圈，它依靠弹性增加摩擦力，防止螺母因受振动松开。

双头螺柱旋入端长度 b_m 应全部旋入螺孔内，故螺孔的深度应大于旋入端长度，一般取 $b_m+0.5d$。

螺柱的公称长度 l 按下式计算后取标准长度：

$$l \geqslant \delta + s + m + a$$

式中　s——垫圈厚度，取 $s=0.15d$；

m——螺母高度，取 $m=0.8d$；

a——螺柱末端超出螺母的高度，取 $a=0.3d$。

双头螺柱连接画法如图 6－16 所示。

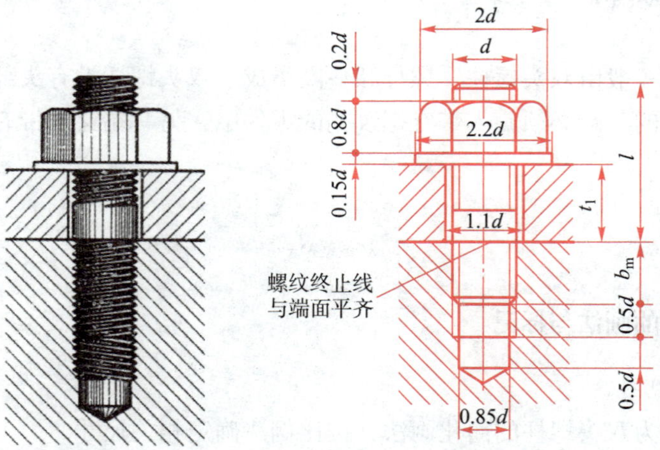

（a）　　　　（b）

图 6－16　双头螺柱连接图

（a）双头螺柱连接图；（b）双头螺柱连接比例画法

用比例画法绘制双头螺柱的装配图时应注意以下几点：

(1) 旋入端的螺纹终止线应与结合面平齐，表示旋入端已经拧紧。

(2) 旋入端的长度 b_m 要根据被旋入件的材料而定，被旋入端的材料为钢时，$b_m = 1d$；被旋入端的材料为铸铁或铜时，$b_m = 1.25d \sim 1.5d$；被连接件为铝合金等轻金属时，取 $b_m = 2d$。

(3) 旋入端的螺孔深度取 $b_m + 0.5d$，钻孔深度取 $b_m + d$。

(4) 螺柱的公称长度 $l \geqslant \delta$ + 垫圈厚度 + 螺母厚度 + $(0.2 \sim 0.3)d$，然后选取与估算值相近的标准长度值作为 l 值。

任务实施

绘制如图 6-14 所示螺柱连接图时，螺柱、螺母、垫圈的结构尺寸按比例法确定，已知螺纹公称直径为 d (D)，采用简化画法，绘图步骤见表 6-6 所示。

表 6-6　绘制螺柱连接视图的方法与步骤

方法与步骤	图例
1. 画被连接零件的通孔和不穿通螺纹孔	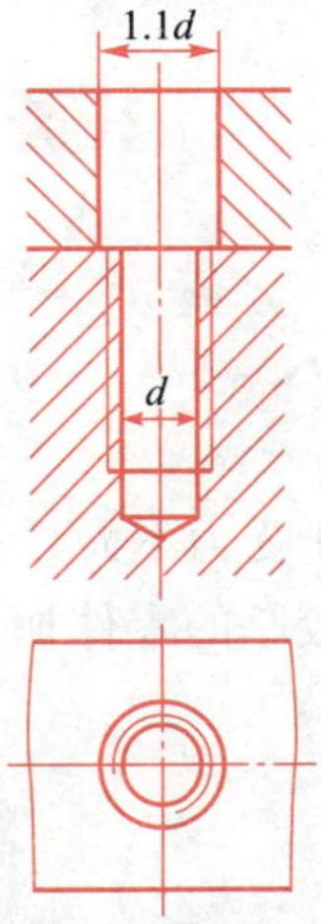
2. 画双头螺柱 画法规定：螺柱旋入端的螺纹终止线应与接合面平齐，表示旋入端全部拧入，足够拧紧	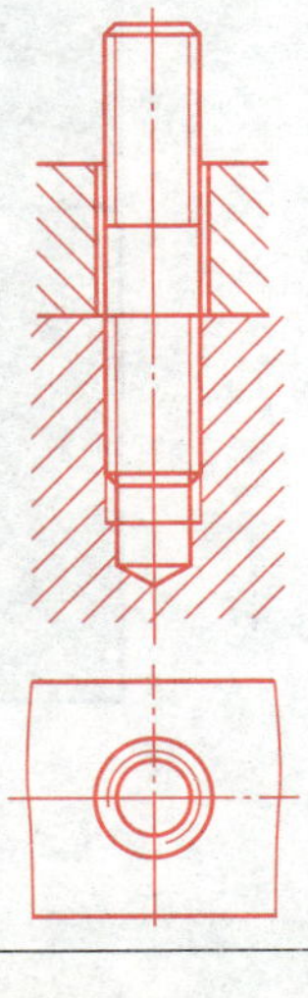

续表

方法与步骤	图例
3. 画螺母、垫圈的视图 4. 检查，图线加粗	

任务四　绘制螺钉连接图

任务导入

螺钉连接一般用于受力不大又不需要经常拆装，而且被连接件之一较厚的情况下，较薄的零件加工出通孔，较厚的零件加工出不通螺纹孔，如图 6－17 所示。绘制其螺钉连接的视图。

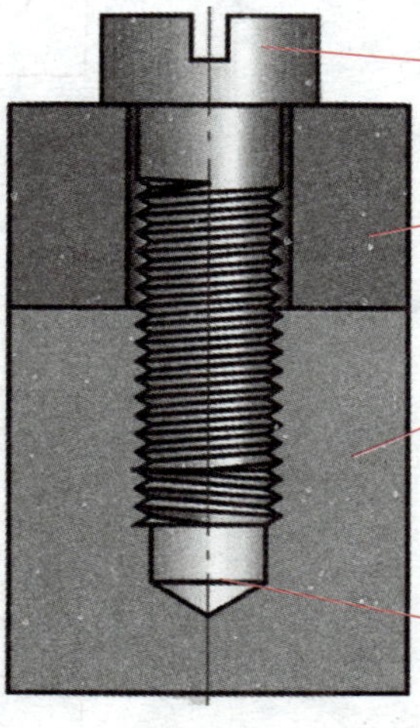

图 6－17　螺钉连接

任务分析

螺钉由头部和螺杆两部分构成，连接时，将螺钉直接拧入零件的螺纹中，依靠螺钉头部压紧另一被连接件。

相关知识

一、螺钉的画法与标记

1．螺钉视图

开槽圆柱头螺钉的结构如图 6－18 所示，有全螺纹和半螺纹两种形式。

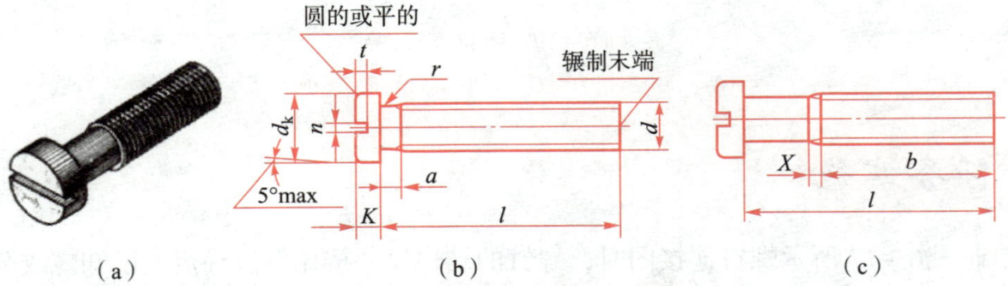

图 6－18　开槽圆柱头螺钉的结构

2．螺钉的标记

螺钉的规格尺寸是螺纹大径 d 和公称长度 L。其规定标记为：

名称　标准代号　螺纹代号 × 长度

例如：螺钉 GB/T 68—2000　M10 × 30

紧固件名称是开槽圆柱头螺钉，粗牙普通螺纹，螺纹规格 d = M10，公称长度 L = 30 mm。

二、螺钉连接的比例画法

螺钉的一端为螺纹，旋入到被连接零件的螺孔中，另一端为头部。按头部形状，分为：内六角圆柱头、开槽圆柱头、沉头螺钉。其规格尺寸为螺纹大径和螺钉长度。

螺钉连接画法如图 6－19 所示。

画图时注意以下几点：

（1）螺钉的公称长度计算如下：

$$L \geqslant \delta\ (\text{通孔零件厚})\ + b_m$$

计算后取标准公称长度。b_m 与被连接件材料有关。绘制螺钉连接，其旋入端与螺柱相同，被连接板的孔部画法与螺栓相同，被连接板的孔径取 1. 1d。螺钉的有效长度 $L = \delta + b_m$，并根据标准校正。

（2）螺钉的螺纹终止线不能与结合面平齐，而应画在盖板的范围内。

（3）螺钉头部槽口在反映螺钉轴线的视图上应画成垂直于投影面，在俯视图应画成与中心线倾斜 45°。

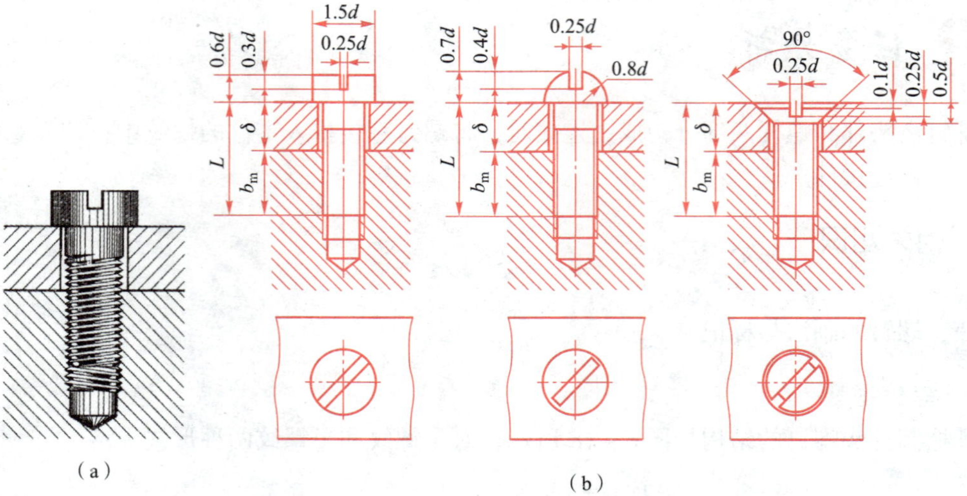

图 6－19　螺钉连接图

(a) 开槽圆柱头螺钉；(b) 螺钉连接比例画法

任务实施

绘制如图 6－17 所示螺钉连接图时，螺钉的结构尺寸按比例法确定，已知螺纹公称直径为 d (D)，采用简化画法，绘图步骤见表 6－7 所示。

表 6－7　绘制螺钉连接视图的方法与步骤

方法与步骤	图　例
1. 画被连接零件的通孔和不穿通螺纹孔	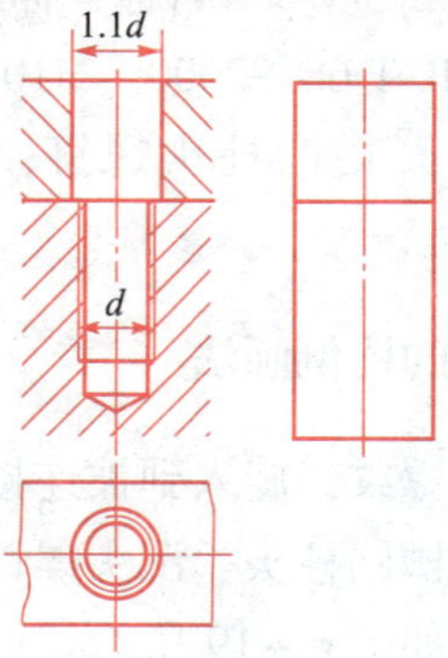
2. 画螺钉 画法规定：螺钉的螺纹终止线在两被连接件的接合面之上；螺钉一字槽的水平投影与水平方向呈 45°倾斜。 3. 整理图形，加粗图线 画法规定：将螺钉的一字槽按两倍的粗实线宽度加粗	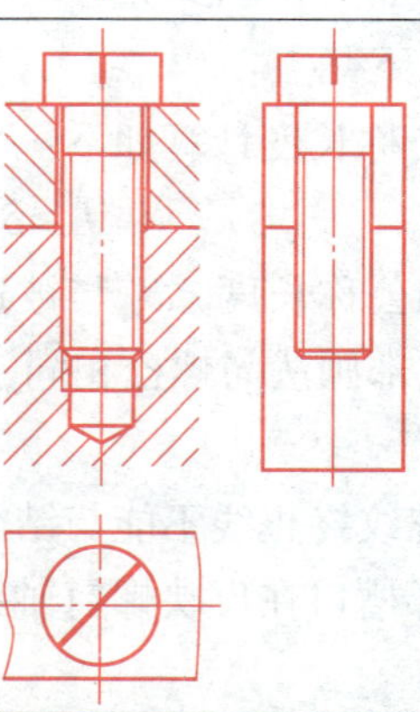

项目二　绘制齿轮的视图

知识目标

(1) 了解齿轮的类型和结构。

(2) 掌握标准直齿圆柱齿轮各几何要素的名称和尺寸计算方法，了解圆锥齿轮参数的计算公式。

(3) 掌握圆柱齿轮视图及啮合图的画法。

(4) 了解锥齿轮和蜗轮蜗杆两种传动形式及画法。

任务一　绘制圆柱齿轮的视图

任务导入

根据图6－20所示直齿圆柱齿轮传动的示意图，绘制单个齿轮及齿轮啮合的视图。

齿轮传动是机械传动中广泛应用的传动方式。它用来传递动力、运动，改变运动方向、速度，改变运动方式。齿轮的轮齿部分已标准化。图6－20所示为齿轮传动中常见的三种类型：圆柱齿轮、圆锥齿轮、蜗杆和蜗轮。它们的作用各不相同。

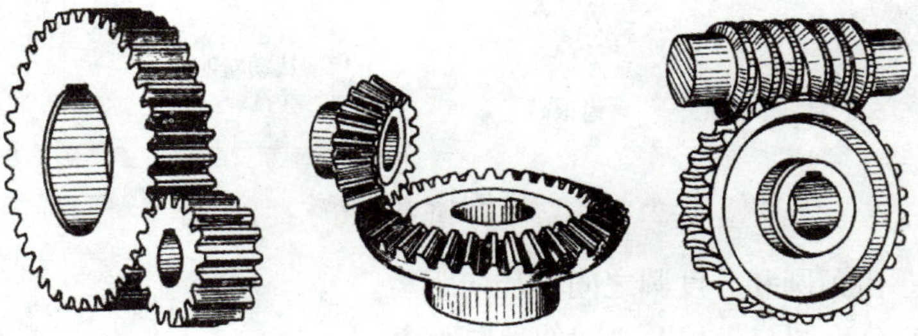

(a)　　(b)　　(c)

图6－20　齿轮传动形式

(a) 圆柱齿轮；(b) 圆锥齿轮；(c) 蜗杆和蜗轮

圆柱齿轮：用于两轴平行时的传动。

圆锥齿轮：用于两轴相交时的传动。

蜗杆蜗轮：用于两垂直交叉轴的传动。

齿轮轮齿的轮廓曲线一般采用渐开线、摆线或圆弧，应用最广泛的是渐开线。根据轮齿的方向有直齿、斜齿、人字齿和弧形齿之分。

任务分析

齿轮一般由轮体和轮齿两部分组成，轮齿是在齿轮加工机床上用专用刀具加工出来的，一般不需要画出它的真实投影，国家标准规定了它的画法。齿轮除轮齿部分外，其余轮体结构均应按真实投影绘制。

相关知识

一、直齿圆柱齿轮各部分名称及有关参数

如图 6－21 所示，直齿圆柱齿轮各部分名称及有关参数如下：

齿数 z——齿轮上轮齿的个数；

齿顶圆直径 d_a——通过齿顶的圆柱面直径；

齿根圆直径 d_f——通过齿根的圆柱面直径；

分度圆直径 d——分度圆直径是齿轮设计和加工时的重要参数。分度圆是一个假想的圆，在该圆上齿厚 s 与槽宽 e 相等，它的直径称为分度圆直径；

齿高 h——齿顶圆和齿根圆之间的径向距离。

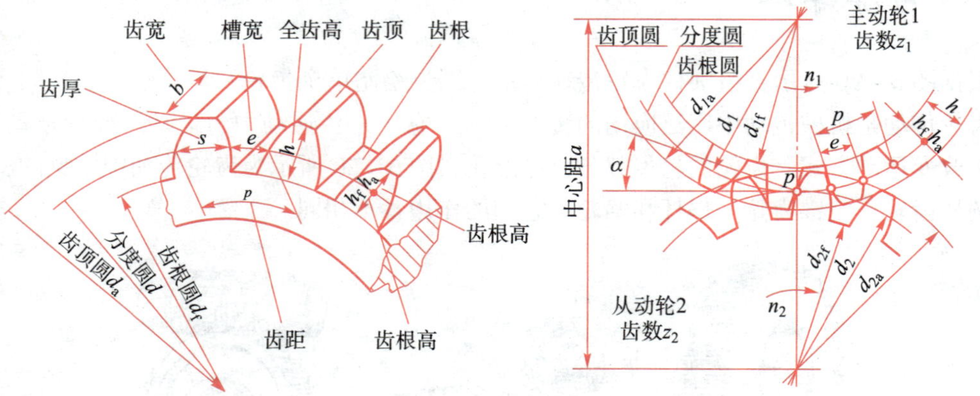

图 6－21 直齿圆柱齿轮各部分名称和代号

齿顶高 h_a——齿顶圆和分度圆之间的径向距离。

齿根高 h_f——分度圆与齿根圆之间的径向距离。

齿距 p——在分度圆上，相邻两齿对应齿廓之间的弧长。

齿厚 s——在分度圆上，一个齿的两侧对应齿廓之间的弧长。

槽宽 e——在分度圆上，一个齿槽的两侧相应齿廓之间的弧长。

中心距 a——两啮合齿轮轴线之间的距离。

模数 m——由于分度圆的周长 $\pi d = p \cdot z$，所以 $d = (p/\pi) \cdot z$，p/π 就称为齿轮的模数。

二、标准直齿圆柱齿轮各基本尺寸计算

在已知模数 m 和齿数 z 时，齿轮轮齿的其他参数均可按表 6－8 里的公式计算出来。

表 6－8　标准直齿圆柱齿轮各基本尺寸计算公式

基本参数：模数 m 和齿数 z			
序号	名称	代号	计算公式
1	齿距	p	$p=\pi m$
2	齿顶高	h_a	$h_a=m$
3	齿根高	h_f	$h_f=1.25m$
4	齿高	h	$h=2.25m$
5	分度圆直径	d	$d=mz$
6	齿顶圆直径	d_a	$d_a=m(z+2)$
7	齿根圆直径	d_f	$d_f=m(z-2.5)$
8	中心距	a	$a=m(z_1+z_2)/2$

任务实施

一、绘制单个直齿圆柱齿轮

绘制如图 6－20 所示单个直齿圆柱齿轮，绘图步骤见表 6－9。

表 6－9　绘制直齿圆柱齿轮视图的方法与步骤

方法与步骤	图　例
1. 画齿轮中心线、定位辅助线 2. 画分度圆、分度线 绘图规定：用细点画线绘制分度圆和分度线	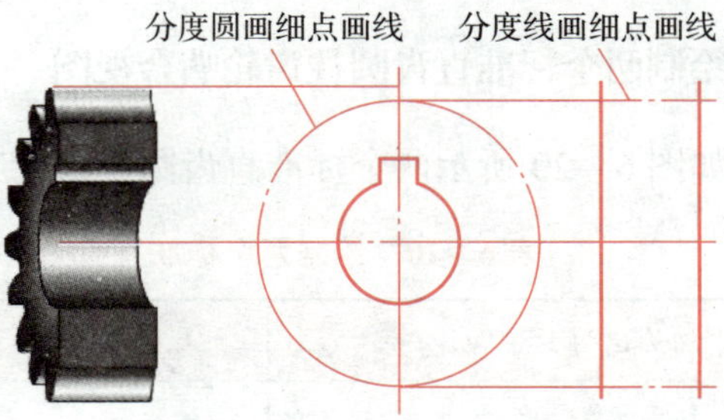
3. 画齿顶圆、齿顶线 绘图规定：用粗实线绘制齿顶圆	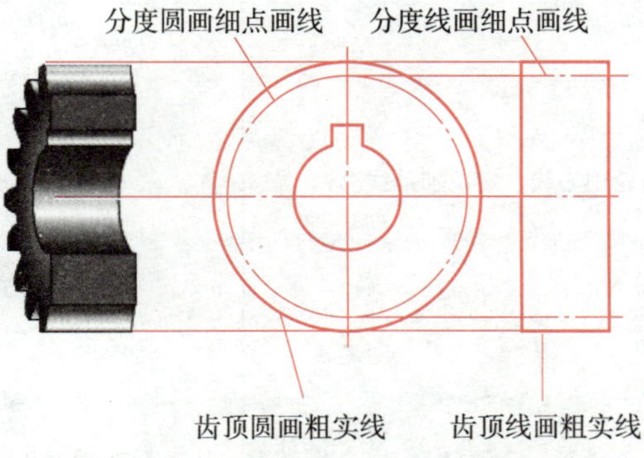

续表

方法与步骤	图　　例
4．画齿根圆、齿根线 绘图规定：用细实线绘制齿根圆，用粗实线绘制剖视图中的齿根线	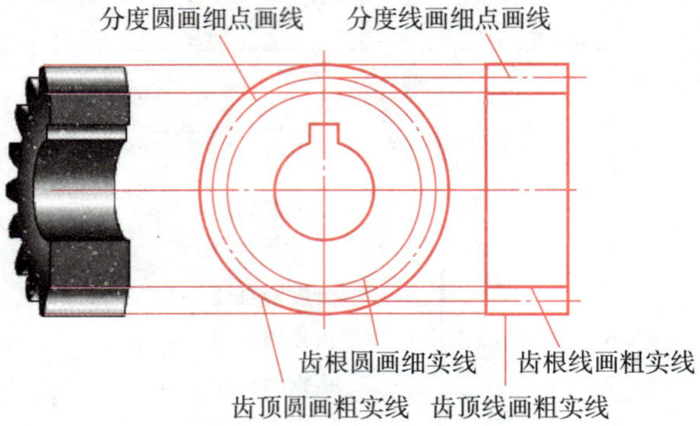
5．画孔、键槽等 6．检查校正，按线型描深图线，绘制剖面线	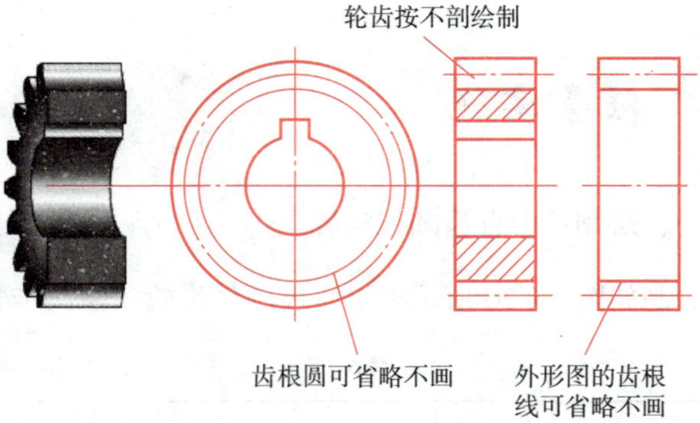

二、绘制两个标准直齿圆柱齿轮啮合视图

绘制如图 6－20 所示两个标准直齿圆柱齿轮啮合视图，绘图步骤见表 6－10。

表 6－10　绘制两个标准直齿圆柱齿轮啮合视图的方法与步骤

方法与步骤	图　　例
1．画齿轮中心线、定位辅助线	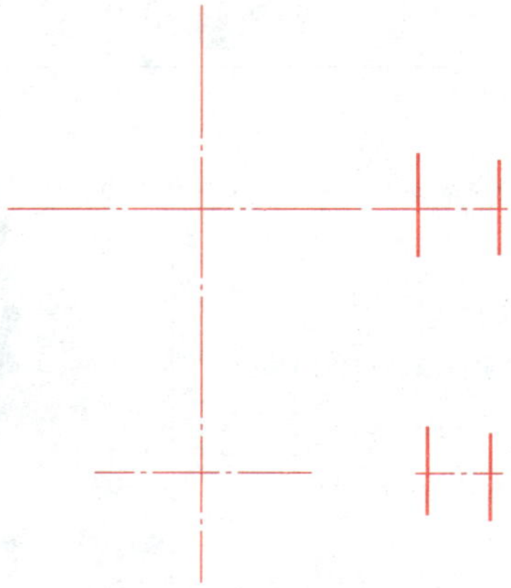

续表

方法与步骤	图　例
2．画齿轮轮齿 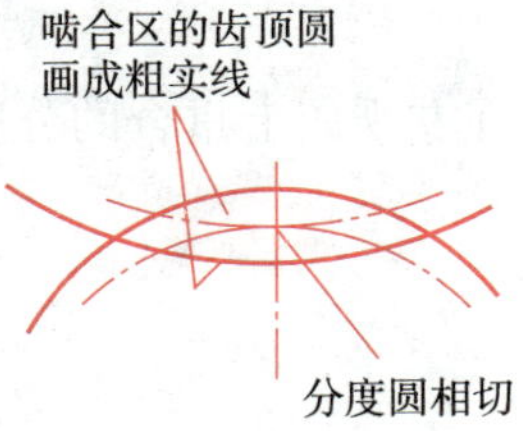 	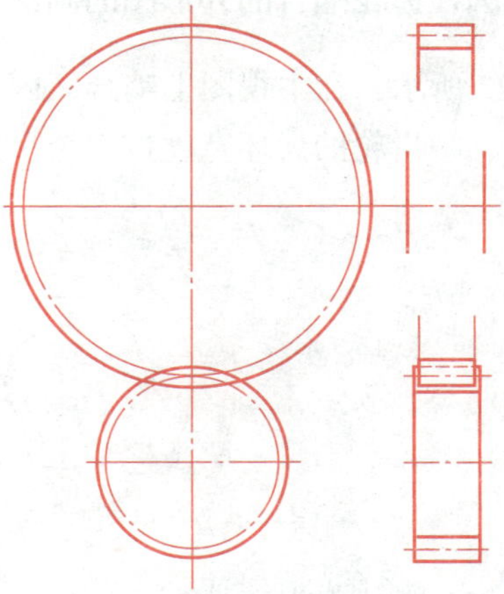
3．画轮毂、辐板等	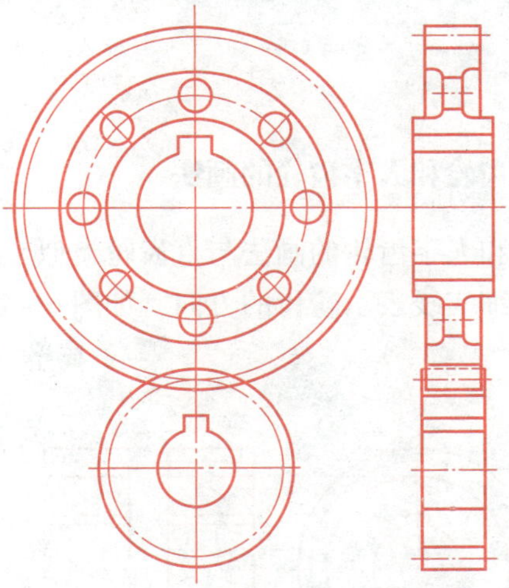
4．整理图线、加粗图线	

知识拓展

一、直齿圆柱齿轮啮合的外形图的画法

如图 6－22 所示，在主视图上啮合区内的齿顶圆可以不画，在左视图上重合的分度线画成粗实线，大、小齿轮的齿坯宽度按一个尺寸绘制。

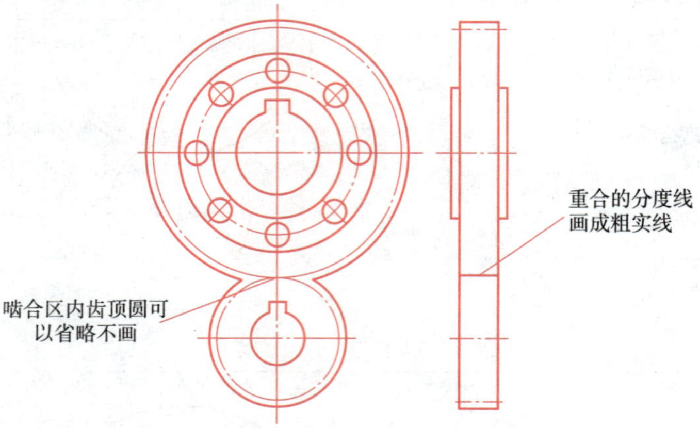

图 6－22　直齿圆柱齿轮啮合外形图的画法

二、斜齿轮和人字齿轮的画法

斜齿轮和人字齿轮的画法与直齿轮类似，当需要表达齿轮的轮齿方向时，可在未剖处用三条平行的细实线表示轮齿的方向，如图 6－23 所示。

（a）　　　　（b）

图 6－23　斜齿轮和人字齿轮的画法

（a）单个齿轮视图；（b）两齿轮啮合视图

任务二　识读圆锥齿轮的视图

任务导入

为了传递两相交轴（一般交角为 90°）之间的回转运动，可在圆锥面上制出轮齿，这样

形成的齿轮称为圆锥齿轮。根据图 6－24 所示圆锥齿轮的传动示意图，本任务主要学习锥齿轮及其啮合视图的画法。

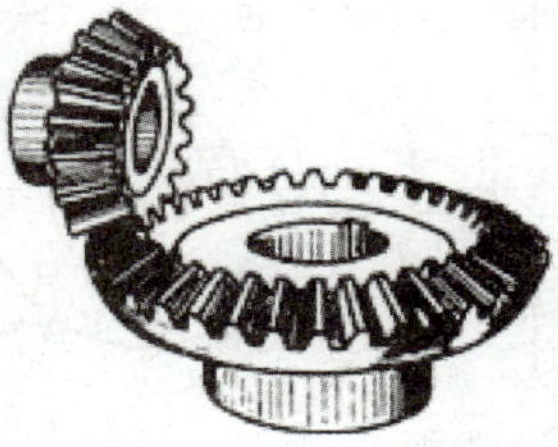

图 6－24　圆锥齿轮传动

任务分析

由于圆锥齿轮的轮齿分布在圆锥面上，所以轮齿一端大、一端小，沿齿宽方向轮齿大小均不相同，两齿轮的轴线垂直相交。轮齿全长上的模数、齿高等都不相同，它们的尺寸沿着齿宽方向变化，而以大端的尺寸最大。大端模数为标准模数，圆锥齿轮分为直齿、斜齿、螺旋齿和人字齿等。其画法与直齿圆柱齿轮基本相同。

相关知识

直齿圆锥齿轮各部分的名称：

在圆锥齿轮上，有关的名称和术语有：齿顶圆锥面（顶锥）、齿根圆锥面（根锥）、分度圆锥面（分锥）、背锥面（背锥）、前锥面（前锥）、分度圆锥角 δ、齿高 h、齿顶高 h_a 及齿根高 h_f 等，如图 6－25（b）所示。

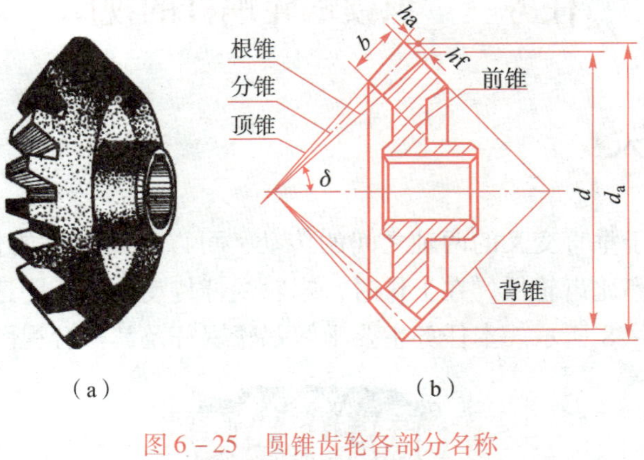

图 6－25　圆锥齿轮各部分名称

（a）实物图；（b）有关名称和术语

任务实施

直齿圆锥齿轮的画法：

1. 单个圆锥齿轮画法（图 6－26）

图 6－26 单个圆锥齿轮画法

2. 圆锥齿轮的啮合图画法（图 6－27）

两圆锥齿轮啮合时，其锥顶交于一点，节圆（两分度圆锥）相切。

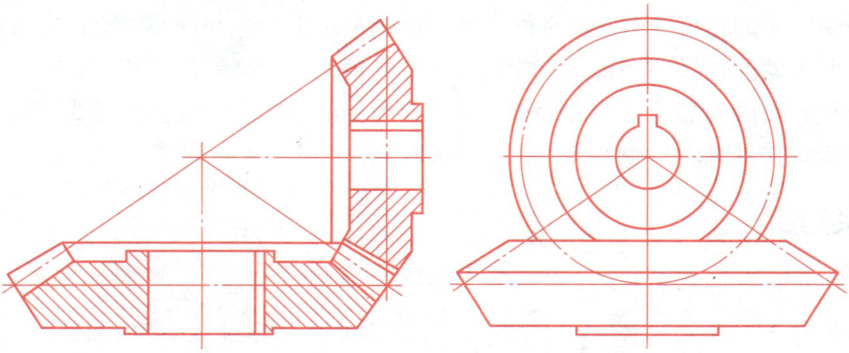

图 6－27 圆锥齿轮啮合画法

任务三 识读蜗轮蜗杆的视图

任务导入

蜗轮和蜗杆常用于垂直交叉的两轴之间的传动，可以得到很高的传动比，且传动平稳，结构紧凑，但传动效率比齿轮低。在工作时，蜗轮蜗杆传动常用于降速，蜗杆是主动件，蜗轮是从动件，如图 6－28 所示。本任务主要学习蜗轮蜗杆及其啮合视图的画法。

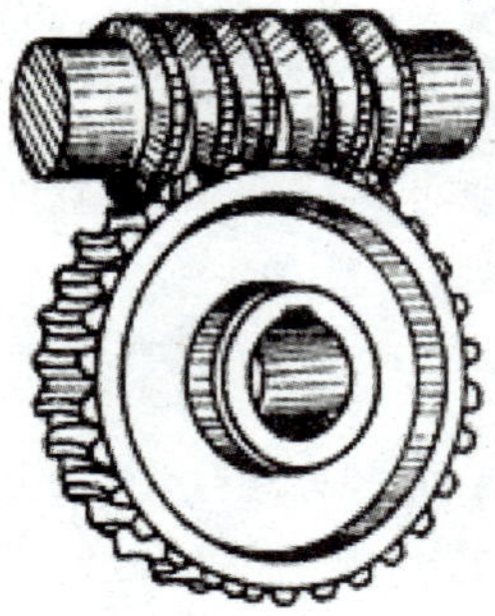

图 6－28 蜗轮蜗杆传动

任务分析

常见的蜗杆是圆柱形蜗杆。两个轮齿沿圆柱面上一条螺旋线运动即形成蜗杆。蜗轮蜗杆的齿向是螺旋形的，蜗轮（实际上是斜齿圆柱齿轮）的齿顶常制成凹环面，以增加它和蜗杆的接触面积，延长使用寿命。蜗杆是齿数较少的斜齿圆柱齿轮，其轴向剖面和梯形螺纹相似。蜗杆的齿数称为头数，相当于螺杆上螺纹的线数，有单头和多头之分。

相关知识

蜗轮蜗杆的主要参数：

蜗轮、蜗杆的主要参数是在通过蜗杆轴线并垂直于蜗轮轴线的平面内决定的。在此平面内，蜗轮的模数称端面模数 m_t，蜗杆的模数称轴向模数（轴向齿距除以 π）m_x。相啮合的蜗轮和蜗杆的模数相等。标准规定 m_x 为标准模数。蜗轮的螺旋角 β（相当于斜齿轮的螺旋角）与蜗杆的导程角 γ（即蜗杆齿形的螺旋线升角）大小相等、方向相同。蜗杆的分度圆直径与轴向模数的比值称为直径系数，用 q 表示。

任务实施

1. 单个蜗轮蜗杆的画法

1）蜗杆的规定画法

蜗杆的形状如梯形螺杆，轴向剖面齿形为梯形，顶角为 40°，一般用一个视图表达。它的齿顶线、分度线、齿根线画法与圆柱齿轮相同，牙型可用局部剖视或局部放大图画出。具体画法如图 6－29 所示。

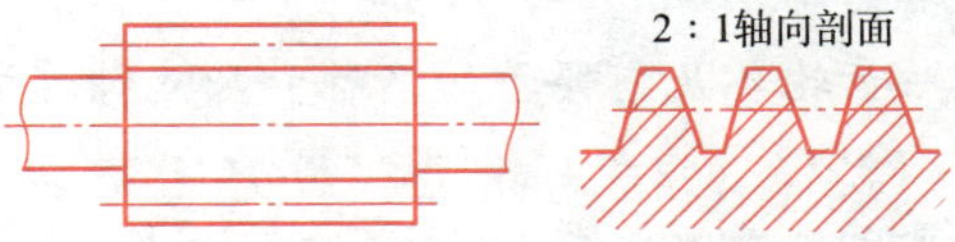

图 6－29　蜗杆的规定画法

2）蜗轮的规定画法

蜗轮的画法与圆柱齿轮基本相同，如图 6－30 所示。在投影为圆的视图中，轮齿部分只需画出分度圆和齿顶圆，其他圆可省略不画，其他结构形状按投影绘制。

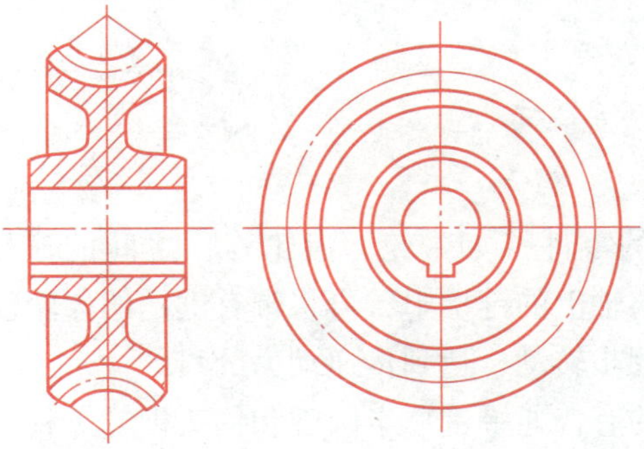

图 6－30　蜗轮的规定画法

2. 蜗轮蜗杆啮合的画法

相互啮合的蜗轮蜗杆，其模数必须相同，蜗杆的导程角与蜗轮的螺旋角大小相等、方向相同。

蜗轮蜗杆啮合的画法：在蜗轮投影为非圆的视图上，蜗轮与蜗杆重合的部分，只画蜗杆不画蜗轮。在蜗轮投影为圆的视图上，蜗杆的节线与蜗轮的节圆画成相切。在剖视图中，当剖切平面通过蜗杆的轴线时，齿顶圆或齿顶线均可省略不画，如图 6－31 所示。

图 6－31　蜗轮蜗杆啮合的画法

项目三　绘制键、销连接图

知识目标

（1）了解齿轮的类型和结构。

（2）掌握标准直齿圆柱齿轮各几何要素的名称和尺寸计算方法，了解锥齿轮参数的计算公式。

（3）掌握圆柱齿轮视图及啮合图的画法。

（4）了解锥齿轮和蜗轮蜗杆两种传动形式及画法。

任务一　绘制普通平键连接图

任务导入

键主要用于轴和轴上的零件（如带轮、齿轮等）之间的连接，起着传递扭矩的作用。如图 6－32 所示，将键嵌入轴上的键槽中，再将带有键槽的齿轮装在轴上，当轴转动时，因为键的存在，齿轮就与轴同步转动，达到传递动力的目的。

键的种类很多，常用的有普通平键、半圆键和钩头楔键三种。本任务主要是认识普通平键的形状和标记，绘制连接图。

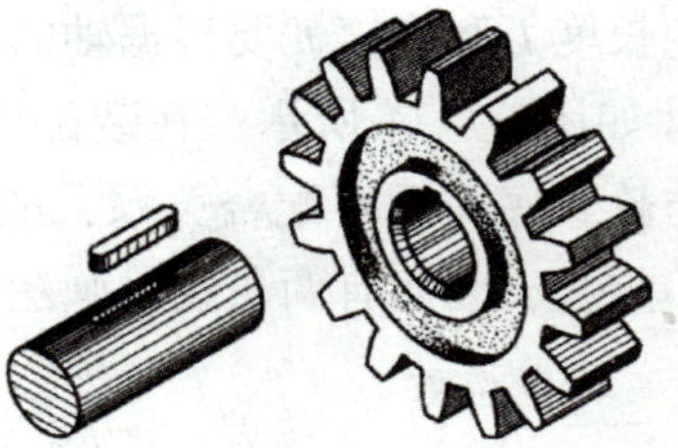

图 6-32　键连接

任务分析

普通平键在工作时，其两个侧面和底面与其他零件接触，由于其结构形状非常简单，所以没有特殊的画法规定。

相关知识

1. 普通平键的种类和形状

普通平键根据其头部结构的不同可以分为圆头普通平键（A 型）、平头普通平键（B 型）和单圆头普通平键（C 型）三种型式，如图 6-33 所示。

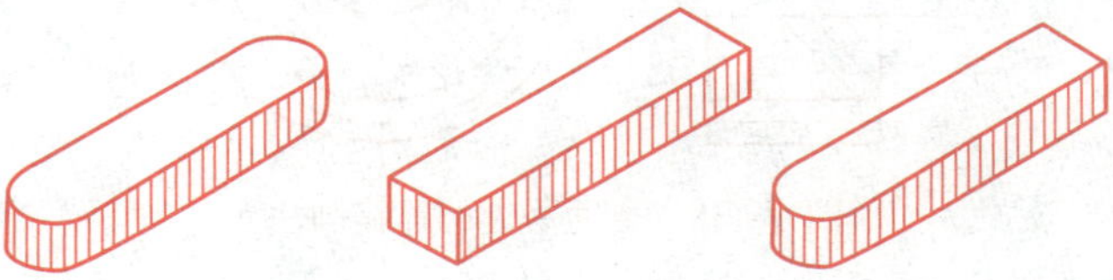

（a）　（b）　（c）

图 6-33　普通平键的型式

（a）A 型；（b）B 型；（c）C 型

2. 普通平键的标记

普通平键的标记格式和内容为：

键 型式代号 宽度 × 高度 × 长度 标准代号

其中 A 型可省略型式代号。

例如：宽度 $b=18$ mm，高度 $h=11$ mm，长度 $L=100$ mm 的圆头普通平键（A 型），其标记是：

键 18×11×100　GB 1096—2003

宽度 $b=18$ mm，高度 $h=11$ mm，长度 $L=100$ mm 的平头普通平键（B 型），其标记是：

键 B 18×11×100　GB 1096—2003

宽度 $b=18$ mm，高度 $h=11$ mm，长度 $L=100$ mm 的单圆头普通平键（C 型），其标记是：

键 C 18×11×100　GB 1096—2003

任务实施

普通平键的连接画法：

采用普通平键连接时，键的长度 L 和宽度 b 要根据轴的直径 d 从标准中选取适当值。轴和轮毂上键槽的表达方法及尺寸如图 6－34 所示。在装配图上，平键的两个侧面是工作表面，与键槽侧面有配合关系，与轮毂底面没有配合关系，故平键连接时，两侧面画一条线，轮毂的键槽底部和键的上表面不重合，因而有两条线，画法如图 6－35 所示。

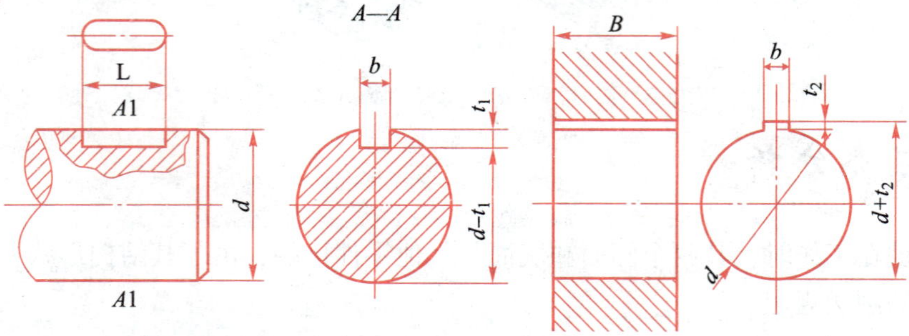

图 6－34 轴和轮毂上的键槽

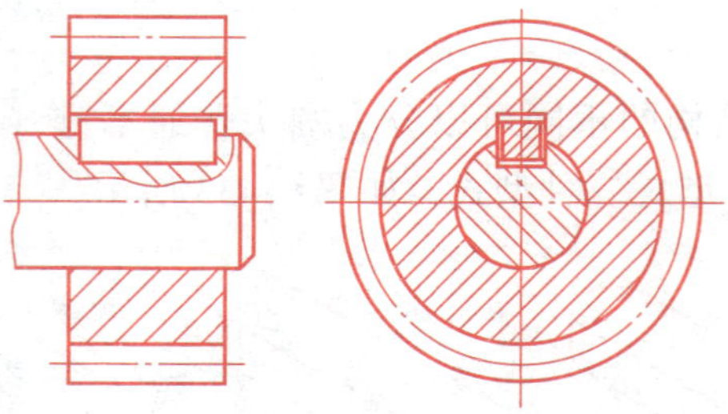

图 6－35 普通平键的连接画法

知识拓展

1．半圆键

半圆键常用在载荷不大的传动轴上，连接情况和画图要求与普通平键相似，两侧面与轮和轴接触，顶面应有间隙。

标记：键 6×25 GB 1096—2003；表示：半圆键宽 6，高 10，直径 25，长 24.5 。

半圆键连接如图 6－36 所示。

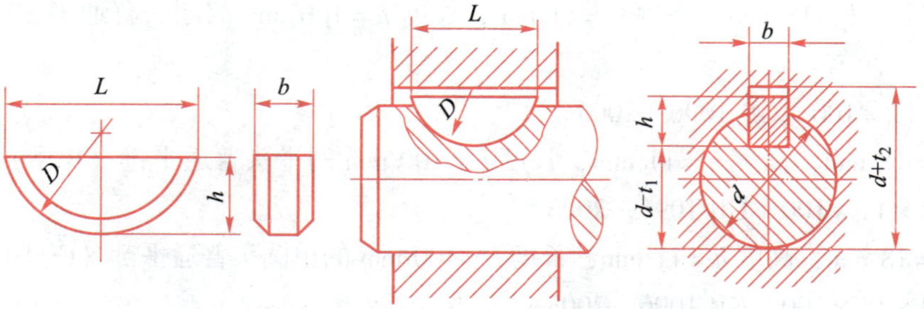

图 6－36 半圆键连接图

2．钩头楔键

楔键有普通楔键和钩头楔键两种。普通平楔有 A 型（圆头）、B 型（方头）和 C 型

（单圆头）三种，钩头楔键只有一种。楔键顶面是 1∶100 的斜度，装配时打入键槽，依靠键的顶面和底面与轮和轴之间挤压的摩擦力而连接，故画图时上下接触面应画一条线，而两侧面为非工作面，留有一定的间隙，应画两条线。钩头供拆卸用。轴上的键槽常制在轴端，拆装方便。

标记：键 18×100 GB 1565—2003；表示：钩头楔键宽 18，高 11，长 100。

钩头楔键连接如图 6－37 所示。

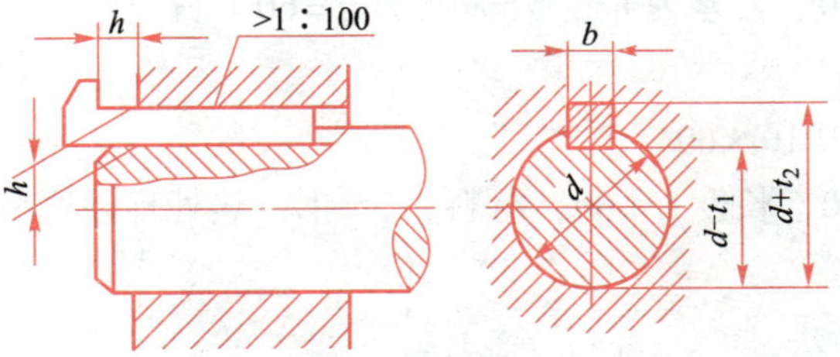

图 6－37　钩头楔键连接图

任务二　识读销连接图

任务导入

如图 6－38 所示圆柱销和圆锥销连接图，下面分析销的结构形状和连接图的画法。

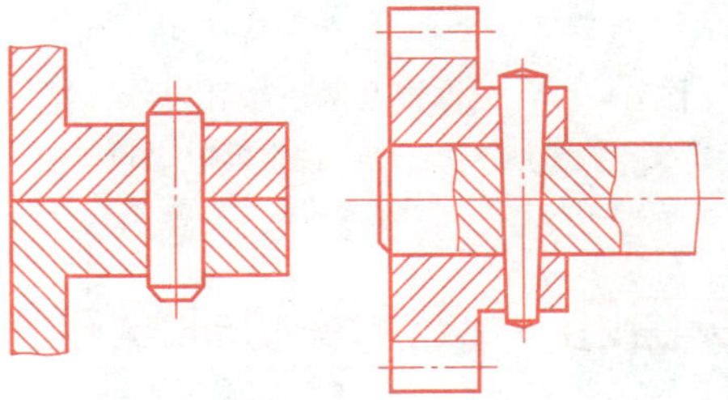

（a）　　（b）

图 6－38　圆柱销和圆锥销连接

（a）圆柱销；（b）圆锥销

任务分析

圆柱销和圆锥销是标准件，销和销孔之间是配合关系，绘图时配合表面画一条线。

任务实施

1. 销的作用和种类

销主要用来固定零件之间的相对位置，起定位作用，也可用于轴与轮毂的连接，传递不大的载荷，还可作为安全装置中的过载剪断元件。销的常用材料为 35、45 钢。

销有圆柱销和圆锥销两种基本类型，这两类销均已标准化。开口销要与六角开槽螺母配合使用。它穿过螺母上的槽和螺杆上的孔以防松动。圆柱销利用微量过盈固定在销孔中，经过多次装拆后，连接的紧固性及精度降低，故只宜用于不常拆卸处。圆锥销有 1 : 50 的锥度，装拆比圆柱销方便，多次装拆对连接的紧固性及定位精度影响较小，因此应用广泛。

2. 销的标记

例：销　GB/T 119. 1—2000 10h8 ×60

表示公称直径 $d=10$、公差为 h8，公称长度 $L=60$，材料为钢，不淬火，不经表面处理的圆销。

销　GB/T117—2000 10 ×60

表示公称直径 $d=10$，长度 $L=60$，材料为 35 钢，热处理硬度为 HRC28 ~38，表面氧化处理的 A 型圆锥销。

3. 识读销连接的画法

销连接的画法如图 6 -38 所示。

(1) 当剖切平面通过销的轴线时，销按未剖切绘制。

(2) 销孔的加工要求采用旁注法，如图 6 -39 所示。圆锥销孔的直径指圆锥销的小端直径。

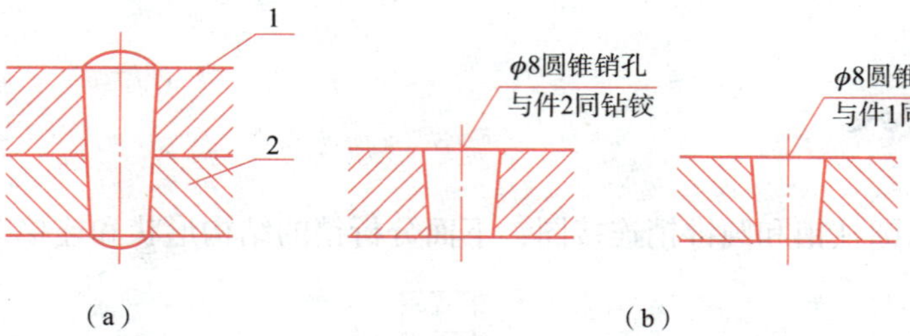

图 6 -39　圆锥销及圆锥销孔尺寸标注

(a) 圆锥销连接；(b) 圆锥销孔尺寸标注

项目四　识读滚动轴承视图

知识目标

(1) 掌握滚动轴承的通用画法和规定画法。

(2) 了解滚动轴承的特征画法。

任务　识读滚动轴承的通用画法和规定画法

任务导入

滚动轴承是用来支承旋转轴的部件，结构紧凑，摩擦阻力小，能在较大的载荷、较高的转速下工作，转动精度较高，在工业中应用十分广泛。如图 6－40 所示，滚动轴承的结构及尺寸已经标准化，选用时可查阅有关标准。本任务主要是认识滚动轴承的结构、标记和画法。

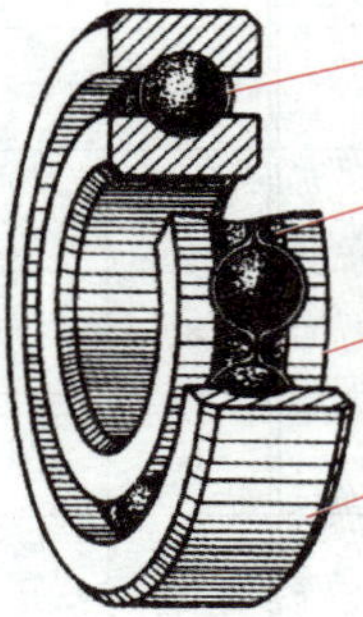

图 6－40　滚动轴承

任务分析

滚动轴承一般由内圈、外圈、滚动体、保持架等四部分组成。国家标准规定的滚动轴承的表达方法有通用画法、规定画法和特征画法三种。

相关知识

1. 滚动轴承的结构和类型

滚动轴承的结构一般由四部分组成，如图 6－40 所示。

外圈——装在机体或轴承座内，一般固定不动。

内圈——装在轴上，与轴紧密配合且随轴转动。

滚动体——装在内、外圈之间的滚道中，有滚珠、滚柱、滚锥等类型。

保持架——用来均匀分隔滚动体，防止滚动体之间相互摩擦与碰撞。

滚动轴承按承受载荷的方向可分为以下三种类型：

向心轴承——主要承受径向载荷，常用的向心轴承如深沟球轴承。

推力轴承——只承受轴向载荷，常用的推力轴承如推力球轴承。

向心推力轴承——同时承受轴向和径向载荷，常用的如圆锥滚子轴承。

2. 滚动轴承的代号

滚动轴承的代号一般打印在轴承的端面上，由前置代号、基本代号和后置代号三部分组成，排列顺序如下：

前置代号	基本代号	后置代号

1）基本代号

基本代号表示滚动轴承的基本类型、结构及尺寸，是滚动轴承代号的基础。基本代号由轴承类型代号、尺寸系列代号和内径代号构成（滚针轴承除外），其排列顺序如下：

类型代号	尺寸系列代号	内径代号

（1）类型代号。

轴承类型代号用阿拉伯数字或大写拉丁字母表示，见表6－11。

表6－11　滚动轴承类型代号（摘自GB/T 272—1993）

代号	轴承类型	代号	轴承类型
0	双列角接触球轴承	6	深沟球轴承
1	调心球轴承	7	角接触球轴承
2	调心滚子轴承和推力调心滚子轴承	8	推力圆柱滚子轴承
3	圆锥滚子轴承	N	圆柱滚子轴承（双列或多列用字母NN表示）
4	双列深沟球轴承	U	外球面球轴承
5	推力球轴承	QJ	四点接触球轴承

（2）尺寸系列代号。

尺寸系列代号由滚动轴承的宽（高）度系列代号和直径系列代号组合而成，用两位数字表示。它主要用来区别内径相同而宽（高）度和外径不同的轴承。详细情况请查阅有关标准。

（3）内径代号。

内径代号表示滚动轴承的内圈孔径，是轴承的公称内径，用两位数表示。

当代号数字为00、01、02、03时，分别表示内径 $d=10$ mm，12 mm，15 mm，17 mm。

当代号数字为04到99时，代号数字乘以“5”，即为轴承内径。

2）前置代号和后置代号

前置代号和后置代号是轴承在结构形状、尺寸、公差、技术要求等有改变时，在其基本代号左、右添加的补充代号。具体情况可查阅有关的国家标准。

轴承代号标记示例：

6208　含义：第一位数6表示类型代号，为深沟球轴承。第二位数2表示尺寸系列代号，宽度系列代号0省略，直径系列代号为2。后两位数08表示内径代号，$d=8\times5=40$ mm。

N2110　含义：第一个字母N表示类型代号，为圆柱滚子轴承。第二、三两位数21表示尺寸系列代号，宽度系列代号为2，直径系列代号为1。后两位数10表示内径代号，内径 $d=10\times5=50$ mm。

任务实施

滚动轴承的画法：

国家标准GB/T 4459.6—1998对滚动轴承的画法做了统一规定，有简化画法和规定画法，简化画法又分为通用画法和特征画法两种。常用滚动轴承的比例画法见表6－12。

表 6-12 常用滚动轴承的比例画法

轴承类型	结构形式	通用画法	特征画法	规定画法
		均指滚动轴承在所属装配图的剖视图中的画法		
深沟球轴承 GB/T 276—2013 6000 型	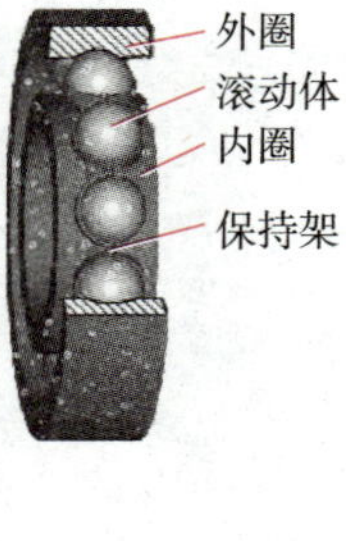		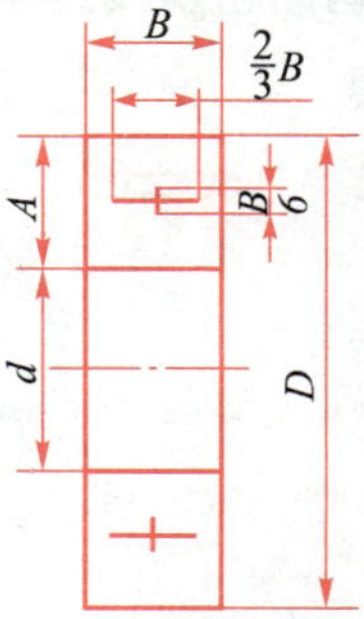	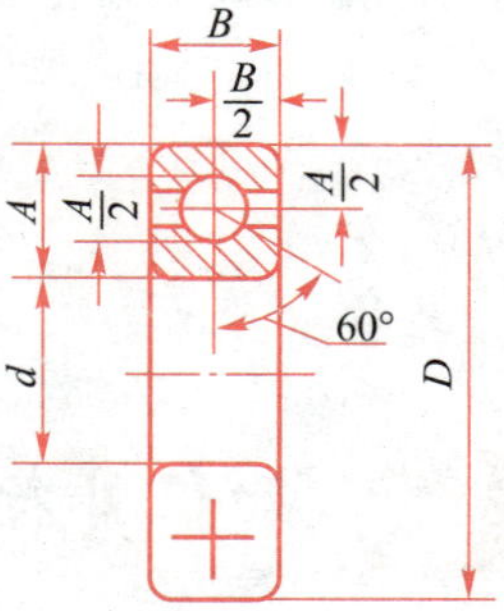
圆锥滚子轴承 GB/T 276—2013 30000 型		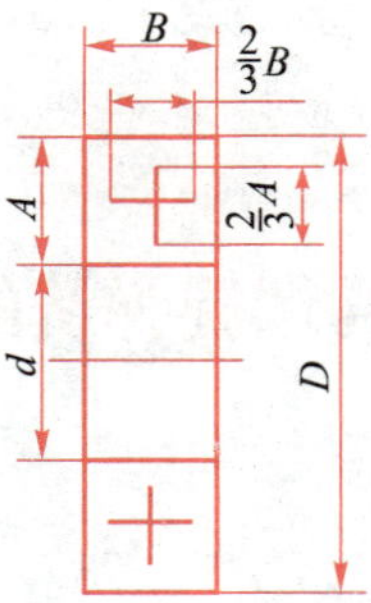	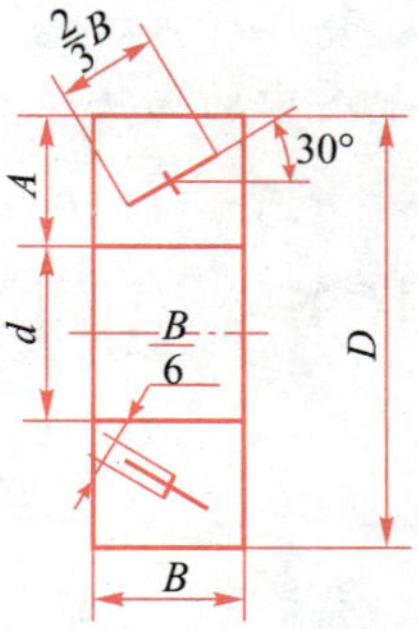	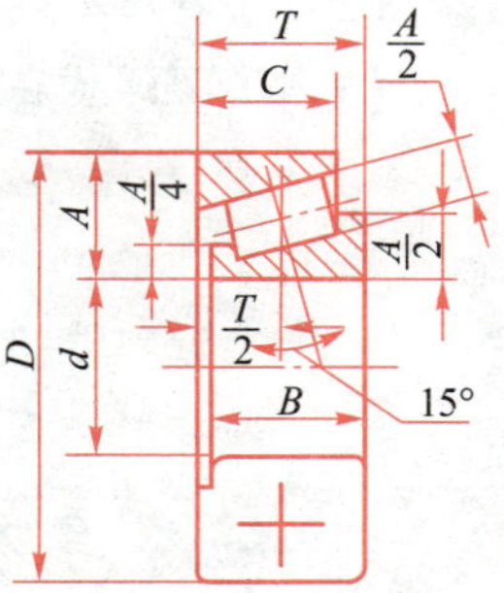
推力球轴承 GB/T 301—1995 51000 型			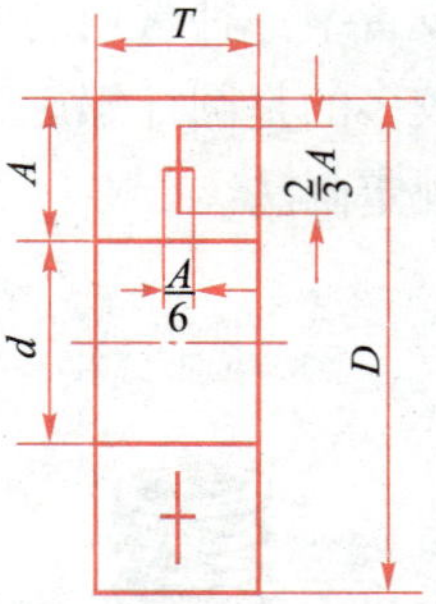	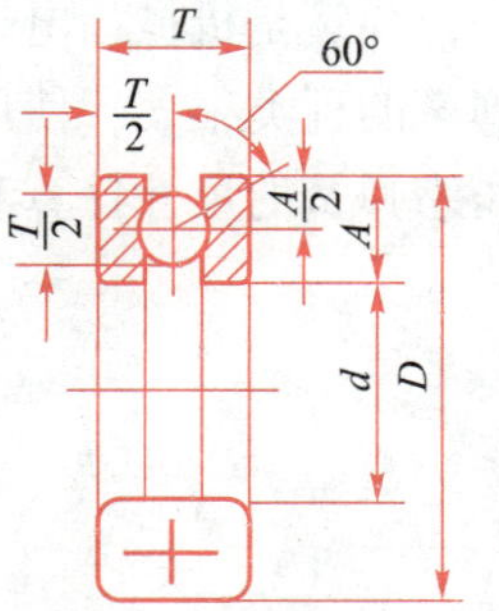

1. 简化画法

用简化画法绘制滚动轴承时，应采用通用画法和特征画法。但在同一图样中，一般只采用其中的一种画法。

（1）通用画法。在剖视图中，当不需要确切地表示滚动轴承的外形轮廓、载荷特性、结构特征时，可用矩形线框以及位于线框中央正立的十字形符号来表示。矩形线框和十字形符号均用粗实线绘制，十字形符号不应与矩形线框接触。

（2）特征画法。在剖视图中，如果需要比较形象地表示滚动轴承的结构特征，则可采用在矩形线框内画出其结构要素符号的方法表示。特征画法的矩形线框、结构要素符号均用粗实线绘制。

2. 规定画法

必要时，滚动轴承可采用规定画法绘制。采用规定画法绘制滚动轴承的剖视图时，轴承的滚动体不画剖面线，其各套圈等可画成方向和间隔相同的剖面线，滚动轴承的保持架及倒角等可省略不画。规定画法一般绘制在轴的一侧，另一侧按通用画法绘制。规定画法中各种符号、矩形线框和轮廓线均用粗实线绘制。

项目五　识读弹簧视图

知识目标

(1) 了解圆柱螺旋压缩弹簧的结构、名称，掌握圆柱螺旋压缩弹簧的画法。

(2) 了解压缩弹簧、拉伸弹簧、扭转弹簧的视图、剖视图和示意图的画法。

(3) 了解弹簧在装配图中的画法。

任务　识读圆柱螺旋弹簧的视图

任务导入

弹簧是机械、电气设备中一种常用的零件，主要用于减振、夹紧、储存能量和测力等。弹簧的种类很多，使用较多的是圆柱螺旋弹簧，如图 6 - 41 所示。本任务主要了解圆柱螺旋压缩弹簧的尺寸计算和规定画法。

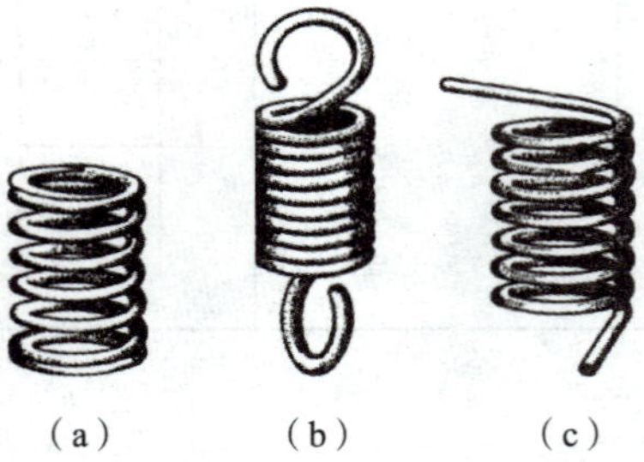

(a)　(b)　(c)

图 6 - 41　圆柱螺旋弹簧

(a) 压缩弹簧；(b) 拉伸弹簧；(c) 扭力弹簧

任务分析

圆柱螺旋弹簧整体可以分为两部分——两端的支撑圈和中间的有效圈，有效圈部分是有规律的重复结构，绘制图可以简化。

相关知识

圆柱螺旋压缩弹簧各部分的名称及代号如图 6－42 所示。

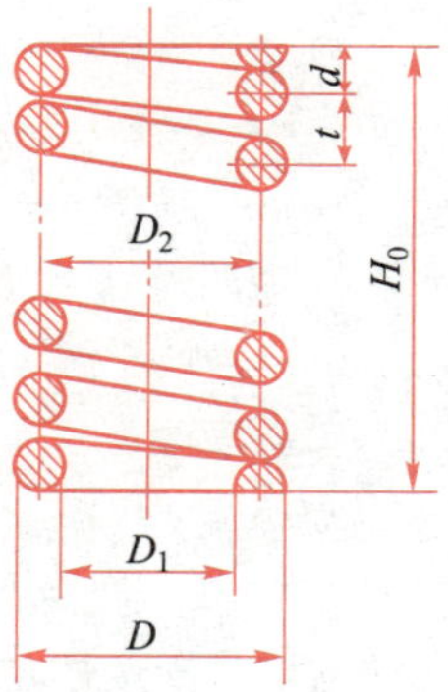

图 6－42　弹簧各部分的名称及代号

（1）簧丝直径 d——制造弹簧所用金属丝的直径。

（2）弹簧外径 D——弹簧的最大直径。

（3）弹簧内径 D_1——弹簧的内孔直径，即弹簧的最小直径，$D_1=D-2d$。

（4）弹簧中径 D_2——弹簧轴剖面内簧丝中心所在柱面的直径，既弹簧的平均直径，$D_2=(D+D_1)/2=D_1+d=D-d$。

（5）有效圈数 n——保持相等节距且参与工作的圈数。

（6）支撑圈数 n_2——为了使弹簧工作平衡，端面受力均匀，制造时将弹簧两端的 $\frac{3}{4}\sim1\frac{1}{4}$ 圈压紧靠实，并磨出支撑平面。这些圈主要起支撑作用，所以称为支撑圈。支撑圈数 n_2 表示两端支撑圈数的总和，一般有 1.5、2、2.5 圈三种。

（7）总圈数 n_1——有效圈数和支撑圈数的总和，即 $n_1=n+n_2$。

（8）节距 t——相邻两有效圈上对应点间的轴向距离。

（9）自由高度 H_0——未受载荷作用时的弹簧高度（或长度），$H_0=nt+(n_2-0.5)d$。

（10）弹簧的展开长度 L——制造弹簧时所需的金属丝长度，$L\approx n_1\sqrt{(\pi D_2)^2+t^2}$。

（11）旋向——与螺旋线的旋向意义相同，分为左旋和右旋两种。

任务实施

圆柱螺旋压缩弹簧的规定画法：

1. 单个弹簧的画法

GB/T 4459.4—2003 对弹簧的画法做了如下规定：

（1）在平行于螺旋弹簧轴线的投影面的视图中，其各圈的轮廓应画成直线。

（2）有效圈数在四圈以上时，可以每端只画出 1～2 圈（支撑圈除外），其余省略不画。

（3）螺旋弹簧均可画成右旋，但左旋弹簧不论画成左旋或右旋，均需注写旋向“左”字。

（4）螺旋压缩弹簧如要求两端并紧且磨平时，不论支撑圈多少，均按支撑圈 2.5 圈绘制，必要时也可按支撑圈的实际结构绘制。

弹簧的表示方法有剖视、视图和示意画法，如图 6－43 所示。

圆柱螺旋压缩弹簧的画图步骤如图 6－44 所示。

2. 装配图中弹簧的简化画法

在装配图中，弹簧被看作实心物体，因此，被弹簧挡住的结构一般不画出。可见部分应画至弹簧的外轮廓或弹簧的中径处，如图 6－45（a）、（b）所示。

当簧丝直径在图形上小于或等于 2 mm 并被剖切时，其剖面可以涂黑表示，如图 6－45（b）所示。也可采用示意画法，如图 6－45（c）所示。

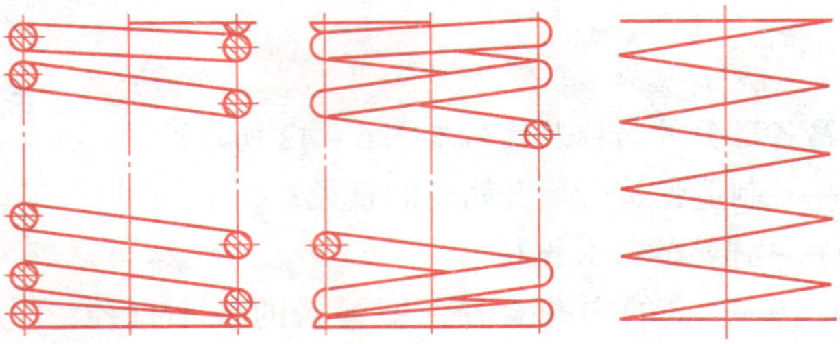

（a）　　（b）　　（c）

图 6－43　圆柱螺旋压缩弹簧的表示法

（a）剖视；（b）视图；（c）示意图

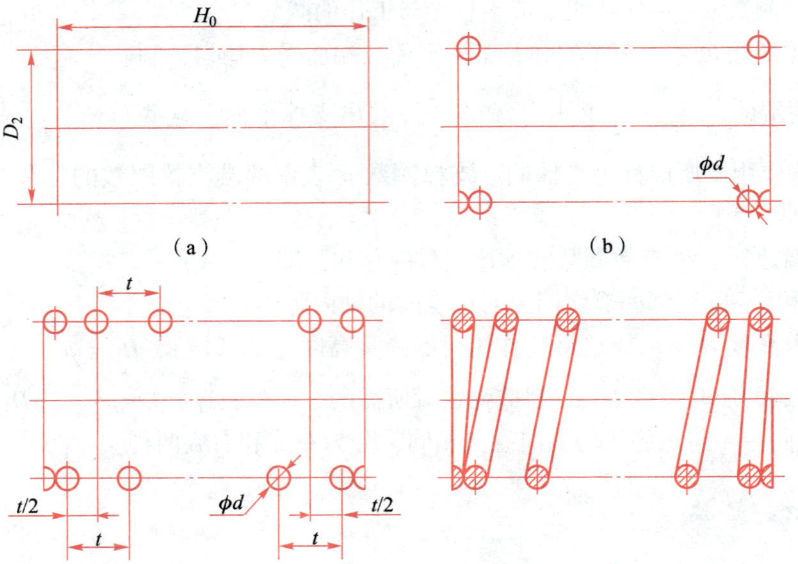

（a）　　（b）

（c）　　（d）

图 6－44　圆柱螺旋压缩弹簧的画图步骤

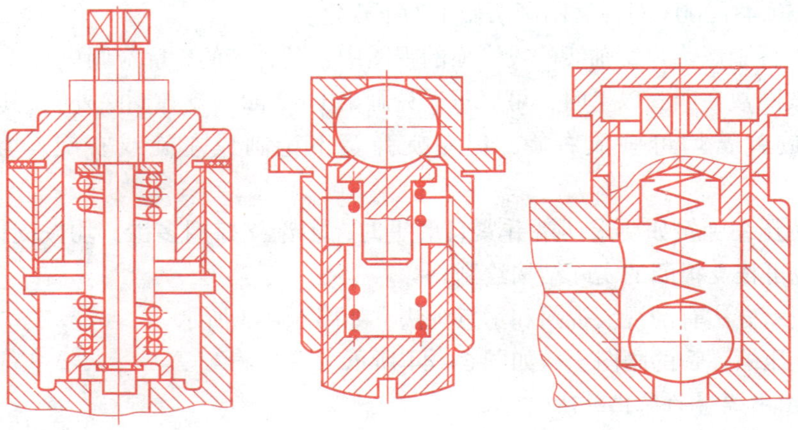

（a）　　（b）　　（c）

图 6－45　装配图中弹簧的画法

（a）被弹簧遮挡处的画法；（b）簧丝断面涂黑；（c）簧丝示意画法

模块七　识读与绘制零件图

项目一　认识零件图

知识目标

(1) 掌握零件图的组成部分。
(2) 探讨零件的主视图选择原则和最佳表达方案。

任务1　认识零件图

任务导入

认识图7－1所示主轴零件图。

任务分析

表达零件结构、大小及技术要求的图样称为零件图。零件图是生产中指导制造和检验零件的主要技术文件，它不仅要把零件的内、外结构形状和大小表达清楚，还需要对零件的材料、加工、检验、测量等提出必要的技术要求，零件图必须包含制造和检验零件的全部技术资料。

任务实施

可以看出，一张完整的零件图应该包括以下四部分内容：

1. 一组视图

在零件图中，用一组视图来表达零件的形状和结构，应根据零件的结构特点，选择适当的视图、剖视、断面及其他规定画法，正确、完整、清晰地表达零件的各部分形状和结构。如图7－1中的主视图和局部放大图，其中主视图采用了局部剖视的画法。

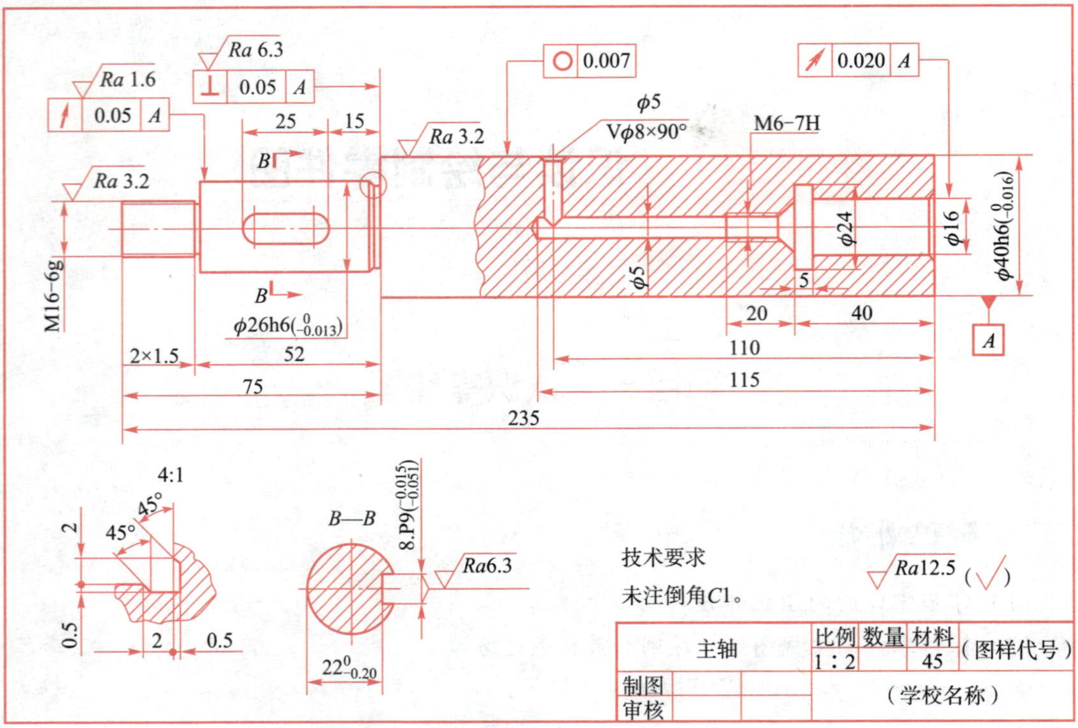

图 7-1 主轴零件图

2. 完整尺寸

正确、完整、清晰、合理地注出制造和检验零件时所需要的全部尺寸，以确定零件各部分的形状大小和相对位置。

3. 技术要求

用规定的代号、数字、文字等，表示零件在制造和检验过程中应达到的一些技术指标。例如表面粗糙度、尺寸公差、形位公差、材料及热处理等。这些要求有的可以用符号注写在视图上。技术要求的文字一般注写在标题栏上方图纸空白处。

4. 标题栏

在零件图的右下角，用于注明零件的名称、数量、使用材料、绘图比例、设计单位和设计人员等内容的专用栏目。

知识拓展　视图的选择

1. 主视图的选择

主视图是一组视图的核心，是表达零件形状的主要视图。主视图选择恰当与否，将直接影响整个表达方法和其他视图的选择。因此，确定零件的表达方案，首先应选择主视图。

主视图的选择应从投射方向和零件的安放状态两个方面来考虑。

选择最能反映零件形状特征的方向作为主视图的投射方向，如图 7-2 所示。

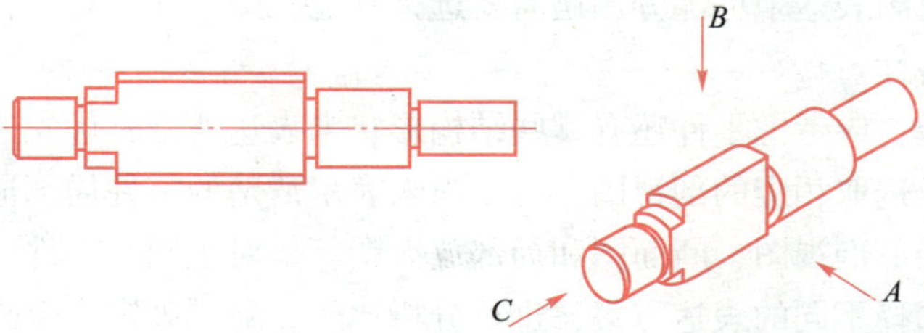

A向为主视图投射方向较好

图 7－2　主视图的投射方向

确定零件的放置状态应考虑以下原则：

1）加工位置原则

加工位置原则是指主视图按照零件在机床上加工时的装夹位置放置，应尽量与零件主要加工工序中所处的位置一致。例如，加工轴、套、圆盘类零件，大部分工序是在车床和磨床上进行的，为了使工人在加工时读图方便，主视图应将其轴线水平放置，如图 7－3 所示。

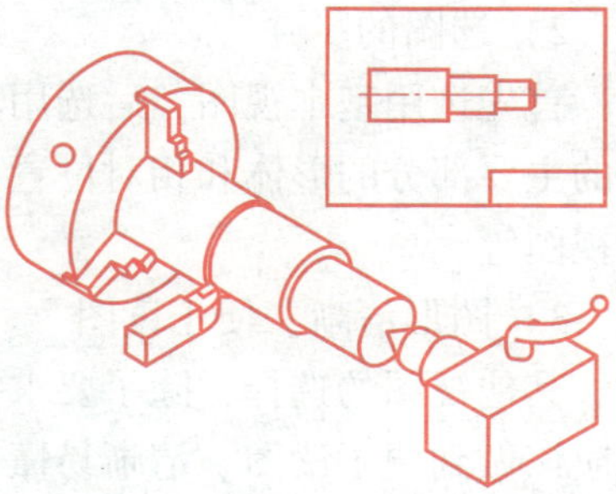
图 7－3　加工位置原则

2）工作位置原则

工作位置原则是指主视图按照零件在机器中工作的位置放置，以便把零件和整个机器的工作状态联系起来。对于叉架类、箱体类零件，因为常需经过多种工序加工，且各工序的加工位置也往往不同，故主视图应选择工作位置，以便与装配图对照起来读图，想象出零件在部件中的位置和作用，如图 7－4 所示的吊钩。

3）自然安放位置原则

如果零件的工作位置是斜的，不便按工作位置放置，而加工位置较多，又不便按加工位置放置，这时可将它们的主要部分放正，按自然安放位置放置，以利于布图和标注尺寸，如图 7－5 所示的拨叉零件。

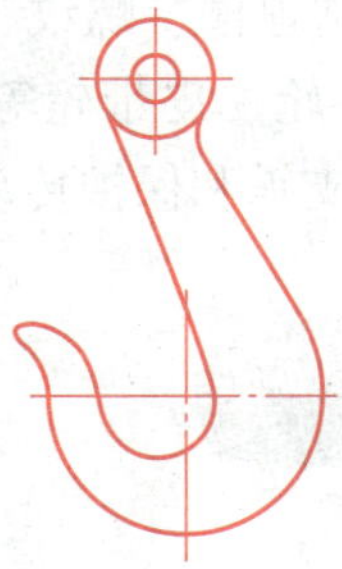
图 7－4　工作位置原则

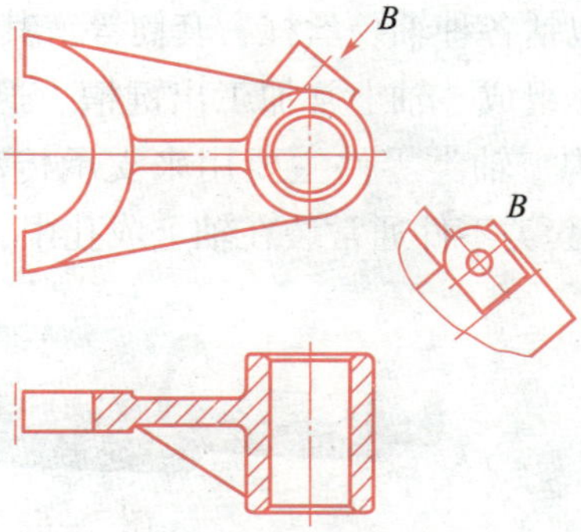

图 7－5　自然安放位置原则

由于零件的形状各不相同，在具体选择零件的主视图时，除考虑上述因素外，还要综合考虑其他视图选择的合理性。

2. 其他视图的选择

主视图选定之后，应根据零件结构形状的复杂程度，采用合理、适当的表达方法，来考虑其他视图，对主视图表达未尽部分，还需要选择其他视图完善其表达，使每一视图都具有其表达的重点和必要性。

其他视图的选择，应考虑零件还有哪些结构形状未表达清楚，优先选择基本视图，并根据零件内部形状等，选取相应的剖视图。对于尚未表示清楚的零件局部形状或细部结构，则可选择局部视图、局部剖视图、断面图和局部放大图等。对于同一零件，特别是结构形状比较复杂的零件，可选择不同的表达方案，进行分析比较，最后确定一个较好的方案。

具体选用时，应注意以下几点。

1）视图的数量

所选的每个视图都必须具有独立存在的意义及明确的表示重点，并应相互配合、彼此互补，既要防止视图数量过多、表达松散，又要避免将表示方法过多集中在一个视图上。

2）选图的步骤

首先选用基本视图，后选用其他视图（剖视、断面等表示方法应兼用）；先考虑表达零件的主要部分的形体和相对位置，然后再解决细节部分。根据需要增加向视图、局部视图和斜视图等。

3）图形清晰、便于读图

其他视图的选择，除了要求把零件各部分的形状和它们的相互关系完整地表达出来外，还应该做到便于读图、清晰易懂，且尽量避免使用虚线。

在初选的基础上进行精选，以确定一组合适的表达方案，在准确、完整表示零件结构形状的前提下，使视图的数量最少。

3．常用典型零件的视图选择

零件的形状虽然千差万别，但根据它们在机器（或部件）中的作用和形状特征，通过比较、归纳，零件的种类按其结构特点等，大体可分为轴套类、盘盖类、叉架类和箱体类等类型。讨论各类零件的结构、表达方法、尺寸标注、技术要求等特点，从中找出共同点和规律，可作为绘制和阅读同类零件图时的参考。

1）轴套类零件

轴套类零件包括各种轴、丝杠、套筒等。其基本形状一般为同轴的细长回转体，由不同直径的数段回转体组成。轴上常加工出键槽、退刀槽、砂轮越程槽、螺纹、销孔、中心孔、倒角和倒圆等结构。轴类零件主要用来支承传动零件（如齿轮、皮带轮等）和传递动力，如图7－6所示；套类零件通常装在轴上或孔中，用来定位、支承和保护传动零件等。

图7－6　主轴

（1）选择主视图。

轴套类零件一般在车床和磨床上加工，按加工位置确定主视图，轴线水平放置，键槽和孔结构可以朝前。轴套类零件主要结构形状是回转体，一般只画一个主视图来表示轴上各轴段长度、直径及各种结构的轴向位置。

（2）选择其他视图。

实心轴主视图以显示外形为主，局部孔、槽、凹坑可采用局部剖视图表达。键槽等结构需画出移出断面图，这样既能清晰表达结构细节，又有利于尺寸和技术要求的标注。当轴较长时，可采用断开后缩短绘制的画法。必要时，有些细部结构可用局部放大图表达。轴的零件图如图 7－7 所示。

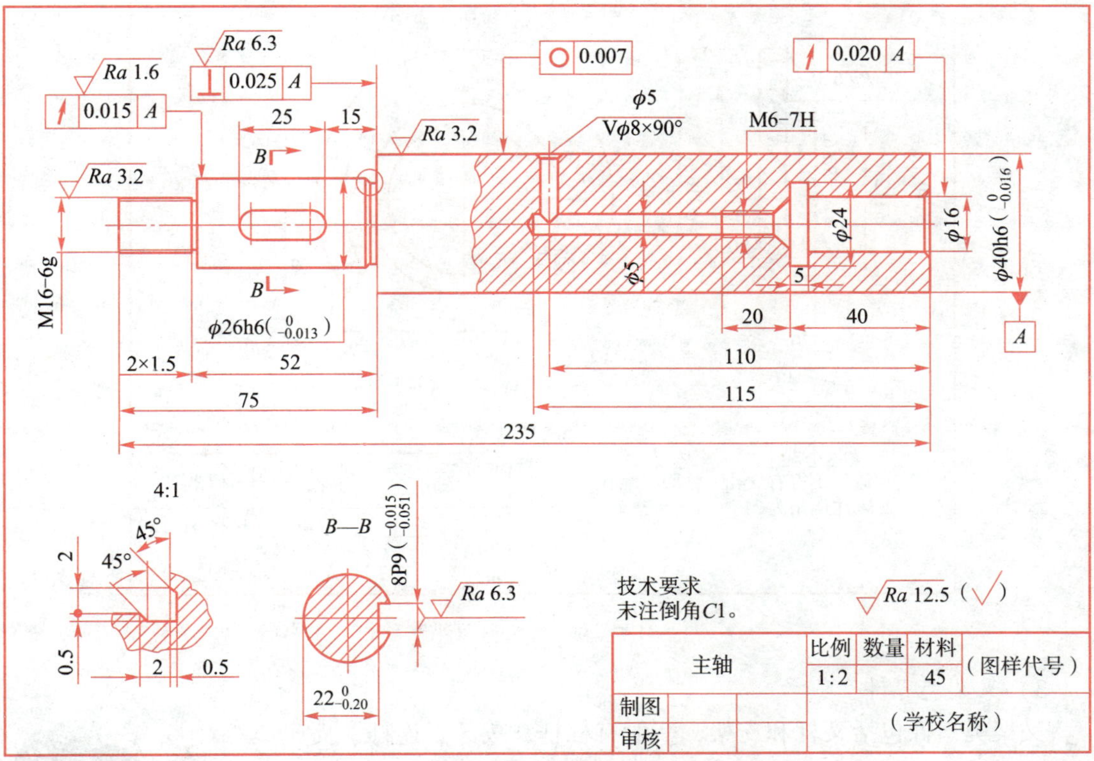

图 7－7　轴类零件

2）盘盖类零件

盘盖类零件一般包括法兰盘、端盖、阀盖和各种轮子等，其基本形状为扁平的盘状。它们的主要结构大多有回转体，径向尺寸一般大于轴向尺寸，通常还带有各种形状的凸缘、圆孔和肋板等局部结构，可起支承、定位和密封等作用，如图 7－8 轴承盖所示。

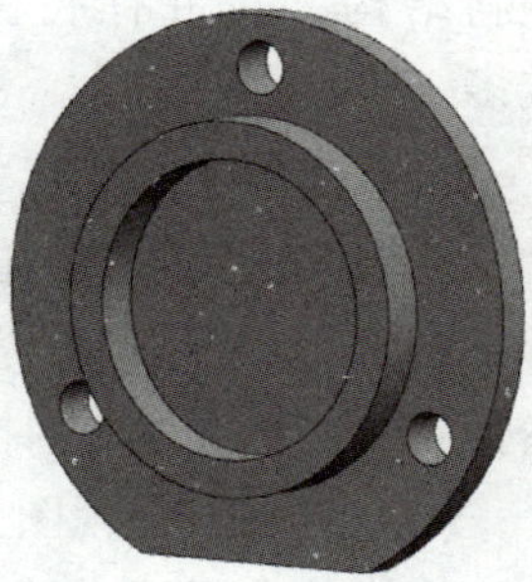
图 7－8　轴承盖

(1）选择主视图。

盘盖类零件的毛坯有铸件或锻件，机械加工以车削为主，对于圆盘，一般将中心轴线水平放置，与车削、磨削时的加工状态一致，主视图符合加工位置原则，便于加工者读图，并采用全剖视图（由单一剖切面或几个相交的剖切面等剖切获得）。对于非圆盘，主视图一般符合工作位置原则，如图 7－9 所示。根据结构特点，视图具有对称面时，可作半剖视；无对称面时，可作全剖或局部剖视。

(2）选择其他视图。

一个基本视图不能完整表达零件的内外结构，必须增加其他视图。用另一视图表达孔、槽的分布情况。某些局部细节需用局部放大图表示。其他结构形状如轮辐和肋板等可用移出断面或重合断面，也可用简化画法。如图 7－9 所示轴承盖就增加了一个左视图，以表达下方平面及 3 个均匀分布的通孔。

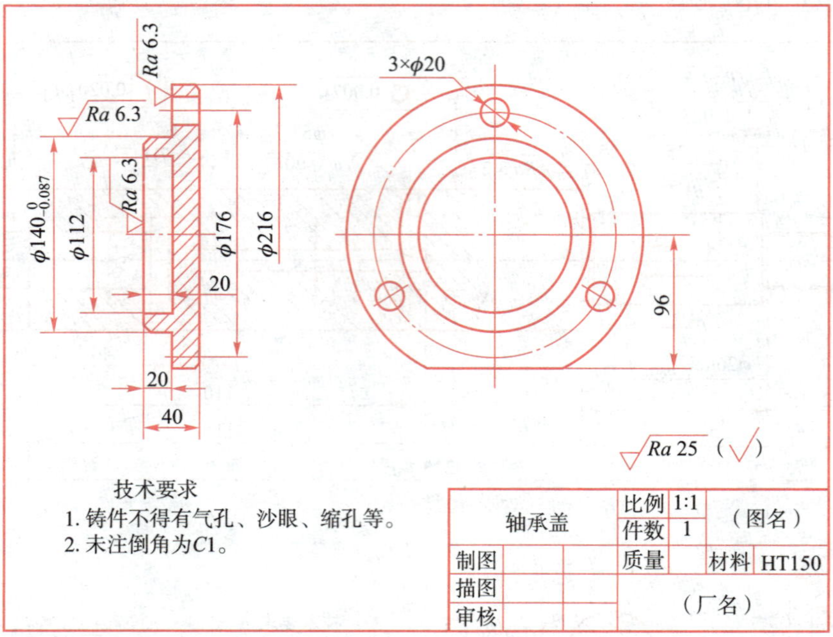

图 7－9　盘盖类零件

3）叉架类零件

叉架类零件包括叉杆和支架，一般有杠杆、拨叉、连杆、支座等零件，通常起传动、连接和支撑等作用，多为铸件或锻件，如图 7－10 所示。叉架类零件形状不规则，外形比较复杂，常有弯曲或倾斜结构，并带有底板、肋板、轴孔、螺孔等结构，加工位置较多。

图 7－10　脚踏支架

（1）选择主视图。

叉架类零件的加工位置较难区别主次，因此，主视图一般按工作位置放置，当工作位置倾斜或不固定时，可将主视图摆正，按自然安放位置，主视图的投射方向主要考虑其形状特征。

（2）选择其他视图。

其他基本视图多用局部剖视图，兼顾表达叉架类零件的内、外结构形状。常常需要两个或两个以上的基本视图，因常有形状扭斜的结构，仅用基本视图往往不能完整表达真实形状，故常用斜视图、局部视图等表达方法。对肋板结构用断面图表示。当杆类零件较长时，可采用断开后缩短绘制的画法。如图 7－11 所示的脚踏支架，采用左视图表达安装板左侧的形状、肋板和轴承孔的宽度，以及它们的相对位置，用移出断面图表达肋板的断面形状。

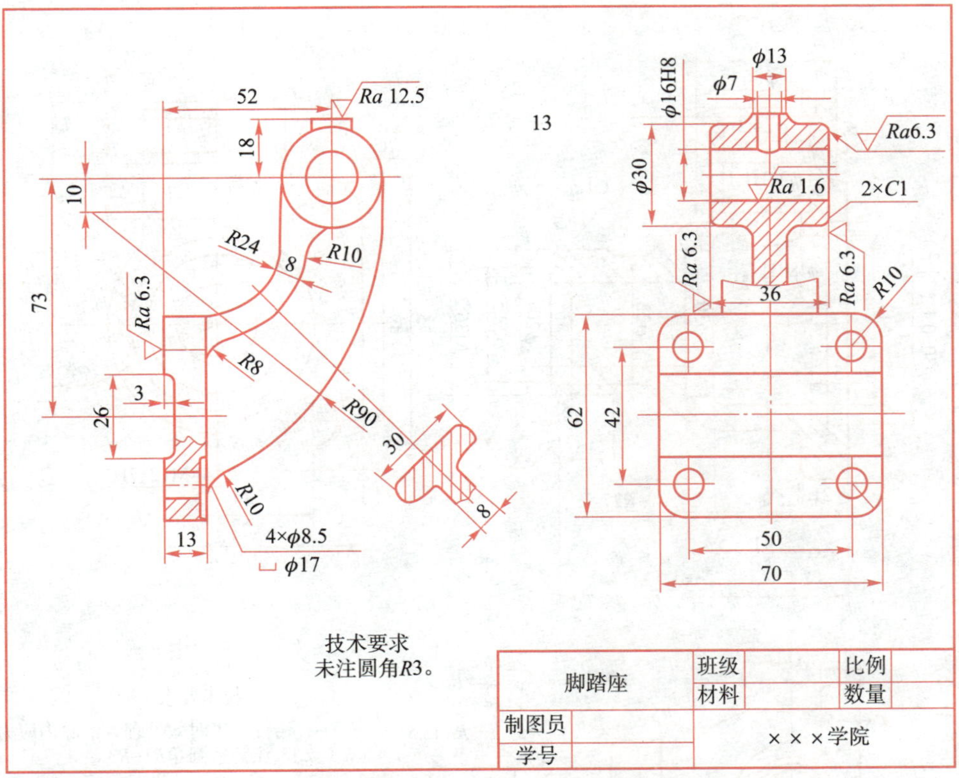

图 7－11　叉架类零件

4）箱体类零件

箱体类零件一般有箱体、泵体、阀体、阀座等。箱体类零件是用来支撑、包容、密封和保护运动着的零件或其他零件的，多为铸件，如图 7－12 所示。

图 7－12　阀体

（1）选择主视图。

一般来说，箱体类零件的结构比较复杂，加工位置较多，为了清楚地表达其复杂的内、外结构和形状，所采用的视图较多。箱体类零件的功能特点决定了其结构和加工要求的重点在于内腔，所以大量地采用剖视画法。在选择主视图时，主要考虑其内外结构特征和工作位置。

（2）选择其他视图。

选择其他基本视图、剖视图等多种形式来表达零件的内部和外部结构，为表达完整和减少视图数量，可适当地使用虚线，但要注意不可多用。如图 7－13 所示的阀体，球形主体结构的左端是方形凸缘，右端和上部都是圆柱凸缘，凸缘内部的阶梯孔与中间的球形空腔相通。用三个基本视图表达它的内、外形状。主视图采用全剖视图，主要表达内部结构形状。俯视图表达外形。左视图采用 *A—A* 半剖视图，补充表达内部形状及安装底板的形状。

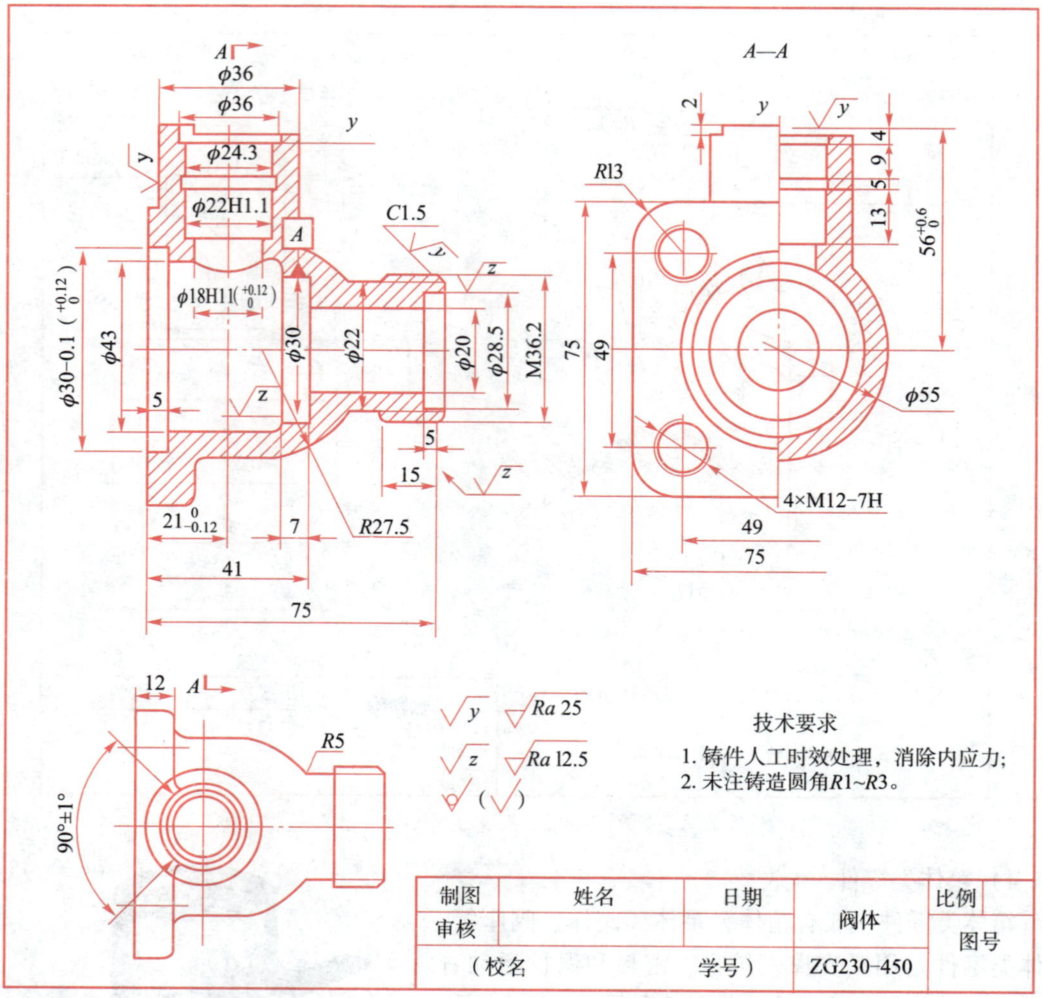

图 7-13　箱体类零件

项目二　机械图样中的技术要求

知识目标

(1) 掌握零件图的组成部分。

(2) 掌握零件图的尺寸标注要求。

(3) 掌握零件图的表面粗糙度要求。

(4) 掌握零件图的几何形位公差要求。

任务1　机械图样中的表面结构要求要求

任务导入

根据如下要求在图7－14所示在支承轴上标注表面结构要求。

（1）ϕ48圆柱面表面结构要求为 *Ra*1.6 μm，两侧面为 *Ra* 0.8 μm；

（2）两处 ϕ18圆柱面的表面结构要求为 *Ra*1.6 μm；

（3）ϕ16圆柱面的表面结构要求为 *Ra*3.2 μm；

（4）键槽两侧面的表面结构要求为 *Ra*6.3 μm；

（5）其余各表面的表面结构要求为 *Ra*12.5 μm。

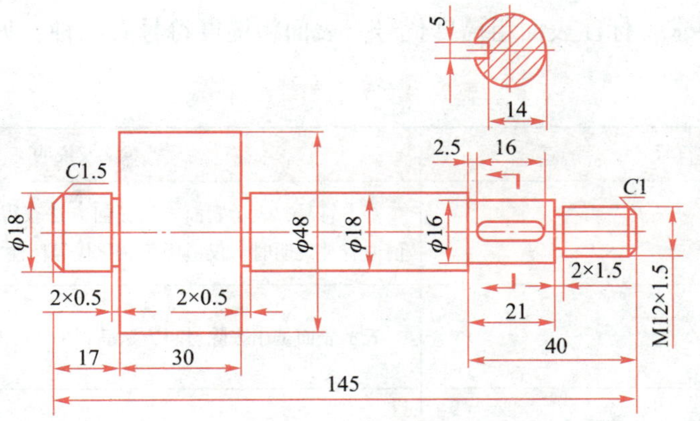

图7－14　支承轴

任务分析

（1）零件图上为什么要标技术要求？

（2）你知道哪些技术要求？

（3）该零件各表面用何种方法加工？

（4）表面结构参数有哪几种？

（5）表面结构要求中的 *Ra* 值是何参数？

相关知识

1. 认识表面粗糙度

零件的表面，无论采用哪种方法加工，都不可能绝对光滑、平整，将其置于显微镜下观察，都将呈现出不规则的高低不平的状况，高起的部分称为峰，低凹的部分称为谷，这种表面上具有较小间距的峰谷所组成的微观几何形状特性，称为表面粗糙度，如图7－15所示。这是由于加工零件时，刀具在零件表面上留下刀痕和切削时金属的塑性变形等影响，使零件表面存在着间距较小的轮廓峰谷。

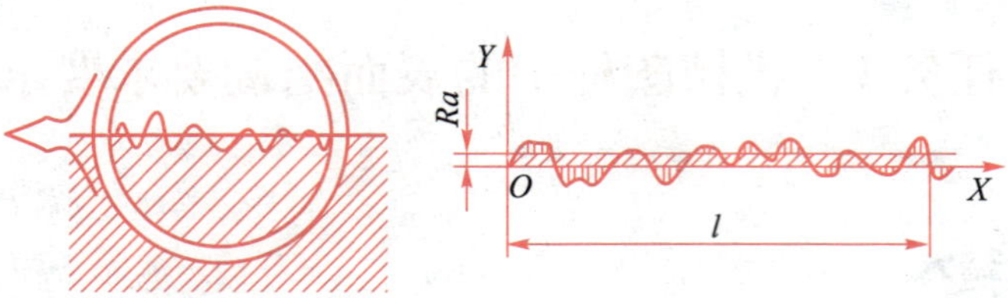

图 7－15　表面粗糙度

表面粗糙度反映了零件表面的加工质量，它对零件的耐磨性、耐腐蚀性、配合精度、疲劳强度及接触刚度和密封性等都有较大影响。国家标准规定了零件表面粗糙度的评定参数，应在满足零件表面功能要求的前提下，合理地选择表面粗糙度的参数值。一般来说，凡零件上有配合要求或有相对运动的表面，零件表面质量要求较高。

2. 表面粗糙度代号

表面粗糙度用代号标注在图样上，代号由符号、数字及说明文字组成。在零件的每个表面，都应按设计要求，标注表面粗糙度代号。表面粗糙度符号有三种，见表 7－1。

表 7－1　表面粗糙度符号

符号	意义及说明
	基本符号，表示表面可用任何方法获得，当不加注粗糙度参数值或有关说明时，仅适用于简化代号标注
	表示表面是用去除材料方法获得的
	表示表面是用不去除材料方法获得的
	在上述三个符号的长边上均可加一横线，用于标注有关参数和说明
	在上述三个符号上均可加一小圆，表示所有表面具有相同的表面粗糙度要求

3. 表面粗糙度的高度评定参数

评定表面粗糙度的高度参数有：轮廓的算术平均偏差 Ra、轮廓的最大高度 Rz 等。这里只介绍最常用的轮廓算术平均偏差 Ra。

轮廓的算术平均偏差 Ra 是指在取样长度内，轮廓偏距 y 绝对值的算术平均值，如图 7－16所示，用公式可表示为：$Ra=\frac{1}{l}\int_0^l |y(x)|\,\mathrm{d}x$。

零件的表面粗糙度高度评定参数轮廓算术平均偏差 Ra 的数值越大，表面越粗糙，零件表面质量越低，加工成本就越低；轮廓算术平均偏差 Ra 的数值越小，表面越光滑，零件表面质量越高，加工成本就越高。因此，在满足零件使用要求的前提下，应合理选用表面粗糙度参数。

4. 表面结构要求在图形符号中的注写位置

为了明确表面结构要求，除了标注表面结构参数和数值外，必要时应标注补充要求，包括传输带、取样长度、加工工艺、表面纹理及方向、加工余量等。这些要求在图形符号中的注写位置如图 7－17 所示。

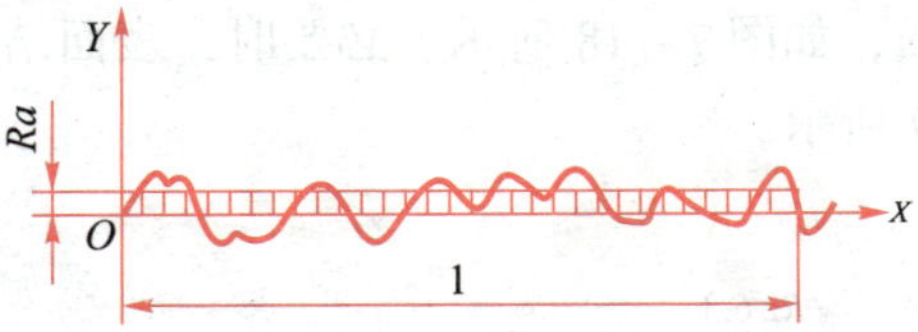

图 7－16　轮廓算术平均偏差图

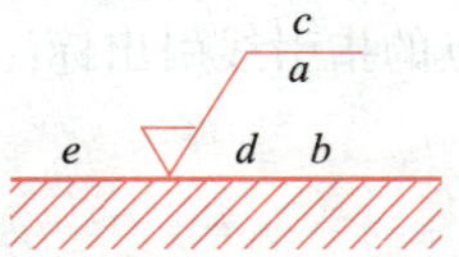

图 7－17　补充要求的注写位置（*a* 到 *e*）

位置 *a*：注写表面结构的单一要求。

位置 *a* 和 *b*：*a* 注写第一表面结构要求；*b* 注写第二表面结构要求。

位置 *c*：注写加工方法，如“车”“磨”“镀”等。

位置 *d*：注写表面纹理方向，如“＝”“*x*”“*M*”。

位置 *e*：注写加工余量。

表面结构符号中注写了具体参数代号及数值等要求后即称为表面结构代号。表面结构代号的示例及含义见表 7－2。

表 7－2　表面结构代号及含义

序号	代号示例	含义/解释
1	*Ra*.0.8	表示不允许去除材料，单向上限值，默认传输带，R 轮廓，算术平均偏差为 0.8 μm，评定长度为 5 个取样长度（默认），“16% 规则（默认）”
2	*Rz*ma×0.2	表示去除材料，单向上限值，默认传输带，R 轮廓，粗糙度最大高度的最大值为 0.2 μm，评定长度为 5 个取样长度（默认），“最大规则”
3	0.008~0.8/*Ra*.3.2	表示去除材料，单向上限值，传输带 0.008～0.8 mm，R 轮廓，算术平均偏差为 3.2 μm，评定长度为 5 个取样长度（默认），“16% 规则（默认）”
4	−0.8/*Ra* 3.2	表示去除材料，单向上限值，传输带：根据 GB/T 6062—2009，取样长度为 0.8 mm（λ，默认 0.002 5 mm），R 轮廓，算术平均偏差为 3.2 μm，评定长度包含 3 个取样长度，“16% 规则（默认）”
5	U *Ra*ma×3.2 L *Ra* 0.8	表示不允许去除材料，双向极限值，两极限值均使用默认传输带，R 轮廓，上限值：算术平均偏差为 3.2 μm，评定长度为 5 个取样长度（默认），“最大规则”；下限值：算术平均偏差为 0.8 μm，评定长度为 5 个取样长度（默认），“16% 规则（默认）”

5. 表面结构要求在图样中的注法

（1）表面结构要求对每一表面一般只注一次，并尽可能注在相应的尺寸及其公差的同一视图上。除非另有说明，所标注的表面结构要求是对完工零件表面的要求。

（2）表面结构的注写和读取方向与尺寸的注写和读取方向一致。表面结构要求可标注在轮廓线上，其符号应从材料外指向接触表面，如图 7－18 所示。必要时，表面结构也可用带箭头或黑点的指引线引出标注，如图 7－19 所示。

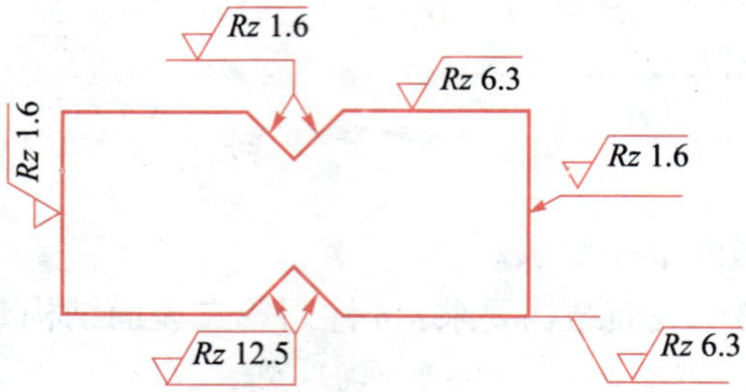

图 7－18　表面结构要求在轮廓线上的标注

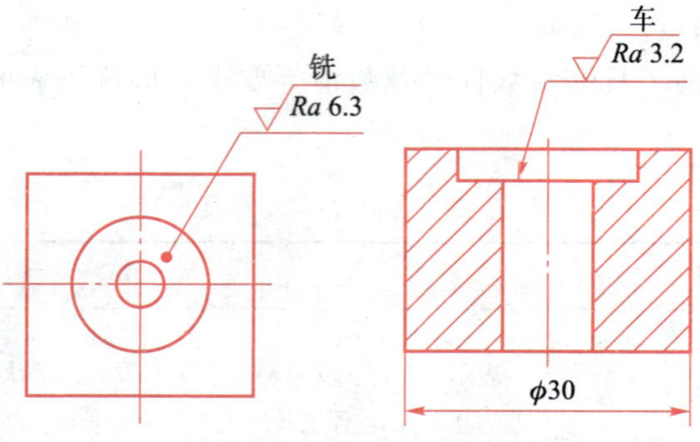

图 7－19　用指引线引出标注表面结构要素

（3）在不致引起误解时，表面结构要求可以标注在给定的尺寸线上，如图 7－20 所示。

（4）表面结构要求可标注在形位公差框格的上方，如图 7－21 所示。

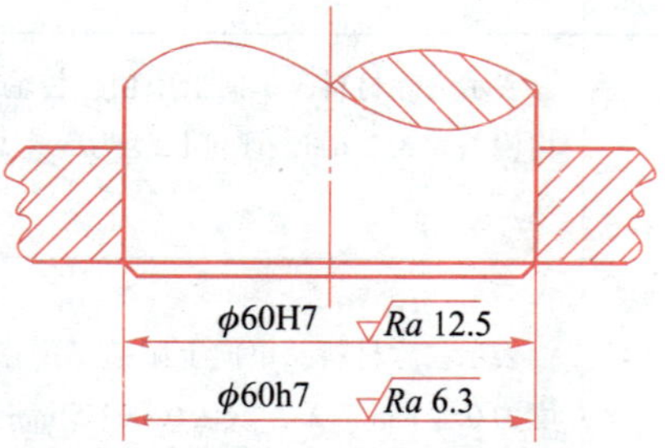

图 7－20　表面结构要求标注在尺寸线上

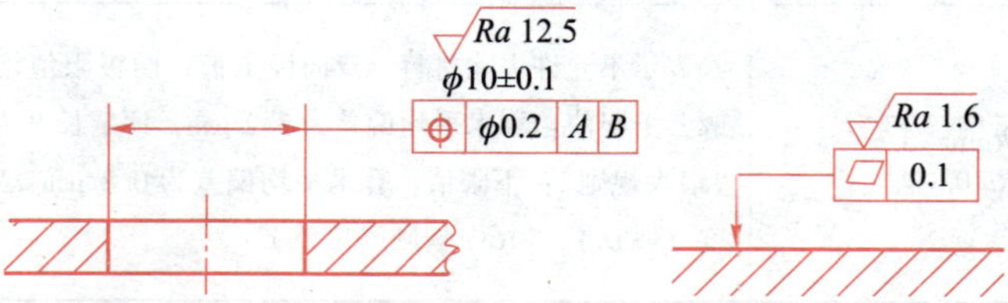

图 7－21　表面结构要求标注在形位公差框格的上方

(5) 圆柱和棱柱表面的表面结构要求只标注一次，如图 7-22 所示。如果每个棱柱表面有不同的表面要求，则应分别单独标注，如图 7-23 所示。

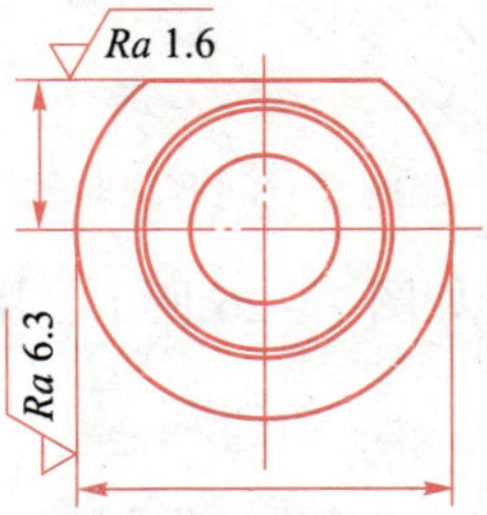

图 7-22　表面结构要求标注在圆柱特征的延长线上

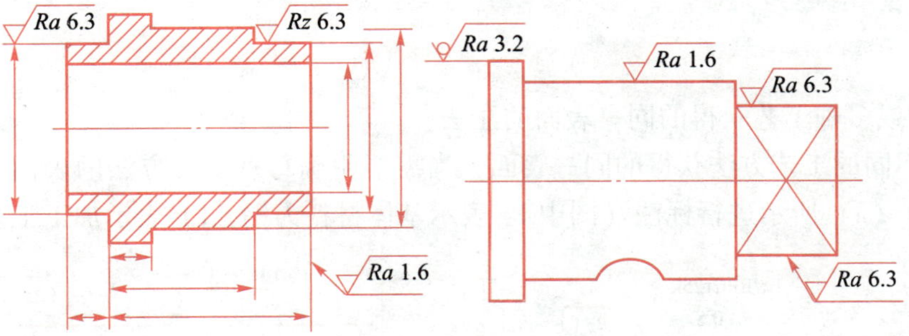

图 7-23　圆柱和棱柱的表面结构要求的注法

6. 表面结构要求在图样中的简化注法

1) 有相同表面结构要求的简化注法

如果在工件的多数（包括全部）表面有相同的表面结构要求时，则其表面结构要求可统一标注在图样的标题栏附近。此时，表面结构要求的符号后面应有：在圆括号内给出无任何其他标注的基本符号，如图 7-24 (a) 所示；在圆括号内给出不同的表面结构要求，如图 7-24 (b) 所示。不同的表面结构要求应直接标注在图形中，如图 7-24 所示。

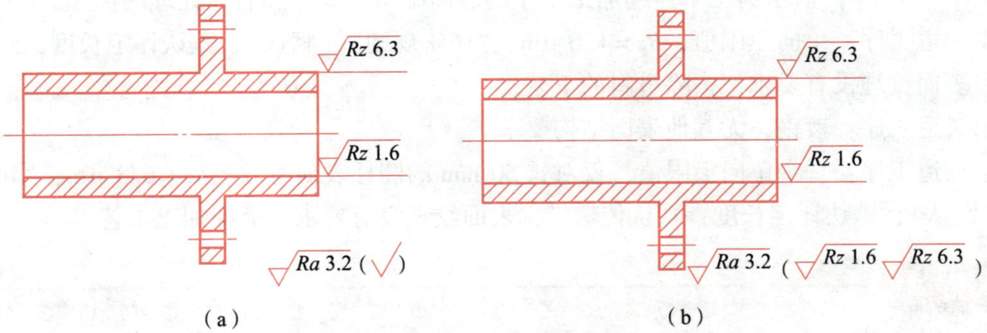

图 7-24　大多数表面有相同表面结构要求的简化注法

2) 多个表面有共同要求的注法

用带字母的完整符号的简化注法。如图 7-25 所示，用带字母的完整符号，以等式的形式，在图形或标题栏附近，对有相同表面结构要求的表面进行简化标注。

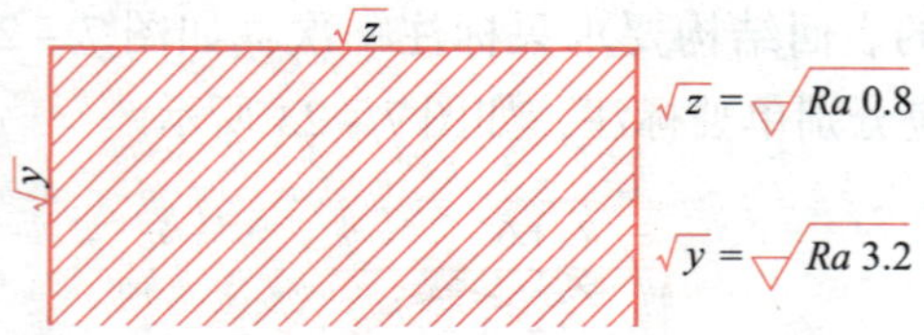

图 7－25　当图纸空间有限时的简化注法

只用表面结构符号的简化注法。如图 7－26 所示，用表面结构符号，以等式的形式给出对多个表面共同的表面结构要求。

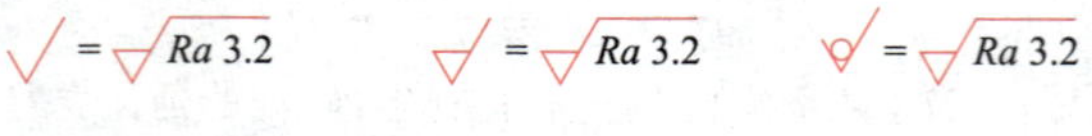

（a）　（b）　（c）

图 7－26　多个表面结构要求的简化注法

（a）未指定工艺方法；（b）要求去除材料；（c）不允许去除材料

3）两种或多种工艺获得的同一表面的注法

由几种不同的工艺方法获得的同一表面，当需要明确每种工艺方法的表面结构要求时，可按图 7－27（a）所示进行标注（图中 Fe 表示基体材料为钢，EP 表示加工工艺为电镀）。

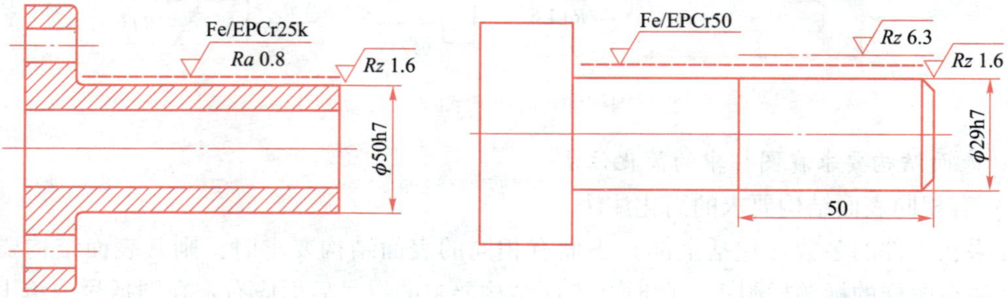

（a）　（b）

图 7－27　多个工艺获得同一表面的注法

图 7－27（b）所示为三个连续加工工序的表面结构、尺寸和表面处理的标注。

第一道工序：单向上限值，Rz = 1.6 μm，“16% 规则”（默认），默认评定长度，默认传输带，表面纹理没有要求，去除材料的工艺。

第二道工序：镀铬，无其他表面结构要求。

第三道工序：一个单向上限值，仅对长 50 mm 的圆柱表面有效，Rz = 6.3 μm，“16% 规则”（默认），默认评定长度，默认传输带，表面纹理没有要求，磨削加工工艺。

小提示

（1）表面结构符号的方向与尺寸的方向一致；

（2）表面结构符号从材料外指向并接触表面；

（3）表面结构符号可以引出标注；

（4）多数表面有相同的表面结构要求时，标注在标题栏附近；

（5）当多个表面具有相同的表面结构要求或图纸空间有限时，可采用简化注法。

任务实施

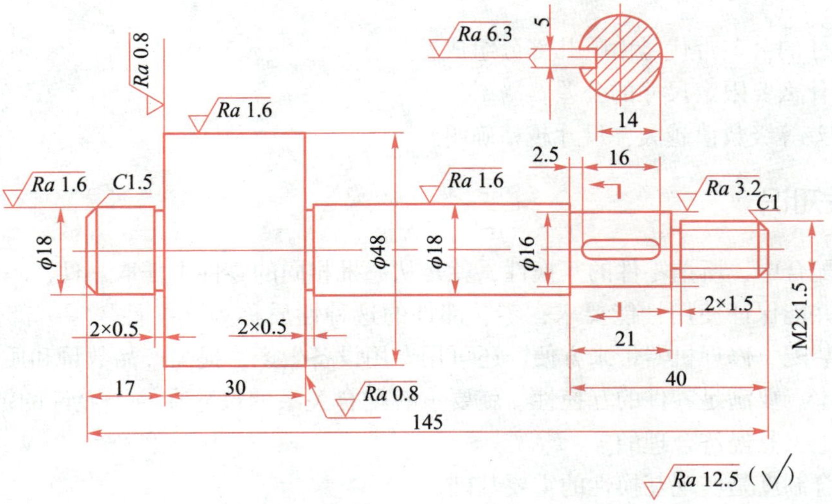

任务2　机械图样中的尺寸公差要求

任务导入

在图 7－28 所示支承轴的视图上标注尺寸公差。

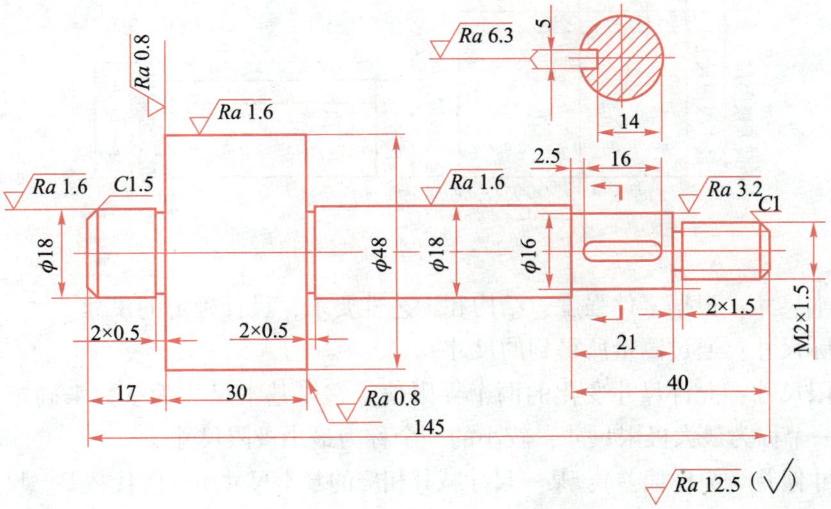

图 7－28　支撑轴

（1）ϕ48、ϕ18、30 的公差带代号为 f7；

（2）ϕ16 的公差带代号为 k6；

（3）键槽宽度尺寸 5 的公差带代号为 N9；

（4）键槽深度尺寸14上偏差为0，下偏差为-0.1。

任务分析

（1）尺寸的公差带代号由哪几部分组成？
（2）为什么要限定尺寸的公差？
（3）公差等级数值越大，尺寸越精确吗？

相关知识

极限与配合中，所谓零件的互换性，就是从一批相同的零件中任取一件，不经修配就能装配使用，并能保证使用性能要求，零、部件的这种性质称为互换性。零、部件具有互换性，不但给装配、修理机器带来方便，还可用专用设备生产，提高产品数量和质量，同时降低产品的成本。要满足零件的互换性，就要求有配合关系的尺寸在一个允许的范围内变动，并且在制造上又是经济合理的。

公差配合制度是实现互换性的重要基础。

1. 尺寸公差

在加工过程中，不可能把零件的尺寸做得绝对准确。为了保证互换性，必须将零件尺寸的加工误差限制在一定的范围内，规定出加工尺寸的可变动量，这种规定的实际尺寸允许的变动量称为公差。

有关公差的一些常用术语如图7-29所示。

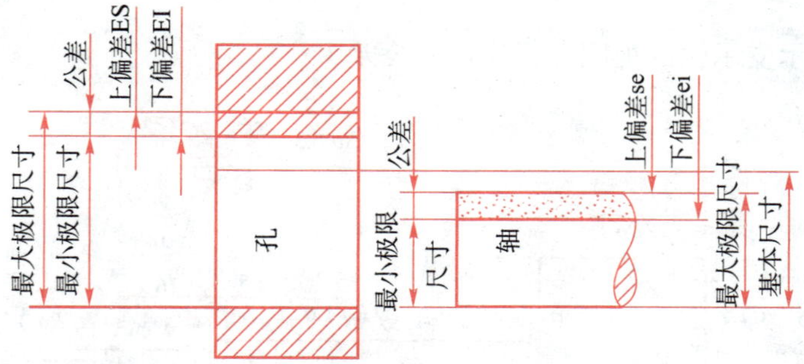

图7-29 尺寸公差术语图解

（1）基本尺寸：根据零件强度、结构和工艺性要求，设计确定的尺寸。

（2）实际尺寸：通过测量所得到的尺寸。

（3）极限尺寸：允许尺寸变化的两个界限值。它以基本尺寸为基数来确定。两个界限值中较大的一个称为最大极限尺寸；较小的一个称为最小极限尺寸。

（4）尺寸偏差（简称偏差）：某一尺寸减其相应的基本尺寸所得的代数差。尺寸偏差有：

上偏差=最大极限尺寸-基本尺寸

下偏差=最小极限尺寸-基本尺寸

上、下偏差统称极限偏差。上、下偏差可以是正值、负值或零。

国家标准规定：孔的上偏差代号为ES，下偏差代号为EI；轴的上偏差代号为es，下偏差代号为ei。

（5）尺寸公差（简称公差）：允许实际尺寸的变动量。

尺寸公差 = 最大极限尺寸 − 最小极限尺寸 = 上偏差 − 下偏差

因为最大极限尺寸总是大于最小极限尺寸，所以尺寸公差一定为正值。

（6）公差带和零线：由代表上、下偏差的两条直线所限定的一个区域称为公差带。为了便于分析，一般将尺寸公差与基本尺寸的关系，按放大比例画成简图，称为公差带图。在公差带图中，确定偏差的一条基准直线称为零偏差线，简称零线，通常零线表示基本尺寸，如图 7－30 所示。

（7）标准公差：用以确定公差带大小的任一公差。国家标准将公差等级分为 20 级：IT01、IT0、IT1 ～ IT18。“IT” 表示标准公差，公差等级的代号用阿拉伯数字表示。IT01 ~ IT18，精度等级依次降低。标准公差等级数值可查有关技术标准。

（8）基本偏差：用以确定公差带相对于零线位置的上偏差或下偏差。一般是指靠近零线的那个偏差。

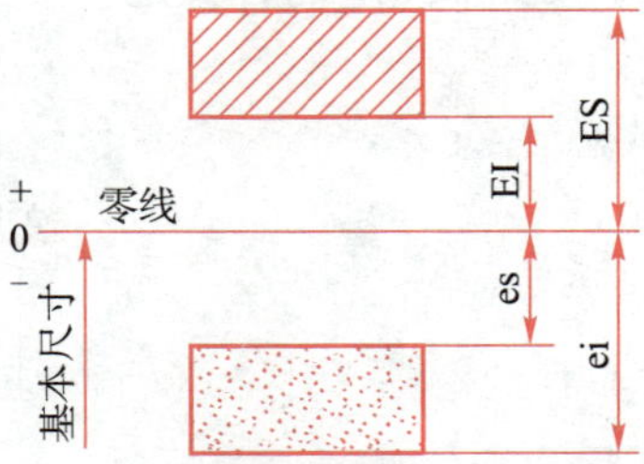

图 7－30　公差带图

根据实际需要，国家标准分别对孔和轴各规定了 28 个不同的基本偏差，基本偏差系列如图 7－31 所示。

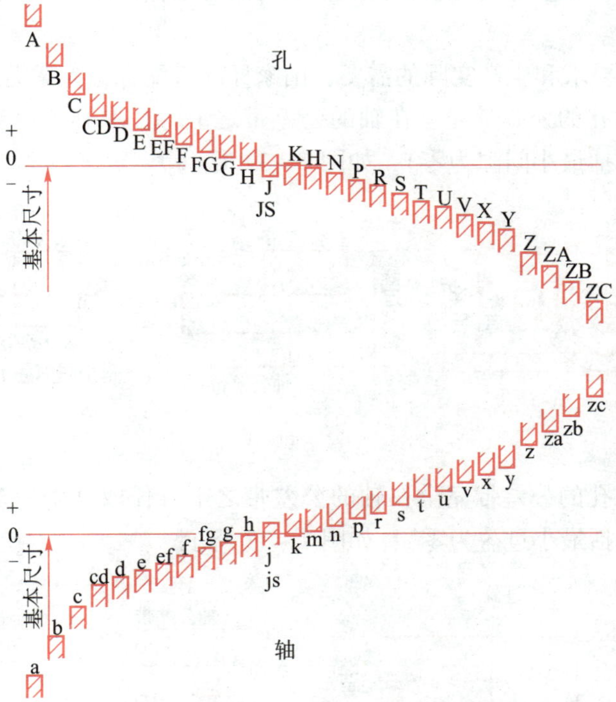

图 7－31　基本偏差系列图

由图 7－31 可知：

基本偏差用拉丁字母表示，大写字母代表孔，小写字母代表轴。

公差带位于零线之上，基本偏差为下偏差；

公差带位于零线之下，基本偏差为上偏差。

（9）孔、轴的公差带代号：由基本偏差与公差等级代号组成，并且要用同一号字母和数字书写。例如 ϕ50H8 的含义是：

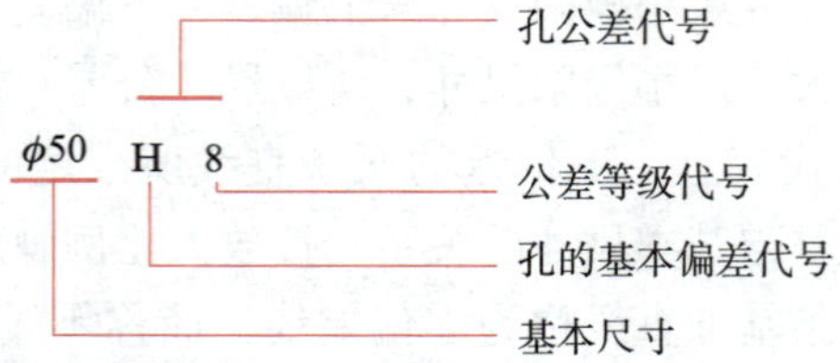

此公差带的全称是：基本尺寸为 ϕ50、公差等级为 8 级、基本偏差为 H 的孔的公差带。

又如 ϕ50f7 的含义是：

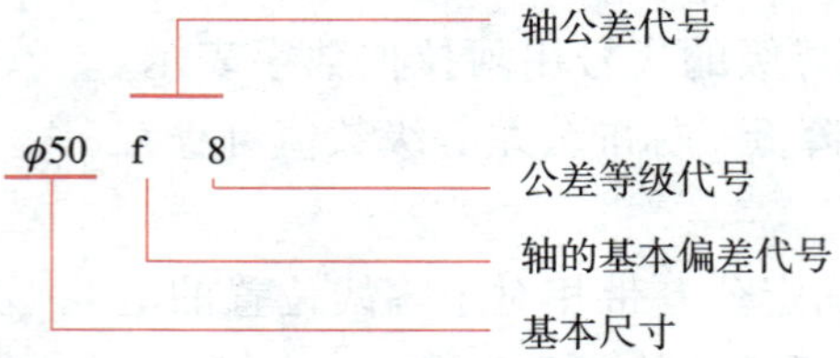

此公差带的全称是：基本尺寸为 ϕ50、公差等级为 8 级、基本偏差为 f 的轴的公差带。

2. 配合

基本尺寸相同，相互结合的孔和轴公差带之间的关系称为配合。

1）配合的种类

根据机器的设计要求和生产实际的需要，国家标准将配合分为三类：

（1）间隙配合。孔的公差带完全在轴的公差带之上，任取其中一对轴和孔相配都成为具有间隙的配合（包括最小间隙为零），如图 7－32 所示。

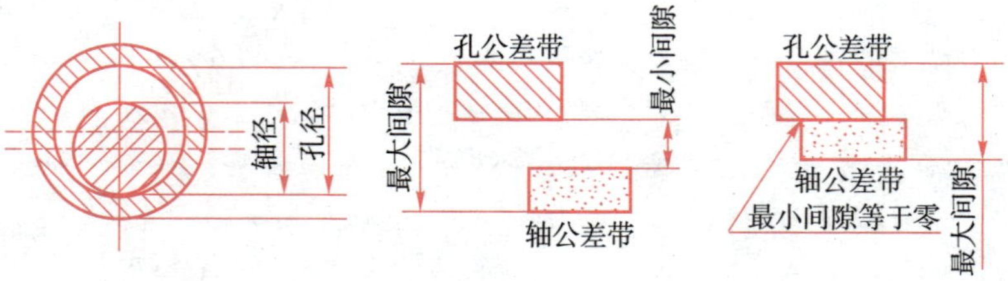

图 7－32 间隙配合

（2）过盈配合。孔的公差带完全在轴的公差带之下，任取其中一对轴和孔相配都成为具有过盈的配合（包括最小过盈为零），如图 7－33 所示。

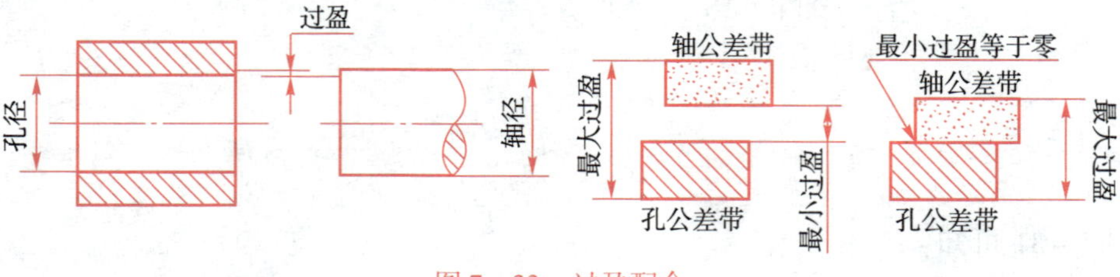

图 7－33 过盈配合

（3）过渡配合。孔和轴的公差带相互交叠，任取其中一对孔和轴相配合，可能具有间隙，也可能具有过盈的配合，如图 7－34 所示。

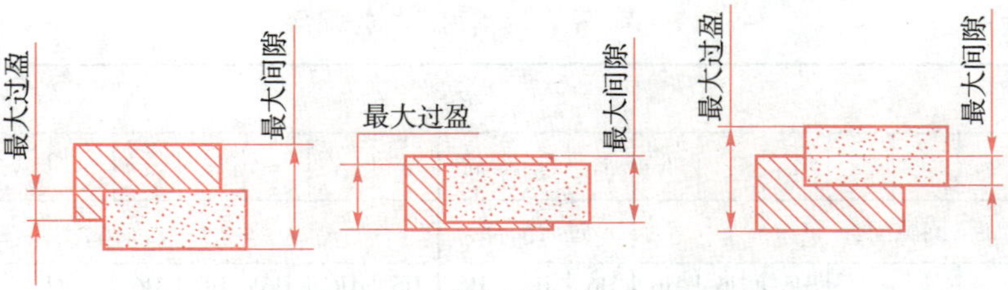

图 7－34　过渡配合

2）配合的基准制

国家标准规定了两种基准制：

(1）基孔制。基本偏差一定的孔的公差带与不同基本偏差的轴的公差带构成各种配合的一种制度称为基孔制。这种制度在同一基本尺寸的配合中，是将孔的公差带位置固定，通过变动轴的公差带位置，得到各种不同的配合，如图 7－35 所示。

基孔制的孔称为基准孔。国标规定基准孔的下偏差为零，“H” 为基准孔的基本偏差。

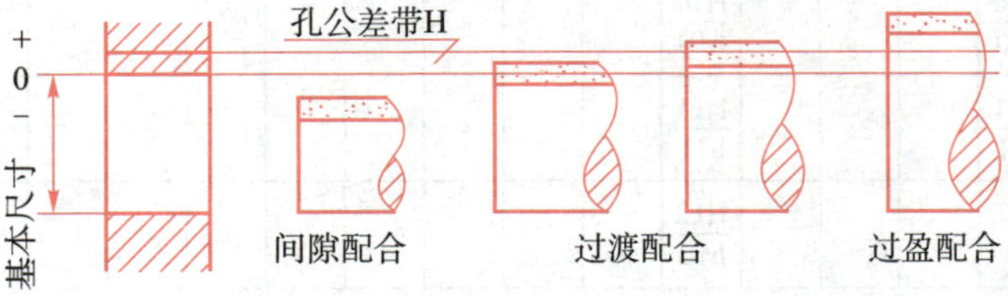

图 7－35　基孔制配合

(2）基轴制。基本偏差一定的轴的公差带与不同基本偏差的孔的公差带构成各种配合的一种制度称为基轴制。这种制度在同一基本尺寸的配合中，是将轴的公差带位置固定，通过变动孔的公差带位置，得到各种不同的配合，如图 7－36 所示。

基轴制的轴称为基准轴。国家标准规定基准轴的上偏差为零，“h” 为基轴制的基本偏差。

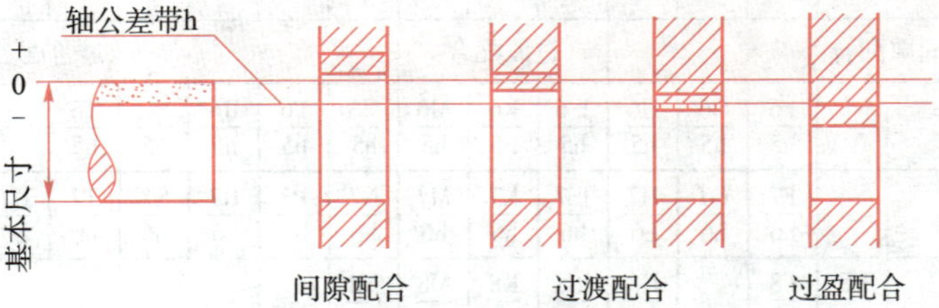

图 7－36　基轴制配合

3. 优先常用配合

国家标准根据机械工业产品生产使用的需要，考虑到定值刀具、量具的统一，规定了一般用途孔公差带 105 种，轴公差带 119 种以及优先选用的孔、轴公差带。国标标准还规定轴、孔公差带中组合成基孔制常用配合 59 种，优先配合 13 种；基轴制常用配合 47 种，优先配合 13 种。表 7－3 为基孔制常用、优先配合系列，表 7－4 为基轴制常用、优先配合系列。在设计中，应根据配合特性和使用功能，尽量选用优先和常用配合。

表 7－3　基孔制常用、优先配合

基准孔	轴																				
	a	b	c	d	e	f	g	h	js	k	m	n	p	r	s	t	u	v	x	y	z
	间隙配合								过渡配合			过盈配合									
H6						H6/f5	H6/g5	H6/h5	H6/js5	H6/k5	H6/m5	H6/n5	H6/p5	H6/r5	H6/s5	H6/t5					
H7						H7/f6	**H7/g6**	**H7/h6**	H7/js6	**H7/k6**	H7/m6	**H7/n6**	**H7/p6**	H7/r6	**H7/s6**	H7/t6	**H7/u6**	H7/v6	H7/x6	H7/y6	H7/z6
H8					H8/e7	**H8/f7**	H8/g7	**H8/h7**	H8/js7	H8/k7	H8/m7	H8/n7	H8/p7	H8/r7	H8/s7	H8/t7	H8/u7				
				H8/d8	H8/e8	H8/f8		H8/h8													
H9			H9/c9	**H9/d9**	H9/e9	H9/f9		**H9/h9**													
H10			H10/c10	H10/d10				H10/h10													
H11	H11/a11	H11/b11	**H11/c11**	H11/d11				**H11/h11**													
H12		H6/b12						H12/h12													

注：1. 在 $\frac{H6}{n5}$、$\frac{H7}{p6}$ ≤3 mm 和 $\frac{H8}{r7}$ ≤100 mm 时为过渡配合。

2. 黑框中的配合符号为优先配合。

表 7－4　基轴制常用、优先配合

基准轴	孔																				
	A	B	C	D	E	F	G	H	JS	K	M	N	P	R	S	T	U	V	X	Y	Z
	间隙配合								过渡配合			过盈配合									
h5						F6/h5	G6/h5	H6/h5	JS6/h5	K6/h5	M6/h5	N6/h5	P6/h5	R6/h5	S6/h5	T6/h5					
h6						F7/h6	**G7/h6**	**H7/h6**	JS7/h6	**K7/h6**	M7/h6	**N7/h6**	**P7/h6**	R7/h6	**S7/h6**	T7/h6	**U7/h6**				
h7					E8/h7	**F8/h7**		**H8/h7**	JS8/h7	K8/h7	M8/h7	N8/h7									
h8				D8/h8	E8/h8	F8/h8		H8/h8													
h9				**D9/h9**	E9/h9	F9/h9		**H9/h9**													
h10				D10/h10				H10/h10													
h11	A11/h11	B11/h11	**C11/h11**	D11/h11				**H11/h11**													
h12		H6/b12						H12/h12													

注：黑框中的配合符号为优先配合。

4. 公差与配合的标注

1）在装配图中的标注方法

配合的代号由两个相互结合的孔和轴的公差带的代号组成，用分数形式表示，分子为孔的公差带代号，分母为轴的公差带代号，标注的通用形式如图 7－37 所示。

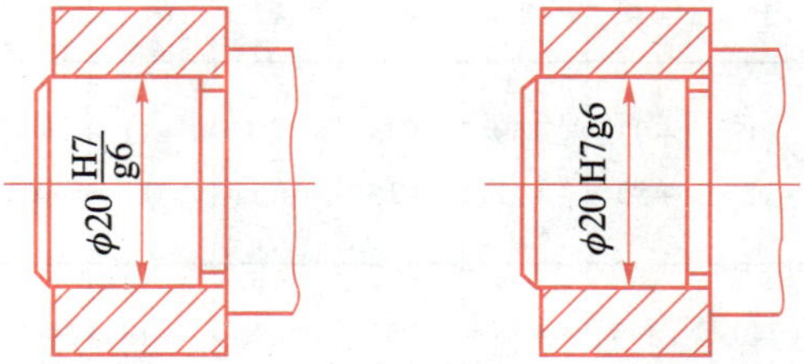

图 7－37　装配图中尺寸公差的标注方法

2）在零件图中的标注方法

如图 7－38 所示，图（a）只标注公差带的代号；图（b）只标注偏差数值；图（c）公差带代号和偏差数值一起标注。

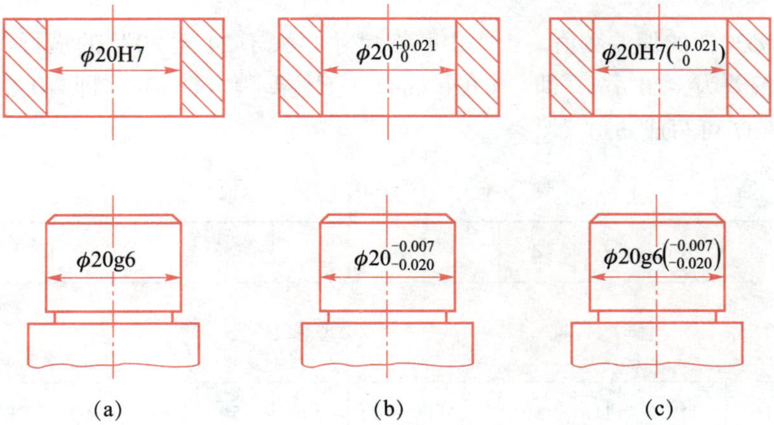

图 7－38　零件图中尺寸公差的标注方法

（a）只标注公差带的代号；（b）只标注偏差数值；

（c）公差带代号和偏带数值一起标注

5. 查表方法

基本尺寸、基本偏差、公差等级确定以后，极限偏差的数值可以从表中查得。

例如，查表写出 ϕ30H8/f7 轴、孔的极限偏差数值。

从该配合代号中可以看出：孔、轴基本尺寸为 ϕ30，孔为基准孔，公差等级 8 级；相配合的轴的基本偏差代号为 f，公差等级 7 级，属于基孔制间隙配合。

（1）查孔 ϕ30H8 的偏差数值。由表中基本尺寸“大于 24 至 30”的横行与 H8 的纵列相交处，查得上偏差为 +33 μm（即 +0.033 mm），下偏差为“0”，见表 7－5。所以 ϕ30H8 可写成 $\phi 30^{+0.033}_{0}$。

表 7－5　查孔 ϕ30H8 的偏差数值

代号		A	B	C	D	E	F	G	H						
基本尺寸 /mm		公差等级												
大于	至	11	11	＊11	＊9	8	＊8	＊7	6	＊7	＊8	＊9	10	＊11
10	14	+400 +290	+260 +150	+205 +95	+93 +50	+59 +32	+43 +16	+24 +6	+11 0	+18 0	+27 0	+43 0	+70 0	+110 0
14	18													
18	24	+430 +300	+290 +160	+240 +110	+117 +65	+73 +40	+53 +20	+28 +7	+13 0	+21 0	+33 0	+52 0	+84 0	+130 0
24	30													
30	40	+470 +310	+330 +170	+280 +120	+142 +80	+89 +50	+64 +25	+34 +9	+16 0	+25 0	+39 0	+62 0	+100 0	+160 0
40	50	+480 +320	+340 +180	+290 +130										

（2）查轴 ϕ30f7 的偏差数值。由表中基本尺寸“大于 24 至 30”的横行与 f 7 的纵列相交处，查得上偏差为 －20 μm（即 －0. 020 mm），下偏差为 －41 μm（即 －0. 041 mm），见表 7－6。所以 ϕ30f7 可写成 $\phi 30^{-0.020}_{-0.041}$。

表 7－6　查轴 ϕ30f7 的偏差数值

代 号		a	b	c	d	e	f	g	h					
基本尺寸 /mm		公差等级												
大于	至	11	11	＊11	＊9	8	＊7	＊6	5	＊6	＊7	8	＊9	10
10	14	－290 －400	－150 －260	－90 －205	－50 －93	－32 －59	－16 －34	－6 －17	0 －8	0 －11	0 －18	0 －27	0 －43	0 －70
14	18													
18	24	－300 －430	－160 －290	－110 －240	－65 －117	－40 －73	－20 －41	－7 －20	0 －9	0 －13	0 －21	0 －33	0 －52	0 －84
24	30													
30	40	－310 －470	－170 －330	－120 －280	－80 －142	－50 －89	－25 －50	－9 －25	0 －11	0 －16	0 －25	0 －39	0 －62	0 －100
40	50	－320 －480	－180 －340	－130 －290										

任务实施

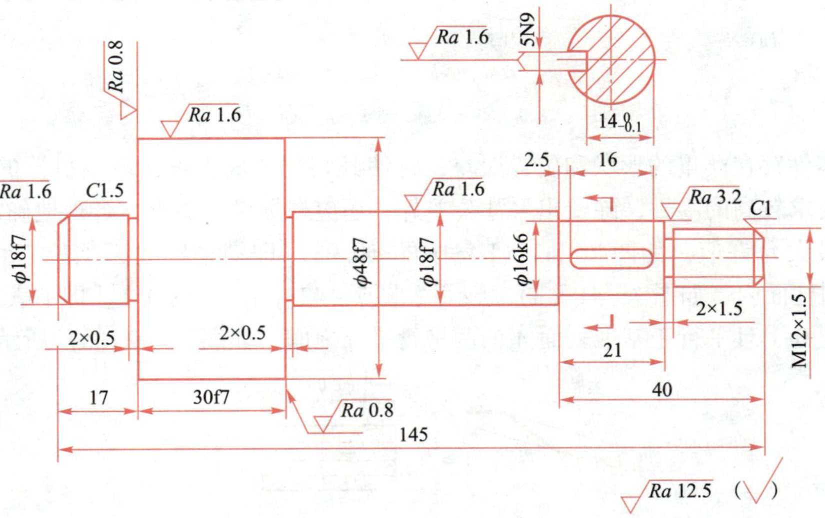

任务3　机械图样中的形位公差要求

任务导入

评定零件质量的因素是多方面的，不仅零件的尺寸影响零件的质量，零件的几何形状和结构的位置也大大影响零件的质量。

根据要求在支承轴的视图上标注几何公差：

(1) ϕ48f7 圆柱外表面圆柱度要求为 0.05 mm；

(2) ϕ48f7 圆柱左端面相对于两处 ϕ18f7 圆柱轴线的垂直度为 0.015 mm；

(3) ϕ48f7 圆柱轴线相对于两处 ϕ18f7 圆柱轴线的同轴度要求为 ϕ0.05 mm；

(4) 两处 ϕ18f7 圆柱表面相对于两处 ϕ18f7 圆柱轴线的圆跳动为 0.015 mm。

任务分析

(1) 什么是几何公差？共分哪几类？

(2) 什么是被测要素？什么是基准要素？

(3) 圆柱度、垂直度、同轴度、圆跳动用什么符号表示？

相关知识

1. 认识形状和位置公差

图 7-39 (a) 所示为一理想形状的销轴，而加工后其实际形状发生了变化，即轴线变弯了，如图 7-39 (b) 所示，因而产生了直线度误差。

又如，图 7-40 (a) 所示为一要求严格的四棱柱，加工后的实际位置却是上表面倾斜了，如图 7-40（b）所示，因而产生了平行度误差。

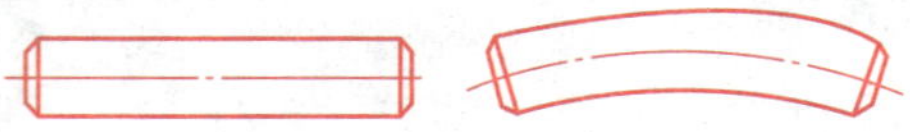

(a)　(b)

图 7-39　形状误差

(a)　(b)

图 7-40　位置误差

如果零件存在严重的形状和位置误差，将使其装配造成困难，影响机器的质量，因此，对于精度要求较高的零件，除给出尺寸公差外，还应根据设计要求，合理地确定出形状和位置误差的最大允许值，如图 7-41（b）中的 ϕ0.08［即销轴轴线必须位于直径为公差值 ϕ0.08 的圆柱面内，如图 7-41（a）所示］、图 7-42（b）中的 0.1［即上表面必须位于距离为公差值 0.1 且平行于基准表面 *A* 的两平行平面之间，如图 7-42（a）所示］。

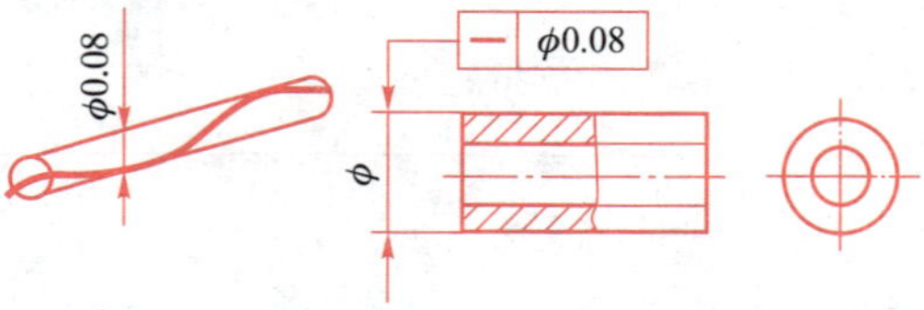

(a)　(b)

图 7-41　直线度公差

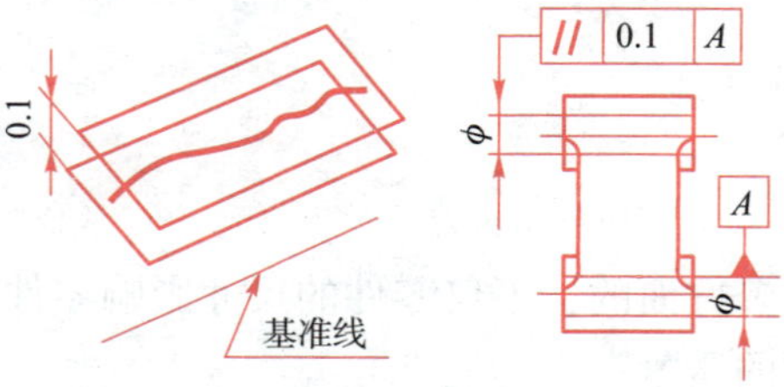

(a)　(b)

图 7-42　平行度公差

2. 形状公差和位置公差的有关术语

（1）形状公差——指实际要素的形状所允许的变动量。

（2）位置公差——允许的变动量，它包括定向公差、定位公差和跳动公差。

（3）基准要素——用来确定理想被测要素方向或（和）位置的要素。

3. 形位公差的项目、符号及公差带

形位公差的分类、项目资料及符号见表 7-7。

表 7-7　形位公差的分类、项目资料及符号

分类	项目	特征符号		有或无基准要求
形状公差	形状	直线度	—	无
		平面度	▱	无
		圆度	○	无
		圆柱度	⌭	无

续表

分类	项目	特征符号		有或无基准要求
形状或位置	轮廓	线轮廓度	⌒	有或无
		面轮廓度	⌓	有或无
位置公差	定向	平行度	//	有
		垂直度	⊥	有
		倾斜度	∠	有
	定位	位置度	⌖	有或无
		同轴度	◎	有
		对称度	⌯	有
	跳动	圆跳动	↗	有
		全跳动	⌰	有
注：国家标准 GB/T 1182—2008 规定项目特征符号线型为 $h/10$，符号高度为 h（同字高）。其中，平面度、圆柱度、平行度、跳动等符号的倾斜角度为 75°。				

4．形位公差的标注

1）公差框格

公差框格用细实线画出，可画成水平的或垂直的，框格高度是图样中尺寸数字高度的两倍，它的长度视需要而定。框格中的数字、字母、符号与图样中的数字等高。图 7－43 给出了形状公差和位置公差的框格形式。用带箭头的指引线将被测要素与公差框格一端相连。

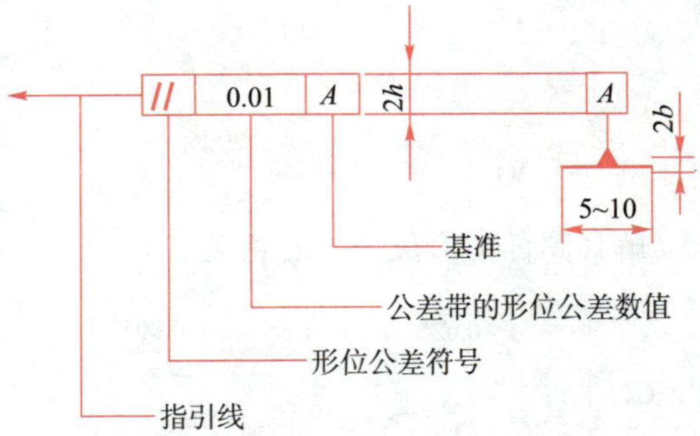

图 7－43　形位公差代号及基准符号

2）被测要素

用带箭头的指引线将被测要素与公差框格一端相连，指引线箭头指向公差带的宽度方向或直径方面。指引线箭头所指部位可有：

（1）当被测要素为整体轴线或公共中心平面时，指引线箭头可直接指在轴线或中心线上，如图 7－44（a）所示。

（2）当被测要素为轴线、球心或中心平面时，指引线箭头应与该要素的尺寸线对齐，如图 7－44（b）所示。

（3）当被测要素为线或表面时，指引线箭头应指要该要素的轮廓线或其引出线上，并应明显地与尺寸线错开，如图 7－44（c）所示。

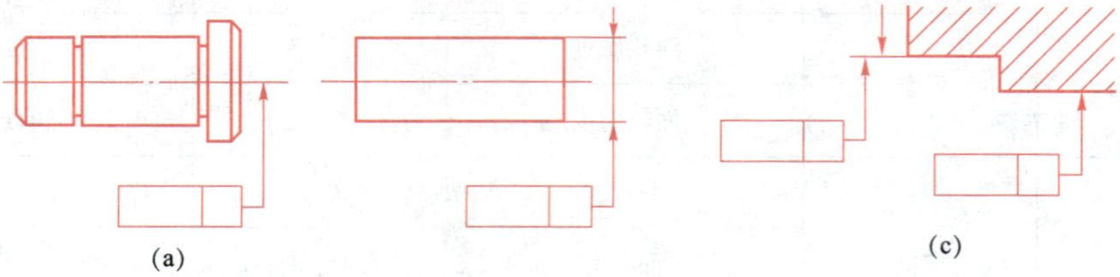

图 7－44　被测要素标注示例

（a）被测要素为整体轴线或公共中心平面；（b）被测要素为轴线、球心或中心平面；

（c）被测要素为线或表面

3）基准要素

基准符号的画法如图 7－45 所示，无论基准符号在图中的方向如何，细实线圆内的字母一律水平书写。

（1）当基准要素为素线或表面时，基准符号应靠近该要素的轮廓线或引出线标注，并应明显地与尺寸线箭头错开，如图 7－45（a）所示。

（2）当基准要素为轴线、球心或中心平面时，基准符号应与该要素的尺寸线箭头对齐，如图 7－45（b）所示。

（3）当基准要素为整体轴线或公共中心平面时，基准符号可直接靠近公共轴线（或公共中心线）标注，如图 7－45（c）所示。

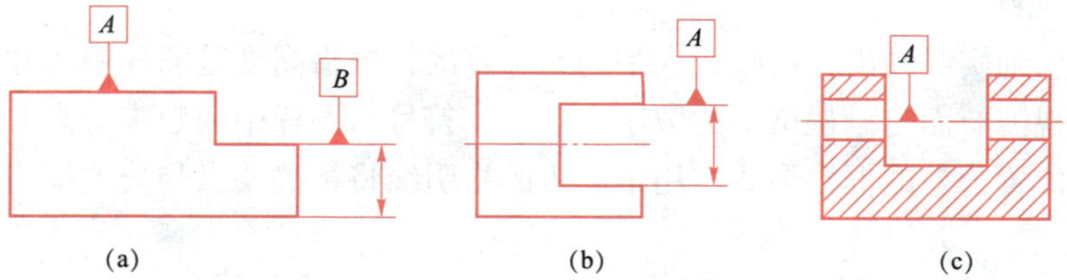

图 7－45　基准要素标注示例

（a）基准要素为素线或表面；（b）基准要素为轴线、球心或中心平面；

（c）基准要素为整体轴或公共中心平面

例：如图 7－46 所示，解释图样中形位公差的意义。

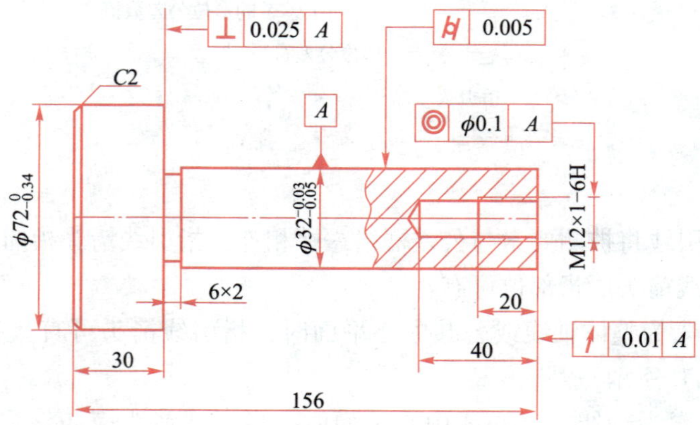

图 7－46　形位公差综合标注举例

图中的形位公差分别表示：

①|⌭|0.05|表示：$\phi 32$ 圆柱面的圆柱度公差为0.005 mm。即该被测圆柱面必须位于半径差为公差值0.005 mm的两同轴圆柱面之间。

②|◎|$\phi 0.1$|A|表示：M12×1 的轴线对基准 A（$\phi 24$ 圆柱面的轴线）的同轴度公差为0.1 mm。即被测圆柱面的轴线必须位于直径为公差值 $\phi 0.1$ mm，且与基准轴线 A 同轴的圆柱面内。

③|↗|0.01|A|表示：$\phi 32$ 圆柱的左端面对基准 A 的端面圆跳动公差为0.01 mm。即被测面围绕基准 A 旋转一周时，任一测量直径处的轴向圆跳动量不得大于公差值0.01 mm。

④|⊥|0.025|A|表示：$\phi 72$ 的右端面对基准 A 的垂直度公差为0.025 mm。即该被测面必须位于距离为公差值0.025 mm，且垂直于基准 A 的两平行平面之间。

任务实施

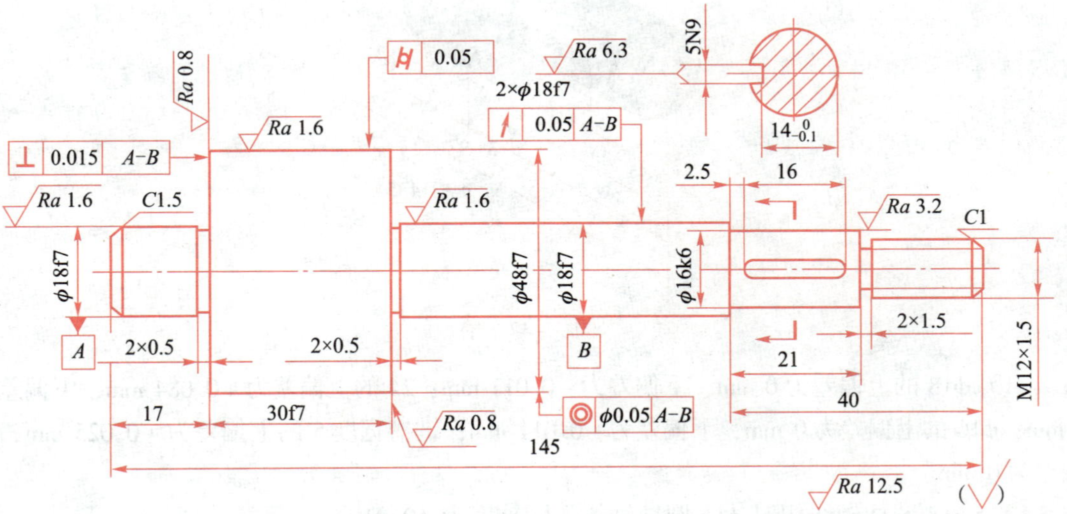

（1）$\phi 48$f7 圆柱外表面圆柱度要求为0.05 mm；

（2）$\phi 48$f7 圆柱左端面相对于两处 $\phi 18$f7 圆柱轴线垂直度为0.015 mm；

（3）$\phi 48$f7 圆柱轴线相对于两处 $\phi 18$f7 圆柱轴线同轴度要求为 $\phi 0.05$ mm；

（4）两处 $\phi 18$f7 圆柱表面相对于两处 $\phi 18$f7 圆柱轴线圆跳动为0.015 mm。

项目三　绘制零件图

知识目标

（1）掌握零件图的组成部分。

（2）探讨零件的主视图选择原则，最佳表达方案。

任务1 绘制轴类零件图

任务导入

认识图 7－47 所示轴类零件图。

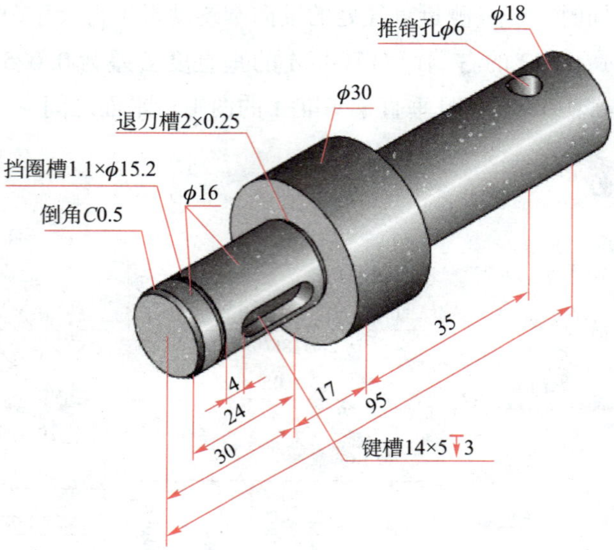

图 7－47 轴

（1）ϕ18 的上偏差为 0 mm，下偏差为－0.011 mm；24 的上偏差为＋0.084 mm，下偏差为 0 mm；ϕ16 的上偏差为 0 mm，下偏差为－0.011 mm；键槽宽度 5 的上偏差为＋0.025 mm，下偏差为 0 mm。

（2）ϕ18 圆柱轴线相对 ϕ16 圆柱轴线的同轴度为 ϕ0.01 mm。

（3）表面结构要求：所有表面都用去除材料的方法得到，ϕ16 和 ϕ18 圆柱面 *Ra* 值为 0.8 μm；ϕ30 圆柱两端面的 *Ra* 值为 1.6 μm；键槽两侧 *Ra* 值为 3.2 μm；其余表面 *Ra* 值为 6.3 μm。

（4）材料为 45 钢，调质热处理，硬度“220～256 HBW”。

任务分析

轴类零件主要在车床上加工，所以主视图按加工位置选择。画图时，将零件的轴线水平放置，便于加工时读图和看尺寸。根据轴套类零件的结构特点，一般只用一个基本视图表示，并配以尺寸标注。零件上的一些细部结构（如键槽，轴肩，螺纹退刀槽或砂轮越程槽等），通常采用断面图、局部视图、局部放大图等表达方法表示。

任务实施

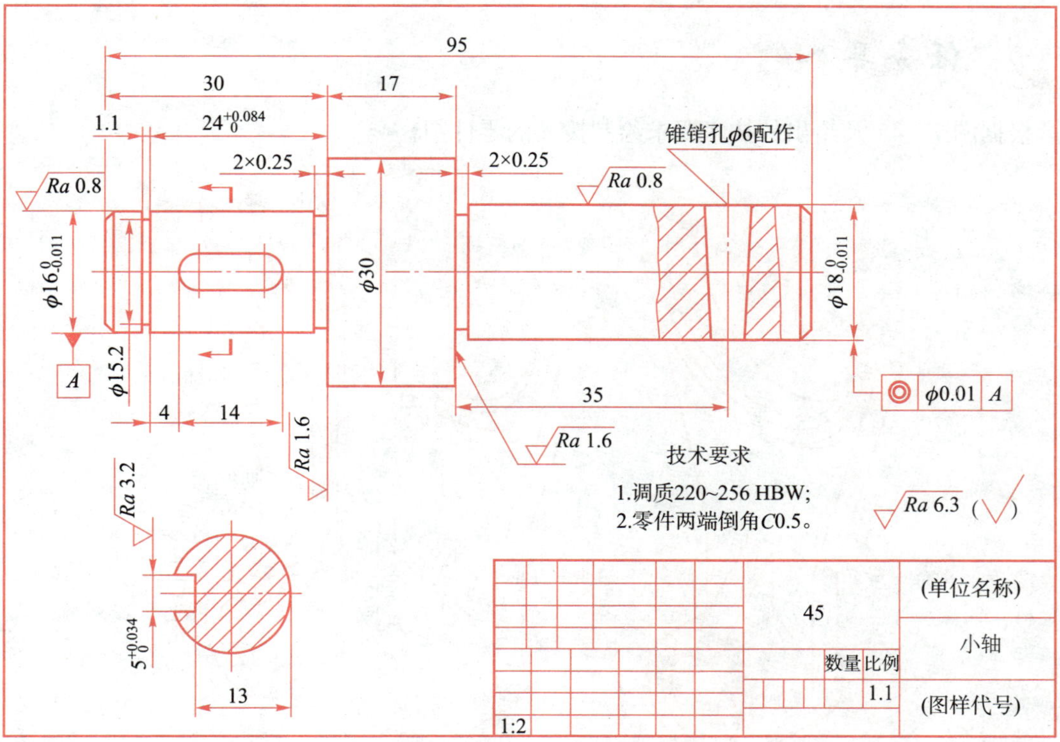

一、表达结构

选小轴加工位置水平放置为主视图，用断面表达键槽结构，用局部剖视表达锥孔。

二、标注尺寸

选小轴轴线为径向基准，ϕ30 圆柱左端面为轴向基准。先标锥孔、键槽、挡圈槽定位尺寸 35 mm、4 mm、24 mm，再根据轴测图逐一标出定形尺寸及公差值。倒角 C0.5 在技术要求中标注。

三、标注技术要求

ϕ18 圆柱外表面结构要求直接标注在轮廓线上，键槽两侧表面结构要求标注在尺寸线上，ϕ30 圆柱两侧面及 ϕ16 圆柱表面结构要求标在轮廓线的延长线上，其余表面要求标在标题栏附近。

ϕ18 圆柱轴线相当于 ϕ16 圆柱轴线同轴度公差框格的指引线与 ϕ18。

四、填写标题栏

在标题栏中填写比例 1∶1，材料 45 钢等，完成零件图绘制。

任务2　绘制叉架类零件图

任务导入

根据图 7－48 及给出的技术要求绘制拨叉的零件图。

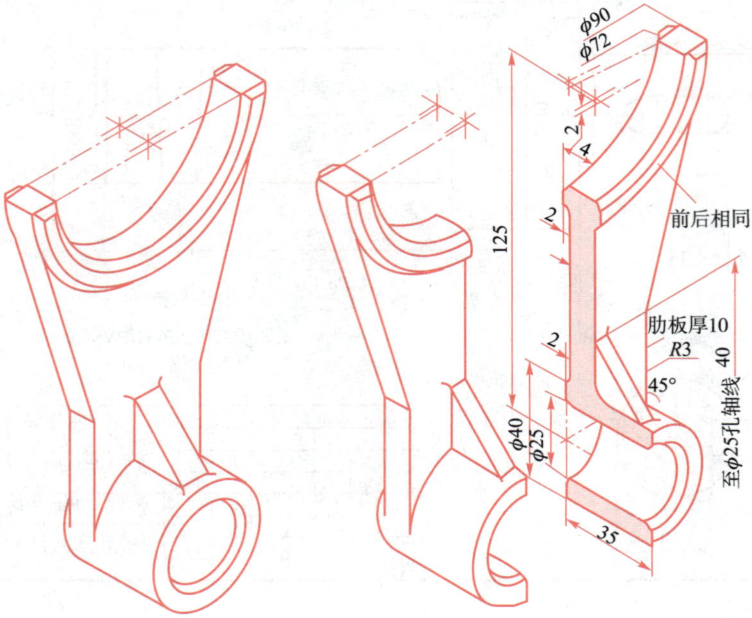

图 7－48　拨叉

（1）尺寸 $\phi72$ 和 $\phi25$ 的基本偏差为 H，公差等级 6 级。

（2）$\phi72$ 孔表面结构要求为 *Ra* 3.2；$\phi25$ 孔的表面结构要求为 *Ra* 1.6；$\phi40$ 圆柱两端面和 $\phi90$ 半圆柱两端面表面结构要求为 *Ra* 6.3；其余表面不要求加工。

（3）$\phi25$ 圆柱轴线相对 $\phi40$ 圆柱后端面垂直度要求为 0.05 mm；$\phi25$ 圆柱轴线相对 $\phi72$ 圆柱轴线平行度要求为 0.015 mm。

（4）未注倒角 *C*2；未注圆角 *R*3 ~ *R*5。

任务分析

叉架类零件由于加工位置多变，在选择主视图时，主要考虑形状或工作位置。除主视图以外，配以其他基本视图来表达主要结构，由于其形状一般比较负责且不规则，所以经常采用斜视图、局部视图、移出断面图、局部放大图等来反映局部结构。

任务实施

一、表达结构

选反映拨叉特点明显的视图为主视图，用全剖的左视图表达内部结构。

二、标注尺寸

在主视图上选拨叉的对称面作为长度方向的基准，选 ϕ25H6 圆柱孔轴线作为高度基准，在左视图上选 ϕ40 圆柱后端面为宽度基准。先标 ϕ90 半圆柱、连接板的定位尺寸 125 mm 和 2 mm，然后根据尺寸公差要求标注 ϕ25H6 和 ϕ72H6 尺寸；再根据轴测图逐一标出定形尺寸；倒角 $C2$ 在技术要求中标注。

三、标注技术要求

ϕ40 圆柱前端面表面结构要求，以及 ϕ90 半圆柱筒前面的表面结构要求，用带箭头的指引线引出标注。其他几项表面结构要求直接标在相应轮廓线上，其余表面的表面结构要求标在图形右下角（标题栏上方）。

ϕ25H6 圆柱孔轴线相对 ϕ72H6 轴线半圆柱孔轴线平行度公差框格的指引线与 ϕ25H6 尺寸线对齐，基准 A 的三角形符号与 ϕ72H6 尺寸线对齐；ϕ25H6 轴线相对 ϕ40 圆柱后端面垂直度公差框格与平行度公差共用一条指引线，基准 B 的三角形符号直接标在 ϕ40 圆柱后端面上。

五、填写标题栏

在标题栏中填写比例 1∶2、材料 HT200 等。完成零件图绘制，如图 7－49 所示。

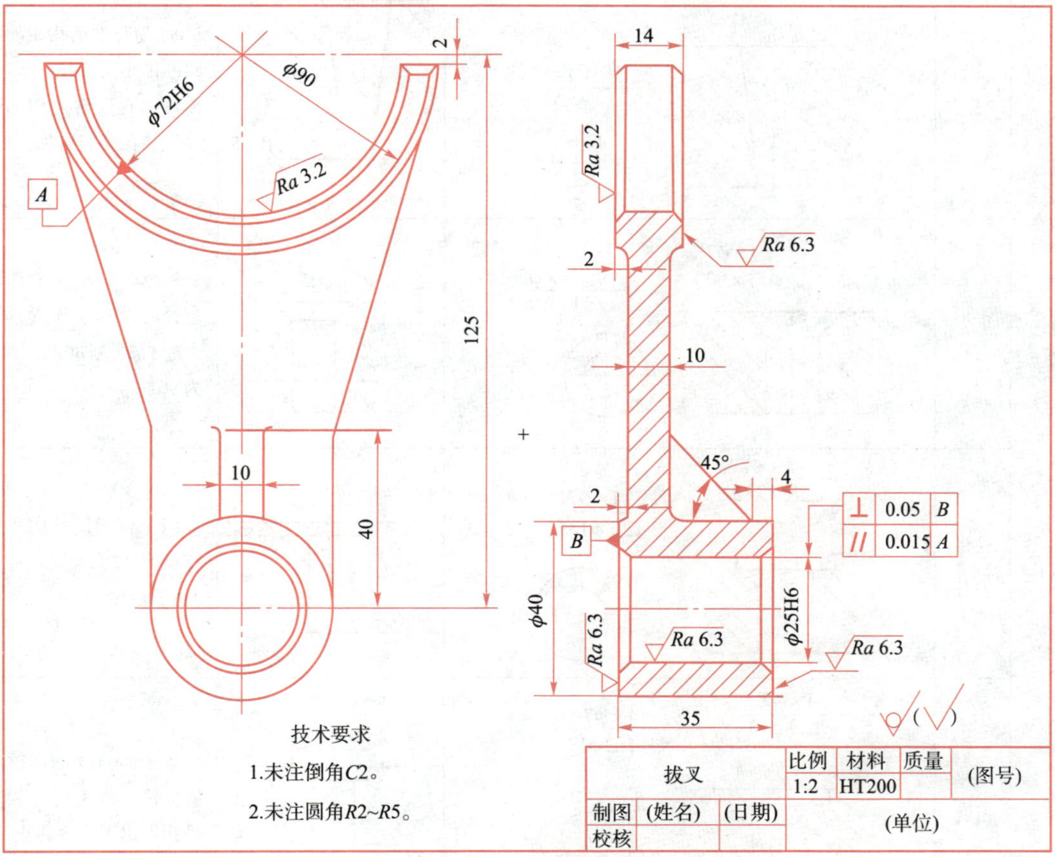

图 7－49　拨叉零件图

知识拓展

零件上常见孔的尺寸注法见表 7－8。

表 7－8　常见孔的尺寸注法

结构类型		简化注法	一般注法	说明
光孔	一般孔	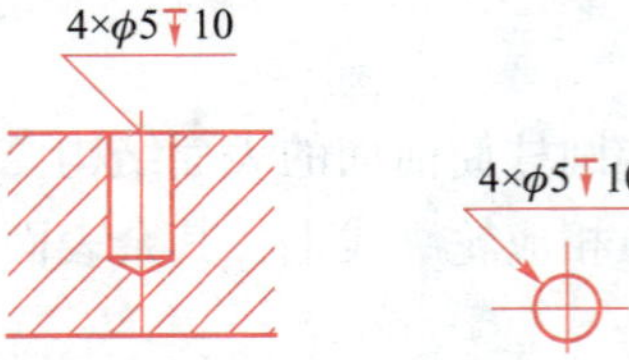	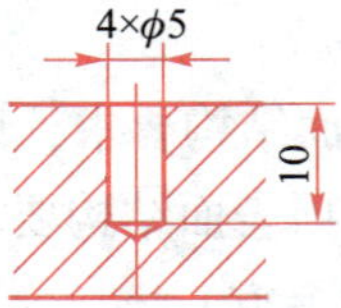	4×φ5 表示四个孔的直径均为 φ5
	精加工孔	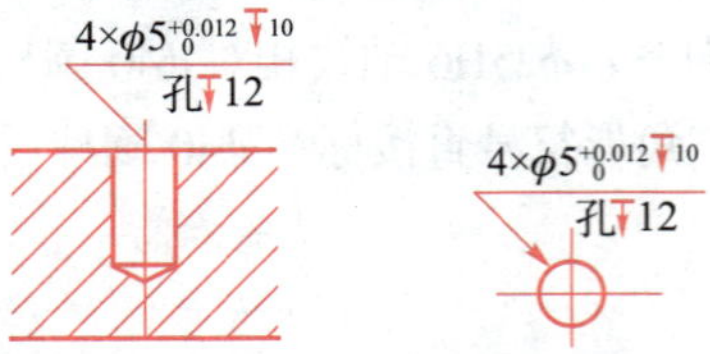	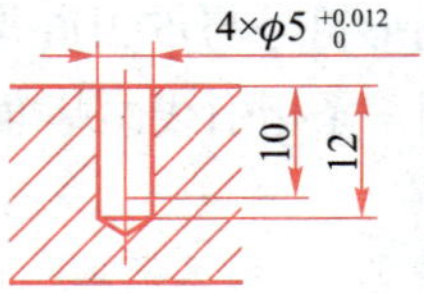	钻孔深为 12，钻孔后需精加工至 φ5$^{+0.012}_{0}$，深度为 10。
	锥孔	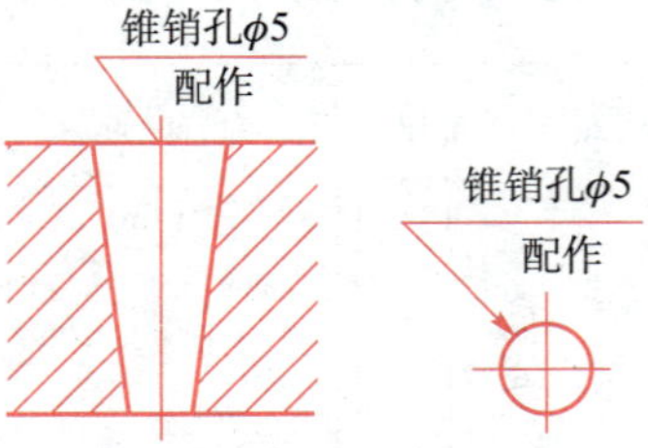	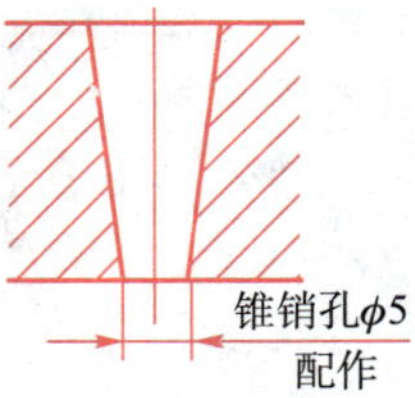	φ5 为与锥销孔相配的圆锥销小头直径。 锥销孔通常是相邻两零件装在一起时加工的
沉孔	锥形沉孔	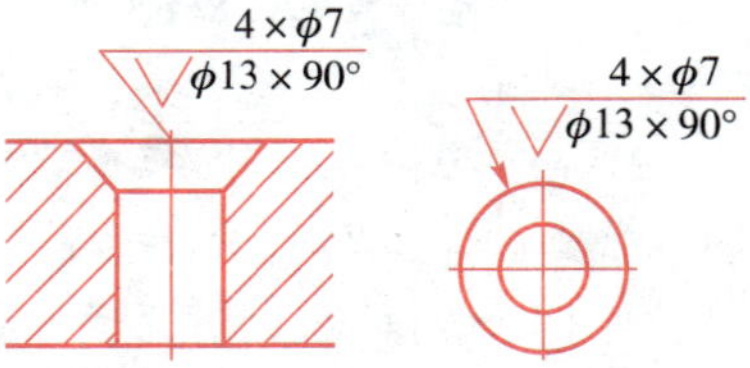	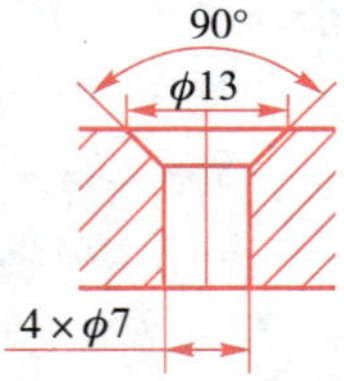	4×φ7 表示 4 个孔的直径均为 φ7。锥形部分大端直径为 φ13，锥角为 90°
	柱形沉孔	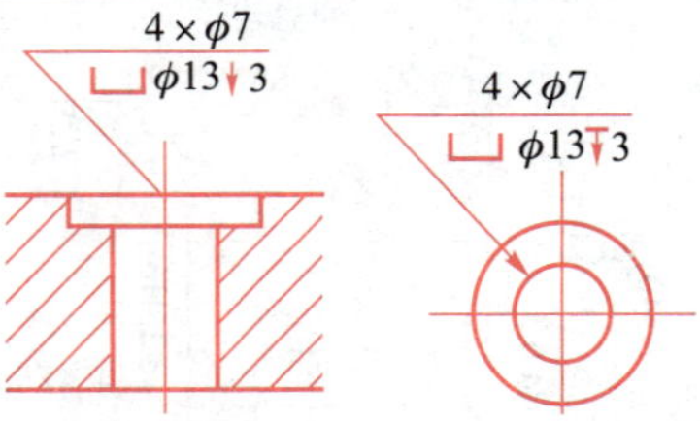	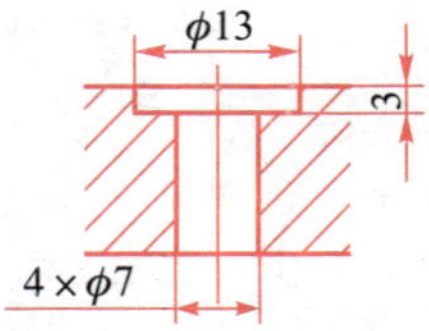	四个柱形沉孔的小孔直径为 φ7，大孔直径为 φ13，深度为 3
	锪平沉孔	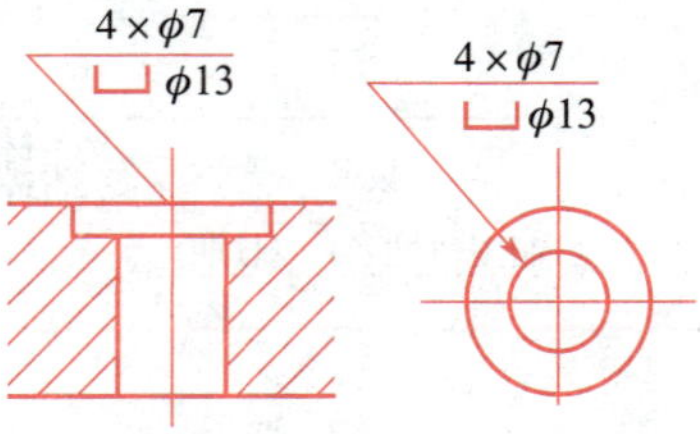	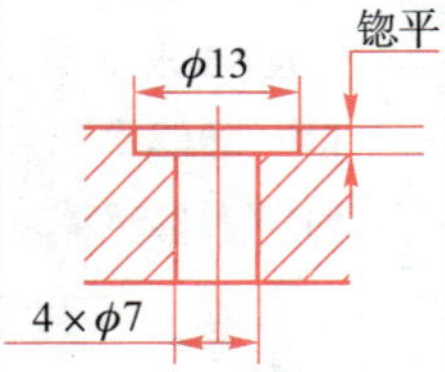	锪平面 φ13 的深度不需标注，加工时一般锪平到不出现毛面为止

续表

<table>
<tr><th colspan="2">结构类型</th><th>简化注法</th><th>一般注法</th><th>说明</th></tr>
<tr><td rowspan="2">螺纹孔</td><td>通孔</td><td>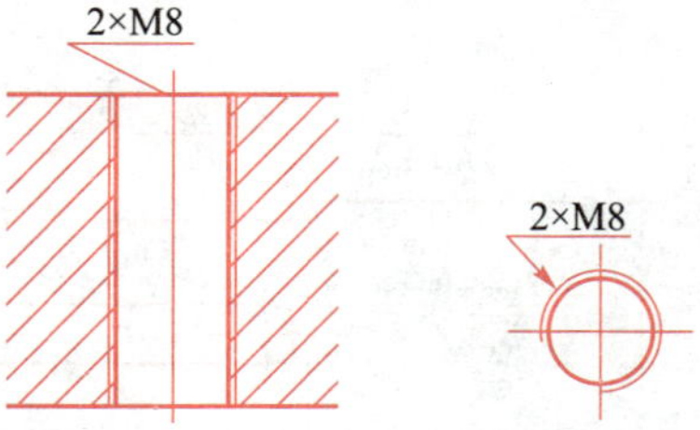
</td><td>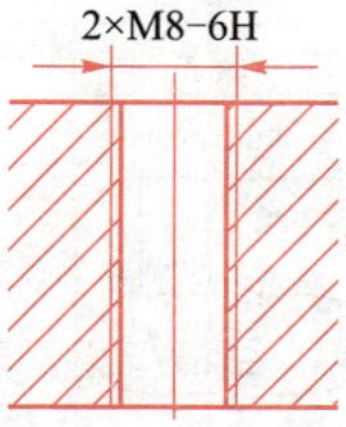
</td><td>2×M8-6H 表示 2 个直径为 8，螺纹中径、顶径公差带为 6H 的螺孔</td></tr>
<tr><td>不通孔</td><td>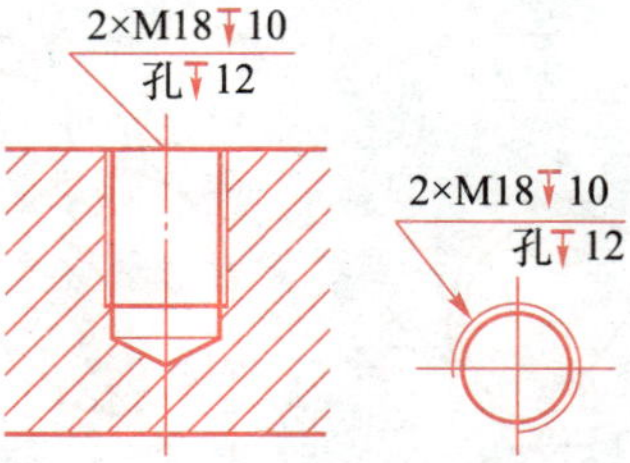
</td><td>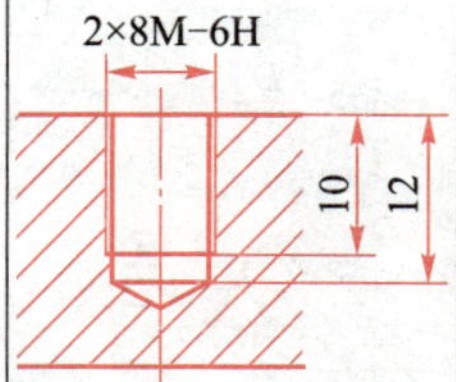
</td><td>深 10 mm 是指螺孔的有效深度，尺寸 12 mm 为钻孔深度</td></tr>
</table>

项目四　识读零件图

知识目标

（1）掌握识读零件图的步骤。
（2）掌握不同零件结构对应的表达方法。

任务 1　识读轴套类零件图

任务导入

识读图 7－50 所示输出轴的零件图。

任务分析

识读零件图的目的是通过图样的表达方法想象出零件的形状结构，理解每个尺寸的作用和要求，了解各项技术要求的内容实现这些要求应该采取的工艺措施等，以便于加工出符合图样要求的合格零件。

常见的轴类零件有：光轴、阶梯轴和空心轴等。轴上常见的结构有：越程槽（或退刀槽）、倒角、圆角、键槽、中心孔和螺纹等。

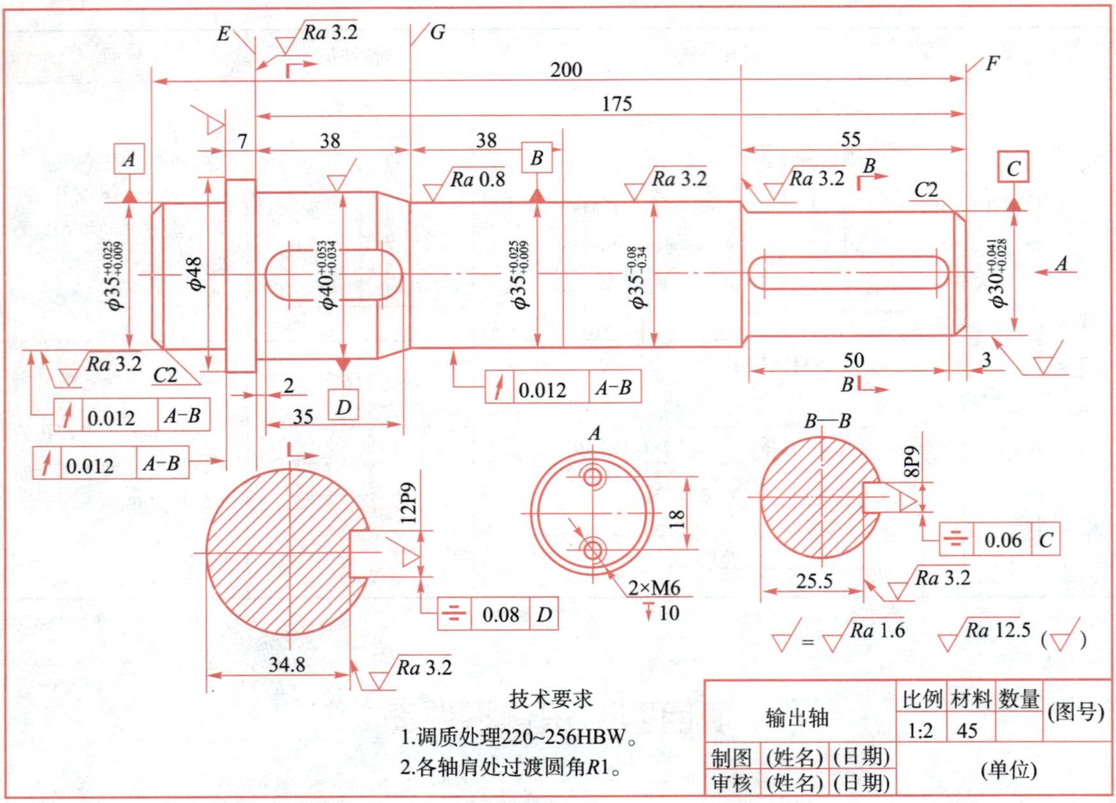

图 7－50　输出轴

任务实施

一、看标题栏

从标题栏中可知零件的名称是输出轴，它能通过传动力件传递动力。材料是 45 钢，比例是 1∶1。

二、视图分析

输出轴是传递动力的零件，采用一个主视图、一个局部视图和两个移出断面图表达。主视图按照加工位置水平放置，表达该轴是由五段直径不同并在同一轴线的回转体组成的，其轴向尺寸远大于径向尺寸。用 A 向局部视图表达轴右端面两个螺孔的大小及分布情况。采用 2 个移出断面图分别表达 $\phi40$ 和 $\phi30$ 两段轴颈上键槽的形状结构。此外，轴上有倒角、圆角、退刀槽等工艺结构。

三、尺寸分析

根据设计要求，轴线为径向尺寸的主要基准。$\phi48$ 轴肩右端面为长度方向主要基准，零件右端面 F 为第一辅助基准，圆锥体右端面 G 为第二辅助基准。主要基准与两个辅助基准之间的定位尺寸分别为 175 mm 和 38 mm。另外确定左边键槽和右键槽的定位尺寸分别为

2 mm 和3 mm。区别 $\phi35$ 轴颈上不同表面结构要求的定位尺寸是 38 mm。两个螺孔 M6 的定位尺寸是 18 mm，其他均为定形尺寸。

四、看技术要求

从图 7 - 50 中可知，注有极限偏差数值的尺寸（如 $\phi35$、$\phi40$ 等），以及有公差带代号的尺寸（如 12P9）都是保证配合质量的尺寸，均有一定的公差要求。$\phi35$ mm 轴颈的表面结构要求 *Ra* 值最小，为 *Ra*0.8 μm；轴颈 $\phi40$ 和 $\phi30$，键槽工作面以及 $\phi48$ mm 圆柱左端面的表面结构要求为 *Ra*1.6 μm；其余表面要求为 *Ra*12.5 μm。此外有配合的轴颈，重要端面及键槽工作面都有形位公差要求。

注有公差的尺寸，如 $\phi35$、$\phi40$、12P9 等，都是保证配合质量的尺寸。$\phi35$ 轴颈的表面结构要求 *Ra* 值最小（0.8 μm）。该零件有五项几何公差要求。

任务2　识读轮盘类零件图

任务导入

识读图 7 - 51 所示端盖的零件图。

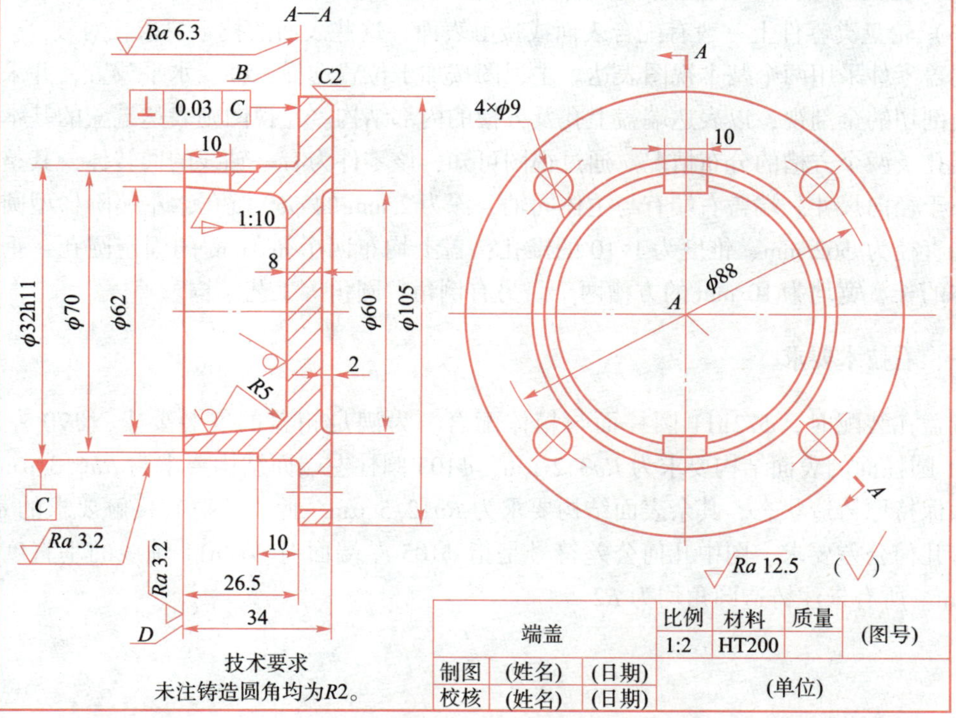

端盖		比例	材料	质量	(图号)
		1:2	HT200		
制图	(姓名)	(日期)	(单位)		
校核	(姓名)	(日期)			

图 7 - 51　端盖零件图

任务分析

轮盘类零件包括手轮、带轮、法兰盘和端盖等。其中轮类零件多用于传递扭矩；盘、盖类则多用于连接、支撑或密封。轮盘类零件的主题结构是同轴线的回转体，如图 7 – 51 所示。

轮盘类零件主要也是在车床上加工，因此选择主视图时，应按加工位置将轴线水平放置，并用剖视图表达内部结构及相对位置，如图 7 – 51 所示，轮盘类零件常带有各种形状的凸缘、均布的圆孔和肋等结构，除主视图以外，还需要增加其他基本视图，如左视图或右视图等来表达。

任务实施

一、看标题栏

由标题栏可知，零件的名称是端盖，起密封作用；材料是 HT100，比例为 1∶2 等。

二、视图分析

（1）轮盘类零件一般为回转体零件，且径向尺寸大于轴向尺寸。

（2）轮盘类零件一般用主、左两个视图表达。全剖的主视图一般采用两相交剖切平面。

（3）轮盘类零件上一般有配合表面或接触表面，这些表面的技术要求相对较高。

端盖零件采用两个基本视图表达。主视图按加工位置选择，轴线水平放置，并采用两相交平面剖切的全剖视，以表达端盖上孔及方槽的内部结构。左视图则表达端盖的基本外形和四个圆孔及两个方槽的分布情况。通过视图可知，该零件为有一轴线的回转体，其整体轴向尺寸小于径向尺寸。端盖右端有与主体同轴，深为 2 mm 的 ϕ60 沉孔，左端阶梯型圆柱内铸有大端直径为 ϕ62 mm、锥度为 1∶10 的锥孔；盖上均布四个 ϕ9 mm 的固定圆孔，垂直方向有对称的长、宽均为 10 mm 的方槽两个。另有倒角、圆角等工艺结构。

三、看技术要求

端盖在装配时，ϕ72h11 圆柱面与箱体配合。为满足箱盖的安装要求，ϕ70 左端面和 ϕ72h11 圆柱面的表面结构要求为 *Ra*3. 2 μm，ϕ105 圆柱左端面结构要求为 *Ra*6. 3 μm；锥坑内表面保持原铸造状态。其余表面结构要求为 *Ra*12. 5 μm。此外，对有接触要求的 ϕ105 左端面有几何公差要求，图中几何公差符号是指 ϕ105 左端面对 ϕ72h11 轴线的垂直度要求为 0. 03mm。所有未注铸造圆角均为 *R*2。

模块八　装配图

装配图是用来表达机器或部件的图样，表示一台完整机器的图样称为总装配图；表示一个部件的图样称为部件装配图。看装配图的目的是：

（1）了解部件的功用、使用性能和工作原理。

（2）弄清各零件的作用、零件间的相对位置、装配关系及连接固定方式等。

（3）读懂各零件的结构形状。

（4）了解装配图中标注的尺寸和技术要求等。

读装配图时，重要的是读懂部件的工作原理、装配关系及主要零件的结构形状。

项目一　识读装配图

知识目标

（1）掌握装配图中包含的基本内容。

（2）掌握装配图的基本画法和特殊画法。

（3）掌握由装配图拆画零件图的方法。

任务1　识读齿轮泵的装配图

任务导入

结合图 8－1 所示的齿轮泵的轴测图，识读图 8－2 所示齿轮泵的装配图，掌握装配图的识读方法。

任务分析

齿轮泵是机器中用来输送润滑油的一个部件，共由 17 种零件组成，图 8－2 所示为该零件的装配图，图中表达了哪些内容呢？装配图上有哪些和零件图不同的画法？

图 8－1　齿轮泵的轴测图

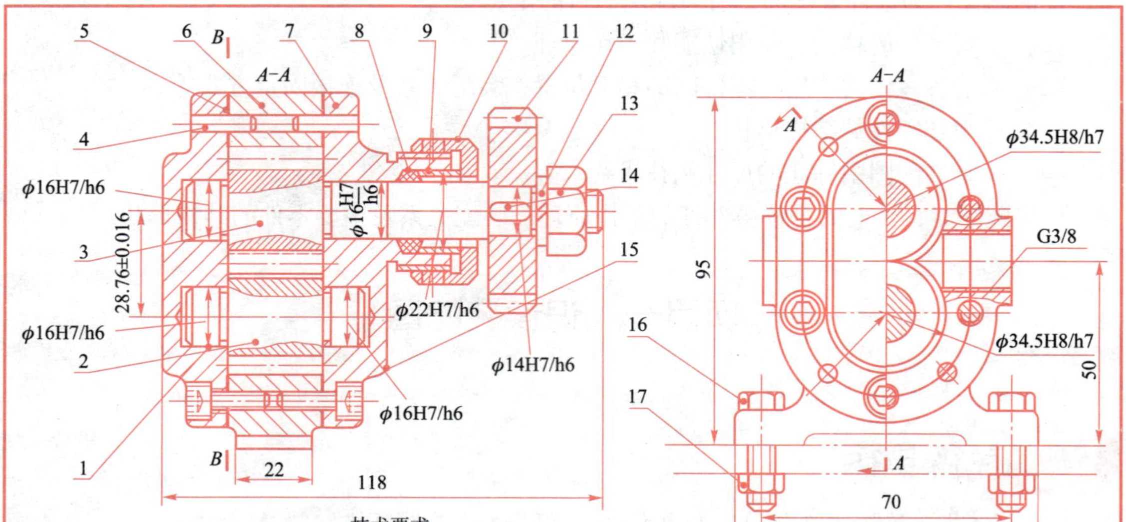

技术要求

1.齿轮安装后,用手转动传动齿轮时,应灵活旋转。

2.两齿轮轮齿的啮合面占齿长的3/4以上。

序号	名称	数量	材料	备注	序号	名称	数量	材料	备注
					6	泵体	1	HT200	
17	螺母M6	2	Q235	GB/T 6170	5	垫片	2	纸	t=1
16	螺栓M6×30	2	Q235	GB/T 5782	4	销A5×18	4	45	GB/T 119
15	螺钉M6×16	12	35	GB/T 70.1	3	传动齿轮轴	1	45	m=3, z=9
14	键5×5×10	1	45	GB/T 1096	2	齿轮轴	1	45	m=3, z=9
13	螺母M12×1.5	1	35	GB/T 6171	1	左端盖	1	HT200	
12	垫圈12	1	65Mn	GB/T 859	序号	名称	数量	材料	备注
11	传动齿轮	1	45	m=2.5,z=20					
10	压紧螺母	1	35		齿轮泵		比例	质量	第　张 共　张 (图号)
9	轴套	1	ZCuSnPbZn5						
8	密封圈	1	橡胶		制图		(校名、班级)		
7	右端盖	1	HT200		审核				

图 8－2　齿轮泵装配图

相关知识

一、装配图的内容

由图 8－2 可以看出该装配图包括了以下四方面的内容：

1. 一组视图

用来表达机器或部件的工作原理，零件间的装配关系、连接方式及主要零件的结构形状。

2. 必要的尺寸

注出与机器或部件的性能、规格、装备和安装有关的尺寸。

3. 技术要求

用符号、代号或文字说明装配体在装配、安装、调试等方面应达到的技术要求。

4. 标题栏、零件序号及明细栏

注明装配体的名称及装配图中全部零件的序号、名称、材料、数量、标准及必要的签署等内容。

二、装配图的规定画法

图样画法的规定在装配图中同样可以采用，但由于装配图和零件图表达的侧重点不同，因此，装配图又有一些规定画法，见表 8－1。

表 8－1　装配图中的规定画法

规定项目	图例	说明
相邻零件接合面和非接合面的画法	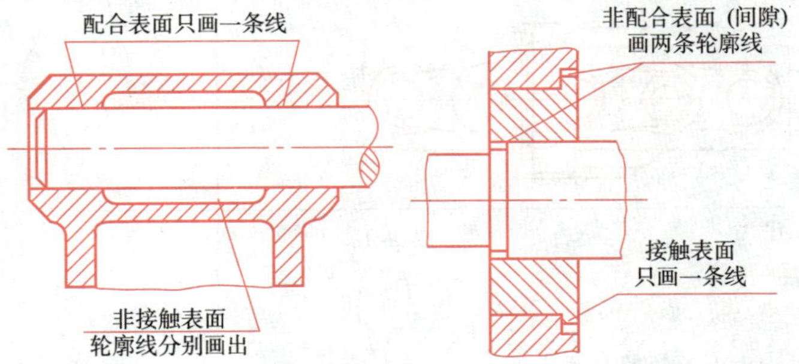	（1）相邻零件的接触面或配合面只画一条线； （2）两相邻零件非接触面或非配合面，不论间隙多小，都应画两条线，以示存在间隙
相邻零件剖面线的画法	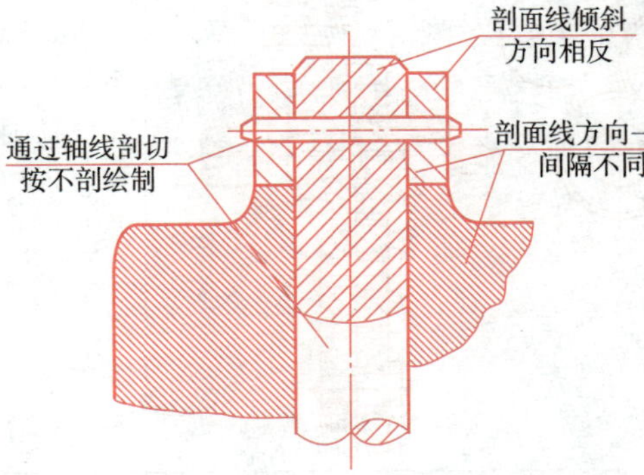	（1）相邻两零件的剖面线方向应相反；若剖面线方向相同，则间隔不同且相互错开； （2）同一零件在不同视图中的剖面线方向、间隔要一致
实心零件和标准件的规定画法	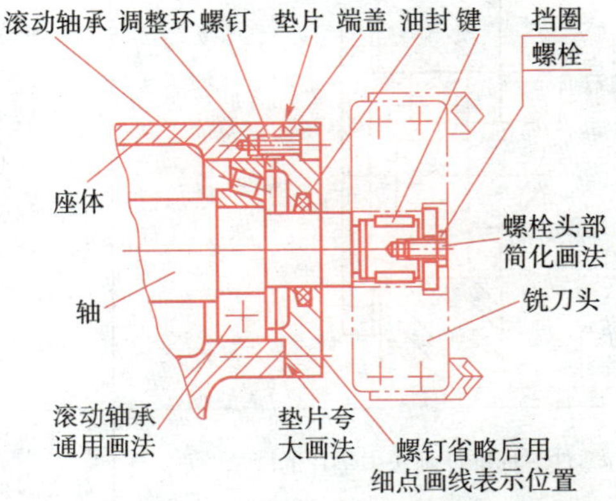	（1）对紧固件、销、键以及轴、手柄、连杆、球等实心零件，若纵向剖切，按不剖绘制； （2）若需表示零件上的孔、槽、螺纹、键、销或与其他零件连接，可用局部剖视

三、装配图的特殊表达方法

为了简便清楚地表达部件，国家标准还规定一些装配图的特殊表达方法，见表 8－2。

表 8－2　装配图中的特殊画法

特殊画法	图例	说明
拆卸画法	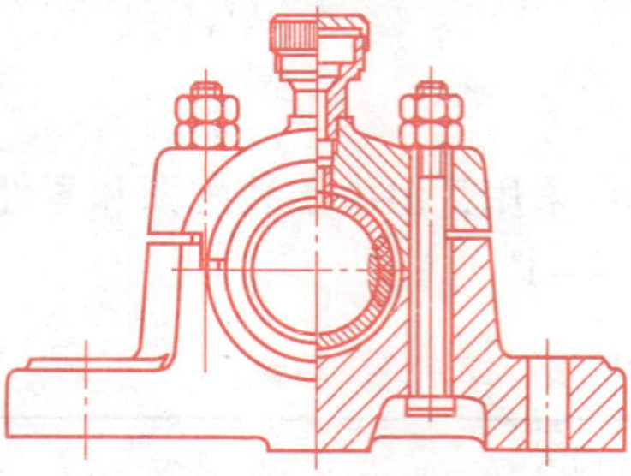 拆去轴承座、上轴衬等 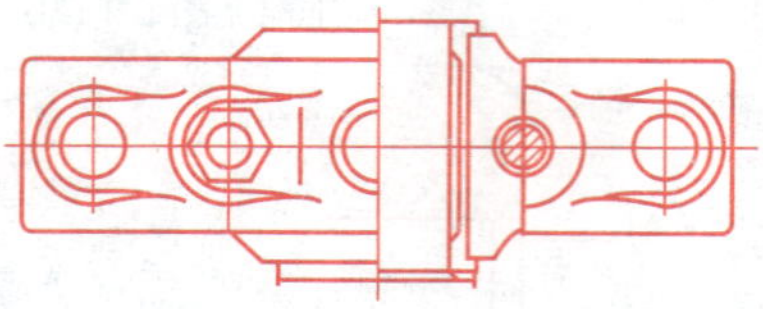	在装配图中，当某些零件遮住了所需表达的其他零件时，可假想将某些零件拆卸后再绘制视图。拆卸后需加说明时，可注上“拆去××”等字样
展开画法	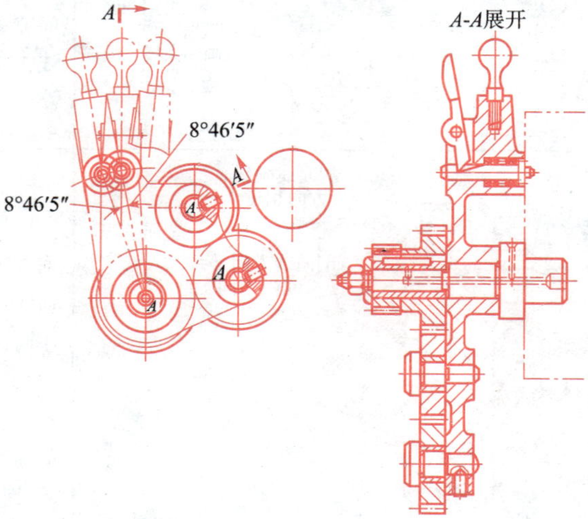	为了表达传动系统的传动关系及各轴的装配关系，可按传动顺序，沿它们的轴线剖开，并展开在同一平面上，在剖视图中应标注“X—X 展开”
简化画法	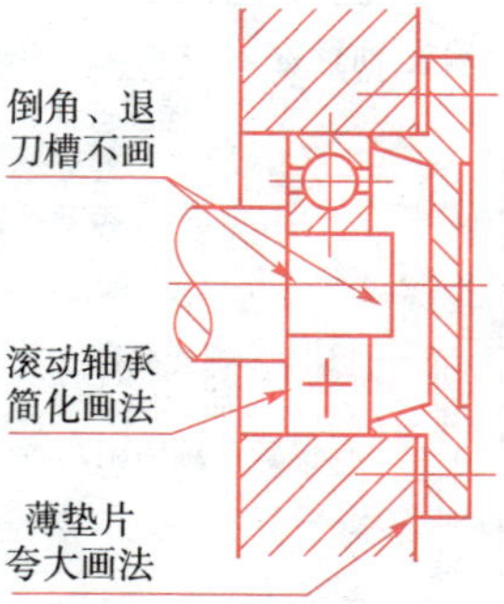	在装配图中零件的倒角、圆角、凹坑、凸台、沟槽、滚花、刻线及其他细节可不画出。滚动轴承、螺栓连接等可采用简化画法
夸大画法	如表 8－1 中，实心零件、标准件画法中垫片的画法	薄垫片的厚度、小间隙等可适当夸大画出

任务实施

一、概括了解

如图 8 – 2 所示，从标题栏名称中可知该装配图是一张齿轮泵的装配图。对照图上的序号和明细栏，该齿轮泵共由 17 种零件装配而成，其中标准件有 7 种，从中可以看出各零件的大体位置。由外形尺寸 118、85、95 可知这个齿轮泵的体积不大。

二、分析视图

1. 看懂主视图

首先要找到齿轮泵的主视图。该齿轮泵装配图中的主视图为全剖视图，按工作位置放置，反映了组成齿轮泵各个零件间的连接、装配关系和传动路线。

在齿轮泵的主视图中采用了以下装配图的规定画法和特殊画法：

(1) 3 号件与 1、7 号件等为两相邻件的接触面或基本尺寸相同的轴孔配合面，只画一条线表示其公共轮廓。而两相邻件的非接触面或基本尺寸不相同的非配合面即使间隙很小，也必须画两条线。

(2) 1 号件与 6 号件为剖视图中相邻两零件，剖面线方向相反；3 号件与 1、7 号件也是剖视图中相邻两零件，它们的剖面线间距不相等。

(3) 在主视图中的 4、12、13、15 号件虽然都剖切到，但是没有画剖面线，这是因为装配图的画法规定：在剖视图中，对于标准组件（如螺纹紧固件、油杯、键、销等）和实心杆件（如实心轴、连杆、拉杆、手柄等），若纵向剖切且剖切平面通过其轴线时，按不剖绘制。

(4) 5 号件垫片很薄，若按实际厚度画出则表达不清楚，因此采用夸大画法。图 8 – 2 主视图中螺旋栓与螺旋栓孔之间的配合间隙也是采用夸大法画出的。另外 5 号件垫片用涂黑代替剖面线是因为装配图的简化法规定：在剖视或断面图中，若零件的厚度在 2 mm 以下，可用涂黑代替剖面符号。

2. 分析其他视图

在分析齿轮泵主视图的基础上，要通过分析其他视图，进一步了解其对机器部件的表达内容。

左视图是采用沿着左端盖 1 与泵体 6 接合面剖切后移去了垫片 5 的半剖视图 *B—B*，这种画法叫作沿接合面剖切画法，它清楚地反映该油泵的外部形状、齿轮的啮合情况以及吸、压油的工作原理；再采用局部剖视来反映吸、压油口的情况。

三、分析装配体的工作原理和装配关系

这是深入读装配图的重要阶段，可先从反应工作原理、装配关系较明显的视图入手，抓主要装配干线和传动路线，分析有关零件的运动情况和装配关系；然后抓其他装配干线，继续分析工作原理、装配关系及零件的连接、定位和配合松紧度等。

泵体 6 是齿轮泵中的主要零件之一，它的内腔容纳一对吸油和压油的齿轮（见图 8 – 3

齿轮泵工作原理图）。将齿轮轴 2 和传动齿轮轴 3 装入泵体后，两侧由左端盖 1、右端盖 7 支承这一对齿轮轴做旋转运动。由销 4 将左、右端盖与泵体连接成整体。为了防止泵体与端盖接合面处以及传动齿轮轴 3 伸出端漏油，分别用垫片 5 及密封圈 8、轴套 9、压紧螺母 10 密封。齿轮轴 2、传动齿轮轴 3、传动齿轮 11 是该油泵中的运动零件。当传动齿轮 11 按逆时针方向转动时，通过键 14 将扭矩传递给传动齿轮轴 3（从左视图观察），经过齿轮啮合带动齿轮轴 2，从而使齿轮轴 2 做顺时针方向转动。从这一对齿轮啮合传动中，可以了解其工作原理，如图 8－3 所示。当一对齿轮在泵体内啮合传动时，啮合区右边空间的压力降低而产生局部真空，油池内的油在大气压力的作用下进入液压泵低压区内的吸油口，随着齿轮的转动，齿槽中的油不断沿箭头方向被带至左边的压油口把油压出，送至机器中需要润滑的部分。

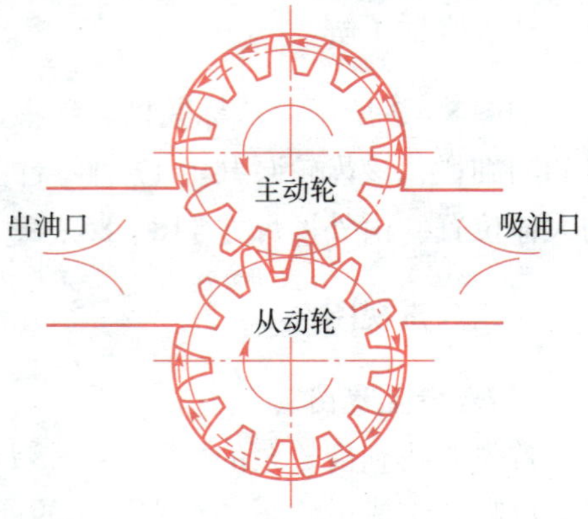

图 8－3　齿轮泵工作原理图

四、分析零件的结构形状和作用

现以齿轮泵右端盖 7 为例进行分析。由主视图可知，右端盖上部有传动齿轮轴 3 穿过，下部有齿轮轴 2 轴的劲的支撑孔，在右部凸缘的外圆柱面上有外螺纹，用压紧螺母 10 通过轴套 9 将密封圈 8 压紧在轴的四周。先从主视图上找出右端盖的视图轮廓，由于在装配图的主视图上右端盖的一部分轮廓被其他零件遮挡，因而它是一幅不完整的图形，如图 8－4（a）所示。

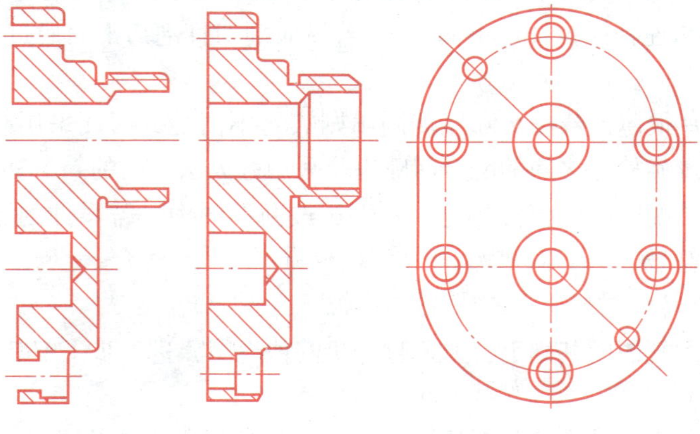
(a)　(b)　(c)

图 8－4　从装配图中分离、补充、设计后的右端盖视图

根据此零件的作用及其他零件的装配关系，可以补全所缺的轮廓线，如图 8－4（b）所示。在装配图的左视图中，其螺钉孔、销孔、轴控都被泵体 6、传动齿轮轴 3 等零件挡住，不能完整的表达出来。因此这些缺少的结构形状，可以通过对装配整体的理解和工作情况，进行补充表达和设计。右端盖的外形为长圆形，沿周围分布有六个螺钉沉孔和两个圆柱销孔。图 8－4（c）为从装配图中分离、补充、想象出的右端盖左视图，结合主、左视图即可想象出其结构形状，如图 8－5 所示。

通过以上分析右端盖的结构形状，对其作用的分析就会很容易了，请读者自行分析。这样逐一分析每个零件，便可弄清每个零件的结构形状、作用及零件间的装配关系，这是读懂装配图的重要标志。

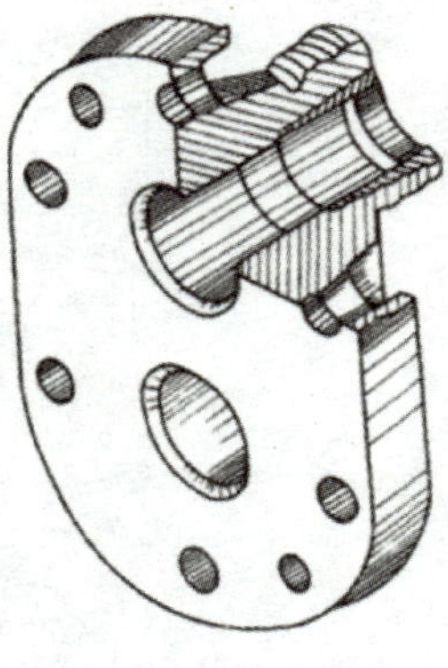

图 8－5　右端盖轴测图

五、分析尺寸及技术要求

在装配图中只需注出与机器或部件的性能、装配、检验、安装、运输等有关的几类尺寸。分析图 8－2 齿轮泵装配图中尺寸可知：

（1）吸、压油口的尺寸 G3/8 为齿轮泵的规格性能尺寸，它从侧面反映了齿轮泵进、出油的能力。

（2）左视图上两个螺栓（16 号件）之间的尺寸 70 mm 是用于安装或固定齿轮泵的，这类尺寸称为装配图的安装尺寸。

（3）主视图中 $\phi 14H7/k6$ 为传动齿轮轴 11 与传动齿轮轴 3 的配合尺寸，两零件用键 14 连成一体传递扭矩。齿轮轴 2、传动齿轮轴 3 与左、右端盖在支撑处配合尺寸都是 $\phi 16H7/h6$。两齿轮的齿顶圆与泵体内腔的配合尺寸是 $\phi 34.5H8/f7$。尺寸 28.76 mm ±0.016 mm 是一对啮合齿轮的中心距，这个尺寸准确与否将会直接影响齿轮的啮合传动，为装配图中的相对位置尺寸。装配图中的配合以及相对位置尺寸统称为装配尺寸。

（4）尺寸 118 mm、85 mm、95 mm 分别为齿轮泵的总长、总宽和总高尺寸，反映了机器或部件的大小，是机器或部件在包装、运输和安装过程中确定其所占空间大小的依据。

（5）主视图中的尺寸 65 mm 是传动齿轮轴轴线离泵体安装面的高度尺寸，左视图中的尺寸 50 mm 是齿轮泵体地面至进、出油口中心线的高度尺寸。像这类装配体设计过程中经过计算确定或选定的重要尺寸称为装配图的其他重要尺寸，如主要零件的主要结构尺寸、运动件极限位置尺寸等都属于这类尺寸。

齿轮泵的装配图中注明了两条技术要求，用于说明该齿轮泵安装后检验的要求。在装配图中一般用文字或符号准确、简练地说明对机器或部件的性能、装配、检验、调整、安装、运输、使用、维护、保养等方面的要求和条件，统称为装配图中的技术要求，一般写在明细栏的上方或图纸下方空白处，也可另写成技术要求文件作为图样的附件。以上所述内容在一张装配图中不一定样样俱全，应根据具体情况而定。

六、归纳总结

通过以上分析，把对机器或部件的所有了解进行归纳，获得对机器或部件整体的认识，想象出内外全部零件形状，如图 8－6 所示，从而了解机器或部件的设计意图和装配工艺性等，完成读装配图的全过程，并为拆画零件图打下基础。

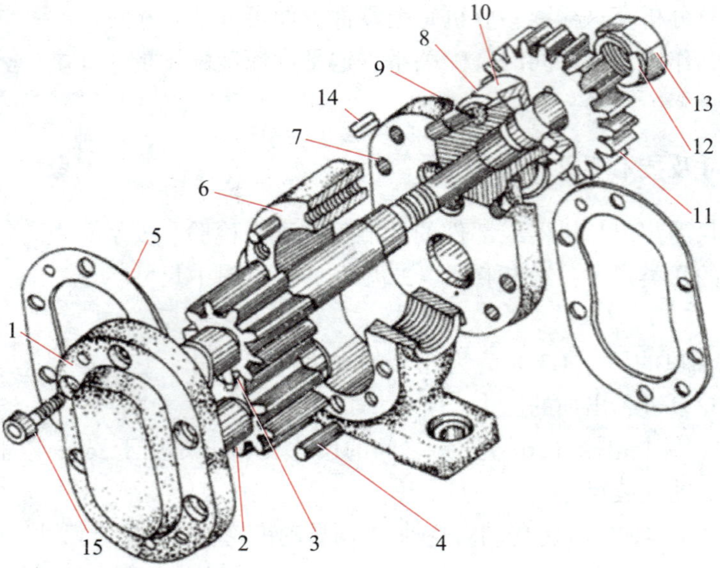

图 8-6　齿轮泵的轴测分解图

1—左端盖；2—齿轮轴；3—传动齿轮轴；4—圆柱销；5—垫片；6—泵体；7—右端盖；8—密封圈；9—轴套；10—压紧螺母；11—传动齿轮；12—垫圈；13—螺母；14—键；15—螺钉

任务 2　根据装配图拆画零件图

任务导入

在全面读懂齿轮泵装配图 8-2 的基础上，按照零件图的内容和要求拆画 7 号件的零件图。

任务分析

由装配图拆画零件图实际上是设计零件的过程，是设计过程中的重要环节，也是检验看装配图和画零件图能力的一种方法。必须在全面看懂装配图的基础上，按照零件图的内容和要求拆画零件图。

相关知识

一、零件的分类处理

拆画零件图前，要对装配图所示的机器或部件中的零件进行分类处理，以明确拆画对象。零件可分为以下几类：

拆画零件图前，要对装配图所示的机器或部件中的零件进行分类处理，以明确拆画对象。零件可以分为以下几类：

1. 标准件

大多数标准件属于外购件，故只需列出汇总表，填写标准件的规定标记、材料及数量即可，不拆画零件图。

2. 借用零件

借用零件是指借用定型产品中的零件，利用已有的零件图，不必另行拆画其零件图。

3. 特殊零件

特殊零件是设计时经过特殊考虑和计算所确定的重要零件，如汽轮机的叶片、喷嘴等。这类零件应按给出的图样或数据资料拆画零件图。

4. 一般零件

一般零件是拆画的主要对象，应按照在装配图中所表达的形状、大小和有关技术要求来拆画零件图。

二、常见装配结构

为保证机器或部件能顺利装配，并达到设计规定的性能要求，而且拆、装方便，必须使零件间的装配结构满足装配工艺要求，同时兼顾装配结构的合理性。常见的装配合理结构如下：

（1）两个零件在同一方向上，只能有一个接触面和配合面，如图 8－7 所示。

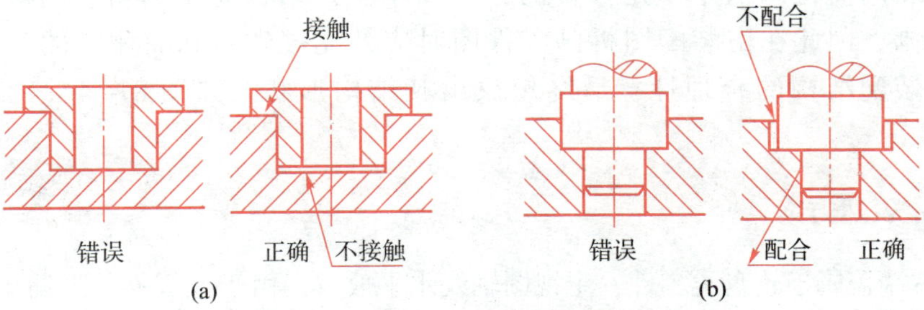

图 8－7　两零件在同一方向的定位

（2）为保证轴肩端面和孔端面接触，可在轴肩处加工出退刀槽，或在孔的端面加工出倒角，如图 8－8 所示，退刀槽和倒角的尺寸可查有关标准确定。

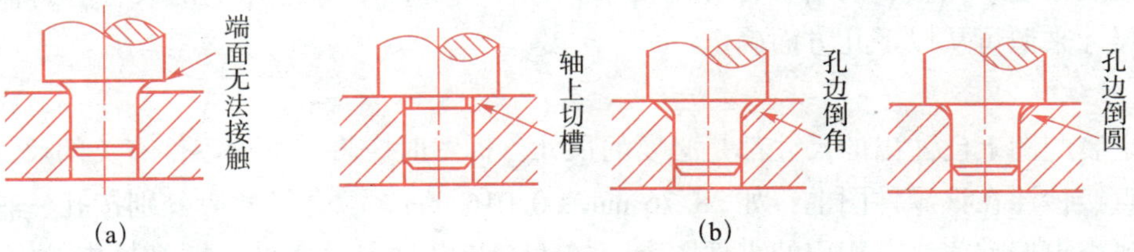

图 8－8　轴肩和孔端面接触结构

（a）错误；（b）正确

（3）应便于装拆。例如，在设计螺栓和螺钉的位置时，要留下装拆螺栓所需扳手的空间［图 8－9（b）］和安装螺钉所需要的空间［图 8－9（d）］。

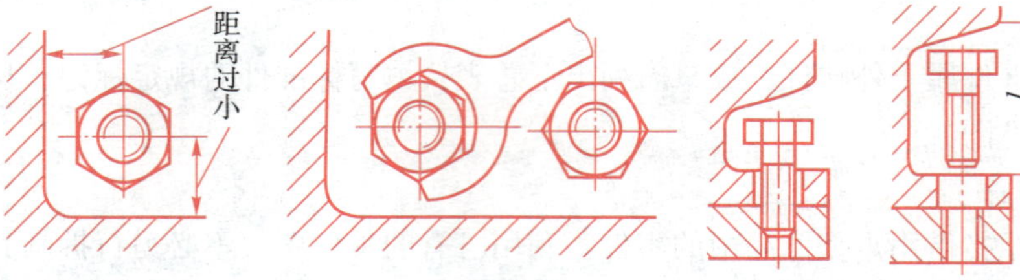

(a) (b) (c) (d)

图 8-9 螺栓的装拆空间

(a) 不合理；(b) 好；(c) 错误；(d) 正确

任务实施

一、分离零件、补画结构

读懂装配图，分析所拆零件的作用。结合 7 号件在主视图中的剖面线范围，根据投影关系找出左视图零件的形状，把它从其他零件中分离出来，想象出其大体结构形状，如图 8-4（a）所示；补齐在装配图中被遮挡的轮廓线和投影线，如图 8-4（b）所示：然后对装配图中未表达清楚或省略的结构进行再设计，分析该零件的加工工艺。由于在装配图的简化画法中规定零件的一些细小工艺结构如小圆角、倒角、退刀槽等均可省略不画，因此在由装配图拆画零件图时应补充被省略和简化了的工艺结构，同时还要考虑装配结构的合理性，最终想象出其结构形状，如图 8-4（c）和图 8-5 所示。

二、确定表达方案

7 号件右端盖属于轮盘类零件，主视图轴线水平放置，由于该零件外形简单而内形较复杂，因此主视图采用全剖视图。另外，用左视图表达零件形状和螺钉孔、销孔的位置。

三、标注所拆零件的尺寸

要按照正确、完整、清晰、合理的要求，标注所拆画的零件图上的尺寸。拆画的零件图，其尺寸来源可从以下几方面确定：

1. 抄注

凡是装配图上已注出的尺寸都是必要的尺寸，拆图时应将与被拆零件有关的尺寸按其数值大小直接抄注在该零件图上，如 28.76 mm ± 0.016 mm。配合尺寸应分别按孔、轴的公差带代号或查出偏差值注在相应的零件图上，如 ϕ16H7 等。某些零件在明细栏中给定了尺寸，如弹簧、垫片厚度应当作为已给尺寸标注。

2. 查取

零件上的一些标准结构（如倒角、圆角、退刀槽、螺纹、销孔、键槽等）的尺寸数值，应从有关标准中查取核对后进行标注，如螺孔、键槽的尺寸可根据明细栏中相应标准件的标记确定。

3. 计算

零件的某些尺寸数值，需根据装配图所给定的有关尺寸和参数，经过必要的计算或校核来确定，且不许圆整。如齿轮分度圆直径可根据模数与齿数或齿数和中心距计算确定。

4. 量取

装配图中没有标注的其余尺寸，应按装配图的比例在装配图上直接量取后算出，并按标准系列适当圆整，使之尽量符合标准长度或标准直径的数值。

根据上述尺寸来源，配齐拆画的零件图上的尺寸，标注尺寸时要恰当选择尺寸基准和标注形式，与相关零件的配合尺寸、相对位置尺寸协调一致，避免矛盾发生，重要尺寸应准确无误。

四、确定技术要求

根据零件的作用，结合设计要求，查阅有关手册或参阅同类、相近产品的零件图来确定所拆画零件图上的表面结构要求、尺寸公差、几何公差等。最后填写标题栏，完成所拆画的零件图，如图 8－10 所示。

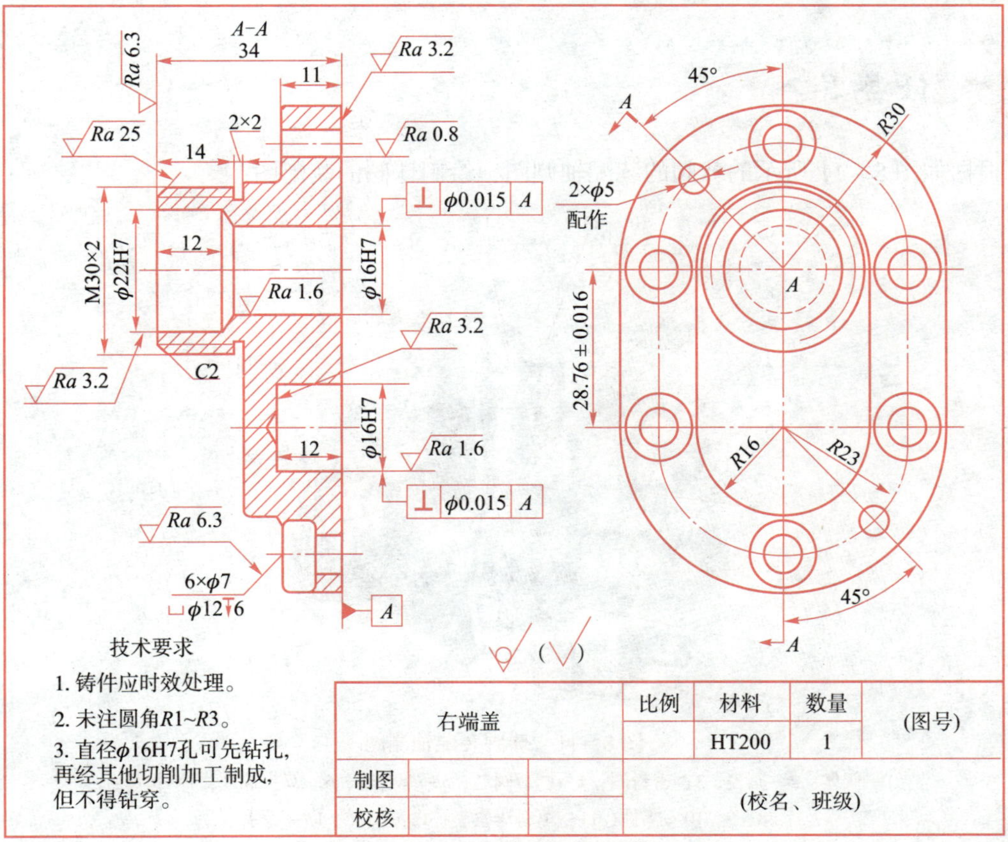

图 8－10　右端盖零件图

项目二　画装配图

知识目标

(1) 掌握装配图中零部件序号、明细栏、标题栏及技术要求。

(2) 掌握装配图中视图的选择方法。

在新产品的设计过程中，一般是先画出装配草图，再由装配草图拆画并设计出零件图，最后由设计出的零件图绘制出正规的装配图，绘制装配图是产品设计的重要过程，所以装配图不仅是指导装配、检验的技术文件，也是指导设计的重要依据资料。

任务　绘制球阀的装配图

任务导入

根据如图 8－11 所示的球阀的装配轴侧图，绘制球阀的装配图。

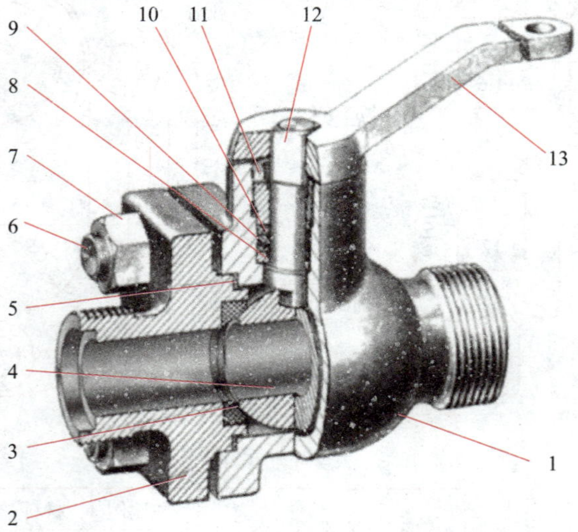

图 8－11　球阀装配轴测图

1—阀体；2—阀盖；3—密封圈；4—调节阀芯；5—调整垫；6—双头螺柱；7—螺母；8，9，10—零件，11—填料压紧套；12—阀杆；13—扳手

任务分析

该部件共由 13 种零件组成，安装于管道中，用于开启、关闭和调节流体流量。

一、装配关系

带有方形凸缘的阀体 1 和阀盖 2 是用四个双头螺柱 6 和螺母 7 连接的，在它们的轴向接触处加了调整垫 5，用于调节阀芯 4 与密封圈 3 之间的松紧程度。阀杆 12 下部的凸块与阀芯 4的凹槽相榫接，其上部的四棱柱结构可套进扳手 13 的方孔内。为防止填料松动而达不到良好的密封效果，旋入了填料压紧套 11。

二、工作原理

图 8 - 11 所示的位置（阀芯通孔与阀体和阀盖孔对中）为阀门全部开启的位置，此时管道通畅。当顺时针方向转动扳手时，由扳手带动阀杆，使阀芯转动，阀芯的孔与阀体和阀盖上的孔产生偏离，从而实现流量的调节。当扳手旋转 90°时，则阀门全部关闭，管道断流。

下面从运动关系、密封关系和包容关系对该球阀做进一步分析。

1. 运动关系

扳手 13→阀杆 12→调节阀芯 4。

2. 密封关系

两个密封圈 3 为第一道防线；调整垫 5 为阀体、阀盖之间的密封垫圈，零件 8、9、10、11 防止阀杆 12 漏油，为第二道防线。

3. 包容关系

阀体 1 和阀盖 2 是球阀的主体零件，它们之间用四组双头螺柱连接（零件 6、7），阀芯 4通过两个密封圈 3 定位于阀中，通过填料压紧套 11 与阀体的螺纹旋合将零件 8、9、10 固定于阀体中。扳手 13 通过方孔与阀杆 12 连接。

由此可知，球阀主要有两条装配干线：固定、密封阀芯部分；固定、密封阀杆 1 部分。

通过以上分析，对球阀的零件组成、工作原理、装配关系及零件的主要结构形状已有了一定了解，为视图选择提供了依据。

相关知识

装配图中的零部件序号、标题栏、明细栏及技术要求。

一、零部件序号

为了便于图样管理、看图及组织生产，装配图上必须对每种零件或部件编写序号，装配图中的序号包括引线、小圆点（或箭头）和序号数字，如图 8 - 12 所示。

（1）指引线从所指零件的可见轮廓线内画一小圆点引出，当不便用小圆点时可用箭头代替，箭头指向轮廓线，如图 8 - 12（a）、（b）所示。

（2）指引线互相不能相交，当它通过有剖面线的区域时，不应与剖面线平行，必要时可将指引线弯折一次，如图 8 - 12（c）所示。

（3）一组紧固件或装配关系清楚的零件组，可以采用公共指引线，如图 8 - 13 所示。

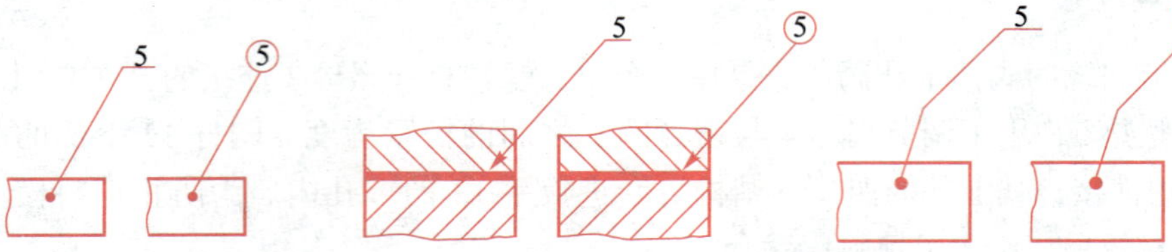

图 8 - 12　零件序号的编注形式

(a) 圆点指引线；(b) 箭头指引线；(c) 指引线曲折一次

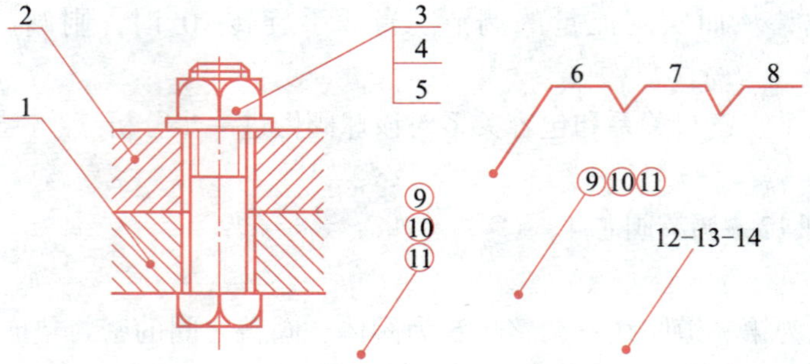

图 8 - 13　序号排列及公共指引线

（4）相同的零部件用一个序号，一般只标注一次。

（5）标准件（如电动机、滚动轴承、油杯等）在装配图上只编写一个序号。

（6）零部件序号应沿水平或垂直方向按顺时针（或逆时针）方向顺序排列整齐。

二、标题栏和明细栏

明细栏是装配图中全部零件的详细目录，是说明装配图中零件的序号、名称、材料、数量、规格等的表格。国家标准 GB/T 10609. 2—2009 规定了明细栏格式。为学生做作业方便，推荐采用图 8 - 14 所示的简化明细栏。填写明细栏时应遵照以下规定。

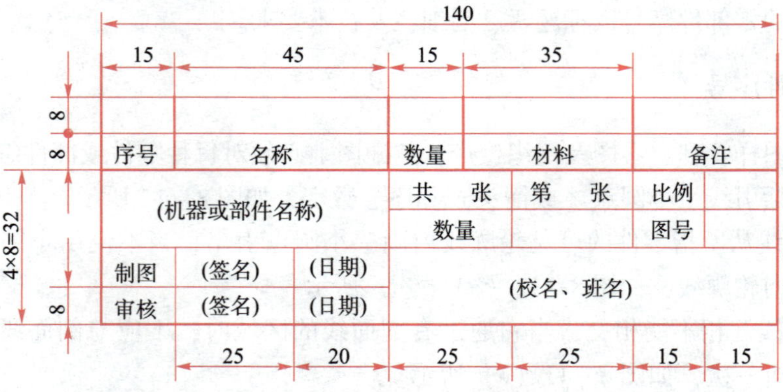

图 8 - 14　标题栏与明细栏

（1）明细栏位于标题栏的上方，并与标题栏相连，上方位置不够时可续接在标题栏的左侧，若还不够可再向左侧续编。

（2）明细栏外框竖线为粗实线，其余线为细实线，其下边线与标题栏上边线或图框下边线重合，长度相同。

（3）为了便于补充，序号的顺序应自下而上填写。

（4）在备注栏内一般填写零件的图号和构件的国标代号。在名称栏内，标准构件应填写其名称和代号。

三、技术要求

用文字说明机器或部件的装配、安装、检验、运转和使用的技术要求。它们包括：表达装配方法，对机器或部件工作的要求，检验、试验的方法和条件，包装、运输、操作及维修保养应注意的问题等。

任务实施

一、球阀的视图选择

1. 球阀的安放

装配图中的主视图一般将机器或部件按工作位置放置，当工作位置倾斜时应放正。球阀的工作位置情况多变，但一般将其按水平放置。

2. 球阀主视图的选择

主视图要把装配关系、工作原理关系、传动系统、主要零件的主要结构表达清楚，主视图通常采用剖视表达。经分析对比，选择图 8－12 所示的主视图表达方案，该视图能清楚地反映主要装配关系和工作原理，结合剖视图，比较清楚地表达了各个主要零件以零件间的相互关系。

3. 其他视图的选择

根据确定的主视图，采用 *A*—*A* 半剖的左视图，进一步反映了阀杆与阀芯的装配关系以及连接时所用四个双头螺柱的分布情况。根据球阀的结构特点，为简化作图，左视图采用拆卸画法，不画扳手的投影。在左视图上还能清楚地显示出阀体上端的凸台，此凸台限制了扳手运动的极限位置。装配图特殊表达方法中规定：当某个或几个零件在装配图中遮住了需要表达的其他结构或装配关系，而它（们）在其他视图中又已表达清楚时，可假想将其拆去后画出，在图上方需加注“拆去 X X 零件”的说明。另外，为反映扳手与定位块的关系，再选取 *B*—*B* 局部的俯视图，进一步表达了阀盖与阀体的连接方法（双头螺柱的连接）、阀杆方头与扳手的连接方法和填料压紧套的顶端槽口结构等。在俯视图中用双点画线表示扳手旋转的极限位置，此种画法叫作装配图特殊表达方法中的假想画法，如图 8－15 所示。

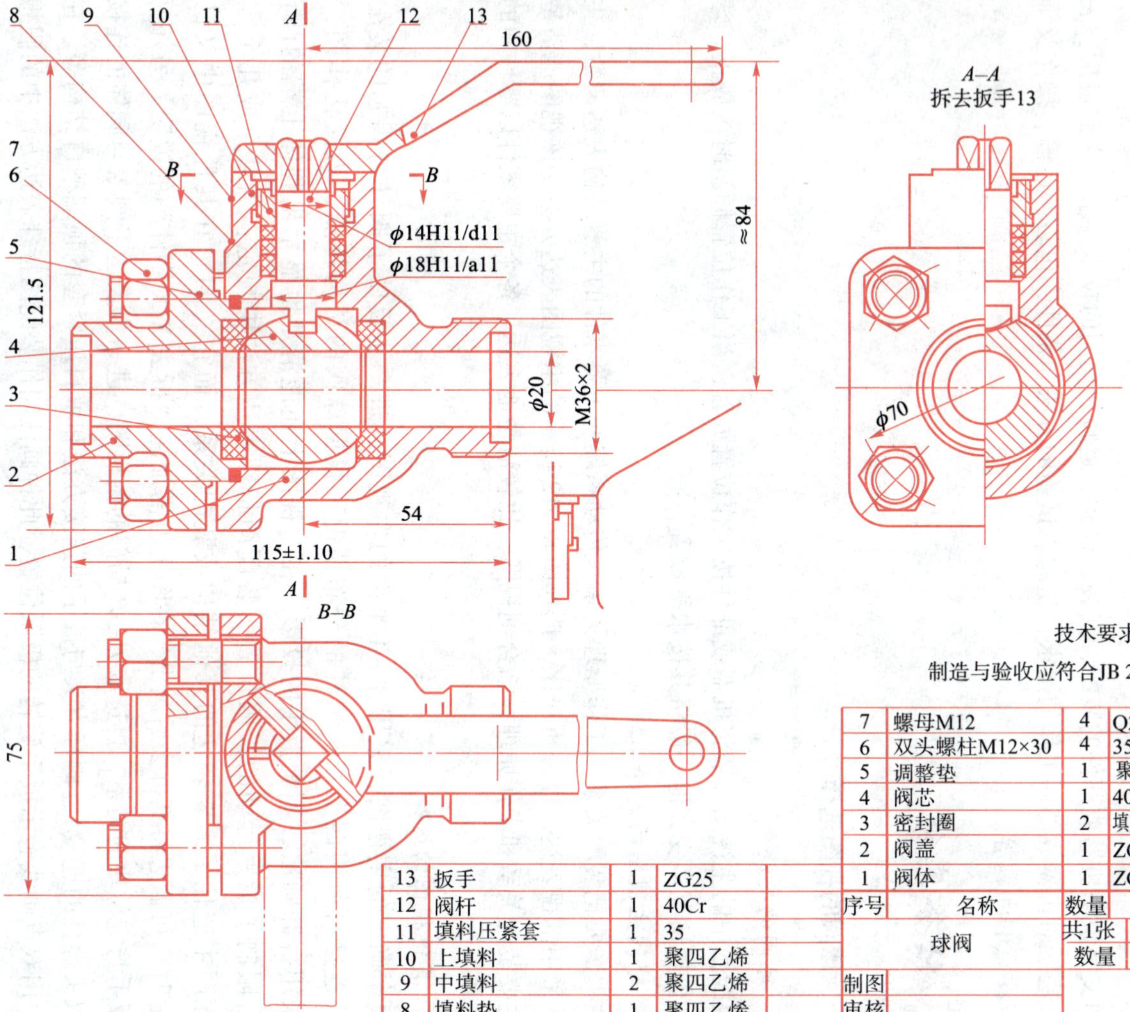

技术要求

制造与验收应符合JB 2311–77的规定。

序号	名称	数量	材料	备注
13	扳手	1	ZG25	
12	阀杆	1	40Cr	
11	填料压紧套	1	35	
10	上填料	1	聚四乙烯	
9	中填料	2	聚四乙烯	
8	填料垫	1	聚四乙烯	
7	螺母M12	4	Q235	GBT6170–2000
6	双头螺柱M12×30	4	35	GB/T897–1988
5	调整垫	1	聚四乙烯	
4	阀芯	1	40Cr	
3	密封圈	2	填充聚四乙烯	
2	阀盖	1	ZG25	
1	阀体	1	ZG25	

球阀	共1张	第1张	比例	
	数量		图号	
制图		(校名、班级)		
审核				

图8–15　球阀装配图

二、画球阀装配图

在表达方案确定后，根据球阀的大小和复杂程度，同时考虑留出标注尺寸、零件序号、技术要求、标题栏和明细栏的位置，选择 A3 图幅。具体画图步骤如下，如图 8－16 所示。

（1）画边框、标题栏和明细栏的范围线。

（2）布置视图。

在图纸上画出各基本视图的主要中心线和基准线，如图 8－16（a）所示。

（3）画主要零件的视图。

从主视图入手，几个视图一起画，这样可以提高绘图速度，减少作图误差。画剖视图时，尽量从主要轴线开始，围绕装配干线由内向外画出各零件，如图 8－16（b）所示。

（4）画其余零件。

按装配图关系及零件的相对位置将其他零件逐个画出，如图 8－16（c）所示。

（5）检查、加深图线，画剖面图。

底稿画完后，要检查校核，擦去多余图线，进行图线描深，画剖面线。

（6）画尺寸界线、尺寸线，剪头，并标注尺寸数字。

球阀装配图要标注以下尺寸：

①规格性能尺寸为 $\phi 20$。

②装配尺寸有 $\phi 18H11/a11$、$\phi 14H11/d11$ 等。

③安装尺寸为 M36 ×2。

④总体尺寸有 121.5、75 等。

⑤其他重要尺寸有 $\phi 70$、54 等。

（7）编写零件序号，填写标题栏和明细栏。

（8）编写技术要求，校核，完成全图，如图 8－15 所示。

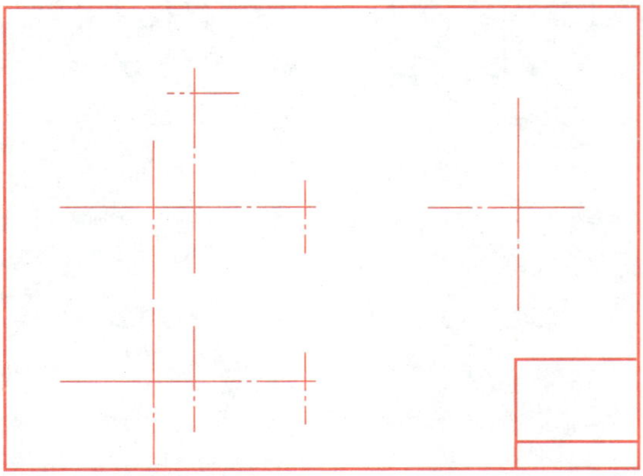

(a)

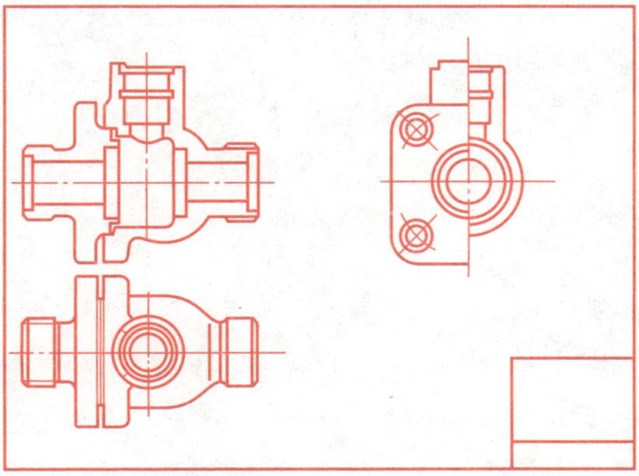

(b)

图 8－16　画球阀装配图的方法、步骤

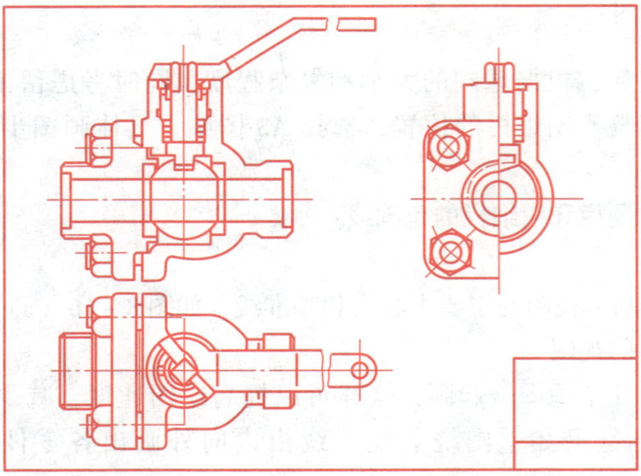

(c)

图 8－16　画球阀装配图的方法、步骤（续）

附　录

附录A　螺　纹

表 A-1　普通螺纹直径与螺距（摘自 GB/T 196-197—2003）　　（单位：mm）

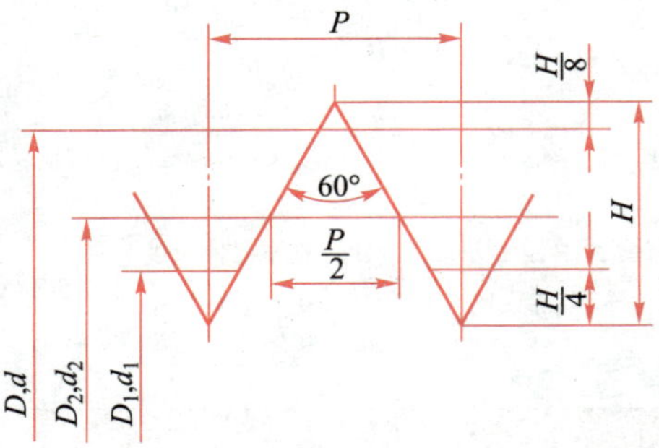

D——内螺纹的基本大径（公称直径）；
d——外螺纹的基本大径（公称直径）；
D_2——内螺纹的基本中径；
d_2——外螺纹的基本中径；
D_1——内螺纹的基本小径；
d_1——外螺纹的基本小径；
P——螺距；
H——$\frac{\sqrt{3}}{2}P$。

标注示例

M24（公称直径为 24 mm、螺距为 3 mm 的粗牙右旋普通螺纹）

M24×1.5-LH（公称直径 24 mm、螺距为 1.5 mm 的细牙左旋普通螺纹）

公称直径 D、d		螺距 P		粗牙中径 D_2、d_2	粗牙小径 D_1、d_1
第一系列	第二系列	粗牙	细牙		
3		0.5	0.35	2.675	2.459
	3.5	(0.6)		3.110	2.850
4		0.7	0.5	3.545	3.242
	4.5	(0.75)		4.013	3.688
5		0.8		4.480	4.134
6		1	0.75 (0.5)	5.350	4.917
8		1.25	1, 0.75, (0.5)	7.188	6.647
10		1.5	1.25, 1, 0.75, (0.5)	9.026	8.376
12		1.75	1.5, 1.25, 1, 0.75, (0.5)	10.863	10.106
	14	2	1.5, (1.25), 1, (0.75), (0.5)	12.701	11.835
16		2	1.5, 1, (0.75), (0.5)	14.701	13.835
	18	2.5	1.5, 1, (0.75), (0.5)	16.376	15.294
20		2.5		18.376	17.294
	22	2.5	2, 1.5, 1, (0.75), (0.5)	20.376	19.294
24		3	2, 1.5, 1, (0.75)	22.051	20.752
	27	3	2, 1.5, 1, (0.75)	25.051	23.752
30		3.5	(3), 2, 1.5, 1, (0.75)	27.727	26.211

注：1. 优先选用第一系列，括号内尺寸尽可能不用，第三系列末列入。
2. M14×1.25 仅用于火花塞。

表 A－2　梯形螺纹（摘自 GB/T 5796.1～5796.4—1986）　　（单位：mm）

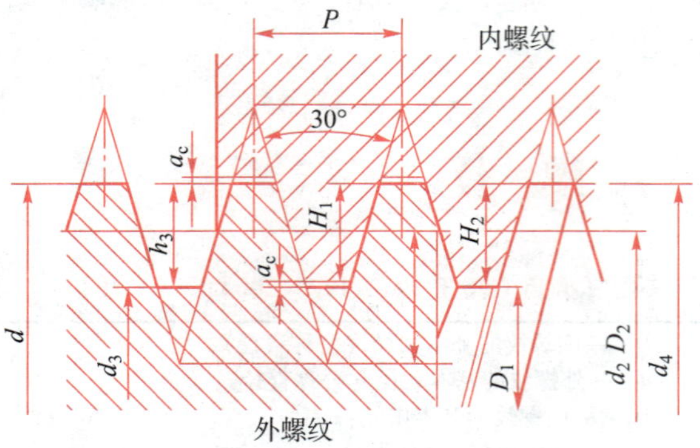

d——外螺纹大径（公称直径）；

d_3——外螺纹小径；

D_4——内螺纹大径；

D_1——内螺纹小径；

d_2——外螺纹中径；

D_2——内螺纹中径；

P——螺距；

a_c——牙顶间隙；

h_3——$H_4 \cdot H_b + a_c$。

标记示例：

Tr40×7－7H（单线梯形内螺纹、公称直径 $d=40$、螺距 $P=7$、右旋、中径公差带为 7H、中等旋合长度）

Tr60×18（P9）LH－8e－L（双线梯形外螺纹、公称直径 $d=60$、导程 $ph=18$、螺距 $P=9$、左旋、中径公差带为 8e、长旋合长度）

梯形螺纹的基本尺寸

d 公称系列		螺距	中径	大径	小径		d 公称系列		螺距	中径	大径	小径	
第一系列	第二系列	P	$d_2=D_2$	D_4	d_1	D_1	第一系列	第二系列	P	$d_2=D_2$	D_4	d_3	D_1
8	—	1.5	7.25	8.3	6.2	6.5	32	—	6	29.0	33	25	26
—	9	2	8.0	9.5	6.5	7	—	34		31.0	35	27	28
10	—		9.0	10.5	7.5	8	36	—		33.0	37	29	30
—	11		10.0	11.5	8.5	9	—	38	7	34.5	39	30	31
12	—	3	10.5	12.5	8.5	9	40	—		36.5	41	32	33
—	14		12.5	14.5	10.5	11	—	42		38.5	43	34	35
16	—	4	14.0	16.5	11.5	12	44	—		40.5	45	36	37
—	18		16.0	18.5	13.5	14	—	46	8	42.0	47	37	38
20	—		18.0	20.5	15.5	16	48	—		44.0	49	39	40
—	22	5	19.5	22.5	16.5	17	—	50		46.0	51	41	42
24	—		21.5	24.5	18.5	19	52	—		48.0	53	43	44
—	26		23.5	26.5	20.5	21	—	55	9	50.5	56	45	46
28	—		25.5	28.5	22.5	23	60	—		55.5	61	50	51
—	30	6	27.0	31.5	23.0	24	—	65	10	60.0	66	54	55

注：1. 优先选用第一系列的直径。

2. 表中所列的螺距和直径，是优先选择的螺距及之对应的直径。

附录B 常用标准件

表 B－1 六角头螺栓（一） （单位：mm）

六角头螺栓—A 和 B 级（摘自 GB/T 5782—2000）
六角头螺栓—细牙—A 和 B 级（摘自 GB/T 5785—2000）

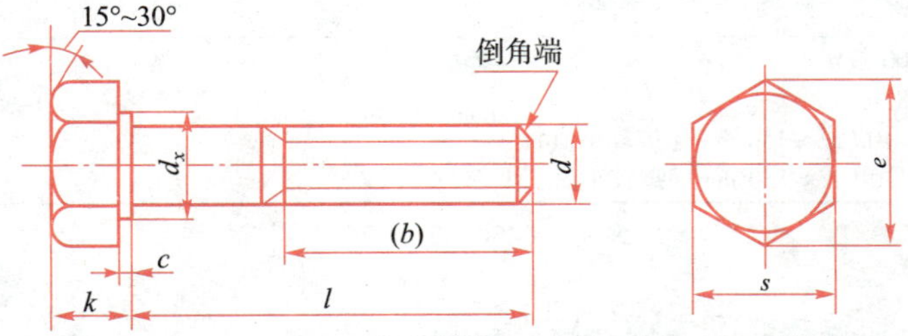

标记示例:
螺栓GB/T 5782 M12×100
（螺纹规格d=M12、公称长度l=100、性能等级为8.8级、表面氧化、杆身半螺纹、A级的六角头螺栓）

六角头螺栓—全螺栓—A 和 B 级（摘自 GB/T 5783—2000）
六角头螺栓—细牙—全螺栓—A 和 B 级（摘自 GB/T 5786—2000）

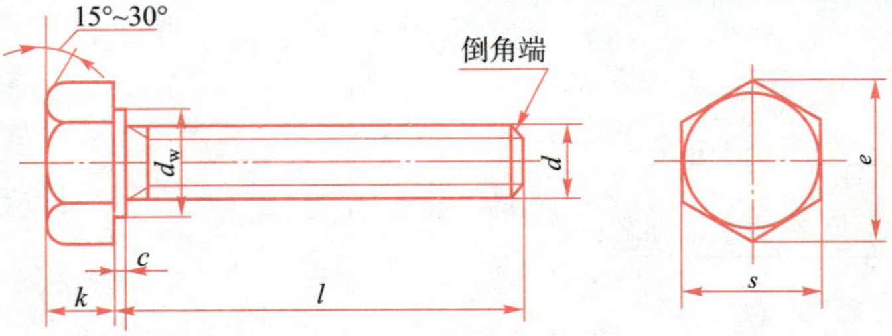

标记示例:
螺栓GB/T 5786 M30×2×80
（螺纹规格d=M30×2、公称长度l=80、性能等级为8.8级、表面氧化、全螺纹、B级的细牙六角头螺栓）

螺纹规格	d	M4	M5	M6	M8	M10	M12	M16	M20	M24	M30	36	M42	M48
	$D\times P$	—	—	—	M8×1	M10×1	M12×15	M16×15	M20×2	M24×2	M30×2	M36×3	M42×3	M48×3
$b_{参考}$	$l\leqslant125$	14	16	18	22	26	30	38	46	54	66	78	—	—
	$125<l\leqslant200$	—	—	—	28	32	36	44	52	60	72	84	96	108
	$l>200$	—	—	—	—	—	—	57	65	73	85	97	109	121
c_{max}		0.4	0.5		0.6			0.8					1	
$K_{公称}$		2.8	3.5	4	5.3	6.4	7.5	10	12.5	15	18.7	22.5	26	30
x_{max} = 公称		7	8	10	13	16	18	24	30	36	46	55	65	75
e_{min}	A	7.66	8.79	11.05	14.38	17.77	20.03	26.75	33.53	39.98	—	—	—	—
	B	—	8.63	10.89	14.2	17.59	19.85	26.17	32.95	39.55	50.85	60.79	72.02	82.6
$d_{x\ min}$	A	5.9	6.9	8.9	11.6	14.6	16.6	22.5	28.2	33.6	—	—	—	—
	B	—	6.7	8.7	11.4	14.4	16.4	22	27.7	33.2	42.7	51.1	60.6	69.4
$l_{范围}$	GB 5782	25 ~ 40	25 ~ 50	30 ~ 60	35 ~ 80	40 ~ 100	45 ~ 120	55 ~ 160	65 ~ 200	80 ~ 240	90 ~ 300	110 ~ 30	130 ~ 400	140 ~ 400
	GB 5785											110 ~ 300		
	GB 5783	8 ~ 40	10 ~ 50	12 ~ 60	16 ~ 80	20 ~ 100	25 ~ 100	35 ~ 100	40 ~ 100				80 ~ 500	100 ~ 500
	GB 5786	—	—	—			25 ~ 120	35 ~ 160	40 ~ 200				90 ~ 400	100 ~ 500

续表

螺纹规格	d	M4	M5	M6	M8	M10	M12	M16	M20	M24	M30	36	M42	M48
	$D\times P$	—	—	—	M8×1	M10×1	M12×15	M16×15	M20×2	M24×2	M30×2	M36×3	M42×3	M48×3
$l_{系列}$	GB 5782 GB 5785	20~65（5 进位）、70~160（10 进位）、180~400（20 进位）												
	GB 5783 GB 5786	6、8、10、12、16、18、20~65（5 进位）、70~160（10 进位）、180~500（20 进位）												

注：1. *P*——螺距。末端按 CB/T 2—2000 规定。
2. 螺纹公差：6g；机械性能等级：8.8。
3. 产品等级：A 级用于 $d\leqslant24$ 和 $l\leqslant10d$ 或 $\leqslant150$ mm（按较小值）；
B 级用于 $d>24$ 和 $l>10d$ 或 >150 mm（按较小值）。

表 B-2　六角头螺栓（二）

（单位：mm）

六角头螺栓—C 级（摘自 GB/T 5780—2000）

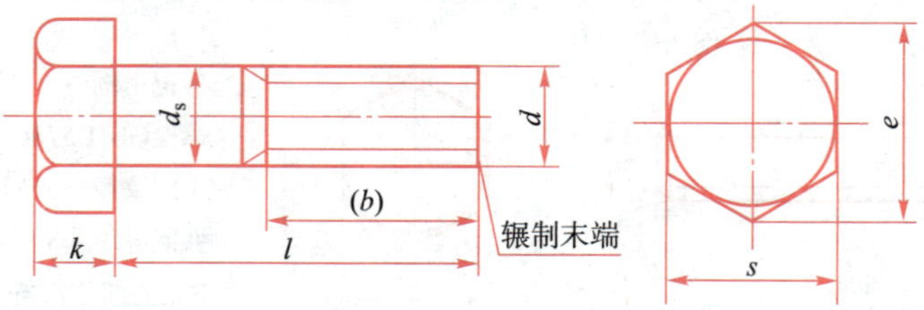

标记示例：

螺栓 GB/T 5780 M20×100

（螺纹规格 d=M20、公称长度 l=100、性能等级为 4.8 级、不经表面处理、杆身半螺纹、C 级的六角头螺栓）

六角头螺栓—全螺纹—C 级（摘自 GB/T 5781—2000）

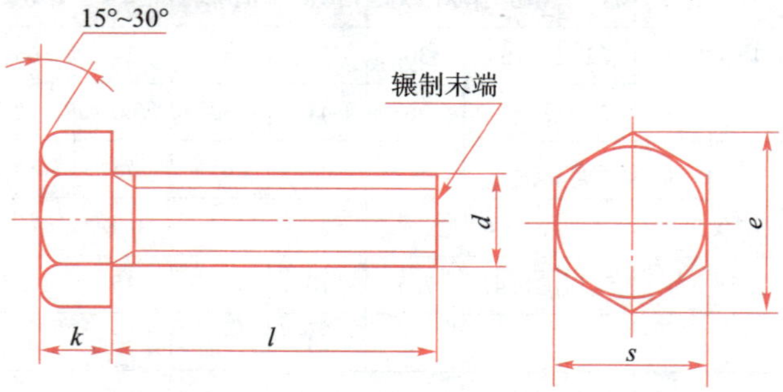

标记示例：

螺栓 GB/T 5781 M12×80

（螺纹规格 d=M12、公称长度 l=80、性能等级为 4.8 级、不经表面处理、全螺纹、C 级的六角头螺栓）

螺纹规格 d		M5	M6	M8	M10	M12	M16	M20	M24	M30	M36	M42	M48
$b_{参考}$	$l\leqslant125$	16	18	22	26	30	38	40	54	66	78	—	—
	$125<l\leqslant1\ 200$	—	—	28	32	36	44	52	60	72	84	96	108
	$l>200$	—	—	—	—	—	57	65	73	85	97	109	121
$k_{公式}$		3.5	4.0	5.3	6.4	7.5	10	12.5	15	18.7	22.5	26	30
s_{min}		8	10	13	16	18	24	30	36	46	55	65	75
e_{min}		8.63	10.9	14.2	17.6	19.9	26.2	33.0	39.6	50.9	60.8	72.0	82.6
d_{min}		5.48	6.48	8.58	10.6	12.7	16.7	20.8	24.8	30.8	37.0	45.0	49.0

续表

$l_{范围}$	GB/T 5780—2000	25 ~ 50	30 ~ 60	35 ~ 80	40 ~ 100	45 ~ 120	55 ~ 160	65 ~ 200	80 ~ 240	90 ~ 300	110 ~ 300	160 ~ 420	180 ~ 480
	GB/T 5781—2000	10 ~ 40	12 ~ 50	16 ~ 65	20 ~ 80	25 ~ 100	35 ~ 100	40 ~ 100	50 ~ 100	60 ~ 100	70 ~ 100	80 ~ 420	90 ~ 480
$l_{系列}$	10、12、16、20－50（5 进位），（55）、60、（65）、70～160（10 进位）、180、220～500（20 进位）												

注：1. 括号内的规格尽可能不用。末端按 GB/T 2—2000 规定。
2. 螺纹公差：8g（GB/T 5780—2000）；6g（GB/T 5781—2000）。机械性能等级：4.6、4.8；产品等级：C。

表 B－3　I 型六角螺母　（单位：mm）

I 型六角螺母—A 和 B 级（摘自 GB/T 6170—2000）
I 型六角头螺母—细牙—A 和 B 级（摘自 GB/T 6171—2000）
I 型六角螺母—C 级（摘自 GB/T 41—2000）

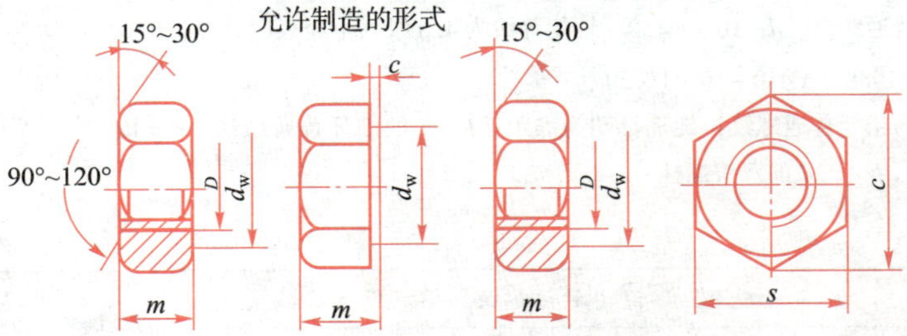

A和B级　　C级

标记示例：
螺母 GB/T 41　M12
（螺纹规格 D＝M12、性能等级为 5 级、不经表面处理、C 级的 I 型六角螺母）
螺母 GB/T 6171　M24×2
（螺纹规格 D＝M24、螺距 P＝2、性能等级为 10 级、不经表面处理、B 级的 I 型细牙六角螺母）

螺纹规格	D	M4	M5	M6	M8	M10	M12	M16	M20	M24	M30	M36	M42	M48
	$D \times P$	—	—	—	M8×1	M10×1	M12×1.5	M16×1.5	M20×2	M24×2	M30×2	M36×3	M42×3	M48×3
c		0.4	0.5		0.6			0.8				1		
s_{min}		7	8	10	13	16	18	24	30	36	46	55	65	75
e_{min}	A、B 级	7.66	8.79	11.05	14.38	17.77	20.03	26.75	32.95	39.95	50.85	60.79	72.02	82.6
	C 级	—	8.63	10.89	14.2	17.59	19.85	26.17						
m_{min}	A、B 级	3.2	4.7	5.2	6.8	8.4	10.8	14.8	18	21.5	25.6	31	34	38
	C 级	—	5.6	6.1	7.9	9.5	12.2	15.9	18.7	22.3	26.4	31.5	34.9	38.9
$d_{x\,min}$	A、B 级	5.9	6.9	8.9	11.6	14.6	16.6	22.5	27.7	33.2	42.7	51.1	60.6	69.4
	C 级	—	6.9	8.7	11.5	14.5	16.5	22						

注：1. P——螺距。
2. A 级用于 $D \leqslant 16$ 的螺母；B 级用于 $D > 16$ 的螺母；C 级用于 $D \geqslant 5$ 的螺母。
3. 螺纹公差：A、B 级为 6H，C 级为 7H；机械性能等级：A、B 级为 6、8、10 级，C 级为 4、5 级。

表 B－4　双头螺柱（摘自 GB/T 897—900－1988）　　（单位：mm）

$b_m=1d$（GB/T 897—1988）；　$b_m=1.25d$（GB/T 898—1988）；　$b_m=1.5d$（GB/T 899—1988）；
$b_m=2d$（GB/T 900—1988）

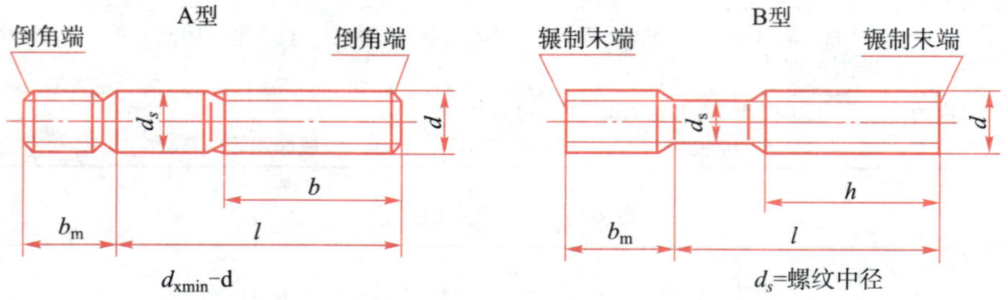

标记示例：

螺柱 GB/T 900—1988　M10×50

（两端均为粗牙普通螺纹，$d=10$、$l=50$、性能等级为 4.8 级、不经表面处理、B 型、$b_m=2d$ 的双头螺柱）

螺柱 GB/T 900—1988　AM10－10×1×50

（旋入机体一端为粗牙普通螺纹，旋螺母端为螺距；$P=1$ 的细牙普通螺纹，$d=10$、$l=50$、性能等级为 4.8 级、不经表面处理、A 型、$b_m=2d$ 的双头螺柱）

螺纹规格 d	b_m（旋入机体端长度）				l/b（螺柱长度/旋螺母端长度）
	GB/T 897	GB/T 898	GB/T 899	GB/T 900	
M4	—	—	6	8	$\frac{16\sim22}{8}$　$\frac{25\sim40}{14}$
M5	5	6	8	10	$\frac{16\sim22}{10}$　$\frac{25\sim50}{16}$
M6	6	8	10	12	$\frac{20\sim22}{10}$　$\frac{25\sim30}{14}$　$\frac{32\sim75}{18}$
M8	8	10	12	16	$\frac{20\sim22}{12}$　$\frac{25\sim30}{16}$　$\frac{32\sim90}{22}$
M10	10	12	15	20	$\frac{25\sim28}{14}$　$\frac{30\sim38}{16}$　$\frac{40\sim120}{26}$　$\frac{130}{32}$
M12	12	15	18	24	$\frac{25\sim30}{14}$　$\frac{32\sim40}{16}$　$\frac{45\sim120}{26}$　$\frac{130\sim180}{32}$
M16	16	20	24	32	$\frac{30\sim38}{16}$　$\frac{40\sim55}{20}$　$\frac{60\sim120}{30}$　$\frac{130\sim200}{36}$
M20	20	25	30	40	$\frac{35\sim40}{20}$　$\frac{45\sim65}{30}$　$\frac{70\sim120}{38}$　$\frac{130\sim200}{44}$

续表

螺纹规格 d	b_m（旋入机体端长度）				l/b（螺柱长度/拧螺母端长度）
	GB/T 897	GB/T 898	GB/T 899	GB/T 900	
（M24）	24	30	36	48	$\frac{45\sim50}{25}$ $\frac{55\sim75}{35}$ $\frac{80\sim120}{46}$ $\frac{130\sim200}{52}$
（M30）	30	38	45	60	$\frac{60\sim65}{40}$ $\frac{70\sim90}{50}$ $\frac{95\sim120}{66}$ $\frac{130\sim200}{72}$ $\frac{210\sim250}{85}$
M36	36	45	54	72	$\frac{65\sim75}{45}$ $\frac{80\sim110}{660}$ $\frac{120}{78}$ $\frac{130\sim200}{84}$ $\frac{210\sim300}{97}$
M42	42	52	63	84	$\frac{70\sim80}{50}$ $\frac{85\sim110}{70}$ $\frac{120}{90}$ $\frac{130\sim200}{96}$ $\frac{210\sim300}{109}$
M48	48	60	72	96	$\frac{80\sim90}{60}$ $\frac{95\sim110}{80}$ $\frac{120}{102}$ $\frac{130\sim200}{108}$ $\frac{210\sim300}{121}$
$l_{系列}$	12、(14)、16、(18)、20、(22)、25、(28)、30、(32)、35、(38)、40、45、50、55、60、(65)、70、75、80、(85)、90、(95)、100～260（10 进位）、280、300				

注：1. 尽可能不采用括号内的规格。末端按 GB/T 2—2000 规定。

2. $b_m=1d$，一般用于钢对钢；$b_m=(1.25\sim1.5)\,d$，一般用于钢对铸铁；$b_m=2d$，一般用于钢对铝合金。

表 B-5　螺钉（一）　（单位：mm）

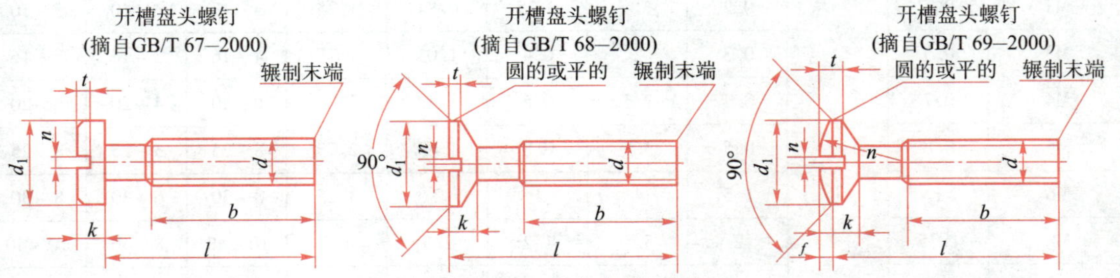

(无螺纹部分杆径≈中径或=螺纹大径)

标记示例：

螺钉 GB/T 67　M5×60

（螺纹规格 d=M5、l=60、性能等级为 4.8 级、不经表面处理的开槽盘头螺钉）

续表

螺纹规格 d	P	b_{mm}	n 公称	f	r_r	k_{max}		d_{kmax}		t_{min}			$l_{截图}$		全螺纹时最大长度	
				GB/T 69	GB/T 69	GB/T 67	GB/T 68 GB/T 69	GB/T 67	GB/T 68 GB/T 69	GB/T 67	GB/T 68	GB/T 69	GB/T 67	GB/T 68 GB/T 69	GB/T 67	GB/T 68 GB/T 69
M2	0.4	25	0.5	4	0.5	1.3	1.2	4	3.8	0.5	0.4	0.8	2.5～20	3～20	30	
M3	0.5		0.8	6	0.7	1.8	1.65	5.6	5.5	0.7	0.6	1.2	4～30	5～30		
M4	0.7	38	1.2	9.5	1	2.4	2.7	8	8.4	1	1	1.6	5～40	6～40	40	45
M5	0.8				1.2	3		9.5	9.3	1.2	1.1	2	6～50	8～50		
M6	1		1.6	12	1.4	3.6	3.3	12	12	1.4	1.2	2.4	8～60	8～60		
M8	1.25		2	16.5	2	4.8	4.65	16	16	1.9	1.8	3.2	10～80			
M10	1.5		2.5	19.5	2.3	6	5	20	20	2.4	2	3.8				
$l_{系列}$	2、2.5、3、4、5、6、8、10、12、(14)、16、20～50（5进位）、(55)、60、(65)、70、(75)、80															
注：螺纹公差：6g；机械性能等级：4.8、5.8；产品等级：A。																

表 B－6 螺钉（二）

（单位：mm）

开槽锥端紧定螺钉（摘自GB/T 71—2000）　　开槽平端紧定螺钉（摘自GB/T 73—2000）　　开槽长圆柱端紧定螺钉（摘自GB/T 73—2000）

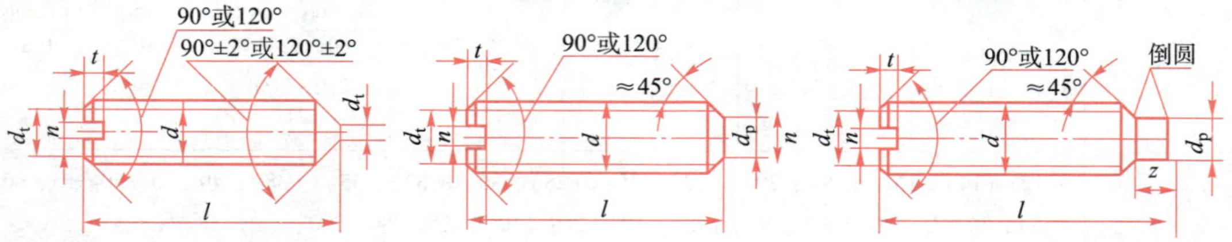

标记示例：

螺钉 GB/T 71　M5×20

（螺纹规格 d＝M5、公称长度 l＝20、性能等级为14H级、表面氧化的开槽锥端紧定螺钉）

螺纹规格 d	p	d_f	d_{tmax}	d_{pmax}	$n_{公称}$	t_{max}	z_{max}	$l_{范围}$		
								GB 71	GB 73	GB 75
M2	0.4	螺纹小径	0.2	1	0.25	0.84	1.25	3～10	2～10	3～10
M3	0.5		0.3	2	0.4	1.05	1.75	4～16	3～16	5～16
M4	0.7		0.4	2.5	0.6	1.42	2.25	6～20	4～20	6～20
M5	0.8		0.5	3.5	0.8	1.63	2.75	8～25	5～25	8～25
M6	1		1.5	4	1	2	3.25	8～30	6～30	8～30
M8	1.25		2	5.5	1.2	2.5	4.3	10～40	8～40	10～40
M10	1.5		2.5	7	1.6	3	5.3	12～50	10～50	12～50
M12	1.75		3	8.5	2	3.6	6.3	14～60	12～60	14～60
$l_{系列}$	2、2.5、3、4、5、6、8、10、12、(14)、16、20、25、30、35、40、45、50、(55)、60									
注：螺纹公差：6g；机械性能等级：14H、22H；产品等级：A。										

表 B-7　内六角圆柱头螺钉（摘自 GB/T 70.1—2000）　　（单位：mm）

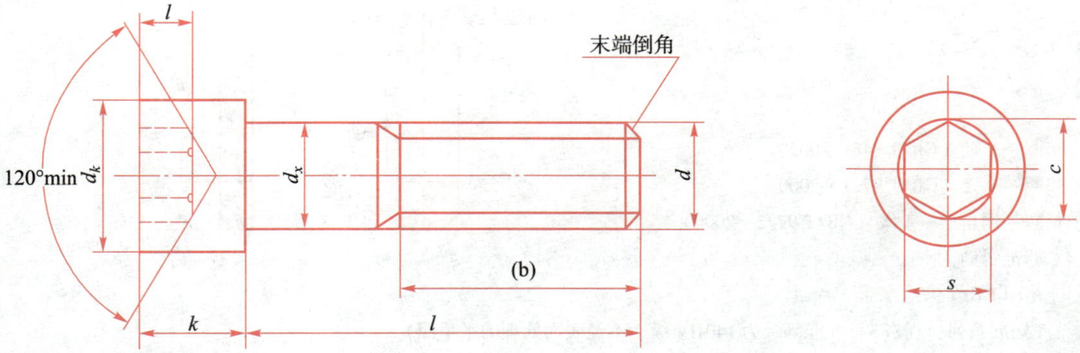

标记示例：

螺钉 GB/T 70.1　M5×20

（螺纹规格 d=M5、公称长度 l=20、性能等级为 8.8 级、表面氧化的内六角圆柱头螺钉）

螺纹规格 d		M4	M5	M6	M8	M10	M12	(M14)	M16	M20	M24	M30	M36
螺距 P		0.7	0.8	1	1.25	1.5	1.75	2	2	2.5	3	3.5	4
$b_{参考}$		20	22	24	28	32	36	40	44	52	60	72	84
d_{kmax}	光滑头部	7	8.5	10	13	16	18	21	24	30	36	45	54
	滚花头部	7.22	8.72	10.22	13.27	16.27	18.27	21.33	24.33	30.33	36.39	45.39	54.46
k_{max}		4	5	6	8	10	12	14	16	20	24	30	36
t_{min}		2	2.5	3	4	5	6	7	8	10	12	15.5	19
$S_{公称}$		3	4	5	6	8	10	12	14	17	19	22	27
e_{min}		3.44	4.58	5.72	6.86	9.15	11.43	13.72	16	19.44	21.73	25.15	30.35
d_{smax}		4	5	6	8	10	12	14	16	20	24	30	36
$l_{范围}$		6~40	8~50	10~60	12~80	16~100	20~120	25~140	25~160	30~200	40~200	45~200	55~200
全螺纹时最大长度		25	25	30	35	40	45	55	55	65	80	90	100
$l_{系列}$		6、8、10、12、(14)、(16)、20~50（5 进位）、(55)、60、(65)、70~160（10 进位）、180、200											

注：1. 括号内的规格尽可能不用。末端按 GB/T 2—2000 规定。

2. 机械性能等级：8.8、12.9。

3. 螺纹公差：机械性能等级 8.8 级时为 6g，12.9 级时为 5g、6g。

4. 产品等级：A。

表 B－8　垫圈　　　　（单位：mm）

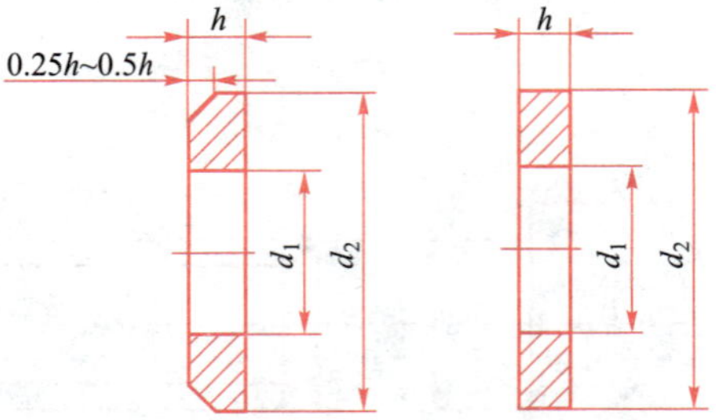

小垫圈—A 级（GB/T 848—2002）
平垫圈—A 级（GB/T 97.1—2000）
平垫圈—倒角型—A 级（GB/T 97.2—2000）

标记示例：

垫圈 GB/T 97.1

（标准系列、规格 8、性能等级为 140HV 级、不经表面处理的平垫圈）

公称尺寸（螺纹规格 d）		1.6	2	2.5	3	4	5	6	8	10	12	14	16	20	24	30	36
d_1	GB/T 848	1.7	2.2	2.7	3.2	4.3											
	GB/T 97.1						5.3	6.4	8.4	10.5	13	15	17	21	25	31	37
	GB/T 97.2	—	—	—	—	—											
d_2	GB/T 848	3.5	4.5	5	6	8	9	11	15	18	20	24	28	34	39	50	60
	GB/T 97.1	4	5	6	7	9	10	12	16	20	24	28	30	37	44	56	66
	GB/T 97.2	—	—	—	—	—	10	12	16	20	24	28	30	37	44	56	66
h	GB/T 848	0.3	0.3	0.5	0.5	0.5											
	GB/T 97.1						1	1.6	1.6	1.6	2	2.5	2.5	3	4	4	5
	GB/T 97.2	—	—	—	—	—											

表 B－9　标准型弹簧垫圈（摘自 GB/T 93—1987）　　　　（单位：mm）

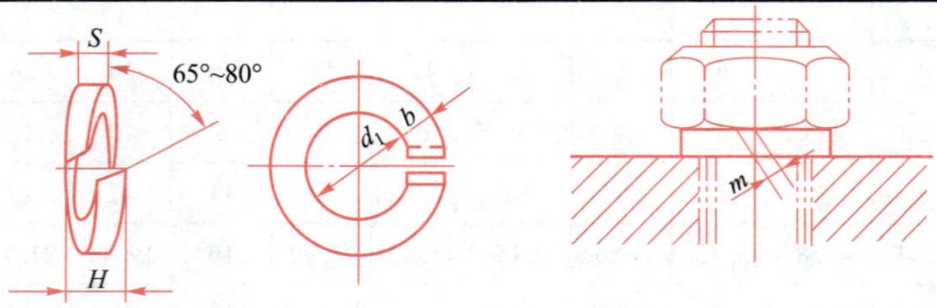

标记示例：

垫圈 GB/T 93　10

（规格 10、材料为 65Mn、表面氧化的标准型弹簧垫圈）

规格（螺纹大径）	4	5	6	8	10	12	16	20	24	30	36	42	48
$d_{1\min}$	4.1	5.1	6.1	8.1	10.2	12.2	16.2	20.2	24.5	30.5	36.5	42.5	48.5
$S=b_{公称}$	1.1	1.3	1.6	2.1	2.6	3.1	4.1	5	6	7.5	9	10.5	12
$m\leqslant$	0.55	0.65	0.8	1.05	1.3	1.55	2.05	2.5	3	3.75	4.5	5.25	6
$H_{\max}$	2.75	3.25	4	5.25	6.2	7.75	10.25	12.5	15	18.75	22.5	26.25	30

注：m 应大于零。

表 B-10 圆柱销（摘自 GB/T 119.1—2000） （单位：mm）

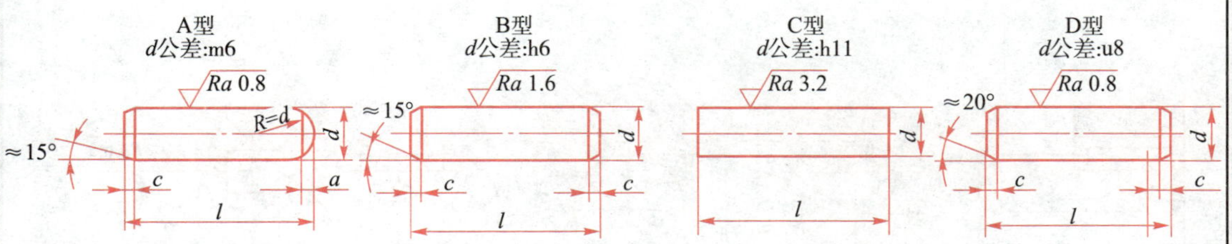

标记示例：

销 GB/T 119.1 6 m6 × 30

（公称直径 $d=6$、公差为 m6、公称长度 $l=30$、材料为钢、不经表面处理的圆柱销）

销 GB/T 119.1 6 m6 × 30—A1

（公称直径 $d=6$、公差为 m6、公称长度 $l=30$、材料为 A1 组奥氏体不锈钢、表面简单处理的圆柱销）

d（公称）m6/h8	2	3	4	5	6	8	10	12	16	20	25
a	0.25	0.40	0.50	0.63	0.80	1.0	1.2	1.6	2.0	2.5	3.0
c	0.35	0.5	0.63	0.8	1.2	1.6	2	2.5	3	3.5	4
$l_{范围}$	6 ~ 20	8 ~ 30	8 ~ 40	10 ~ 50	12 ~ 60	14 ~ 80	18 ~ 95	22 ~ 140	26 ~ 180	35 ~ 200	50 ~ 200
$l_{系列}$（公称）	2、3、4、5、6 ~ 32（2 进位）、35 ~ 100（5 进位）、120 ~ ≥200（按 20 递增）										

表 B-11 圆锥销（摘自 GB/T 117—2000） （单位：mm）

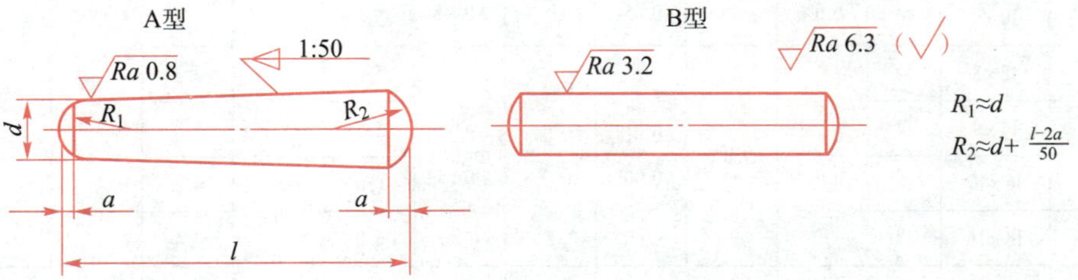

标记示例：

销 GB/T 117 10 × 60

（公称直径 $d=10$、长度 $l=60$、材料为 35 钢、热处理硬度 28 ~ 38HRC、表面氧化处理的 A 型圆锥销）

$d_{公称}$	2	2.5	3	4	5	6	8	10	12	16	20	25
a	0.25	0.3	0.4	0.5	0.63	0.8	1.0	1.2	1.6	2.0	2.5	3.0
$l_{范围}$	10 ~ 35	10 ~ 35	12 ~ 45	14 ~ 55	18 ~ 60	22 ~ 90	22 ~ 120	26 ~ 160	32 ~ 180	40 ~ 200	45 ~ 200	50 ~ 200
$l_{系列}$	2、3、、4、5、6 ~ 32（2 进位）、35 ~ 100（5 进位）、120 ~ 200（20 进位）											

表 B-12 普通平键键槽的尺寸及公差（摘自 GB/T 1095—2003）（单位：mm）

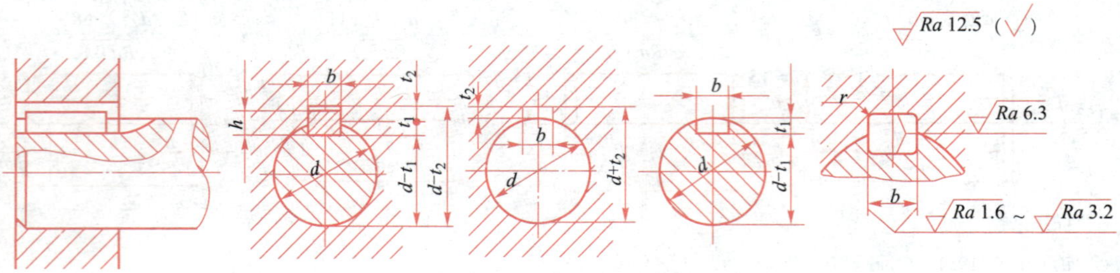

注：在工作图中，轴槽深用 t_1 或（$d-t_1$）标注，轮毂槽深用（$d+t_2$）标注。

轴的直径 d	键尺寸 $b\times h$	键槽											
		宽度 b						深度				半径 r	
		基本尺寸	极限偏差					轴 t_1		毂 t_2			
			正常连接		紧密连接	松连接		基本尺寸	极限偏差	基本尺寸	极限偏差		
			轴 N9	毂 JS9	轴和毂 P9	轴 H9	毂 D10					min	max
自 6~8	2×2	2	-0.004 -0.029	±0.0125	-0.006 -0.031	+0.025 0	+0.060 +0.020	1.2	+0.1 0	1	+0.1 0	0.08	0.16
>8~10	3×3	3						1.8		1.4			
>10~12	4×4	4	0 -0.030	±0.015	-0.012 -0.042	+0.030 0	+0.078 +0.030	2.5		1.8			
>12~17	5×5	5						3.0		2.3		0.16	0.25
>17~22	6×6	6						3.5		2.8			
>22~30	8×7	8	0 -0.036	±0.018	-0.015 -0.051	+0.036 0	+0.098 +0.040	4.0	+0.2 0	3.3	+0.2 0		
>30~38	10×8	10						5.0		3.3		0.25	0.40
>38~44	12×8	12	0 -0.043	±0.026	+0.018 -0.061	+0.043 0	+0.120 +0.050	5.0		3.3			
>44~50	14×9	14						5.5		3.8			
>50~58	16×10	16						6.0		4.3			
>58~65	18×11	18						7.0		4.4			
>65~75	20×12	20	0 -0.052	±0.031	+0.022 -0.074	+0.052 0	+0.149 +0.065	7.5		4.9		0.40	0.60
>75~85	22×14	22						9.0		5.4			
>85~95	25×14	25						9.0		5.4			
>95~110	28×16	28						10.0		6.4			
>110~130	32×18	32	0 -0.062	±0.037	-0.026 -0.088	+0.062 0	+0.180 +0.080	11.0		7.4			
>130~150	36×20	36						12.0	+0.3 0	8.4	+0.30	0.7 0	1.0
>150~170	40×22	40						13.0		9.4			
>170~200	45×25	45						15.0		10.4			

注：1.（$d-t_1$）和（$d+t_2$）两组组合尺寸的极限偏差按相应的 t_1 和 t_2 的极限偏差选取，但（$d-t_1$）极限偏差应取负号（-）。

表 B－13　普通平键的尺寸与公差（摘自 GB/T 1096—2003）　（单位：mm）

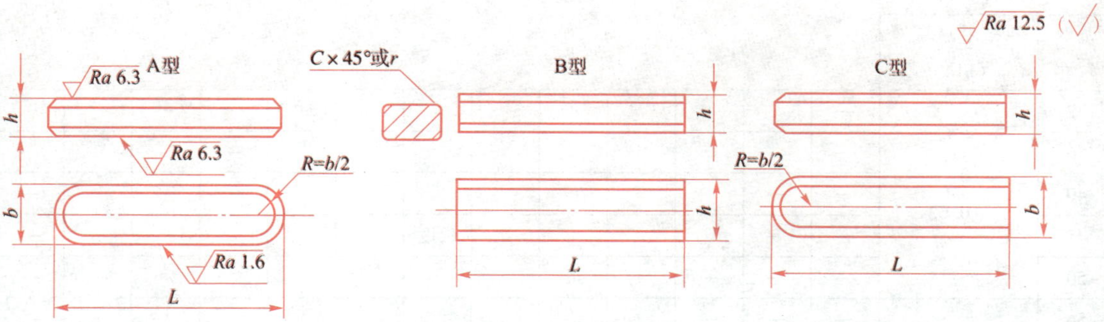

标记示例：

圆头普通平键（A 型）、$b=18$ mm、$h=11$ mm、$L=100$ mm：GB/T 1096—2003 键 18×11×100

平头普通平键（B 型）、$b=18$ mm、$h=11$ mm、$L=100$ mm：GB/T 1096—2003 键 B　18×11×100

单圆头普通平键（C 型）、$b=18$ mm、$h=11$ mm、$L=100$ mm：GB/T 1096—2003 键 C　18×11×100

宽度 *b*	基本尺寸	2	3	4	5	6	8	10	12	14	16	18	20	22
	极限偏差（h8）	0 −0.014		0 −0.018			0 −0.022		0 −0.027				0 −0.033	
高度 *h*	基本尺寸	2	3	4	5	6	7	8	8	9	10	11	12	14
	极限偏差 矩形（h11）	—		—			0 −0.090					0 −0.010		
	极限偏差 方形（h8）	0 −0.014		0 −0.018			—					—		
倒角或圆角 *s*		0.16～0.25			0.25～0.40			0.40～0.60					0.60～0.80	
长度 *L*														
基本尺寸	极限偏差（h14）													
6	0 −0.36			—	—	—	—	—	—	—	—	—	—	—
8					—	—	—	—	—	—	—	—	—	—
10						—	—	—	—	—	—	—	—	—
12	0 −0.48					—	—	—	—	—	—	—	—	—
14							—	—	—	—	—	—	—	—
16							—	—	—	—	—	—	—	—
18								—	—	—	—	—	—	—
20	0 −0.52							—	—	—	—	—	—	—
22		—			标准				—	—	—	—	—	—
25		—							—	—	—	—	—	—
28		—								—	—	—	—	—

续表

长度 L														
基本尺寸	极限偏差（h14）													
32	0 -0.62	—								—	—	—	—	—
36		—									—	—	—	—
40		—	—								—	—	—	—
45		—	—					长度				—	—	—
50		—	—	—									—	—
56	0 -0.74	—	—	—										—
63		—	—	—	—									
70		—	—	—	—									
80		—	—	—	—	—								
90	0 -0.87	—	—	—	—	—				范围				
100		—	—	—	—	—	—							
110		—	—	—	—	—	—							
125	0 -1.00	—	—	—	—	—	—	—						
140		—	—	—	—	—	—	—						
160		—	—	—	—	—	—	—	—					
180		—	—	—	—	—	—	—	—	—				
200	0 -1.15	—	—	—	—	—	—	—	—	—	—			
220		—	—	—	—	—	—	—	—	—	—	—		
250		—	—	—	—	—	—	—	—	—	—	—	—	

表 B-14　半圆键（摘自 GB/T 1098—2003、GB/T 1099—2003）　（单位：mm）

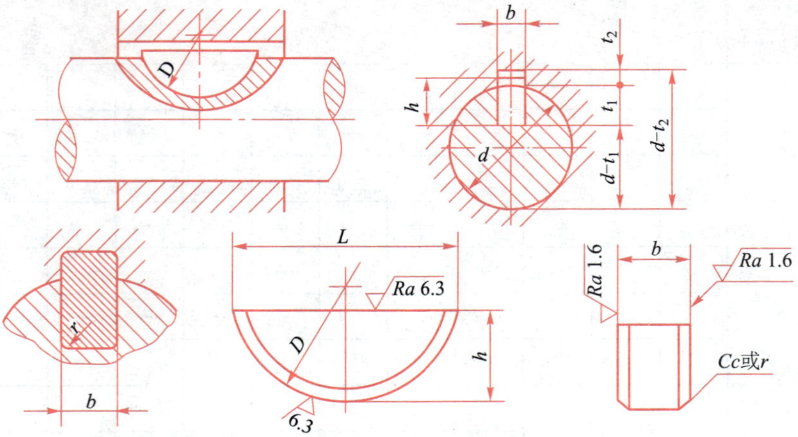

平圆键　键槽的剖面尺寸（摘自GB/T 1098—2003）

普通型　半圆键（摘自GB/T 1099—2003）

标记示例：

宽度 $b=6$ mm，高度 $h=10$ mm，直径 $D=25$ mm，普通型半圆键的标记为：

GB/T 1099，1 键 6×10×25

续表

键尺寸				键槽				
				轴		轮毂 t_2		半径 r
b	h（h11）	D（h12）	c	t_1	极限偏差	t_2	极限偏差	
1.0	1.4	4	0.16～0.25	1.0	+0.1 0	0.6	+0.1 0	0.16～0.25
1.5	2.6	7		2.0		0.8		
2.0	2.6	7		1.8		1.0		
2.0	3.7	10		2.9		1.0		
2.5	3.7	10		2.7		1.2		
3.0	5.0	13		3.8	+0.2 0	1.4		
3.0	6.5	16		5.3		1.4		
4.0	6.5	16	0.25～0.40	5.0		1.8		0.25～0.40
4.0	7.5	19		6.0		1.8		
5.0	6.5	16		4.5		2.3		
5.0	7.5	19		5.5		2.3		
5.0	9.0	22		7.0		2.3		
6.0	9.0	22		6.5	+0.3 0	2.8		
6.0	10.0	25		7.5		2.8	+0.2 0	
8.0	11.0	28	0.40～0.60	8.0		3.3		0.40～0.60
10.0	13.0	32		10.0		3.3		

注：1. 在图样中，轴槽深用 t_1 或（$d-t_1$）标注，轮毂槽深用（$d+t_2$）标注。（$d-t_1$）和（$d+t_2$）两个组合尺寸的极限偏差按相应 t_1 和 t_2 的极限偏差选取，但（$d-t_1$）极限偏差应为负偏差。

2. 键长 L 的两端允许倒成圆角，圆角半径 $r=0.5\sim1.5$ mm。

3. 键宽 b 的下偏差统一为“-0.025”。

表 B－15　滚动轴承　　（单位：mm）

深沟球轴承（摘自 GB/T 276—1994）	圆锥滚子轴承（摘自 GB/T 297—1994）	推力球轴承（摘自 GB/T 301—1995）
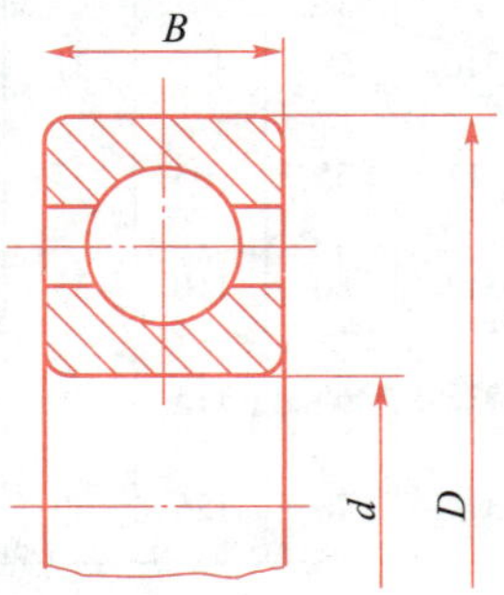	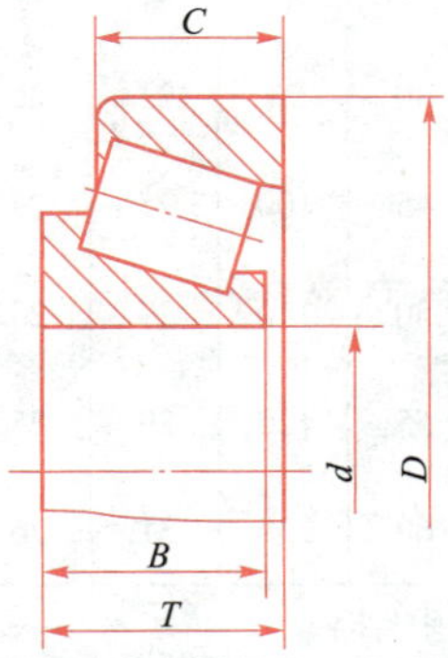	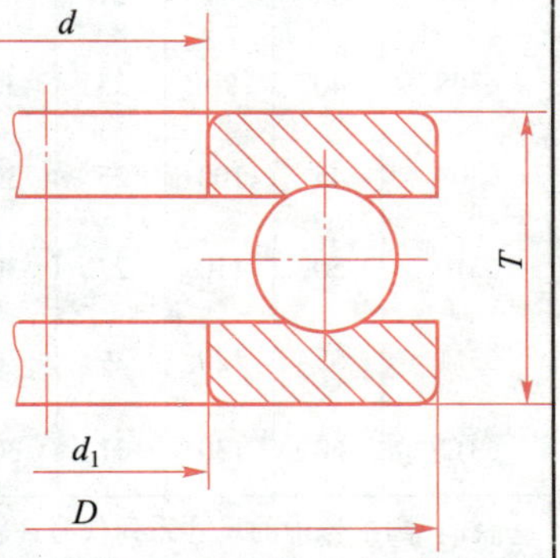
标记示例： 滚动轴承 6308 GB/T 276—1994	标记示例： 滚动轴承 30209 GB/T 297—1994	标记示例： 滚动轴承 51205 GB/T 301—1995

续表

轴承型号	尺寸/mm			轴承型号	尺寸/mm					轴承型号	尺寸/mm			
	d	D	B		d	D	B	C	T		d	D	T	d_1
尺寸系列［（0）2］				尺寸系列［02］						尺寸系列［12］				
6202	15	35	11	30203	17	40	12	11	13.25	51202	15	32	12	17
6203	17	40	12	30204	20	47	14	12	15.25	51203	17	35	12	19
6204	20	47	14	30205	25	52	15	13	16.25	51204	20	40	14	22
6205	25	52	15	30206	30	62	16	14	17.25	51205	25	47	15	27
6206	30	62	16	30207	35	72	17	15	18.25	51206	30	52	16	32
6207	35	72	17	30208	40	80	18	16	19.75	51207	35	62	18	37
6208	40	80	18	30209	45	85	19	16	20.75	51208	40	68	19	42
6209	45	85	19	30210	50	90	20	17	21.75	51209	45	73	20	47
6210	50	90	20	30211	55	100	21	18	22.75	51210	50	78	22	52
6211	55	100	21	30212	60	110	22	19	23.75	51211	55	90	25	57
66212	60	110	22	30213	65	120	23	20	24.75	51212	60	95	26	62
尺寸系列［（0）3］				尺寸系列［03］						尺寸系列［13］				
6302	15	42	13	30302	15	42	13	11	14.25	51304	20	47	18	22
6303	17	47	14	30303	17	47	14	12	15.25	51305	25	52	18	27
6304	20	52	15	30304	20	52	15	13	16.25	51306	30	60	21	32
6305	25	62	17	30305	25	62	17	15	18.25	51307	35	68	24	37
6306	30	72	19	30306	30	72	19	16	20.75	51308	40	78	26	42
6307	35	80	21	30307	35	80	21	18	22.75	51309	45	85	28	47
6308	40	90	23	30308	40	90	23	20	25.25	51310	50	95	31	52
6309	45	100	25	30309	45	100	25	22	27.25	51311	55	105	35	57
6310	50	110	27	30310	50	110	27	23	29.25	51312	60	110	35	62
6311	55	120	29	30311	55	120	29	25	31.50	51313	65	115	36	67
6312	60	130	31	30312	60	130	31	26	33.50	51314	70	125	40	72

注：圆括号中的尺寸系列代号在轴承代号中省略。

附录 C　极限与配合

表 C－1　基本尺寸小于 500 mm 的标准公差　　（单位：mm）

基本尺寸/mm	公差等级																			
	IT01	IT0	IT1	IT2	IT3	IT4	IT5	IT6	IT7	IT8	IT9	IT10	IT11	IT12	IT13	IT14	IT15	IT16	IT17	IT18
≤3	0.3	0.5	0.8	1.2	2	3	4	6	10	14	25	40	60	100	140	250	400	600	1000	1400
>3～6	0.4	0.6	1	1.5	2.5	4	5	8	12	18	30	48	75	120	180	300	480	750	1200	1800
>6～10	0.4	0.6	1	1.5	2.5	4	6	9	15	222	36	58	90	150	220	360	580	900	1500	2200
>10～18	0.5	0.8	1.2	2	3	5	8	11	18	27	43	70	110	180	270	430	700	1100	1800	2700
>18～30	0.6	1	1.5	2.5	4	6	9	13	21	33	52	84	130	210	330	520	840	1300	2100	3300
>30～50	0.7	1	1.5	2.5	4	7	11	16	25	39	62	100	160	250	390	620	1000	1600	2500	3900
>50～80	0.8	1.2	2	3	5	8	13	19	30	46	74	120	190	300	460	740	1200	1900	3000	4600
>80～120	1	1.5	2.5	4	6	10	15	22	35	54	87	140	220	350	540	870	1400	2200	3500	5400
>120～180	1.2	2	3.5	5	8	12	18	25	40	63	100	160	250	400	630	1000	1600	2500	4000	6300
>180～250	2	3	4.5	7	10	14	20	29	46	72	115	185	290	460	720	1150	1850	900	4600	7200
>250～315	2.5	4	6	8	12	16	23	32	52	81	130	210	320	520	810	1300	2100	3200	5200	8100
>315～400	3	5	7	9	13	18	25	36	57	89	140	230	360	570	890	1400	2300	3600	5700	8900
>400～500	4	6	8	10	15	20	27	40	68	97	155	250	400	630	970	1550	2500	4000	6300	9700

表 C－2　轴的极限偏差（摘自 GB/T 1008.4—1999）　　（单位：μm）

基本尺寸/mm	常用及优先公差带（带圈者为优先公差带）												
	a	b		c			d				e		
	11	11	12	9	10	⑪	8	⑨	10	11	7	8	9
>0～3	－270 －330	－140 －200	－140 －240	－60 －85	－60 －100	－60 －120	－20 －34	－20 －45	－20 －60	－20 －80	－14 －24	－14 －28	－14 －39
>3～6	－270 －345	－140 －215	－140 －260	－70 －100	－70 －118	－70 －145	－30 －48	－30 －60	－30 －78	－30 －105	－20 －32	－20 －38	－20 －50
>6～10	－280 －370	－150 －240	－150 －300	－80 －116	－80 －138	－80 －170	－40 －62	－40 －79	－40 －98	－40 －130	－25 －40	－25 －47	－25 －61
>10～14 >14～18	－290 －400	－150 －260	－150 －330	－95 －138	－95 －165	－95 －205	－50 －77	－50 －93	－50 －120	－50 －160	－32 －50	－32 －59	－32 －75
>18～24 >24～30	－300 －430	－160 －290	－160 －370	－110 －162	－110 －194	－110 －240	－65 －98	－65 －117	－65 －149	－65 －195	－40 －61	－40 －73	－40 －92

续表

基本尺寸/mm	常用及优先公差带（带圈者为优先公差带）												
	a	b		c			d				e		
	11	11	12	9	10	⑪	8	⑨	10	11	7	8	9
>30～40	-310 -470	-170 -330	-170 -420	-120 -182	-120 -220	-120 -280	-80 -119	-80 -142	-80 -180	-80 -240	-50 -75	-50 -89	-50 -112
>40～50	-320 -480	-180 -340	-180 -430	-130 -192	-130 -230	-130 -290							
>50～65	-340 -530	-190 -380	-190 -490	-140 -214	-140 -260	-140 -330	-110 -146	-100 -174	-100 -220	-100 -290	-60 -90	-60 -106	-60 -134
>65～80	-360 -550	-200 -390	-200 -500	-150 -224	-150 -270	-150 -340							
>80～100	-380 600	-200 -440	-220 -570	-170 -257	-170 310	-170 -390	-120 -174	-120 -207	-120 -260	-120 -340	-72 -109	-72 -176	-72 -159
>100～120	-410 -630	-240 -460	-240 -590	-180 -267	-180 -320	-180 -400							
>120～140	-460 -710	-260 -510	-260 -660	-200 -300	-200 -360	-200 -450	-145 -208	-145 -245	-145 -305	-145 -395	-85 -125	-85 -148	-85 -185
>140～160	-520 -770	-280 -530	-280 -680	-210 -310	-210 -370	-210 -460							
>160～180	-580 -830	-310 -560	-310 -710	-230 -330	-230 -390	-230 -480							
>180～200	-660 -950	-340 -630	-340 -800	-240 -355	-240 -425	-240 -530	-170 -242	-170 -285	-170 -355	-170 -460	-100 -146	-100 -172	-100 -215
>200～225	-740 -1030	-380 -670	-380 -840	-260 -375	-260 -445	-260 -550							
>225～250	-820 -1110	-420 -710	-420 880	-280 -395	-280 -465	-280 -570							
>250～280	-920 -1240	-480 -800	-480 -1000	-300 -430	-300 -510	-300 -620	-190 -217	-190 -320	-190 -400	-190 -510	-110 -162	-110 -191	-110 -240
>280～315	-1050 -1370	-540 -860	-540 -1060	-330 -460	-330 -540	-330 -650							
>315～355	-1200 -1560	-600 -960	-600 -1170	-360 -500	-360 -590	-360 -720	-210 -299	-210 -350	-210 -440	-210 -570	-125 -182	-125 -214	-125 -265
>355～400	-1350 -1710	-680 -1040	-680 -1250	-400 -540	-400 -630	-400 -760							
>400～450	-1500 -1900	-760 -1160	-760 -1390	-440 -595	-440 -690	-440 -840	-230 -327	-230 -385	-230 -480	-230 -630	-135 -198	-135 -232	-135 -290
>450～500	-1650 -2050	-840 -1240	-840 -1470	-480 -635	-480 -730	-480 -880							

续表

基本尺寸/mm	常用及优先公差带（带圈者为优先公差带）															
	r					g			h							
	5	6	⑨	8	9	5	⑥	7	5	⑥	⑦	8	⑨	10	⑪	12
>0~3	-6 -10	-6 -12	-6 -16	-6 -20	-6 -31	-2 -6	-2 -8	-2 -12	0 -4	0 -6	0 -10	0 -14	0 -25	0 -40	0 -60	-0 -100
>3~6	-10 -15	-10 -18	-10 -22	-10 -28	-10 -40	-4 -9	-4 -12	-4 -16	0 -5	0 -8	0 -12	0 -18	0 -30	0 -48	0 -75	0 -120
>6~10	-13 -19	-13 -22	-13 -28	-13 -35	-13 -49	-5 -11	-5 -14	-5 -20	0 -6	0 -9	0 -15	0 -22	0 -36	0 -58	0 -90	0 -150
>10~14 >14~18	-16 -24	-16 -27	-16 -34	-16 -43	-16 -59	-6 -14	-6 -17	-6 -24	0 -8	0 -11	0 -18	0 -27	0 -43	0 -70	0 -110	0 -180
>18~24 >24~30	-20 -29	-20 -33	-20 -41	-20 -53	-20 -72	-7 -16	-7 -20	-7 -28	0 -9	0 -13	0 -21	0 -33	0 -52	0 -84	0 -130	0 -210
>30~40 >40~50	-25 -36	-25 -41	-25 -50	-25 -64	-25 -87	-9 -20	-9 -25	-9 -34	0 -11	0 -16	0 -25	0 -39	0 -62	0 -100	0 -160	0 -250
>50~65 >65~80	-30 -43	-30 -49	-30 -60	-30 -76	-30 -104	-10 -23	-10 -29	-10 -40	0 -13	0 -19	0 -30	0 -46	0 -74	0 -120	0 -190	0 -300
>80~100 >100~120	-36 -51	-36 -58	-36 -71	-36 -90	-36 -123	-12 -27	-12 -34	-12 -47	0 -15	0 -22	0 -35	0 -54	0 -87	0 -140	0 -220	0 -350
>120~140 >140~160 >160~180	-43 -61	-43 -68	-43 -83	-43 -106	-43 -143	-14 -32	-14 -39	-14 -54	0 -18	0 -25	0 -40	0 -63	0 -100	0 -160	0 -250	0 -400
>180~200 >200~225 >225~250	-50 -70	-50 -79	-50 -96	-50 -122	-50 -165	-15 -35	-15 -44	-15 -61	0 -20	0 -29	0 -46	0 -72	0 -115	0 -185	0 -290	0 -460
>250~280 >280~315	-56 -79	-56 -88	-56 -108	-56 -137	-56 -186	-17 -40	-17 -49	-17 -69	0 -23	0 -32	0 -52	0 -81	0 -130	0 -210	0 -320	0 -520
>315~355 >355~400	-62 -87	-62 -98	-62 -119	-62 -151	-62 -202	-18 -43	-18 -54	-18 -75	0 -25	0 -36	0 -57	0 -89	0 -140	0 -230	0 -360	0 -570
>400~450 >450~500	-68 -95	-68 -108	-68 -131	-68 -165	-68 223	-20 -47	-20 -60	-20 -83	0 -27	0 -40	0 -63	0 -97	0 -155	0 -250	0 -400	0 -630

续表

基本尺寸/mm	常用及优先公差带（带圈者为优先公差带）														
	js			k			m			n			p		
	5	⑥	7	5	⑥	7	5	6	7	5	⑥	7	5	⑥	7
>0 ~ 3	±2	±3	±5	+4 0	+6 0	+10 0	+6 +2	+8 +2	+12 +2	+8 +4	+10 +4	+14 +4	+10 +6	+12 +6	+16 +6
>3 ~ 6	±2.5	±4	±6	+6 +1	+9 +1	+13 +1	+9 +4	+12 +4	+16 +4	+13 +8	+16 +8	+20 +8	+17 +12	+20 +12	+24 +12
>6 ~ 10	±3	±4.5	±7	+7 +1	+10 +1	+16 +1	+12 +6	+15 +6	+21 +6	+16 +10	+19 +10	+25 +10	+21 +15	+24 +15	+30 +15
>10 ~ 14 >14 ~ 18	±4	±5.5	±9	+9 +1	+12 +1	+19 +1	+15 +7	+18 +7	+25 +7	+20 +12	+23 +12	+30 +12	+26 +18	+29 +18	+36 +18
>18 ~ 24 >24 ~ 30	±4.5	±6.5	±10	+11 +2	+15 +2	+23 +2	+17 +8	+21 +8	+29 +8	+24 +15	+28 +15	+36 +15	+31 +22	+35 +22	+43 +22
>30 ~ 40 >40 ~ 50	±5.5	±8	±12	+13 +2	+18 +2	+27 +2	+20 +9	+25 +9	+34 +9	+28 +17	+33 +17	+42 +17	+37 +25	+42 +26	+51 +26
>50 ~ 65 >65 ~ 80	±6.5	±9.5	±15	+15 +2	+21 +2	+32 +2	+24 +11	+30 +11	+41 +11	+33 +20	+39 +20	+50 +20	+45 +32	+51 +32	+62 +32
>50 ~ 65 >65 ~ 80	±6.5	±9.5	±15	+15 +2	+21 +2	+32 +2	+24 +11	+30 +11	+41 +11	+33 +20	+39 +20	+50 +20	+45 +32	+51 +32	+62 +32
>80 ~ 100 >100 ~ 120	±7.5	±11	±17	+18 +3	+25 +3	+38 +3	+28 +13	+35 +13	+48 +13	+38 +23	+45 +23	+58 +23	+52 +37	+59 +37	+72 +37
>120 ~ 140 >140 ~ 160 >160 ~ 180	±9	±12.5	±20	+21 +3	+28 +3	+43 +3	+33 +15	+40 +15	+55 +15	+45 +27	+52 +27	+67 +27	+61 +43	+68 +43	+83 +43
>180 ~ 200 >200 ~ 225 >225 ~ 250	±10	±14.5	±23	+24 +4	+33 +4	+50 +4	+37 +17	+46 +17	+63 +17	+51 +31	+60 +31	+77 +31	+70 +50	+79 +50	+96 +50
>250 ~ 280 >280 ~ 315	±11.5	±16	±26	+27 +4	+36 +4	+56 +4	+43 +20	+52 +20	+72 +20	+57 +34	+66 +34	+86 +34	+79 +56	+88 +56	+108 +56
>315 ~ 355 >355 ~ 400	±12.5	±18	±28	+29 +4	+40 +4	+61 +4	+46 +21	+57 +21	+78 +21	+62 +37	+73 +37	+94 +37	+87 +62	+98 +62	+119 +62
>400 ~ 450 >450 ~ 500	±13.5	±20	±31	+32 +5	+45 +5	+68 +5	+50 +23	+63 +23	+86 +23	+67 +40	+80 +40	+103 +40	+95 +68	+108 +68	+131 +68

续表

基本尺寸/mm	常用及优先公差带（带圈者为优先公差带）														
	r			s			t			u		v	x	y	z
	5	6	7	5	⑥	7	5	6	7	⑥	7	6	6	6	6
>0～3	+14 +10	+16 +10	+20 +10	+18 +14	+20 +14	+24 +14	—	—	—	+24 +18	+28 +18	—	+26 +20	—	+32 +26
>3～6	+20 +15	+23 +15	+27 +15	+24 +19	+27 +19	+31 +19	—	—	—	+31 +23	+35 +23	—	+36 +28	—	+43 +35
>6～10	+25 +19	+28 +19	+34 +19	+29 +23	+32 +23	+38 +23	—	—	—	+37 +28	+43 +28	—	+43 +34	—	+51 +42
>10～14	+31 +23	+34 +23	+41 +23	+36 +28	+39 +28	+46 +28	—	—	—	+44 +33	+51 +33	—	+51 +40	—	+61 +50
>14～18							—	—	—			+50 +39	+56 +45	—	+71 +60
>18～24	+37 +28	+41 +28	+49 +28	+44 +35	+48 +35	+56 +35	—	—	—	+54 +41	+62 +41	+60 +47	+67 +54	+76 +63	+86 +73
>24～30							+50 +41	+54 +41	+62 +41	+61 +48	+69 +48	+68 +55	+77 +64	+88 +75	+101 +88
>30～40	+45 +34	+50 +34	+59 +34	+54 43	+59 +43	+68 +43	+59 +48	+64 +48	+73 +48	+76 +60	+85 +60	+84 +68	+96 +80	+110 +94	+128 +112
>40～50							+65 +54	+70 +54	+79 +54	+86 +70	+95 +70	+97 +81	+113 +97	+130 +114	+152 +136
>50～65	+54 +41	+60 +41	+71 +41	+66 +53	+72 +53	+83 +53	+79 +66	+85 +66	+96 +66	+106 +87	+117 +87	+121 +102	+141 +122	+163 +144	+191 +172
>65～80	+56 +43	+62 +43	+73 +43	+72 +59	+78 +59	+89 59	+88 +75	+94 +75	+105 +75	+121 +102	+132 +102	+139 +120	+165 +146	+193 +174	+229 +210
>80～100	+66 +51	+73 +51	+86 +51	+86 +71	+93 +71	+106 +91	+106 +91	+113 +91	+126 +91	+146 +124	+159 +124	+168 +146	+200 +178	+236 +214	+280 +258
>100～120	+69 +54	+76 +54	+89 +54	+94 +79	+101 +79	+114 +79	+110 +104	+126 +104	+136 +104	+166 +144	+179 +144	+194 +172	+232 +210	+276 +254	+332 +310
>120～140	+81 +63	+88 +63	+103 +63	+110 +92	+117 +92	+132 +92	+140 +122	+147 +122	+162 +122	+195 +170	+210 +170	+227 +202	+273 +248	+325 +300	+390 +365
>140～160	+83 +65	+90 +65	+105 +65	+118 +100	+125 +100	+140 +100	+152 +134	+159 +134	+174 +134	+215 +190	+230 +190	+253 +228	+305 +280	+365 +340	+440 +415
>160～180	+86 +68	+93 +68	+108 +68	+126 +108	+133 +108	+148 +108	+164 146	+171 +146	+186 +146	+235 +210	+250 +210	+277 +252	+335 +310	+405 +380	+490 +465
>180～200	+97 +77	+106 +77	+123 +77	+142 +122	+151 +122	+168 +122	+186 +166	+195 +166	+212 +166	+265 +236	+282 +236	+313 +284	+379 +350	+454 +425	+549 +520
>200～225	+100 +80	+109 +80	+126 +80	+150 +130	+159 +130	+176 +130	+200 +180	+209 +180	+226 +180	+287 +258	+304 +258	+339 +310	+414 +385	+499 +470	+604 +575
>225～250	+104 +84	+113 +84	+130 +84	+160 +140	+169 +140	+186 +140	+216 +196	+225 +196	+242 +196	+313 +284	+330 +284	+369 +340	+454 +425	+549 +520	+669 +640
>250～280	+117 +94	+126 +94	+146 +94	+181 +158	+290 +158	+210 +158	+241 +218	+250 +218	+270 +218	+347 +315	+367 +315	+417 +385	+507 +475	+612 +580	+742 +710
>280～315	+121 +98	+130 +98	+150 +98	+193 +170	+202 +170	+222 +170	+263 +240	+272 +240	+292 +240	+382 +350	+402 +350	+457 +425	+557 +525	+682 +650	+822 +790
>315～355	+133 +108	+144 +108	+165 +108	+215 +190	+226 +190	+247 +190	+293 +268	+304 +268	+325 +268	+426 +390	+447 +390	+511 +475	+626 +590	+766 +730	+936 +900
>355～400	+139 +114	+150 +114	+171 +114	+233 +208	+244 +208	+265 +208	+319 +294	+330 +294	+351 +294	+471 +435	+492 +435	+566 +530	+696 +660	+856 820	+1036 +1000
>400～450	+153 +126	+166 +126	+189 +126	+259 +232	+272 +232	+295 +232	+257 +330	+370 +330	+393 +330	+530 +490	+553 +490	+635 +595	+780 +740	+960 +920	+1140 +1100
>450～500	+159 +132	+172 +132	+195 +132	+279 +252	+292 +252	+315 +252	+387 +360	+400 +360	+423 +360	+580 +540	+603 540	+700 −660	+860 +820	+1040 1000	+1290 +1250

注：基本尺寸小于 1mm 时，各级的 a 和 b 均不采用。

表 C－3　孔的极限偏差（摘自 GB/T 1008.4—1999）　　（单位：μm）

基本尺寸/mm	常用及优先公差带（带圈者为优先公差带）													
	A	B		C	D				E		F			
	11	11	12	⑪	8	⑨	10	11	8	9	6	7	⑧	9
>0～3	+330 +270	+200 +140	+240 +140	+120 +60	+34 +20	+45 +20	+60 +20	+80 +20	+28 +14	+39 +14	+12 +6	+16 +6	+20 +6	+31 +6
>3～6	+345 +270	+215 +140	+260 +140	+145 +70	+48 +30	+60 +30	+78 +30	+105 +30	+38 +20	+50 +20	+18 +10	+22 +10	+28 +10	+40 +10
>6～10	+370 +280	+240 +150	+300 +150	+170 +80	+62 +40	+76 +40	+98 +40	+130 +40	+47 +25	+61 +25	+22 +13	+28 +13	+35 +13	+49 +13
>10～14	+400 +290	+260 +150	+330 +150	+205 +95	+77 +50	+93 +50	+120 +50	+160 +50	+59 +32	+75 +32	+27 +16	+34 +16	+43 +16	+59 +16
>14～18														
>18～24	+430 +300	+290 +160	+370 +160	+240 +110	+98 +65	+117 +65	+149 +65	+195 +65	+73 +40	+92 +40	+33 +20	+41 +20	+53 +20	+72 +20
>24～30														
>30～40	+470 +310	+330 +170	+420 +170	+280 +170	+119 +80	+142 +82	+180 +80	+240 +80	+89 +50	+112 +50	+41 +25	+50 +25	+64 +25	+87 +25
>40～50	+480 +320	+340 +180	+430 +180	+290 +180										
>50～65	+530 +340	+380 +190	+490 +190	+330 +140	+146 +100	+170 +100	+220 +100	+290 +100	+106 +6	+134 +80	+49 +30	+60 +30	+76 +30	+104 +30
>65～80	+550 +360	+390 +200	+500 +200	+340 +150										
>80～100	+530 +340	+380 +190	+490 +190	+330 +140	+146 +100	+170 +100	+220 +100	+290 +100	+106 +6	+134 +80	+49 +30	+60 +30	+76 +30	+104 +30
>65～80	+550 +360	+390 +200	+500 +200	+340 +150										
>80～100	+600 +380	+440 +220	+570 +220	+390 +170	+174 +120	+207 +120	+260 +120	+340 +120	+126 +72	+159 +72	+58 +36	+71 +36	+90 +36	+123 +36
>100～120	+630 +410	+460 +240	+590 +240	+400 +180										
>120～140	+710 +460	+510 +260	+660 +260	+450 +200	+208 +145	+245 +145	+305 +145	+395 +145	+148 +85	+135 +85	+68 +43	+83 +43	+106 +43	+143 +43
>140～160	+770 +520	+530 +280	+680 +280	+460 +210										
>160～180	+830 +580	+560 +310	+710 +310	+480 +230										
>180～200	+950 +660	+630 +340	+800 +340	+530 +240	+242 +170	+285 +170	+355 +170	+460 +170	+172 +100	+215 +100	+79 +50	+96 +50	+122 +50	+165 +50
>200～225	+1030 +740	+670 +380	+840 +380	+550 +260										
>225～250	+1110 +820	+710 +420	+880 +420	+570 +280										
>250～280	+1240 +920	+800 +480	+1000 +480	+620 +300	+271 +190	+320 +190	+400 +190	+510 +190	+191 +110	+240 +110	+88 +56	+108 +56	+137 +56	+186 +56
>280～315	+1370 +1050	+860 +540	+1060 +540	+650 +330										
>315～355	+1560 +1200	+960 +600	+1170 +600	+650 +330	+299 +210	+350 +210	+440 +210	+570 +210	+214 +125	+265 +125	+98 +62	+119 +62	+151 +62	+202 +62
>355～400	+1710 +1350	+1040 +680	+1250 +680	+760 +400										
>400～450	+1900 +1500	+1160 +760	+1390 +760	+840 440	+327 +230	+385 +230	+480 +230	+630 +230	+232 +135	+290 +135	+108 +68	+131 +68	+165 +68	+223 +68
>450～500	+2050 +1650	+1240 +840	+1470 +840	+880 +480										

续表

基本尺寸/mm	常用及优先公差带（带圈者为优先公差带）																	
	G		H							J			K			M		
	6	⑦	6	⑦	⑧	⑨	10	⑪	12	6	7	8	6	⑦	8	6	7	8
>0～3	+8 +2	+12 +2	+6 0	+10 0	+14 0	+25 0	+40 0	+60 0	+100 0	±3	±5	±7	0 -6	0 -10	0 -14	-2 -8	-2 -12	-2 -16
>3～6	+12 +2	+16 +4	+8 0	+12 0	+18 0	+30 0	+48 0	+75 0	+120 0	±4	±6	±9	+2 -6	+3 -9	+5 -13	-1 -9	0 -12	+2 -16
>6～10	+14 +5	+20 +5	+9 0	+15 0	+22 0	+36 0	+58 0	+90 0	+150 0	±4.5	±7	±11	+2 -7	+5 -10	+6 -16	-3 -12	0 -15	+1 -21
>10～14 >14～18	+17 +6	+24 +6	+11 0	+18 0	+27 0	+43 0	+70 0	+110 0	+180 0	±5.5	±9	±13	+2 -9	+6 -12	+8 -19	-4 -15	0 -18	+2 -25
>18～24 >24～30	+20 +7	+28 +7	+13 0	+21 0	+33 0	+52 0	+84 0	+130 0	+210 0	±6.5	±10	±16	+2 -11	+6 -15	+10 -23	-4 -17	0 -21	+4 -29
>30～40 >40～50	+25 +9	+34 +9	+16 0	+25 0	+39 0	+62 0	+100 0	+160 0	+250 0	±8	±12	±19	+3 -13	+7 -18	+12 -27	-4 -20	0 -25	+5 -34
>50～65 >65～80	+29 +10	+40 +10	+19 0	+30 0	+46 0	+74 0	+120 0	+190 0	+300 0	±9.5	±15	±23	+4 -15	+9 -21	+14 -32	-5 -24	0 -30	+5 -41
>80～100 >100～120	+34 +12	+47 +12	+22 0	+35 0	54 0	+87 0	+140 0	+220 0	+350 0	±11	±17	±27	+4 -18	+10 -25	+16 -38	-6 -28	0 -35	+6 -48
>120～140 >140～160 >160～180	+39 +14	+54 +14	+25 0	+40 0	+63 0	+100 0	+160 0	+250 0	+400 0	±12.5	±20	±31	+4 -21	+12 -28	+20 -43	-8 -33	0 -40	+8 -55
>180～200 >200～225 >225～250	+44 +15	+61 +15	+29 0	+46 0	+72 0	+115 0	+185 0	+290 0	+460 0	±14.5	±23	±36	+5 -24	+13 -33	+22 -50	-8 -37	0 -46	+9 -63
>250～280 >280～315	+49 +17	+69 +17	+32 0	+52 0	+81 0	+130 0	+210 0	+320 0	+520 0	±16	±26	±40	+5 -27	+16 -36	+25 -56	-9 -41	0 -52	+9 -72
>315～355 >355～400	+54 +18	+75 +18	+36 0	+57 0	+89 0	+140 0	+230 0	+360 0	+570 0	±18	±28	±44	+7 -29	+17 -40	+28 -61	-10 -46	0 -57	+11 -78
>400～450 >450～500	+60 +20	+83 +20	+40 0	+63 0	+97 0	+155 0	+250 0	+400 0	+630 0	±20	±31	±48	+8 -32	+18 -45	+29 -68	-10 -50	0 -63	+11 -86

续表

基本尺寸/mm	常用及优先公差带（带圈者为优先公差带）											
	N			P		R		S		T		U
	6	⑦	8	6	⑦	6	7	6	⑦	6	7	⑦
>0~3	-4 -10	-4 -14	-4 -18	-6 -12	-6 -16	-10 -16	-10 -20	-14 -20	-14 -24	—	—	-18 -28
>3~6	-5 -13	-4 -16	-2 -20	-9 -17	-8 -20	-12 -20	-11 -23	-16 -24	-15 -27	—	—	-19 -31
>6~10	-7 -16	-4 -19	-3 -25	-12 -21	-9 -24	-16 -25	-13 -28	-20 -29	-17 -32	—	—	-22 -37
>10~14	-9 -20	-5 -23	-3 -30	-15 -26	-11 -29	-20 -31	-16 -34	-25 -36	-21 -39	—	—	-26 -44
>14~18												
>18~24	-11 -24	-7 -28	-3 -36	-18 -31	-14 -35	-24 -37	-20 -41	-31 -44	-27 -48	—	—	-33 -54
>24~30										-37 -50	-33 -54	-40 -61
>30~40	-12 -28	-8 -33	-3 -42	-21 -37	-17 -42	-29 -45	-25 -50	-38 -54	-34 -59	-43 -59	-39 -64	-51 -76
>40~50										-49 -65	-45 -70	-61 -86
>50~65	-14 -33	-9 -39	-4 -50	-26 -45	-21 -51	-35 -54	-30 -60	-47 -66	-42 -72	-60 -79	-55 -85	-76 -106
>65~80						-37 -56	-32 -62	-53 -72	-48 -78	-69 -88	-64 -94	-91 -121
>80~100	-16 -38	-10 -45	-4 -58	-30 -52	-24 -59	-44 -66	-38 -73	-64 -86	-58 -93	-84 -106	-78 -113	-111 -146
>100~120						-47 -69	-41 -76	-72 -94	-66 -101	-97 -119	-91 -126	-131 -166
>120~140	-20 -45	-12 -52	-4 -67	-36 -61	-28 -68	-56 -81	-48 -88	-85 -110	-77 -117	-115 -140	-107 -147	-155 -195
>140~160						-58 -83	-50 -90	-93 -118	-85 -125	-127 -152	-119 -159	-175 -215
>160~180						-61 -86	-53 -93	-101 -126	-93 -133	-139 -164	-131 -171	-195 -235
>180~200	-22 -51	-14 -60	-5 -77	-41 -70	-33 -79	-68 -97	-60 -106	-113 -142	-105 -151	-157 -186	-149 -195	-219 -265
>200~225						-71 -100	-63 -109	-121 -150	-113 -159	-171 -200	-163 -209	-241 -287
>225~250						-75 -104	-67 -113	-131 -160	-123 -169	-187 -216	-179 -225	-267 -313
>250~280	-25 -57	-14 -66	-5 -86	-47 -79	-36 -88	-85 -117	-74 -126	-149 -181	-138 -190	-209 -241	-198 -250	-295 -347
>280~315						-89 -121	-78 -130	-161 -193	-150 -202	-231 -263	-220 -272	-330 -382
>315~355	-26 -62	-16 -73	-5 -94	-51 -87	-41 -98	-97 -133	-87 -144	-179 -215	-169 -226	-257 -293	-247 -304	-369 -426
>355~400						-103 -139	-93 -150	-197 -233	-187 -244	-283 -319	-273 -330	-414 -471
>400~450	-27 -67	-17 -80	-6 -103	-55 -95	-45 -108	-113 -153	-103 -166	-219 -259	-209 -272	-317 -357	-307 -370	-467 -530
>450~500						-119 -159	-109 -172	-239 -279	-229 -279	-347 -387	-337 -400	-517 -580

注：基本尺寸小于 1 mm 时，各级的 A 和 B 均不采用。